Pascal Bernard

Pourquoi la terre tremble ?

Illustrations de Pascal Bernard

Belin

Dans la même collection aux éditions Belin

Mathevon N., Viennot É., *La différence des sexes*, 2017.

Tardieu V., *Agriculture connectée*, 2017.

Bonnal C., *Pollution spatiale, l'état d'urgence*, 2016.

Vacquin M., *Frankenstein aujourd'hui, égarements de la science moderne*, 2016.

Jordan-Young R., *Hormones, sexe et cerveau*, 2016.

Danzon M., Charpak Y., *Notre santé dans l'arène politique mondiale*, 2016.

Zito M., *Dans le tourbillon des particules*, 2015.

Urban L., *Sauver les plantes pour sauver l'humanité*, 2015.

Prinzhofer A., Deville É., *Hydrogène naturel. La prochaine révolution énergétique ?* 2015.

Swynghedauw B., *L'homme malade de lui-même*, 2015.

Desmurget M., *L'anti-régime*, 2015.

Tenez-vous informé de nos parutions en vous abonnant
à la lettre semestrielle et gratuite des « Fous de sciences » :
fousdesciences@editions-belin.fr

Ou recevez nos différentes newsletters
en vous rendant sur le site des éditions Belin
(rubrique « Restez informés ») : www.editions-belin.com

ISBN 978-2-7011-9914-6
170 bis, boulevard du Montparnasse, 75680 Paris cedex 14

PROLOGUE

Imaginez : vous êtes chez vous, paisible, vous bavardez en famille ou avec des amis, vous rêvassez dans votre chambre ou devant la télévision, ou bien encore vous prenez une douche ; peut-être, par un hasard extraordinaire, êtes-vous en train de lire ces lignes…

…quand tout à coup, un grondement sourd envahit l'espace ; les objets, le sol, les murs se mettent à vibrer. Un bulldozer dans le couloir ? Non : un séisme ! En quelques secondes, livres et bibelots giclent des étagères, les lampes dégringolent, le téléviseur plonge, les armoires tanguent et basculent. Un vertige vous prend. Tout alentour secoue et geint comme un bateau dans une tempête, malmené par une force monstrueuse et invisible. Debout, vite, la porte. Le sol se dérobe. Chute. Fuite impossible. Encore une seconde et, dans un surcroît de violence aveugle, les murs craquent, s'ouvrent, s'effondrent dans un fracas de fin du monde, entraînant plancher, plafond, étages, toit, et vous-même dans leur chute.

Noir absolu, poussière âcre qui brûle les yeux et la gorge : tout se fige. Vous êtes blessé, hagard, perdu, coincé au creux d'une petite poche d'air entre gravats et meubles défoncés.

Vous entendez des plaintes, des appels, des cris. Où sont vos proches ? Bientôt plus rien qu'un silence de mort. Fumée d'incendie. Vous ne pouvez plus bouger. Commence une longue attente. En moins de dix secondes, votre vie aura basculé.

Au XXe siècle, plus d'un million de personnes, hommes, femmes, enfants, ont ainsi péri sous les décombres, écrasées, étouffées, brûlées, parfois oubliées dans un creux inaccessible et mortes d'épuisement. Des dizaines de millions ont survécu, parfois mutilées, choquées à vie, ayant perdu leur famille, leurs amis, et porteront jusqu'à la fin de leurs jours une terreur indicible de cette terre immobile, si paisible, qui soudain se réveille et détruit.

Rares sont les années sans de telles catastrophes. Elles semblent frapper au hasard, aux quatre coins du globe, rasant des villages, parfois des villes, renversant avec une égale indifférence les vieilles bâtisses décrépies et les immeubles modernes. Cela arrive aussi en France, mais on oublie… Parfois même, l'océan se joint à la furie souterraine, inondant brutalement les côtes de masses d'eau démesurément soulevées.

24 août 2016, au petit matin. Radios et chaînes télé passent en boucle l'info de la nuit : un séisme de magnitude 6 vient de frapper l'Italie centrale, non loin de Rome. Il y aurait des victimes.

Dès l'annonce d'un séisme destructeur, les équipes de télévision se précipitent, parfois de l'autre bout du monde, pour offrir au téléspectateur horrifié ces images que vous connaissez bien : sauveteurs improvisés qui déblaient à la pelle, à la main, des monceaux de gravats, pour sauver un de leurs proches ; hommes et femmes assis, silencieux, au regard embué et perdu, devant les ruines de leur demeure ; chiens au flair extraordinaire, guidant des équipes de sauveteurs sur les montagnes de débris ; pelleteuses rugissantes, inquiétantes, dont on ne sait si elles vont réussir à percer les murailles effondrées qui emprisonnent les occupants, ou bien achever le travail destructeur de la Nature par un coup de pelle maladroit ; hommes courageux, spéléologues improvisés, qui se glissent dans les profondeurs des ruines instables pour aider une victime à se dégager de son trou à rat, au risque d'être surpris par une nouvelle secousse qui pourrait les enfermer pour toujours ; bébés miraculés, sortis indemnes après des jours passés au tréfonds de ce chaos.

Italie, 24 août 2016 au soir. Bilan provisoire du séisme : plus de 120 morts, plusieurs villages détruits.

Puis, sur le plateau de télévision, apparaît un scientifique, lui aussi troublé par les images choquantes. Il commente prudemment l'événement : oui, le séisme était prévisible ; mais non, il n'était pas vraiment prévu. Incrusté sur l'écran, un schéma montre l'incontournable tectonique des plaques, avec des flèches, des cartes, la terre qui bouge comme dans un dessin animé ; et la voix-off, trop souvent, dira que les plaques flottent sur du magma et s'entrechoquent en donnant des séismes. Autant de bêtises dont les médias se satisfont, dans l'urgence des actualités. Personne ne prendra le temps d'expliquer ce qui se passe vraiment, personne n'aura vraiment compris pourquoi cela se produit, ni ce que l'on peut faire pour s'en protéger. On s'inquiète plutôt pour les disparus : le bilan des morts augmente chaque jour.

Italie, 26 août 2016. Le bilan s'alourdit. On compte plus de 250 morts.

Toujours les mêmes images des villages dévastés et des habitants hébétés, cela accroche sans doute plus le public que les discours scientifiques bien ennuyeux. Le temps télévisé coûte cher, les morts se vendent mieux que la science et ses questionnements.

Pourtant, si l'on veut réduire l'impact de ces catastrophes, il ne suffit pas de frapper l'esprit du public avec des images douloureuses. Il faut surtout comprendre ce qui se passe : savoir, pour mieux agir. Si les journalistes n'ont pas les moyens de bien faire ce travail d'information, si l'école n'a pas le temps de s'y attarder, c'est aux scientifiques de s'y frotter, et de faire part de leurs découvertes et de leurs questions encore sans réponses, en s'adressant directement au public.

C'est ainsi que j'ai conçu et remis à jour cet ouvrage, dont la première édition est parue en 2003 : révéler au lecteur curieux, aussi simplement que possible, ce que des siècles d'études nous ont appris sur l'origine des catastrophes sismiques, et comment les scientifiques d'aujourd'hui cherchent à résoudre les nombreuses énigmes qui demeurent ; mais aussi comment la société, bon an, mal an, tente d'y faire face. En à peine quinze ans, de nombreux séismes ont frappé, détruit, et tué : Algérie et Iran, 2003 ; Sumatra, 2004 ; Pakistan, 2005 ; Chine, 2007 ; Italie centrale, 2009 ; Haïti, 2010 ; Chili, 2010 ; Japon, 2011 ; Nouvelle-Zélande, 2011 ; Népal, 2015 ; Italie centrale, encore, en 2016 ; et j'en passe de nombreux autres, moins médiatisés… Ils ont fait plus de 700 000 morts. Les avez-vous déjà oubliés ? Pour chacune de ces catastrophes récentes, les analyses scientifiques, développées sur plusieurs années, ont largement contribué à faire avancer la science des séismes, renforçant et affinant certaines théories, en bousculant d'autres, faisant poindre de nouvelles pistes. Dans le même temps, d'autres travaux furent menés à leur rythme propre, par des théories, par des expérimentations et par des instruments nouveaux, et nous ont révélé des processus jusque-là ignorés. Ces bonds récents dans nos connaissances nous aideront-ils à une meilleure protection contre les fureurs telluriques à venir ?

PARTIE I

Tempêtes souterraines

CHAPITRE 1

Pré-visions sismiques

La sensation d'un tremblement de terre – même pour un séisme de rien du tout, faisant tout juste tinter les verres et balancer les lampes – est une expérience déroutante, presque métaphysique : quelle force mystérieuse est à l'œuvre dans ce phénomène extraordinaire ? Si l'on dispose de nos jours de nombreuses observations et de théories précises qui en donnent une assez bonne idée, cela n'a évidemment pas toujours été le cas. Comment cette science des séismes s'est-elle constituée ? Comment l'Homme a-t-il appris le fonctionnement d'un mécanisme aussi rare, aussi fugitif, si bien caché sous la terre ? Un saut dans le passé s'impose.

Voici une dizaine de milliers d'années, le développement de l'agriculture fixe les premières grandes sociétés humaines. Des villages puis des cités sont bâtis sur tous les continents. Les séismes, qui n'avaient que peu d'effet sur les huttes en branches, les cabanes en bois ou les habitats troglodytes, commencent alors leur œuvre destructrice sur les ouvrages de pierre ou de terre crue. Recevant à leur occasion du torchis, du plâtre ou des tuiles sur la tête, voire des cheminées, *Homo sapiens* encore peu *sapiens* finit par se poser des questions. Il fallut encore longtemps pour qu'il tentât d'y répondre.

Avançons dans le temps, et posons-nous sur les rivages de la mer Égée, en 500 avant notre ère. Nous sommes au cœur de la Grèce Antique, îles blanches et sèches, mer chaude et ventée, montagnes boisées. Sur la côte ouest, Athènes était alors une petite cité où il faisait sans doute bon vivre – du moins pour les hommes libres. D'autres cités grecques prospéraient au levant, du côté de l'actuelle Turquie. Toutes ces villes avaient ceci de commun : des séismes parfois destructeurs y étaient fréquemment ressentis (figure 1).

Toutefois les gens faisaient avec, divinités à l'appui. Poséidon, dieu colérique des profondeurs marines, était un de ces « fauteurs de séisme », frappant le sol de son trident lors de ses violentes querelles avec Athéna. Engelados, fils des Tartares et de la déesse Terre, chef des Géants, emprisonné sous terre par Athéna qui l'écrasa sous la Sicile, pouvait lui aussi « péter les plombs » et secouer de rage le monde souterrain…

Les philosophes grecs de l'époque rejetaient ces visions populaires de divinités trop humaines. Ils aimaient débattre tout autrement des choses du monde, développant des théories fondées sur quelques principes et sur leurs transformations : l'Eau, le Souffle, le Feu, l'Éther, essences bien plus puissantes que les éléments matériels dont ils s'inspiraient. C'est ainsi que vers les années 600 avant notre ère, dans la prospère cité de Milet, Thalès ne s'intéressait pas qu'aux figures géométriques de ses anciens maîtres égyptiens. Premier savant physiologue de la Grèce antique, il posait l'Eau comme principe physique primordial de la vie et du monde : « à travers l'humidité élémentaire chemine une force divine qui la meut ».

1. Mur d'enceinte et colonnes du Temple d'Apollon à Delphes. Les colonnes ont pivoté sur elles-mêmes, et la large fissure du mur, réparée avec des briques, a peut-être elle aussi une origine sismique.

Thalès élabora, entre autres, la théorie la plus ancienne que nous connaissions sur les tremblements de terre. Elle s'est transmise jusqu'à nous, par un résumé qui ne s'embarrasse pas de détails : « La terre repose sur l'eau et y flotte comme un navire ; et lorsqu'on dit que la terre tremble, cela est dû à la mobilité de l'eau. » (Sénèque, *Questions Naturelles*).

Cette affirmation péremptoire lança une vive polémique, et d'autres écoles de pensée virent rapidement le jour. Pendant près de trois siècles, les savants philosophes s'affrontèrent sur le pourquoi et le comment des séismes. Ce ne fut cependant pas qu'un débat d'idées : ces joutes oratoires s'étayaient par l'expérience commune. Pour les tempêtes souterraines, Thalès avait des éléments de preuve : les nombreuses observations de sources qui jaillissaient ou se tarissaient après les séismes. Le premier à oser contredire Thalès fut un de ses élèves, Anaximandre, favorable au principe du Souffle : « Anaximandre affirme que la terre, asséchée par la trop grande sécheresse des chaleurs d'été, ou au contraire après les humidités des pluies, se crevasse en fort profondes fissures, dans lesquelles l'air venu d'en haut s'engouffre violemment et abondamment, et que, secoué par la violence du souffle qui y circule, elle remue sur ses assises. C'est de là que proviennent les tremblements de terre, aux époques où ces sortes d'évaporation se produisent, ou au contraire de trop abondantes chutes de pluie. » (Ammien Marcellin, *Histoire de Rome*).

Anaximène, disciple d'Anaximandre, et moins téméraire que lui, se contente de préciser les théories de son maître sur la question des séismes. Voici ce que rapporte Aristote, dans son fameux ouvrage *Météorologiques* : « Anaximène dit que la terre se brise sous l'effet de l'humidification et de la dessiccation, et que les tremblements de terre sont dus à la chute de ces masses qui tombent après s'être brisées. C'est pourquoi les tremblements de terre se produisent pendant les sécheresses et de nouveau pendant les grandes pluies ; en effet la terre se brise, ainsi que nous l'avons dit, dans les périodes de sécheresse sous l'effet de la dessiccation et s'effondre lorsqu'elle est excessivement baignée par les eaux de pluie. »

Pour Anaximène, les choses sont donc moins simples : les éléments en action n'engendrent pas directement les séismes, mais sapent les fondements de la terre, conduisant à son effondrement, et provoquant ainsi le tremblement de terre.

Quelque cinquante ans plus tard, Anaxagore met son grain de sel, et propose des représentations encore plus élaborées : l'Éther, principe de toutes choses associé au feu, supportant la terre, et dont la tendance naturelle est à l'élévation, est bloqué dans les profondeurs par l'eau qui remplit les pores et fissures, résultant en une combustion interne, laquelle cause des effondrements souterrains, générant les séismes. Ouf...

D'autres savants s'y mettent, et le débat prend de l'ampleur, car les théories sismiques s'affinent et s'appuient non plus sur la fascination pour un principe mais sur la réalité d'observations spécifiques, judicieusement choisies. Ainsi, deux siècles après Thalès, le grand savant grec Aristote associe lui aussi les tremblements de terre au vent, par un principe commun, le *Pneuma*, exhalaison sèche produite à la fois par le feu interne et par le Soleil. S'échappant du sol, ce *Pneuma* engendre les vents ; pénétrant la terre, il s'y concentre et produit les séismes. Ces circulations sont régulées par les conditions climatiques externes.

Pour défendre cette idée, Aristote invoque une prépondérance des séismes au printemps ou en automne, périodes de sécheresse et de pluie qui perturbent les circulations du *Pneuma*, ainsi qu'à midi ou à minuit, périodes sans vent, signes de son enfouissement dans les sols. Nous savons aujourd'hui que ces coïncidences ne sont pas fondées statistiquement :

mais Aristote était suffisamment convaincu de la véracité de sa théorie pour s'autoriser à négliger une observation qui n'y obéirait pas, l'exception confirmant la règle... Nous pouvons sourire à cette petite tricherie du grand savant. Cependant, cette propension à ne sélectionner dans les observations que celles qui collent bien à une théorie, et à rejeter les autres, est un des traits les plus constants dans l'histoire de la science ! De nos jours, elle reste le travers le plus commun des publications scientifiques. Nous en verrons plus tard quelques exemples.

Aristote a un autre argument pour convaincre de cette place centrale et active du *Pneuma*, et de la passivité de l'eau : c'est bien le vent qui meut les vagues, et non le contraire, dit-il en substance. L'analogie est puissante, et il ne devait pas faire bon s'opposer au professeur...

Ainsi, après trois siècles de débats, les dieux de l'Olympe sont mis à la porte. Toutefois, le principe des causes sismiques, qu'il soit l'Éther, le *Pneuma*, l'Eau ou le Feu, semble plutôt arbitraire, et les observations rapportées à l'appui de chaque thèse sont moins des démonstrations qu'un support à l'intuition. Contemporain de ces débats, le philosophe Épicure en a bien conscience. Il se dégage habilement d'une polémique qu'il juge vaine, en invitant à ne rejeter aucune des représentations proposées. Le phénomène qu'elles décrivent étant inaccessible à nos sens, nul ne peut savoir où gît la vérité. Seule l'acceptation de la pluralité des théories est le gage de la tranquillité d'esprit. Ne vous prenez donc pas la tête...

Peu à peu, la science quitta le monde égéen et fleurit plus à l'ouest, au cœur de l'Empire romain. Là-bas, et pour de nombreux siècles, les savants ne firent que reprendre et discuter les mêmes théories, sans ouvrir de nouvelles pistes : chaque Élément correspondait à un phénomène, toutes les bonnes idées étaient formulées, et la Terre était toujours aussi opaque et impénétrable. De surcroît, ces savants n'avaient plus tant de grain à moudre, la campagne romaine et ses provinces étaient moins sismiques que l'archipel hellénique. Les séismes destructeurs y étant plus rares, les développements savants à leur propos ne motivaient personne, et leurs occurrences étaient associées, tout comme en Grèce, aux mauvaises humeurs de quelque dieu. Ainsi, Lucrèce, contemporain de l'empereur Cicéron, prend comme seul exemple, dans son extraordinaire ouvrage *De rerum natura*, un séisme vieux de trois siècles qui fit disparaître la ville grecque d'Helike sous les eaux du golfe de Corinthe; il n'en connaissait les effets que par les écrits de seconde main des Anciens et de géographes comme Strabon. Quand à Sénèque, dans ses *Questions Naturelles*, il ne cite que le séisme de Campanie, en l'an 62, qui ébranla Pompéi peu avant l'éruption catastrophique du Vésuve qui ensevelit la ville.

L'idée-force de ces représentations de l'activité sismique, qui fleurirent dans le monde antique occidental, est donc celle d'une terre caverneuse et passive, parcourue par des fluides ou principes actifs causant ses ébranlements. Ces images ne purent résister au développement de la chrétienté, qui ne reconnaissait qu'un principe divin, et point de lois naturelles. Elles furent même déclarées hérétiques! À la fin du IVe siècle, Philastrius, évêque de Brescia, inscrivit comme hérésie numéro 102, dans son *Liber de Haeresibus*, la croyance en des causes naturelles à l'origine des séismes. Quelques voix s'élèvent pourtant parmi les érudits du Moyen Âge, redécouvrant la pensée antique dans les livres soigneusement préservés et recopiés. Ainsi, au VIe siècle, l'encyclopédiste Isidore de Séville réconcilie les théories antiques en mettant tous les principes à l'œuvre, pêle-mêle: les vents d'Aristote causent non seulement les séismes, mais aussi, en même temps, les effondrements et les mouvements d'eau souterrains…

Cependant, la figure allégorique du souffle de Dieu finit par masquer la vision naturaliste des vents : pendant près d'un millénaire, les séismes furent interprétés avant tout comme des messages divins, représentations de la fin du monde.

Fluide électrique ou machine à vapeur ?

Fin du XVIe siècle. La science pointe son nez, mais les églises restent vigilantes. Le grand physicien Galilée, précurseur de la science expérimentale, restait perplexe sur la question des séismes, pour laquelle aucune expérience, aucune mesure ne semblait envisageable. À tel point qu'il nota, prudent : « doit-on penser que la cause des séismes doit être au-dessus, ou sous la terre ? » La question est à l'ordre du jour dans l'agenda scientifique de l'époque : en 1556, lors du grand séisme de Constantinople, les habitants de la ville n'avaient-ils pas observé une grande comète, ainsi qu'une constellation inhabituelle d'étoiles ?

Encore un siècle, et nous voici au début du XVIIIe. Les choses commencent à bouger sur la question des séismes, et tout d'abord par un texte visionnaire du géologue anglais Robert Hooke. En 1705, reprenant les écrits des Anciens et leurs observations des effets des séismes, Hooke associe la formation des montagnes à l'effet des tremblements de terre, qu'il déduit de l'observation de fossiles marins en altitude : « Ces phénomènes et plusieurs autres peuvent avoir été produits par des tremblements de terre, catastrophes qui ont converti les plaines en montagne, et les montagnes en plaine, les mers en continents et les continents en mers, qui ont fait couler des rivières là où il n'y en a jamais eu, en ont absorbé d'autres qui existaient depuis longtemps ; et qui, depuis la création du monde, ont opéré des changements nombreux sur la surface de la terre, et ont été les moyens à l'aide

2. Destruction de Lisbonne lors du séisme de 1755.

desquels les coquilles, les ossements, les poissons, et autres corps analogues se sont trouvés placés dans les lieux où, à notre grand étonnement, nous les trouvons aujourd'hui. »

Toutefois, c'est surtout l'expérience de deux catastrophes sismiques, à Lisbonne en 1755 (figure 2), et en Calabre en 1783, causant la mort de près de 100 000 personnes, qui incita quelques poignées de savants curieux à mener leurs enquêtes et à interroger la Nature, lançant enfin une réflexion de fond sur la cause des séismes.

Lisbonne, riche capitale du Portugal, sanctuaire des arts, porte des conquêtes océanes. Premier novembre 1755, jour de la Toussaint, dix heures du matin. Un grondement sourd se fait entendre, le sol vibre. Après une dizaine de secondes, les tremblements deviennent si violents que des centaines, des milliers d'immeubles se fissurent et s'effondrent sur leurs habitants. Des incendies se déclarent un peu partout dans la ville. Pour achever ce tableau d'apocalypse, une série de vagues monstrueuses, hautes de 30 mètres en certains endroits, balayent et engloutissent le port et la partie basse de la ville. Des dizaines de milliers de morts. La puissance du séisme est telle qu'il va jusqu'à troubler l'eau des fontaines des villages provençaux, et agite les grands lacs du nord de l'Europe, jusqu'au Loch Ness… Ce séisme frappe les esprits dans l'Europe des Lumières : la Nature, que certains philosophes de l'époque imaginaient bienfaisante, harmonieuse, propice au progrès de l'humanité, n'était apparemment pas si bonne que cela… Choqué, Voltaire écrit en 1756 un poème sur le désastre :

« Philosophes trompés, qui criez : « tout est bien »,
Accourez : contemplez ces ruines affreuses,
Ces débris, ces lambeaux, ces cendres malheureuses.
Ces femmes, ces enfants, l'un sur l'autre entassés
Sous ces marbres rompus, ces membres dispersés ;
Cent mille infortunés que la terre dévore,
Qui sanglants, déchirés, et palpitant encore,
Enterrés sous leurs toits, terminent sans secours
Dans l'horreur des tourments leurs lamentables jours ? »

C'est à l'homme, par la raison, d'assumer sa condition face à un mal aveugle, sans Dieu ni Providence. Toute la communauté savante de l'époque se dépêche sur place, constate les effets avec effroi, mais rien ne transparaît de ce qui aurait pu causer ces vibrations, ni cette vague.

Dans un essai sur les causes de cette catastrophe, en 1760, John Michell, physicien et géologue anglais, reprit le modèle antique des cavernes et fissures en y ajoutant les images inspirées par la puissance des machines à vapeur, développées depuis plus d'un demi-siècle : les séismes résultaient des effets de piston d'une vapeur d'eau chauffée dans les roches incandescentes, engendrant la rupture des strates géologiques et la propagation de la commotion à grande distance. Une idée bien partagée à l'époque, et soutenue en particulier par le savant français Pierre Bouguer. Le philosophe Emmanuel Kant discute plus avant cette explication, imaginant une veine de feu se propageant à grande vitesse dans le sous-sol de toute l'Europe, initiée par le déversement soudain d'eau de mer sur les substances minérales incandescentes de gigantesques cavités souterraines, suite à l'ouverture de petites brèches dans le fond de la mer au large de Lisbonne.

En 1766, le grand savant naturaliste français Georges de Buffon précisait ces idées dans sa preuve proposée dans la *Théorie de la Terre*, critiquant au passage la théorie de Hooke : « Je ne vois pas trop comment on peut croire que les tremblements de terre ont pu produire des montagnes, puisque la cause même de ces tremblements sont des matières minérales et sulfureuses qui ne se trouvent ordinairement que dans les fentes perpendiculaires des montagnes et dans les autres cavités de la Terre, dont le plus grand nombre a été produit par les eaux ; que ces matières en s'enflammant ne produisent qu'une explosion momentanée et des vents violents qui suivent les routes souterraines des eaux ; que la durée des tremblements n'est en effet que momentanée ; et que par conséquent leur cause n'est qu'une explosion et non pas un incendie durable, et qu'enfin ces tremblements qui ébranlent un grand espace, et qui s'étendent à des distances très considérables, bien loin d'élever des montagnes, ne soulèvent pas la terre d'une quantité sensible, et ne produisent pas la plus petite colline dans toute la longueur de leur cours. »

À la même époque, inspirés par les découvertes de Benjamin Franklin sur l'électricité atmosphérique, nombre de savants, comme le révérend anglais Wiliam Stukeley, proposèrent une origine électrique des séismes. Cette théorie avait également ses arguments. Dans son ouvrage *Philosophie des séismes*, Stukeley faisait observer que les séismes avaient lieu surtout lorsque le temps était sec et chaud, et se localisaient plutôt dans les régions méridionales : la sécheresse est la condition nécessaire à l'accumulation de fortes charges électriques à la surface de la Terre. En second lieu, il notait que les rivières et la mer pouvaient canaliser au loin le fluide électrique, ce qui expliquait la prépondérance des dommages observés sur leurs rives. L'abbé Berthelon, physicien passionné de phénomènes électrostatiques, reprit cette idée et proposa en 1779 un système de tiges métalliques enfoncées dans le sol pour en extraire le fluide électrique, sortes de paratonnerres inversés.

Un Italien, A. Filomarino, Duca della Torre, fut séduit par cette théorie. Profitant d'une éruption du Vésuve, vers 1780, il prit l'habitude de promener son électromètre – sorte de petit pendule métallique à deux branches – sur les pentes du volcan, afin de prouver l'origine électrique des éruptions et des séismes. S'il ne détecta pas d'effet électrique, son électromètre se révéla toutefois un excellent détecteur de vibration. L'Italien revint donc de ces expéditions avec l'idée d'un des premiers sismographes, qu'il put réaliser dans les années 1790 : constitué d'un pendule vertical prolongé d'un crayon, couplé à une horloge, il inscrivait ses mouvements sur un disque de papier ; mais l'horloge semble n'avoir jamais fonctionné…

À la fin du XVIIIe siècle, la formidable *Encyclopédie* de Diderot et d'Alembert (1782) fait le point sur les diverses théories dominantes, leurs hypothèses, anciennes alliances de l'eau, de l'air et du feu : « On ne peut douter que la terre ne contienne une quantité d'air assez grande pour que les matières susceptibles de s'enflammer puissent prendre feu ; ce même air qui est entré peu à peu, est mis en expansion; les écroulements de terre qui se sont faits au commencement de l'inflammation qui a dû miner et excaver peu à peu les rochers, empêchent que l'air ne trouve d'issue; alors aidé de l'action du feu qu'il a allumé, il fait effort en tous sens pour s'ouvrir un passage; et ses efforts sont proportionnés à la quantité des matières embrasées, au volume de l'air qui a été mis en expansion, et à la résistance que lui opposent les roches qui l'environnent. Personne n'ignore les effets prodigieux que l'air peut produire en cet état. [...] À l'égard de l'eau, toutes les observations prouvent que la Terre en contient une quantité prodigieuse. [...] L'eau contenue dans les profondeurs de la Terre, peut contribuer de plusieurs manières aux tremblements de terre: 1) l'action du feu réduit l'eau en vapeurs, et pour peu que l'on ait de connaissance en physique, on saura que rien n'approche de la force irrésistible de ces vapeurs mises en expansion, lorsqu'elles n'ont point d'issue. [...]; comme elle ne trouve aucun passage pour s'échapper, elle soulève les rochers qui l'environnent, et par là elle produit des ébranlements violents qui se font sentir à des distances incroyables; 2) l'eau produira encore des effets prodigieux, lorsqu'elle viendra à tomber tout d'un coup dans les amas de matière embrasée; c'est alors qu'il se fera des explosions terribles. 3) les eaux peuvent encore contribuer à animer les feux souterrains, en ce que par leur chute, elles agitent l'air, et font la fonction de soufflets de forge... 4) enfin, l'eau peut encore concourir aux ébranlements de la terre par les excavations qu'elle fait dans son intérieur, par les couches qu'elle entraîne après les avoir détrempées, et par les chutes et écroulements que par là elle occasionne. On voit de tout ce qui précède, que les tremblements de terre et les volcans, ou montagnes qui jettent du feu, sont dus aux mêmes causes; en effet les volcans ne peuvent être regardés que comme les soupiraux ou les cheminées des foyers qui produisent les tremblements de terre.»

De l'autre côté de la Manche, l'édition de 1774 de *L'Encyclopedia* de Ephraïm Chambers, rédigée dans le même esprit, fait aussi le point sur les séismes – à sa façon : « Les tremblements de terre ont fréquemment eu lieu sans aucune éruption de feu, de vapeur, de fumée, ni d'odeurs, ce qui est totalement incompatible avec l'hypothèse d'une quelconque vapeur souterraine à leur origine. »

Ce petit texte a dû crisper quelque savant français ! *L'Encyclopédia* va même plus loin dans la polémique, puisqu'elle propose l'explication électrique de l'Anglais Stukeley comme la seule défendable. En juste retour, cela ne vous aura pas échappé, cette dernière n'est même pas mentionnée dans la version française… ce qui n'a pas dû plaire aux confrères anglais.

À peine un an après la sortie de l'*Encyclopedia*, le 5 février 1783, survient un deuxième choc en Calabre, dans le sud de l'Italie. Sans aucun signe avant-coureur, des villages entiers sont détruits en moins de 20 secondes, et la ville de Messine est touchée. L'Europe alertée envoie des secours et des vivres. Les savants géologues enquêtent sur place. Au contraire du séisme de Lisbonne, ils découvrent cette fois-ci, dans les lieux les plus touchés, un sol fracturé, bouleversé, effondré par endroits (figure 3). La Nature semble enfin se dévoiler. Mais ces témoins de roches fracassées sont-ils des causes ou des conséquences du choc ? Nul ne pouvait encore le dire… Malgré tout, à propos de cet événement, le grand géologue écossais Charles Lyell, dont nous reparlerons, notait un demi-siècle plus tard : « L'importance de ce séisme provient du fait que la Calabre fut jusqu'à présent le seul lieu visité tant pendant qu'après les convulsions sismiques par des hommes possédant assez de loisirs, de zèle et de connaissances scientifiques, pour être capables de collecter et de décrire avec précision les faits physiques qui mirent en lumière les questions géologiques. »

3. Fracturations du sol rocheux lors du séisme de Calabre de 1783.

La naissance des montagnes

Quelles étaient donc ces questions géologiques ? Elles dépassaient largement la question des séismes, bien sûr, et touchaient à l'origine des roches et des strates terrestres. À l'époque, comme aujourd'hui, le spectacle des montagnes, des volcans, des séismes et des fossiles d'espèces disparues avait de quoi fasciner un esprit curieux. Les falaises ou les fronts de taille de carrières, zébrées de fractures et de veines (figure 4), dévoilent

4. Pli-faille de Suerme (Bugey). Bancs de calcaire massif du Jurassique, plissés, faillés, et déversés vers l'est par une compression orientée est-ouest.

les plis et brisures des couches géologiques, que l'on peut même traquer sur les parois des mines ou des galeries souterraines. De quel passé révolu, cataclysmique, sont-ils la marque ?

Devant le spectacle chahuté et grandiose du monde géologique, mais aussi poussés par l'aiguillon économique du développement minier, les savants chimistes du XVIIIe siècle se laissèrent tenter par un projet titanesque : reconstituer l'histoire de la Terre sur laquelle nous marchons tous les jours, et élaborer sa théorie scientifique.

Une première grande théorie, dite « neptunienne », élaborée par un minéralogiste prussien, Abraham Werner, naquit dans les années 1770. Werner décrivait la formation des roches par précipitation de cristaux dans un océan primordial, à l'origine des couches géologiques, comme le sel gemme se dépose au fond des marais salants. L'inclinaison de strates était liée à des dépôts sur des fonds irréguliers, et les plissements et brisures étaient la conséquence d'anciens glissements sous-marins. Outre ses explications géométriques et minérales, cette théorie présentait l'avantage de s'accommoder d'une vision biblique de l'histoire du monde, avec son Déluge, pour la plus grande satisfaction des églises chrétiennes.

Toutefois, à peine développée, cette théorie fut attaquée par un chimiste écossais, James Hutton, qui proposa dès 1785 sa théorie « plutonienne » : les roches auraient une origine ignée – forgée par le « feu » interne (*ignis*, en latin) – et proviendrait des profondeurs de la Terre. Les plissements et soulèvements spectaculaires des strates seraient la marque d'un processus lent et continu, sous l'effet de la chaleur interne – et non pas celle d'une catastrophe originelle et sous-marine. Sur ce dernier point, Hutton s'inspirait directement des théories de Hooke, émises un siècle auparavant, sur les changements graduels du monde. Ainsi, sur la question des séismes, il écrivait : « Un volcan doit être considéré comme un soupirail des fourneaux souterrains, pour éviter le soulèvement excessif des terres, et les effets destructeurs des séismes. »

Le conflit entre plutoniens et neptuniens lança les partisans des deux camps sur le terrain, à la recherche de preuves pour confondre l'adversaire. Au tout début du XIXe siècle, grâce à une moisson d'observations géologiques, les théories neptuniennes ont décliné face aux théories de Hutton. En même temps naquit une nouvelle pensée géologique, le « catastrophisme », qui interprétait les inclinaisons et les plis des strates de sédiments, ainsi que les extinctions d'espèces fossiles, par des épisodes cataclysmiques et rares de l'histoire géologique, telle que la poussée supposée soudaine des Alpes ou des Andes. Les catastrophistes s'opposaient donc aux thèses de Hutton, reprises par le géologue écossais Charles Lyell, sur les changements graduels de la croûte terrestre.

Instruits de ces théories conflictuelles et acteurs passionnés de ces polémiques, les naturalistes voyageurs du début du XIXe siècle ne laissèrent plus échapper une seule occasion de les mettre à l'épreuve, en particulier sur la question des séismes. Charles Darwin, le découvreur de l'évolution des espèces, en fut un des premiers.

En 1831, il a à peine 22 ans lorsqu'il se lance dans une de ces extraordinaires aventures scientifiques qui ont défrayé les chroniques de ce siècle de découvertes. Il embarque en tant que savant naturaliste à bord de la frégate le *Beagle*, un trois-mâts affrété pour un tour du monde qui durera cinq ans. De ce voyage, il rentrera avec un mémoire extraordinairement précis des mondes qu'il aura croisés, si différents de ce qu'il connaissait en Europe – vies animales et végétales inconnues, phénomènes météorologiques extraordinaires, paysages géologiques grandioses, jusqu'à la description attentive des sociétés humaines des pays traversés. Il en tirera un livre étonnant et foisonnant d'observations, que l'on qualifierait aujourd'hui de « grand public ». Toujours réédité, *Voyage d'un naturaliste autour du monde* contient déjà ses idées révolutionnaires sur l'évolution des espèces. On y déniche d'autres passages au sujet des séismes : le *Beagle* reste plusieurs mois au Chili, un des pays les plus sismiques de notre planète. Darwin y ressent de nombreuses secousses, mais surtout, il est présent lors du violent séisme de Conception, en 1835 : « L'effet le plus remarquable de ce tremblement de terre fut l'élévation permanente de la Terre ; il serait probablement bien plus juste d'en parler comme de sa cause. On ne peut douter que les terres autour de la baie de Conception se soient soulevées de deux ou trois pieds. »

Inspiré par la lecture du premier tome des *Principes de Géologie* de Lyell, qu'il avait pris soin d'emporter sur le *Beagle*, et notant, près de la côte, la présence de coquillages marins à plus de 100 mètres d'altitude, il conclut ainsi, confortant les thèses du savant écossais et de Hooke : « Il est difficile de douter que ces grandes élévations furent causées par de petits soulèvements successifs, tels celui qui accompagna ou causa le séisme de cette année, ainsi que par un soulèvement lent et insensible, qui est certainement en cours sur certaines parties de cette côte. »

Quant aux causes des séismes eux-mêmes, voici ce qu'il en disait : « Pour plusieurs raisons, je pense que les fréquentes secousses de la terre sur cette ligne de côte sont causées par le fendage des strates, conséquences nécessaires des tensions de la Terre lors de son soulèvement et de leur injection par des roches fluidifiées. »

Ainsi, pour Darwin, les grands séismes étaient la cause de la formation des montagnes, expérience vécue à l'appui : ce en quoi il avait vu juste, comme nous le détaillerons plus tard. Toutefois, sur l'origine de ce soulèvement et de ces tensions, il s'était un peu trop avancé, et l'avenir lui donna tort.

La présence d'un brillant naturaliste sur le lieu d'une grande catastrophe sismique résulta d'un heureux hasard, dont la probabilité était extrêmement faible à l'époque. Séismes et savants avaient d'autant moins de chance de se croiser que les premiers étaient plutôt rares en Europe, les seconds plutôt rares ailleurs. Pourtant, cette coïncidence se reproduisit moins de dix ans plus tard, avec un autre Charles…

Jeune géologue français en mission à l'île de la Dominique, dans les Antilles, Charles Sainte Claire Deville reçut son baptême sismique le 8 février 1843, lors d'une promenade champêtre. Très attentif, il observe : « D'abord assez faible, la secousse acquérait de moment en moment plus de violence ; vers le milieu, elle est devenue extrêmement forte. Puis sans que le mouvement eut jamais cessé entièrement, il était réduit à n'être qu'à peine perceptible, lorsque les oscillations, reprenant de nouveau, ont acquis plus de force que jamais, puis se sont enfin affaiblies par degrés. »

Deville note une durée de 105 secondes ! En effet, son premier réflexe ne fut pas de se mettre à l'abri, mais de sortir sa montre pour noter l'heure, et de compter... Cela peut vous faire sourire, mais les récits de nombre de mes collègues – et ma propre expérience, je dois l'avouer – me confirment que, sur notre planète, les humains sismologues sont la seule forme de vie intelligente à se mettre à compter lorsque la terre tremble... mais est-ce bien intelligent ?

Revenons à Deville. Il quitte rapidement la Dominique pour débarquer sur l'île de Guadeloupe, 30 milles plus au nord, où le désastre atteignit son paroxysme. À Pointe-à-Pitre, la perle des Antilles, 1 500 morts recensés, peut-être le double en comptant les esclaves ; et dans un rayon de 50 kilomètres, tous les moulins de pierre qui servent à broyer la canne à sucre s'effondrent, ou sont mis hors d'usage (figure 5). L'économie de l'île est en ruine, tout comme celle de l'île d'Antigua, 30 milles au nord. Deville y enquête durant une année entière. Il observe une forte diminution des dommages avec la distance au « centre de la commotion ». Dans un rapport publié quelque 20 ans après l'événement, inspiré par les théories nouvelles de la propagation des ondes dans les solides, il reprend ses notes et, en croisant les témoignages qu'il recueillit auprès des services maritimes des différents ports Caraïbes sur l'instant précis où fut ressentie cette commotion, il montre qu'elle était d'autant plus tardive que l'on se trouvait loin de la Guadeloupe, avec un retard de plus de 5 minutes à Cayenne, à 800 kilomètres de distance. Il en déduit une vitesse de cet « ébranlement » d'environ 2,5 kilomètres par seconde – ce qui est très proche de la valeur que l'on connaît actuellement, d'environ 3 kilomètres par seconde, pour la vitesse de ces ondes sismiques. Une vitesse

5. Destruction de Pointe-à-Pitre lors du séisme antillais de 1843.

extraordinaire, dix fois celle du son dans l'air, déjà bien connue à l'époque.

Quant à savoir ce qui s'était produit dans ce « centre de commotion », Deville resta sur sa faim, et nous aussi. Lors de ses nombreuses reconnaissances de terrain, il ne put observer que des effets induits par la violence de la secousse, mais non sa cause : glissements de terrain sur les pentes volcaniques instables de la Basse-Terre, couvertes de forêt tropicale ; effondrements de falaise sur les côtes atlantiques de la Grande-Terre et de Marie-Galante ; petits volcans de sable sur le littoral marécageux. Un témoignage retint toutefois son attention : le mémoire d'un certain docteur Duchassaing, déposé à l'Académie des Sciences en 1857. Il faisait état de mouvements verticaux notables en certains lieux des côtes de la Grande-Terre, d'après ses mesures du niveau marin par les coquillages nichés à la base des falaises côtières. Deville entrevit l'importance de ces observations pour cerner la cause du séisme, et put consulter le dossier. Son intuition était juste : à la lumière des connaissances actuelles, ces observations devraient préciser des paramètres clés pour évaluer le risque de grands séismes dans cette région du monde. Hélas, le dossier n'est plus à l'Académie, et mes recherches pour le retrouver n'ont rien donné…

Le séisme de 1843 ne laissa aucune trace directe de son mécanisme. Notre géologue se perdit en conjectures compliquées sur la géométrie des grandes lignes de forces régionales liées aux surrections des montagnes : de la « géopoésie », dirait-on aujourd'hui à propos de ce genre de théorie mal fondée… Toutefois, si la source de la « commotion » lui restait mystérieuse, il fut l'un des premiers à en calculer la vitesse de propagation, confortant expérimentalement un concept mécanique encore théorique : celui d'« onde sismique ». Cette nette distinction entre le « centre de la commotion » et son extension à grande distance fut reprise une décennie plus tard par l'ingénieur anglais Robert Mallet, suite au grand séisme napolitain de 1857. Par ses observations détaillées des destructions, Mallet concluait que la source des vibrations était une zone de seulement quelques milles, bien petite en regard de toute la région commotionnée, et localisée à plusieurs kilomètres de profondeur. Mallet introduit ainsi la notion de foyer sismique.

Indépendamment, entre les années 1815 et 1830, les savants Charles-Louis Navier, Augustin Cauchy et Denis Poisson se penchent sur la question des ondes : mais au lieu de théoriser sur les tremblements mal connus des montagnes et des plaines, ils découvrent les lois des vibrations des solides simples à l'aide des mathématiques nouvelles et d'expériences de laboratoire. La cause première de ces ondes de vibration, démontrent-ils, vient d'une propriété découverte depuis près d'un siècle : l'élasticité des solides – et donc en particulier des roches.

Certes, les termes « élastique » et « roche » ne forment pas un ménage évident. Un petit saut hors de l'histoire va me permettre de vous éclairer sur ce drôle de couple qui aura des conséquences majeures sur la science des séismes.

CHAPITRE 2

Une Terre solide, élastique et cassante

Peut-on imaginer des caractères plus opposés que celui d'une gomme, que l'on peut arquer facilement entre le pouce et l'index, et celui d'un caillou ramassé sur le bord du chemin, qui paraîtra imperturbable à vos manipulations ? De même, on n'a jamais vu un sol rocheux ou de béton s'enfoncer mollement sous chaque pas comme le tapis d'une salle de gymnastique… Visiblement, les pierres, le sol et les montagnes ne sont pas en caoutchouc.

Pourtant, ils sont tout comme, c'est-à-dire élastiques, car tout est question d'échelle. Par exemple, on sait maintenant calculer – et mesurer avec des appareils très sensibles – que, sous vos pieds, un sol de roche dure ou de béton s'enfonce de quelques microns (millièmes de millimètre) sous votre poids, jusqu'à une distance de quelques centimètres aux alentours (figure 6). Cela est évidemment peu : sur un trampoline, vous vous enfoncez 100 000 fois plus… La « pression » qu'exercent vos pieds sur le sol – et que le sol exerce sur vous en retour – est de l'ordre de quelques dixièmes de bars. Un bar est la pression atmosphérique moyenne, égale à celle sous 10 mètres d'eau. C'est aussi, pour parler en unités internationales, 0,1 million de pascals.

Si vous doublez votre poids après des excès de sucreries ou de body-building, la pression double : vous vous enfoncez donc deux fois plus, et paraissez plus petit – ce qui toutefois a peu de chances de vous faire changer d'habitudes, car la perte de taille est micrométrique. Si vous avez de grands pieds, vous vous enfoncez moins profondément ; et, à l'inverse, les talons aiguilles vous font descendre, et donc rapetisser, contrairement aux idées reçues.

Dès que votre pied se soulève, la surface du sol reprend sa forme première. C'est cela, l'élasticité : soumis à des pressions – on dit aussi « contraintes » lorsque ces pressions ont une composante oblique à la surface – les solides élastiques se déforment en proportion de ces actions, puis reprennent leur forme initiale lorsque la contrainte s'annule. La différence mécanique entre la gomme et la pierre est donc surtout une histoire de quantité, et non de qualité : toutes deux sont élastiques, mais l'une est dix mille, voire cent mille fois moins élastique que l'autre…

Autant cette déformation élastique des roches est imperceptible à l'œil, autant les limites de son élasticité sautent aux yeux et font partie de l'expérience commune : un violent coup de masse sur une pierre peut la briser, mais ne laisse pas le temps de la voir se comprimer de quelques dixièmes de millimètre, tout comme la masse elle-même, juste avant sa rupture. Cela met en évidence la deuxième caractéristique des roches à la surface de notre planète : elles cassent quand on tape dessus suffisamment fort.

Il n'est d'ailleurs pas nécessaire de donner un coup violent : les roches se brisent aussi lorsqu'on les comprime lentement, par exemple en les insérant dans de grandes presses très résistantes,

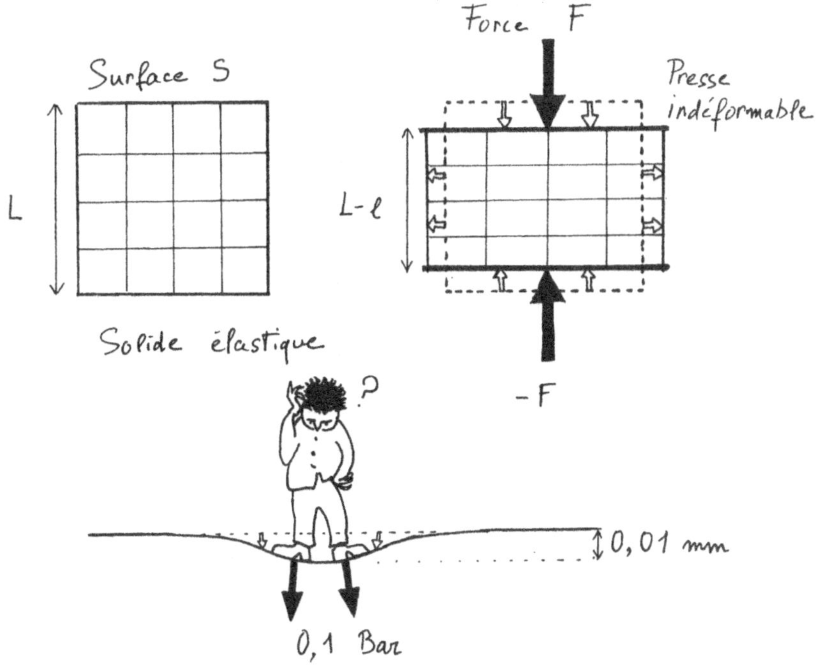

6. Déformation élastique des roches et du sol. Les forces sont représentées par des flèches noires épaisses, les déplacements par des flèches blanches épaisses.

sorte de gros casse-noix. Les roches se déforment de plus en plus, jusqu'à ce qu'en leur sein des microfissures apparaissent, grandissent, fusionnent pour provoquer des fractures majeures et faire éclater le bloc. Qu'elle soit très rapide, par un choc, ou très lente, une augmentation de la pression mécanique sur les roches au-dessus d'un certain seuil les fait se fracturer et se rompre. Quel est ce seuil ? Pour les roches communes trouvées à la surface du globe, il est de quelques centaines à quelques milliers de fois la pression qui existe sous votre pied lorsque vous êtes debout – soit des centaines de fois la pression atmosphérique. Autrement dit, si des centaines d'acrobates se hissaient sur vos épaules en une vertigineuse figure, le sol se fracturerait sous vos pieds… En fait, vos os auraient éclaté avant, car bien que solides, ils sont plus fragiles que les pierres ! Ces pressions, menaçantes à l'échelle de notre corps, n'ont rien d'extraordinaire à l'échelle de la Nature : 100 bars est aussi la pression exercée sous mille mètres d'eau, ou encore la pression exercée sous 300 mètres de roche, ces dernières étant trois fois plus denses que l'eau. Les roches ne sont donc pas infiniment élastiques. Elles ont une limite de rupture, et sont « fragiles » comme le verre.

Alors, me direz-vous, les roches de notre planète doivent être totalement broyées par le poids des roches ou de l'eau qui les recouvre, car la plupart sont à des profondeurs bien supérieures à quelques centaines de mètres ! En fait, non, car les presses, tout comme le casse-noix, exercent des forces dirigées dans un seul axe : la roche se comprime dans cette direction, et se dilate, par compensation, dans l'autre. On peut observer cet effet sur une balle de caoutchouc que l'on écrase et qui enfle latéralement. Dans un bloc de roche, contrairement à la balle, cette déformation latérale ouvre de nombreuses microfissures. Celles-ci facilitent la dilatation, mais en grandissant et en se rejoignant, elles participent à la dégradation du solide. Si une pression latérale tout aussi forte empêche la roche de se dilater, comme cela se produit à grande profondeur, les fissures ne se créent pas, et la roche ne se fracture pas, même à de très fortes pressions.

En bref, ce n'est pas tant la valeur de la pression maximale appliquée qui fait qu'une roche éclate ou pas, mais la différence de pression dans des directions perpendiculaires – souvent verticale et horizontale. À grande profondeur, les roches sont protégées de l'éclatement par la présence des roches alentour, à la même pression, qui les maintiennent comprimées.

Des ondes dans les solides

Oublions pour un temps cette fragilité des roches – vous vous doutez qu'elle n'est pas pour rien dans la génération des séismes – pour nous attarder sur leur caractère élastique. Revenons à notre matériau élastique préféré, la gomme. Comprimez-la dans votre poing : elle rapetisse, s'élargit dans l'autre direction, et son volume diminue. Tirez ses deux extrémités : elle s'allonge et s'affine. Mais vous pouvez aussi la « cisailler », c'est-à-dire faire subir à ses extrémités des mouvements latéraux opposés, sans changer de volume. Le rectangle se déforme et devient une sorte de losange (figure 7). Ces deux modes de déformation, compression-extension d'une part, et cisaillement d'autre part, sont les deux modes fondamentaux de déformation des solides – et donc des roches. Cette double capacité de déformation est à l'origine des vibrations, car qui dit élastique dit capacité à vibrer.

Prenez un de ces grands ressorts, disponibles dans les boutiques de gadgets, que les gamins s'amusent à faire descendre les escaliers, marche à marche... Laissez-le pendre d'une main, tirez sur l'extrémité basse avec l'autre et lâchez-le tout d'un coup : il oscille, vibre, d'autant plus lentement que le ressort est long. Plus précisément, il alterne des compressions (ressort raccourci) et des dilatations (ressort allongé). Prenez maintenant une baguette de bois, de plastique ou de métal, et fixez son extrémité sur un socle bien stable. Ployez l'extrémité libre, et lâchez : la baguette oscille, vibre, d'autant plus lentement que la baguette est longue. La baguette ne s'allonge ni ne raccourcit, mais alterne des cisaillements dans un sens et dans l'autre. Le caractère élastique du ressort ou de la baguette est la cause de l'oscillation : initialement déformé, le solide cherche à reprendre sa forme initiale, mais y parvient trop brutalement et est entraîné par sa vitesse et sa masse – par « inertie »,

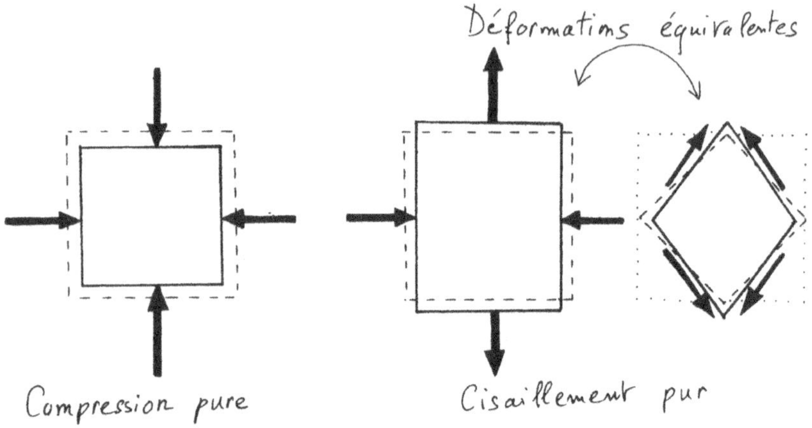

7. Les deux modes de déformation des solides : compression/dilatation, et cisaillement. Pour un même cisaillement, suivant l'orientation de la surface plane sur laquelle on mesure la force, cette dernière peut être perpendiculaire (au centre) ou parallèle (à droite) à cette surface.

dit-on – dans une position déséquilibrée opposée, où il finit par s'arrêter, hors d'équilibre… pour revenir à la position centrale, mais toujours trop vite, et ainsi de suite jusqu'à ce que les frottements et pertes d'énergie diminuent ses oscillations et qu'il se fige (figure 8).

Le bruit d'un caillou qui en frappe un autre est la marque de cette vibration du solide, qui se transmet à l'air alentour jusqu'à notre oreille. Plus le caillou est gros, ou « mou », plus le son est grave. « Poc » est le cri d'un caillou mou ou gros que l'on frappe, et « pic » est celui d'un caillou petit ou rigide… Dans un registre plus musical, les cloches, diapasons, peaux de tambour, gongs, touches de xylophone, guimbardes, verres qui tintent, mais aussi craies crissant sur un tableau noir, à vrai dire tout ce qui peut vibrer et faire du bruit – et, pour ce qui concerne ce livre, terre qui gronde – a des sonorités issues du même principe d'élasticité.

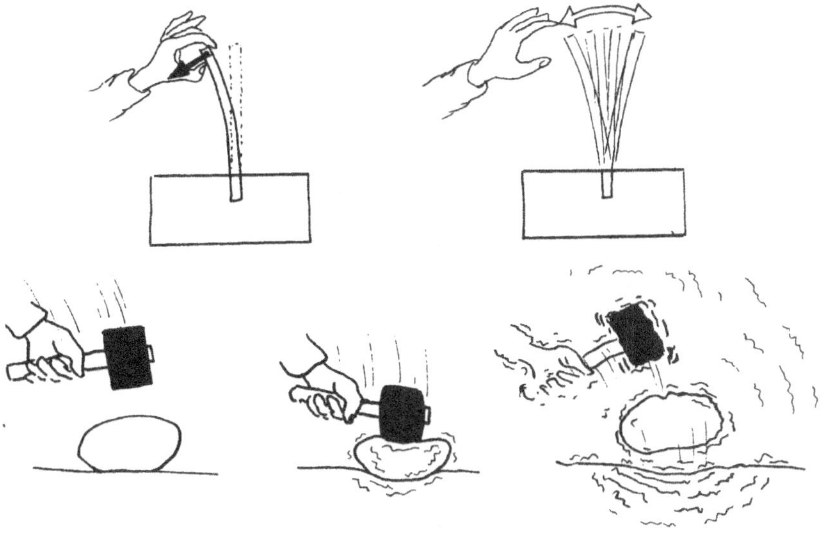

8. Déformation et vibration d'objets solides et élastiques.

Les roches peuvent donc vibrer, mais dans des proportions infimes et invisibles. Plus l'objet est gros, plus il vibre lentement : un caillou vibre à une fréquence audible – « pic » ou « poc » –, à quelques milliers de hertz (nombre d'oscillations par seconde), alors que la planète Terre, quand un astéroïde ou un grand séisme l'ébranle, vibre comme une cloche aux fréquences très basses, correspondant à des périodes de plusieurs dizaines de minutes. Autant dire qu'on ne l'entend pas vibrer ; on peut toutefois mesurer cette vibration.

Cette capacité des solides à se déformer élastiquement ne se limite pas à la production de sons. Que se passe-t-il quand seul un petit élément du solide est tout à coup soumis à une force ? Il va se déformer instantanément en prenant appui sur les éléments voisins, qui vont donc à leur tour se déformer, et ainsi de suite, de proche en proche. Moins le solide est dense, ou bien plus il est rigide, plus cette transmission de la déformation est rapide. C'est une onde élastique. Il en est ainsi des séismes : des forces internes, dont je reparlerai plus loin, créent une déformation soudaine dans un endroit souterrain de la planète, et une onde sismique – cet « ébranlement » dont parle Deville – rayonne dans toutes les directions à partir de ce centre, baptisé foyer sismique.

Une image commune pour représenter ces ondes est celle des ronds dans l'eau produits par un caillou jeté dans un bassin : du point d'impact partent des vaguelettes circulaires concentriques qui s'éloignent du centre à vitesse régulière, balayant progressivement la surface du bassin. Il s'agit bien d'une onde, car le mouvement est transmis de proche en proche. La différence avec les ondes sismiques est que la force de rappel agissant sur l'eau est liée non pas à son élasticité, mais à la force de gravité : dans le champ de pesanteur terrestre, une bosse à la surface de l'eau a tendance à redescendre pour retrouver son équilibre et inversement pour un creux, ce qui explique l'apparition d'ondes lorsque la surface est perturbée.

Pour visualiser de véritables ondes sismiques, vous devez revenir au solide élastique et passer du milieu réel à trois dimensions, à un milieu à une dimension. Première expérience : vous attachez l'extrémité d'une longue corde – 10 mètres ou plus –, vous la tenez à la main par l'autre extrémité, vous la tendez, et la secouez prestement, comme un fouet : la corde se tord, et cette déformation se propage à l'autre bout où elle se réfléchit en revenant vers votre main. C'est une onde. Il est clair que c'est l'onde – ou le mouvement – qui se propage, et non pas la corde… Cette dernière bouge perpendiculairement à la direction de propagation de l'onde. Les ondes de cisaillement dans les roches ont exactement ce type de mouvement.

Deuxième expérience : vous achetez deux ou trois ressorts cascadeurs ; vous les scotchez les uns aux autres, vous tendez ce grand ressort sur une surface lisse pour réduire les frottements ; enfin, vous en secouez une extrémité, comme avec la corde, perpendiculairement à sa direction. Là, pas de surprise, vous voyez des ondes similaires à celles de la corde, avec des ondulations transverses à la propagation. Maintenant, vous agitez le ressort dans sa direction d'allongement : le ressort ne se tord plus, mais se comprime et se dilate au passage d'une nouvelle forme de vibration : ce sont des ondes de compression semblable à celles qui se produisent dans les roches (figure 9).

Ces expériences sont visuelles, car elles mettent en jeu des vitesses de propagation lentes, de quelques mètres par seconde, et de grandes déformations. Les roches, plus rigides, portent des ondes sismiques mille fois plus rapides et des déformations bien plus petites. Ainsi, à la surface de notre planète, à raison de trois kilomètres par seconde, une onde sismique court les 100 mètres en trois centièmes de seconde, traverse Paris en quatre secondes, la France en quatre minutes, et fait le tour de la Terre en quatre heures... En fait, les roches ne toléreraient pas la déformation imposée au ressort : elles cassent pour des déformations de 0,1 %, alors que notre petit jeu distord le ressort sans l'endommager, le faisant jouer de 10 cm sur une longueur d'un mètre, soit une déformation de 10 %.

Un « choc sismique », comme disait Deville, génère donc des vibrations dans toutes les directions – nous verrons plus tard comment – et les premières ondes qui atteindront un point éloigné à la surface de la Terre seront des ondes de compression – dites ondes « P », pour « premières » : quinze minutes pour venir de Grèce en France ; une heure pour venir d'Inde ; une heure trente pour venir du Japon, de Californie ou du Chili. Les ondes de cisaillement sont près de deux fois plus lentes : elles sont baptisées ondes « S », pour « secondes ».

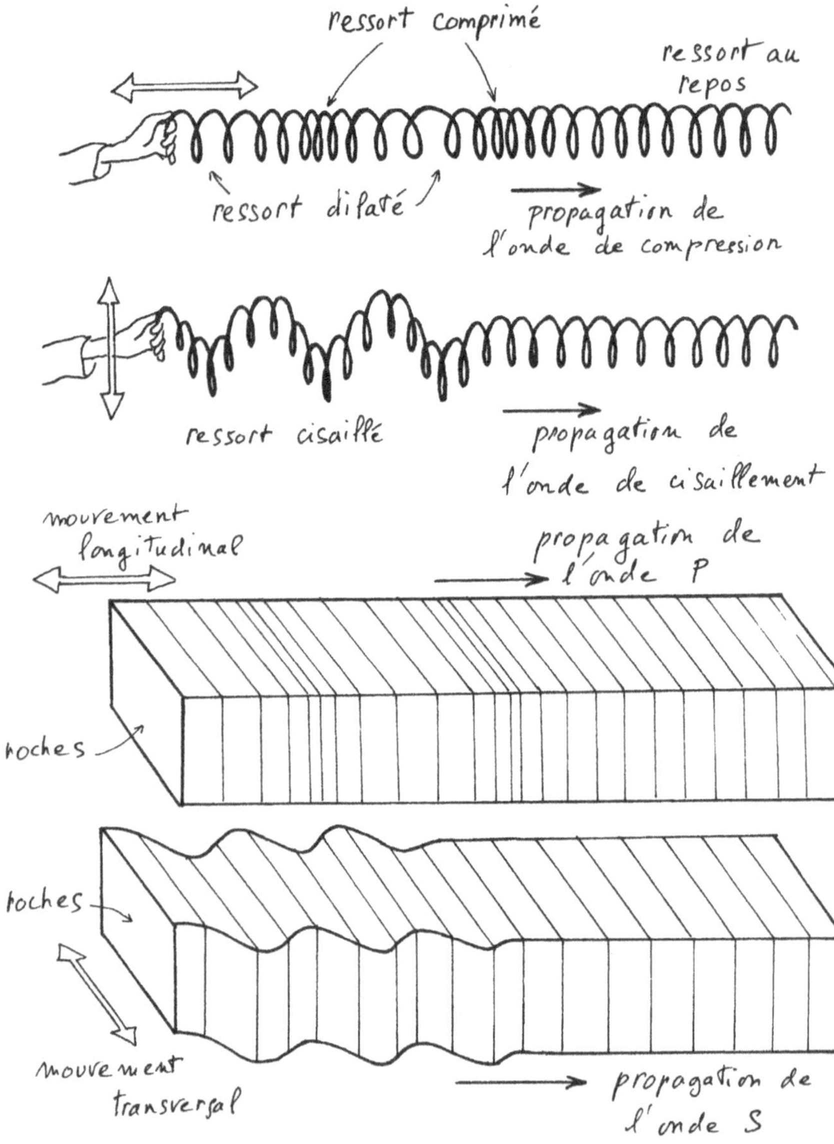

9. Génération d'ondes dans les solides. De haut en bas : une onde de compression dans un ressort ; une onde de cisaillement dans un ressort ; une onde de compression (« P ») dans une roche ; une onde de cisaillement (« S ») dans une roche.

Premières mesures sismiques

Ces mesures des ondes sismiques, même à de grandes distances, même pour des mouvements du sol aussi petits que des fractions de micron (un millionième de mètre), sont devenues banales ; mais comment diable fait-on ? Une image de haute technologie vous vient sans doute à l'esprit : un ressort portant une lourde masse et un stylo, du papier en rouleau qui se déroule, une horloge chronomètre, et voilà un sismographe ! Sismographe flambant neuf du début du XXe siècle, aujourd'hui pièce de musée, cette image d'Épinal se porte bien. En réalité, il existe toutes sortes d'appareils à mesurer les séismes.

Le plus ancien sismomètre conservé de nos jours fut conçu par un maître chinois, Zhang Heng, en l'an 132 de notre ère. L'Empereur souhaitait être informé des grands séismes de Chine dès la catastrophe, sans avoir à attendre la venue de messagers qui arrivaient des provinces reculées des jours plus tard. L'appareil était constitué d'une grande jarre à vin, percée dans sa partie haute de huit orifices ornés de dragons, chacun à l'aplomb d'un crapaud de bronze placé au sol. À l'intérieur, une lourde masse était suspendue. Lors d'un séisme, le balancement de cette masse libérait une bille qui sortait par l'un des trous, et tombait dans la gueule grande ouverte d'un des crapauds. Cette « girouette à tremblements de terre » indiquait donc non seulement le passage d'une onde sismique, mais aussi la direction de l'oscillation, signalé par le crapaud à la bille... J'ignore si l'Empereur en a tiré quelque gloire, et ses sujets quelque secours, mais l'idée était astucieuse, et l'appareil – un cylindre de 2 mètres de diamètre – fut fabriqué pendant de nombreux siècles.

Entre 1750 et 1850, avec l'intérêt grandissant des savants pour les séismes, toutes sortes d'appareils de mesure furent construits. Chaque inventeur avait son idée : des coupelles pleines de mercure, dont on analysait le volume et la disposition des éclaboussures ; des pendules laissant leur trace sur de la cendre, du sable fin ou du papier. Les plus élaborés incluaient une horloge, censée s'arrêter lors de la secousse par quelque astucieux mécanisme. Il va sans dire que ces instruments rudimentaires ne servaient que d'indicateurs de séismes, ne gardant aucune trace du déroulement temporel du mouvement.

Pour lever le voile sur le détail des ondes sismiques et de leur source, il était nécessaire d'enregistrer le temps : en somme, il fallait concevoir des sismomètres dignes de ce nom. Notez que l'on ne dit plus guère « sismographe », terme réservé aux instruments traçant directement le signal sur papier, sans autre mémorisation. Les ordinateurs et leur mémoire numérique les ont rendus obsolètes, et le terme « sismomètre » est devenu générique. À l'heure de la secousse de 1843, Sainte-Claire Deville et sa montre à gousset ont sans doute constitué le premier sismomètre !

Nous voici revenus au milieu du XIXe siècle : à cette époque, les théories de l'élasticité des roches se développent rapidement. Les ondes longitudinales et transversales observées en 1828 par Denis Poisson sont décrites mathématiquement vers 1850, par George Stockes et Gabriel Lamé, comme des ondes de compression/dilatation et des ondes de cisaillement, plus lentes. En 1851, Mallet réalise la première expérimentation à l'aide de tirs de dynamite et de sismographes spécialement conçus pour l'expérience, initiant une nouvelle branche de la sismologie qui parvint, en quelques décennies, à préciser les vitesses sismiques des premiers kilomètres de la croûte terrestre.

Les développements théoriques se poursuivent : on démontre que dans un milieu solide hétérogène comme la Terre, avec ses couches de roches où les vitesses varient, les ondes se propagent

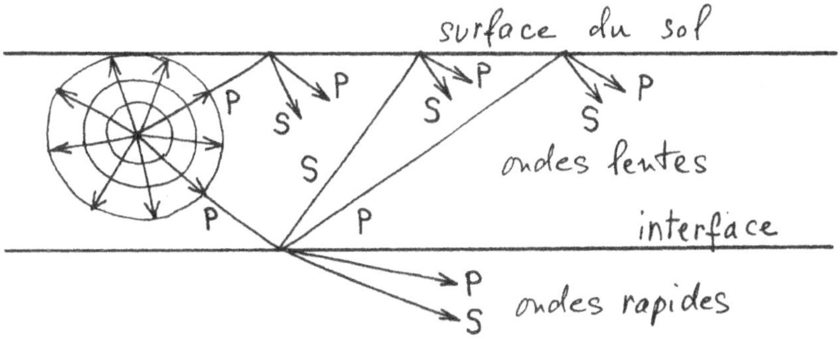

10. Analogie optique des ondes sismiques. Les rais sismiques « P » et « S » se réfléchissent, se réfractent, et se convertissent aux interfaces des couches géologiques, suivant la même loi de Descartes que pour les rayons lumineux.

en suivant les mêmes lois mathématiques que la lumière dans des milieux transparents d'indices optiques différents. À l'instar des rayons lumineux, les «rais» sismiques se réfléchissent ou sont réfractés aux interfaces entre deux couches géologiques, dessinant des trajectoires complexes entre leur source et le point d'observation (figure 10). Et pour corser le tout, ces réflexions et réfractions aux interfaces s'accompagnent de conversions entre les ondes P et S qui s'y échangent de l'énergie, conversion dépendant de leur incidence.

Enfin, en 1885, le physicien Lord Rayleigh découvre et explique l'existence d'ondes particulières, piégées à la surface des solides, se propageant à une vitesse proche de celle des ondes S. Elles correspondent à une combinaison particulière de déformation de cisaillement et de compression, qui annule les contraintes à la surface libre, produisant un mouvement du sol selon une ellipse.

Vers la fin du XIXe siècle, le principe de la propagation des ondes dans les solides ordinaires, et donc dans les roches de l'écorce terrestre, n'avait plus de grands secrets. Les ondes de compression, dites P pour «premières», correspondent à une alternance de compression et de dilatation, et voyagent dans l'écorce terrestre à six kilomètres par seconde environ. Les ondes de cisaillement, dites S pour « secondes », voyagent à trois ou quatre kilomètres par seconde. Les ondes de surface de Rayleigh, créées par une harmonie stable de compression et de cisaillement, voyagent également à trois kilomètres par seconde. John Michell avait donc vu juste lorsqu'il écrivait en 1760 : « Le mouvement de la terre lors des séismes est en partie vibratoire, et en partie propagé par des ondes. »

La force prédictive de ces théories s'accommodait mal de la piètre qualité des sismographes des années 1850. C'est alors qu'en quelques décennies, Italiens et Britanniques bouleversent les méthodes de mesure sismologique. En 1875, l'Italien Cecchi construit le premier sismographe incorporant le déroulement du papier pour inscrire la vibration en fonction du temps ; l'appareil sera consacré à la sismicité du Vésuve. Cependant, au Japon, dans les années 1880, sous l'impulsion du sismologue John Milne, des savants britanniques inventent et réalisent des sismographes plus élaborés et plus sensibles, donnant les trois composantes du mouvement (deux horizontales perpendiculaires et une verticale). Ces appareils permettent enfin les premières analyses scientifiques des vibrations. Séduits, les sismologues européens équipent leurs observatoires du vieux continent. Toutefois, les sismogrammes produits par des séismes proches des instruments restent très rares.

C'est alors que le 17 avril 1889, à Potsdam, un fort signal est enregistré pendant plus d'une heure, sur un pendule consacré à l'observation de la verticale dans le cadre de recherches astronomiques (figure 11). Ce mouvement demeure inexpliqué, aucun séisme régional n'étant rapporté, jusqu'à ce que parvienne la nouvelle d'un grand séisme au Japon. Le séisme eut lieu environ deux heures avant le signal observé à Potsdam : le

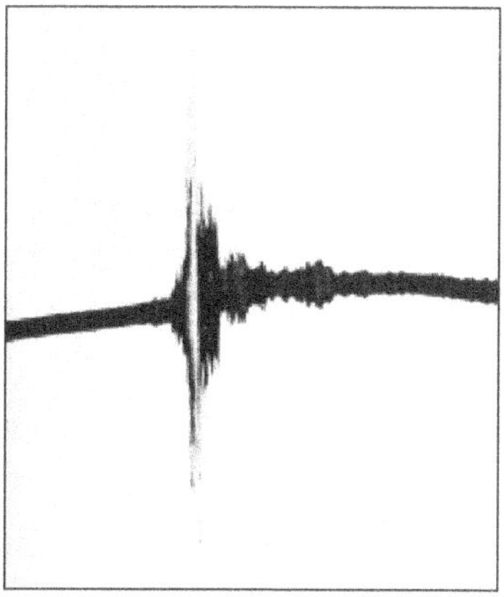

11. Sismogramme enregistré à Potsdam lors du séisme du Japon de 1889.

temps que les ondes sismiques les plus fortes y arrivent. Pour la première fois, l'écho des chocs sismiques de l'autre bout du monde parvenait aux savants! Une brèche était ouverte dans l'opacité terrestre: les sismologues pouvaient ausculter les profondeurs du globe, par l'intermédiaire des ondes sismiques.

Il fallait s'organiser: une seule observation était bien insuffisante pour sonder notre planète. C'est ce qu'entreprit Milne, devenu entre-temps président de l'association internationale des observatoires sismologiques: il fut l'artisan principal de la construction d'un réseau mondial de sismographes, qui comptait, au début du xxe siècle, plus d'une centaine d'appareils de grande sensibilité, répartis dans la plupart des grands centres de recherche intéressés par ces questions.

Restait à attendre les séismes. Chaque année, une petite dizaine de grands séismes avaient assez d'énergie pour être détectés sur l'ensemble du réseau, ce qui assura rapidement le développement de la science sismologique, et fournit peu à peu des images étonnantes, tant de l'intérieur de notre planète que de la sismicité. Grâce aux ondes sismiques, il devenait possible de passer la Terre au scanner, dirait-on de nos jours – ou de la « tomographier », dans le langage consacré des physiciens. On mesura les temps d'arrivée des ondes directes, on définit des couches géologiques plausibles – ou « modèles » –, et on tenta d'ajuster les vitesses de propagation et la géométrie de ces modèles pour expliquer au mieux, par le calcul, ces temps d'arrivée. On détecta même l'existence de contacts entre les couches géologiques par l'observation des ondes réfléchies. Après un chassé-croisé d'hypothèses, de calculs, de rejets de modèles et d'ajustements de paramètres, on précisa peu à peu la distribution des vitesses sismiques dans le globe, compatible avec l'ensemble des temps de propagation observés.

Séisme après séisme, décennie après décennie, les sismologues purent débrouiller leurs sismogrammes, et expliquer les multiples arrivées des ondes P et S, ainsi que les trains dispersés des ondes de surface. Parmi ces dernières, accompagnant les ondes de Rayleigh, furent découvertes de nouvelles ondes prédites en 1911 par le mathématicien anglais Augustus Love, qui leur donna son nom ; elles correspondent à des interférences d'ondes S horizontales piégées par les couches de la croûte.

L'intérieur de la Terre se révélait ainsi avec une précision sans cesse grandissante, et dévoilait ses différentes enveloppes concentriques : une croûte solide de vitesses sismiques plutôt lente (5 à 6 km/s pour les P), épaisse de 30 kilomètres sous les continents et de 6 kilomètres sous les océans, découverte par l'écho des ondes sur sa base, dénommée le « Moho ». Dessous, un « manteau » avec des vitesses plus rapides, séparé en deux à 660 kilomètres de profondeur (8 à 13 km/s pour les P). Puis sous le manteau, à 2 900 kilomètres de profondeur, un noyau liquide de forte densité, inaccessible aux ondes de cisaillement (8 à 10 km/s pour les P). Enfin, découverte en 1935 au cœur de notre planète, une graine solide de 1 200 kilomètres de rayon (11 km/s pour les P). Vers 1940, le premier modèle sismologique de la Terre digne de ce nom est proposé par Sir Harold Jeffreys. Géochimistes et physiciens des matériaux s'appliquèrent à donner une composition à ces matériaux profonds, dont les sismologues ne connaissaient que les densités et la vitesse des ondes s'y propageant : granites et basaltes pour les croûtes continentales et océaniques ; silicates de haute pression pour le manteau, dopés de divers métaux ; fer pimenté de soufre et de nickel pour le noyau.

Par l'analyse des multiples phases des ondes P et S et de leurs échos, ainsi que des ondes de surface, la précision progressivement gagnée sur la mesure des vitesses sismiques au sein de la Terre permettait de mieux localiser les séismes, même à des milliers de kilomètres de tout appareil, en particulier au milieu des océans. Les catalogues de séismes ressentis, parfois destructeurs, et de mieux en mieux documentés au XIXe siècle, en particulier par les remarquables travaux du sismologue français d'Alexis Perrey des années 1850-1870, purent alors être affinés et complétés grâce à la sismologie instrumentale naissante.

Dans les années 1930, les cartes de sismicité mondiale dite « instrumentale » affichaient plusieurs centaines de séismes et montraient que l'activité tellurique était principalement confinée en des zones étroites, coïncidant avec les chaînes de montagnes des divers continents, mais aussi, curieusement, s'étendant clairement au cœur des océans (figure 12). Une autre observation surprenante était celle de séismes très profonds, jusqu'à 700 kilomètres, alors que la plupart semblaient localisés dans la croûte terrestre, à moins de 30 kilomètres de profondeur. Vers 1900, un formidable travail de compilation historique sur l'activité sismique mondiale mené par l'ingénieur français Ferdinand Montessus de Ballore, à la suite de Perrey, avait déjà abouti à ce résultat remarquable d'un lien statistique entre les séismes et la formation des montagnes : « Les géosynclinaux, où les sédiments déposés sous les plus grandes épaisseurs ont été énergiquement plissés, disloqués et relevés à l'époque tertiaire, lors de la formation des principales chaînes actuelles, renferment

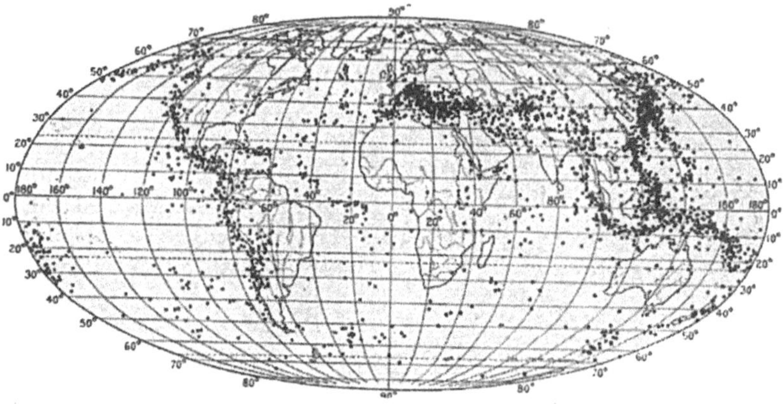

12. Sismicité mondiale détectée par les réseaux sismologiques, 1913-1930 (Bellamy, 1934).

à eux seuls, à deux ou trois exceptions douteuses près, toutes les régions sismiques, qui, par conséquent, les caractérisent. »

Cependant, signe d'un léger agacement des géologues de l'époque face aux avancées rapides de la sismologie « ondulatoire », Montessus de Ballore ne put se résoudre à croire aux nombreux séismes « océaniques » détectés par les sismographes dans ces régions maritimes que tout bon géologue estimait être d'une parfaite stabilité...

Cette irritation se comprend : le gros effort de la communauté des sismologues semblait alors se porter sur les ondes et la structure profonde de la Terre, plutôt que sur les séismes. Pourtant, à cette époque déjà, quelques savants avaient levé le voile sur la source des vibrations sismiques.

Revenons donc à l'autre sismologie, celle des causes obscures.

CHAPITRE 3

Failles et dislocations

Au XIXe siècle, une dizaine de grands séismes, frappant des régions habitées, fournissent aux géologues les premières clés de l'énigme sismique : en Inde (1819), en Nouvelle-Zélande (1848, 1855), en Californie (1857, 1872 et 1883), au Japon (1891), en Afghanistan (1892), et en Grèce (1894). Ils révèlent tous des fractures au sol, le long de failles quasi-linéaires, que l'on peut suivre sur des dizaines voire des centaines de kilomètres (figure 13). Ces failles produisent des décalages de plusieurs mètres de part et d'autre de la fracture. Pour certaines d'entre elles, le mouvement est horizontal, cisaillant les routes, les rivières, les champs ; pour d'autres, le mouvement relatif est plutôt vertical, et forme des marches de géant, véritables murs rocheux barrant les rivières et générant des lacs. Un des exemples le plus fameux est celui de l'apparition de la « digue d'Allah », dans l'ouest de l'Inde : en 1819, un grand séisme ravagea la région de Buj, et la faille activée produisit une dislocation verticale de 4 mètres de haut sur 80 kilomètres de long, signe de la puissance divine.

13. Rupture d'une faille lors du séisme de Mino-Owari (Japon) de 1891.

Les failles semblaient donc faire partie intégrante du processus sismique ! Mais était-ce le tremblement de terre – la secousse – qui faisait jouer ces failles, ou bien, au contraire, étaient-elles elles-mêmes la cause de ces vibrations ? Pour certains savants, l'ampleur et la structure quasi-linéaire de ces dislocations semblaient exclure qu'elles ne soient que les effets secondaires des vibrations sismiques. Dès 1855, le géologue écossais Charles Lyell précise sa vision de la fracturation des strates : les grandes failles montrent à l'évidence, par les striations qui couvrent leur surface, que les masses rocheuses glissent par intermittence sur ces failles, lors de tremblements de terre successifs. Vingt ans plus tard, affinant les vues de Lyell, le géologue autrichien Eduard Suess propose une théorie des dislocations et marginalise les séismes volcaniques et d'effondrement : « Ainsi, nous sommes conduits à envisager les séismes, au moins pour leur plus grande part, comme la démonstration des ruptures d'équilibre qui surviennent dans l'assiette des compartiments de l'écorce terrestre. [...] Cela explique comment, dans un si grand nombre de cas, les bruits qui accompagnent les tremblements de terre ont été jugés semblables à celui d'une voiture roulant au galop sur le pavé, ou d'une lourde charge traversant un pont métallique. C'est bien là ce qu'on doit attendre d'un frémissement produit entre les deux lèvres d'une cassure dont la paroi se déplace. »

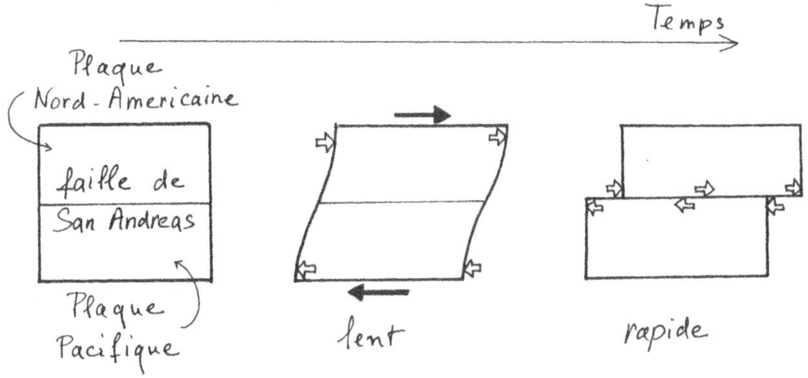

14. Déformation de la croûte terrestre avant et juste après le séisme de San Francisco de 1906, d'après Reid.

Pour Suess, et bientôt pour la majorité des géologues, il ne se produit pas de dislocation sans séisme, et ce glissement doit être la cause, et non la conséquence, du tremblement de terre. En 1878, les séismes liés à des ruptures de faille furent baptisés « tectoniques » par le géologue allemand Rudolf Hoernes : ils découlent de la formation du relief – l'orogenèse – laquelle fait jouer verticalement ou horizontalement les fractures de l'écorce terrestre. En 1884, le géologue américain G. K. Gilbert proposa le premier modèle du cycle sismique : « Le soulèvement produit une déformation locale de la croûte, impliquant une certaine quantité de compression et de distorsion, et cette déformation augmente jusqu'à ce qu'elle dépasse la résistance en friction sur la surface de fracture. Soudain, et presque instantanément, il se produit un mouvement suffisant pour relaxer la déformation, ce qui est suivi par une longue période de stabilité, durant laquelle, peu à peu, la déformation s'accroît de nouveau » (figure 14).

En 1906, le grand séisme de San Francisco, qui fit coulisser la faille de San Andreas sur près de 400 kilomètres, avec une dislocation moyenne de plus de 4 mètres, confirma et précisa ces théories : des mesures géodésiques répétées depuis 1851 montrèrent que la région située autour de cette faille s'était déformée continuellement avant le séisme. En 50 ans, jusqu'au déclenchement du séisme, les points de mesure à l'ouest de la faille, le long du Pacifique, s'étaient déplacés d'un mètre cinquante vers le nord par rapport aux points situés à quelques dizaines de kilomètres à l'est de la faille. L'Américain Henry Reid interpréta ces mesures comme l'effet de la mise en charge élastique de la croûte terrestre. La croûte élastique finit par céder – elle est cassante – en son lieu le plus fragile : la faille. Cette dernière coulisse brusquement, générant les ondes sismiques, et se bloque dans une nouvelle position. C'est ce que l'on observe lorsque l'on essaie de faire glisser deux gommes pressées l'une contre l'autre : leur surface de contact (la faille) accroche, les gommes (la croûte terrestre élastique) se déforment un peu, puis glissent l'une sur l'autre (le séisme).

En ce début de XXe siècle, guidés par leurs observations de terrain accumulées depuis 100 ans, les géologues désignent donc les failles comme responsables des séismes. De leur côté, les sismologues s'intéressent peu aux sources sismiques : ils étudient surtout la structure interne, et ne considèrent les séismes que comme des phares puissants, éclairant l'intérieur de la Terre. À vrai dire, la complexité des sismogrammes enregistrés n'était pas liée à celle de la source sismique ; elle reflétait surtout les perturbations rencontrées lors de la propagation des ondes à grande distance. Les sismologues étaient avant tout désireux de débrouiller ces ondes et de trouver pour chacune l'interface dont elle était l'écho, ou le guide d'onde qui l'avait piégé.

Toutefois, les sources des séismes ne laissaient pas tous les sismologues indifférents. À cette époque, les Japonais possèdent de meilleurs réseaux de sismographes qu'en Europe ou en

Californie, et bénéficient de la forte activité sismique de leur archipel – ils se sentent aussi, bien sûr, particulièrement concernés par ces questions car ils en subissent fréquemment les effets. Ils s'efforcent d'extraire des sismogrammes de nouvelles informations sur la source, en regardant le tout début de chaque enregistrement correspondant à la toute première seconde de l'onde P. Il leur apparaît que, pour un même séisme, certains sismographes montrent un premier mouvement du sol vers le haut (polarité « positive », signe d'une première onde P en compression) alors que d'autres sismographes ont un premier mouvement vers le bas (polarité « négative », signe d'une onde P en dilatation). Cette observation exclut les modèles de sources sismiques purement explosives ou implosives. En effet, des sources explosives ne génèrent que des premières ondes P compressives, dans toutes les directions, et des sources implosives ne génèrent que des premières ondes P dilatantes (figure 15). Dans ces deux cas, il est donc impossible d'observer, pour un même séisme, les deux formes de premier mouvement, vers le haut et vers le bas, en différents sismographes. De plus, il apparaît que, pour un séisme donné, les points d'observation de mouvements de compression et de dilatation ne sont pas distribués au hasard : de vastes régions ne montrent que des compressions, et d'autres que des dilatations.

Si des forces internes à la Terre sont responsables d'un séisme, elle doivent être au moins au nombre de deux, opposées en sens et de même direction, car on doit comptabiliser non seulement l'action d'un élément de roche sur un élément voisin, mais aussi la réaction égale et opposée de ce dernier sur le premier. Un couple de forces opposées, de somme nulle, est donc la version la plus simple des forces internes.

Il fut alors suggéré qu'un tel couple de forces représente l'effet d'ouverture brutale d'une fissure, et soit à l'origine des mouvements sismiques. Les premières ondes P étaient en

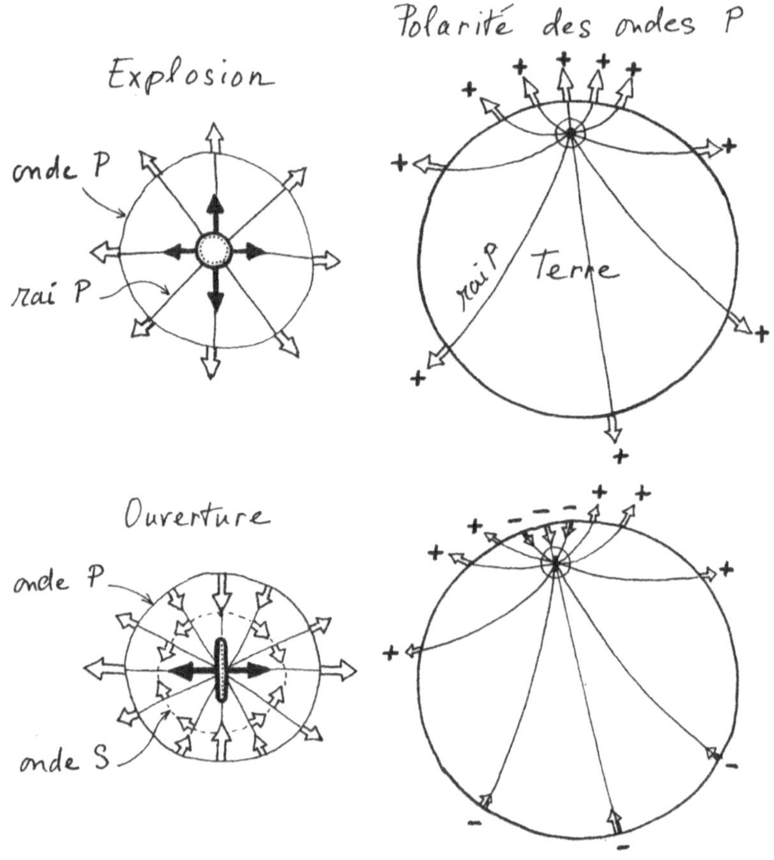

15. Polarité des ondes P pour une explosion (en haut) et pour une ouverture brutale de fissure (en bas). Pour l'explosion, on ne prédit que des premiers mouvements vers le haut à la surface. Pour la fissure, les polarités peuvent être positives ou négatives suivant le lieu, et l'amplitude des ondes P et S émises dépend de la direction d'émission (rai sismique).

compression dans les directions perpendiculaires à la fissure, et en dilatation dans les directions parallèles à la fissure. Ce modèle reprenait l'idée que les séismes naissent sur des fractures, mais il s'opposait aux modèles des géologues : pour ces derniers, le mouvement entre les deux blocs séparés par la faille n'est pas en ouverture, perpendiculairement au plan de faille, mais au contraire en glissement, le long de ce même plan.

Il fallut attendre que le nombre de séismes bien enregistrés par de nombreuses stations soit suffisant, dans les années 1950, pour y voir plus clair dans la distribution des régions de polarités positive et négative, pour un même séisme. On montra que ces distributions étaient toujours compatibles avec le jeu d'une dislocation, c'est-à-dire le glissement sur une faille – et non pas avec son ouverture. Les physiciens démontrèrent que les ondes émises par une telle dislocation étaient identiques à celles de deux couples de forces égales et opposées, de points d'application légèrement décalés. La première théorie mécanique correcte d'une source sismique était née. Elle fut établie en 1964 aux États-Unis, par Robert Burridge et Leon Knopoff, et au Japon, indépendamment, par Maruyama.

Incidemment, en cas de séisme, vous risquez donc pas mal de choses, mais pas de disparaître dans les entrailles de la Terre, happé par la gueule soudainement béante d'une faille, contrairement aux images d'Épinal des films catastrophes : les failles glissent mais ne s'ouvrent pas, en raison de la pression des roches. Il arrive toutefois, très rarement, que la secousse produise de grandes fractures ouvertes de faible profondeur, dans des sols instables, en zone de relief ou en présence de cavités souterraines.

Ces distributions de polarités, rapportées non plus sur la surface de la Terre, mais projetées sur une surface sphérique entourant le foyer, dessinent quatre quadrants égaux, alternant compressions et dilatations, séparés par deux disques orthogonaux (figure 16). Un des disques définit le plan de faille vrai, et l'autre un plan de faille fictif perpendiculaire dont le glissement donnerait le même rayonnement sismique. Les caractéristiques de premier mouvement des ondes permettent donc de déduire un mécanisme, dit « au foyer », avec deux solutions pour la

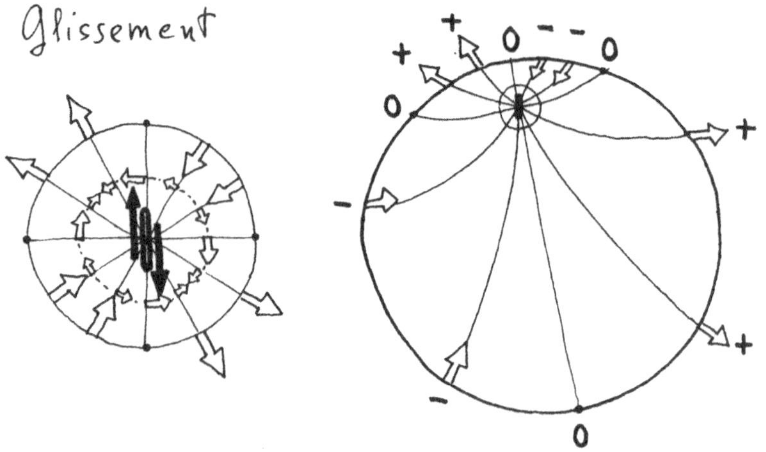

16. Polarité des ondes P pour un glissement sur une faille. Les polarités des premières arrivées P peuvent être positives ou négatives, suivant le lieu. L'amplitude des ondes P et S n'a pas la même dépendance en direction que pour la fissure de la figure 15.

faille à l'œuvre. Il est impossible, dans un modèle aussi simple, de déterminer laquelle des deux est la vraie faille, en raison de la symétrie des deux couples de force. Cette ambiguïté fait que le sismologue ne peut hélas pas se contenter d'observer prudemment les séismes de loin. Pour identifier le vrai plan de faille, il est nécessaire, le plus souvent, de mener des études plus complètes au voisinage de la zone de rupture.

Ces difficultés d'analyse ne doivent pas masquer la force de ces premières découvertes sur la « sismogénèse » : les failles étaient enfin prises en flagrant délit de rupture, un siècle après les premières intuitions de Lyell. La signature de leur mouvement était portée par la première onde des sismogrammes – il suffisait d'y penser, et de savoir la mesurer… Par un paradoxe amusant, ce ne fut donc pas l'observation rapprochée des failles sur le terrain qui mit en évidence leur rôle « sismogène » lors de leur rupture. Ce fut l'observation lointaine de leurs premiers échos, à des milliers de kilomètres de distance !

En bref : les vibrations sismiques sont produites par le glissement rapide entre les deux lèvres d'une faille ; les failles glissent tout à coup parce que les tensions qu'elles subissent augmentent dans le temps, jusqu'à un seuil de rupture ; et ces tensions augmentent car... car quoi au juste ? Les choses n'étaient pas si claires... Quels pouvaient bien être les processus internes à l'origine de cette tectonique cassante, source des séismes ?

Une théorie de cette tectonique était déjà bien formulée depuis le début du XIXe siècle par les géologues « catastrophistes ». À l'appui de cette théorie, une observation bien établie à l'époque semblait sans rapport avec les séismes et les failles : l'augmentation de la température avec la profondeur dans les mines. La variation est de 3 degrés en 100 mètres, si bien qu'il fait plus chaud de 30 degrés à 1 000 mètres de profondeur ! La science alors toute neuve de l'énergie et de la chaleur, la thermodynamique, permettait d'extrapoler ces températures à des profondeurs bien plus grandes, inaccessibles aux mesures, et d'estimer l'importance du flux de chaleur vers la surface. De grands savants comme Joseph Fourier et Lord Kelvin considéraient cette chaleur comme la chaleur résiduelle du globe terrestre héritée depuis sa formation, globe à l'origine bien plus chaud et constitué de matière en fusion.

La Terre était donc encore tiède et se refroidissait. On savait à l'époque que tout corps qui se refroidit se contracte en même temps : c'est le principe du thermomètre, dont le liquide se dilate à la chaleur et se rétracte au froid. Il fallait un peu d'audace pour proposer d'appliquer le modèle du thermomètre à notre planète... C'est pourtant ce que fit, dans les années 1820, le géologue français Jean-Baptiste Élie de Beaumont. Il développa la vision originale et féconde d'un globe en contraction thermique, où le volume total des roches – et donc le rayon de la Terre – diminue au cours du refroidissement, ce

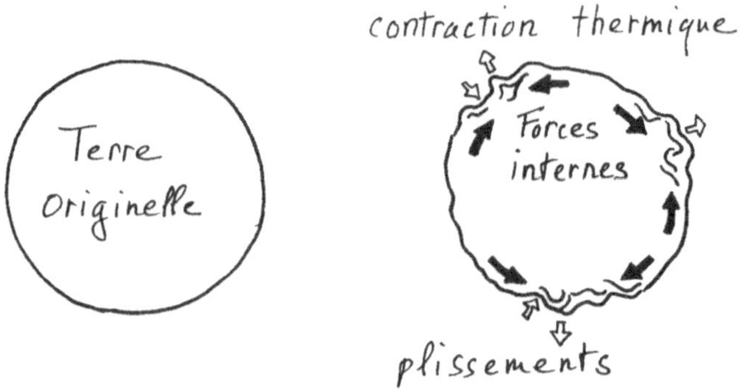

17. Contraction et plissements du globe terrestre, d'après le modèle d'Élie de Beaumont, qui inspira 150 années de recherches.

qui engendre plissements et fractures de la croûte (figure 17). En somme, la planète se ratatinait comme une vieille pomme. Cette théorie séduisante fut rapidement adoptée par la plupart des géologues. Mais d'autres idées virent le jour, comme celle du géologue français Antonio Snider-Pellegrini, en 1858 : remarquant la coïncidence des côtes de part et d'autre de l'océan Atlantique, et la similitude des fossiles des continents africain et sud-américain, il proposa l'idée que les continents ne constituaient à l'origine qu'un seul bloc, et que la nécessité d'un rééquilibrage des masses à la surface de la Terre entraîna leur séparation. Une idée qui n'inspira personne à l'époque…

À la fin du XIXe siècle, les progrès dans la classification des roches et dans la description de leur origine, en particulier par le géologue américain Dana et par Suess, aboutirent à des descriptions plus détaillées de l'histoire de la Terre. On savait alors que la phase de solidification de la Terre primitive avait conduit à la formation du plancher océanique, constitué de basaltes d'origine volcanique, et à celle de la croûte continentale, constituée de granite. La différence de densité entre le granite (moins dense) et le basalte (plus dense) imposait que la croûte soit plus épaisse sous les continents que sous les océans. Cela découle du principe d'isostasie, selon lequel la pression des roches est identique à la même profondeur sous les deux croûtes. Ce même principe expliquait que la surface de la croûte granitique soit soulevée par rapport à la croûte basaltique, et que l'eau, préférant séjourner en des lieux bas, couvre la croûte basaltique, qui devint océanique.

À ce stade des connaissances, le modèle d'Élie de Beaumont gagnait en finesse prédictive : selon Dana, la contraction du globe terrestre permettait à la croûte océanique d'emboutir la croûte continentale, plus épaisse, ce qui expliquait la présence de chaînes de montagnes en bordure des continents. En provoquant sans cesse des ajustements isostatiques et des modifications de pression latérale, la contraction du globe, alliée aux phénomènes d'érosion et de sédimentation, était bien à l'origine de l'histoire mouvementée de notre Terre. Pour la plupart des savants du début du XXe siècle, les montagnes, les plissements, les failles – et les séismes – avaient enfin leur cause…

Le bel édifice de cette théorie contractioniste allait s'écrouler définitivement soixante ans plus tard : en 1960, les éléments nécessaires au déclenchement d'une formidable révolution des sciences de la terre étaient découverts, et allaient enfin être associés.

Le puzzle

L'un des éléments clé fut la découverte par Henri Bequerel, en 1896, de la radioactivité naturelle, qui bouleversa la géophysique en quelques années : Pierre Curie et Ernest Rutherford en déduisirent que les diverses substances radioactives contenues dans les roches, tel l'uranium ^{238}U, devaient libérer en continu une quantité considérable de chaleur, expliquant enfin les fortes températures internes. Ces dernières avaient en effet contraint le grand physicien Kelvin à rejeter l'hypothèse d'une Terre très vieille, soutenue par les études géologiques et par celles de l'évolution des espèces: une Terre vieille aurait eu le temps de se refroidir considérablement. L'existence d'une source de chaleur quasiment inépuisable, par la radioactivité, levait cette contradiction.

Pour Kelvin, la planète, comme tout corps solide, se refroidit par conduction, c'est-à-dire que la chaleur se transmet sans déplacement de matière: on se brûle les doigts en touchant le bout d'une barre métallique dont l'autre extrémité est au feu. Il existe cependant un autre moyen de transférer de la chaleur: par convection, c'est-à-dire avec déplacement de matière, comme dans une casserole d'eau chauffée à petit feu. L'eau est chauffée au fond de la casserole, se dilate, devient moins dense, et remonte par le principe d'Archimède. En atteignant la surface, elle s'y refroidit, se contracte, devient plus dense, et redescend par le même principe... Les fortes températures attendues dans la Terre conduisirent l'Australien Otto Ampferer à suggérer, en 1906, l'existence de courants de convection dans les roches profondes et chaudes, reprenant une idée déjà élaborée par le Révérend Fisher en 1881. Rendues visqueuses par les températures élevées, les roches solides se déplaceraient en de lents tourbillons: le matériau chaud, moins dense, remonterait vers la surface pour s'y refroidir, gagnerait alors en densité, et s'enfoncerait de nouveau. Ce processus est bien plus efficace que celui de conduction thermique. Cette théorie, qui s'avéra correcte dans ses grandes lignes, resta marginale pendant un demi-siècle.

Indépendamment, le géologue américain Frank Taylor et le météorologue allemand Alfred Wegener proposèrent chacun, dans les années 1910, une théorie de continents mobiles à la surface de la Terre. Taylor se fonda surtout sur la

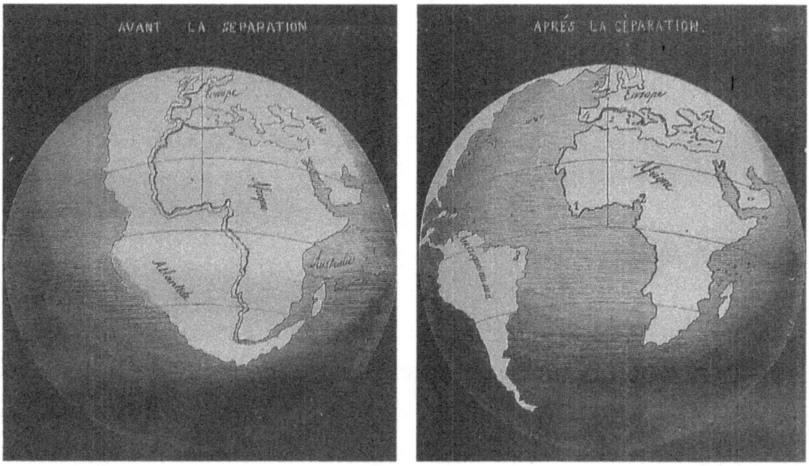

18. Schéma de la dérive des continents par Snider-Pellegrini, datant de 1858.

géométrie et les plissements des chaînes de montagnes qui bordent tout le sud du continent eurasiatique, des Alpes à l'Himalaya, qu'il interprétait comme le résultat d'un lent déplacement d'un bloc asiatique vers le sud. Le mécanisme qu'il proposa, par l'effet des forces d'attraction de notre Lune capturée par la Terre au Crétacé, fut jugé irréaliste et ce modèle eut peu d'impact.

De son côté, Wegener appuya sa théorie sur d'autres observations. La plus connue est celle de la coïncidence des formes des côtes continentales de part et d'autre de l'océan Atlantique, entre l'Afrique et l'Amérique du sud. Une autre observation était la similarité d'espèces animales et de formations géologiques de part et d'autre de l'Atlantique sud, confortant l'idée d'une union ancienne des deux continents. Ces deux observations n'étaient cependant pas nouvelles, comme nous l'avons vu, déjà relevées et analysées par Snider-Pellegrini cinquante ans auparavant (figure 18). Enfin, troisième jeu d'observations, la découverte de traces de climats polaires dans les régions aujourd'hui tempérées des continents austraux suggérait un déplacement important de ces derniers. Les géologues et les géophysiciens ne virent pas d'un bon œil ce physicien piétiner leurs plates-bandes, et le modèle de « dérive » continentale fut vigoureusement critiqué, malgré la pertinence de ses analyses. On réfuta les mécanismes de cette dérive avancés par Wegener, car ce dernier proposait une sorte de centrifugation des continents, des pôles vers l'équateur, par l'effet de rotation de la Terre, et par les forces de marée lunaire. La faiblesse théorique de ce modèle mécanique était d'ailleurs reconnue par Wegener lui-même.

Partageant le triste sort du modèle convectif d'Ampferer et de Fisher, et de celui de dérive continentale de Snider-Pellegrini, le modèle cinématique de Wegener fut donc lui aussi largement dédaigné par la communauté scientifique, malgré le soutien de rares savants. Deux pièces maîtresses du puzzle furent ainsi remises dans la boîte ! C'est pratiquement seul contre tous que le physicien anglais Arthur Holmes persista à défendre ces idées pendant toute sa carrière ; il développa plus avant les modèles mécaniques de convection thermique du manteau terrestre, s'appuyant sur les modèles de la radioactivité des roches et des effets de chauffage associés.

Cependant, après la Seconde Guerre mondiale, de nouvelles observations confirmèrent que des masses rocheuses des continents s'étaient déplacées de milliers de kilomètres à la surface du globe. Certaines roches volcaniques ou sédimentaires, contenant des oxydes de fer magnétiques, ont la propriété d'enregistrer la direction du champ magnétique terrestre lors de leur formation : ces oxydes se comportent comme de petits aimants, qui se figent lorsque la roche se met en place, et en particulier lorsqu'il s'agit d'une lave qui refroidit. Par ailleurs, en chaque point du globe, la direction et l'intensité du champ magnétique terrestre dépendent de l'éloignement aux pôles.

Or, les directions d'aimantation des roches observées dans une même région apparurent fortement dépendantes de l'âge de ces roches, ce qui démontra qu'elles ne s'étaient pas formées au même endroit par rapport aux pôles magnétiques. Autrement dit, les continents se sont notablement déplacés au cours des temps géologiques.

Enfin, au début des années 1960, deux nouvelles pièces essentielles de ce puzzle sont collectées. Toutes deux furent le fruit des nombreuses campagnes scientifiques d'exploration des océans : cartes bathymétriques, recueil d'échantillons de roches, cartographie magnétique.

Tout d'abord, il apparut que l'âge des roches prélevées – toutes des basaltes – était au plus de 200 millions d'années. Ces roches étaient donc plus de 20 fois plus jeunes que la planète, enfin datée correctement par Holmes, en 1944, à 4,5 milliards d'années grâce aux nouvelles méthodes isotopiques ! Ces méthodes se fondent sur la mesure, au sein des roches à dater, des proportions entre les éléments d'une même chaîne radioactive, telle que celle conduisant de l'uranium 238 au plomb 206, isotope stable, en passant, entre autres, par l'uranium 234 et le thorium 230. La connaissance de ces proportions et des temps de demi-vie radioactive de chaque élément (le temps au bout duquel la moitié des atomes d'un échantillon se sont désintégrés) permet de déduire l'âge de la formation de la roche analysée.

La bathymétrie des grands océans, gagnant en qualité et en couverture, dévoilait ces étranges chaînes de montagnes volcaniques sous-marines serpentant au grand large – les « dorsales » – , et ces profondeurs abyssales – les « fosses » – à la bordure active des continents, là où se concentrent hauts reliefs, volcans, et séismes. Ces observations menèrent le géologue Harry Hess à proposer, en 1960, que le plancher océanique se formait dans les dorsales, puis venait s'enfouir dans les profondeurs de la terre aux grandes fosses océaniques, en moins de 200 millions d'années. Ce « tapis roulant » océanique devait donc entraîner avec lui les masses continentales, passives, à des vitesses de plusieurs centimètres par an !

Par ailleurs, les cartes magnétiques du fond des océans révélaient de curieuses zébrures, parallèles aux dorsales. Les géophysiciens britanniques Fred Vine et Drummond Matthews, et, indépendamment, le canadien Lawrence Morley, associaient ces zébrures à l'enregistrement du champ magnétique par les basaltes lors de leur remontée et de leur refroidissement au niveau des dorsales. Que le champ magnétique terrestre s'inverse à un moment, et les roches nouvelles acquièrent une aimantation opposée. Ces inversions du champ, révélées depuis le début du XXe siècle par les études de laves volcaniques, sont la cause des alternances de l'aimantation des basaltes océaniques. Cette observation confortait la théorie d'une convection à grande échelle proposée par Hess, et permettait de calculer les vitesses d'expansion des fonds océaniques.

Cette théorie naissante fut solidement structurée et affermie en 1966 par trois géophysiciens – les américains Tuzo Wilson et Jason Morgan, et le français Xavier Le Pichon : ce dernier proposa un découpage de la surface du globe en six plaques rigides, mobiles les unes par rapport aux autres, en se fondant sur les observations océaniques, magnétiques et sismologiques. La théorie de la dérive des continents de Wegener, Taylor et Snider-Pellegrini se muait enfin en une théorie cohérente : la tectonique des plaques. En quelques années, de nombreuses études confortèrent et affinèrent ce modèle unificateur ; nouveau paradigme des sciences de la Terre, il donnait un cadre commun à des théories et des observations géophysiques (magnétisme, sismologie, bathymétrie, gravimétrie) et géologiques (identification des roches, de leur origine, structure de la croûte, fonctionnement des failles), jusqu'alors traitées indépendamment.

La sismologie tira bénéfice de cette révolution, et y contribua grâce à un nouveau réseau mondial de sismomètres américain, le réseau WWSSN (*World Wide Standard Seismological Network*), opérationnel au début des années 1960 et constitué d'une centaine d'appareils d'une nouvelle génération. Conçu à l'origine pour détecter les explosions nucléaires soviétiques, ce réseau parvint à localiser précisément un millier de séismes par an. Il révéla ainsi, avec une grande finesse, les frontières de plaques, zones de déformation intenses définies par les régions sismiques concentrées en bandes étroites et sinueuses enlaçant le globe. Découverte par Wadati vers 1920 au voisinage des fosses océaniques, la sismicité anormalement profonde, jusqu'à 700 kilomètres, perdait son mystère : il s'agissait des derniers soubresauts d'une croûte encore froide et cassante plongeant dans le manteau aux zones de subduction. Des modèles mécaniques précisèrent l'épaisseur de ces plaques rigides, d'environ 200 kilomètres sous les continents, incluant donc la croûte et la partie supérieure du manteau : c'est la lithosphère, qui recouvre une couche solide plus visqueuse, l'asthénosphère, sur laquelle elle se déplace.

En dehors de ces zones de frontière de plaques, la sismicité semblait fort réduite, sauf en quelques régions de sismicité diffuse. Ces dernières révélaient l'existence de grandes failles actives fracturant le cœur même des plaques, contrecoups de collisions continentales comme dans les Alpes ou au Tibet, ou bien amorces de déchirures, tel dans le grand rift africain, ou le rift du Baïkal.

Enfin, et ce n'était pas la moindre des découvertes, la géométrie et le sens du glissement des failles, déduites des analyses des sismogrammes, correspondaient bien aux mouvements élémentaires nécessaires au déplacement relatif des plaques

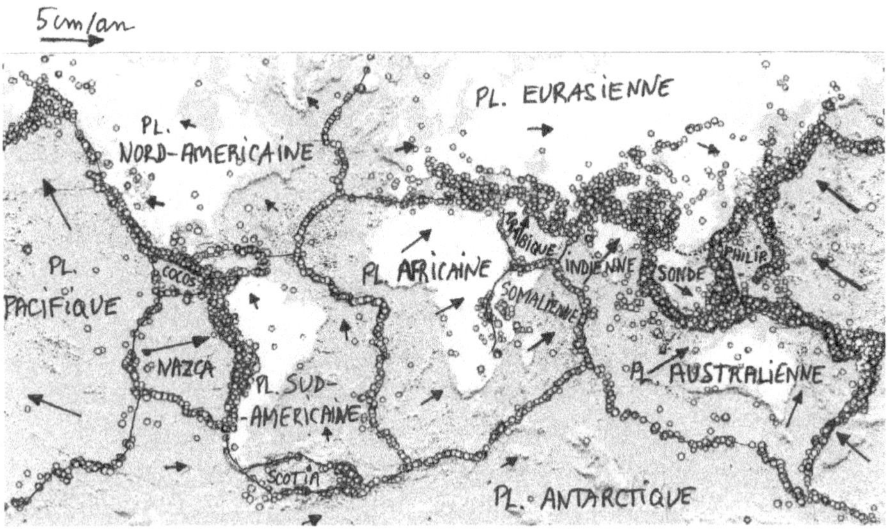

19. Sismicité mondiale et principales plaques tectoniques. Leurs frontières sont marquées par une forte sismicité. Les flèches donnent les vitesses actuelles des plaques, en rotation rigide sur le globe.

(figure 19). Une frontière de plaques divergentes, comme sur une dorsale océanique ou dans un rift continental, était associée à des failles dites « normales », produisant de l'extension par un glissement sur un plan incliné. Une frontière de plaques convergentes, comme aux zones de subduction ou au front des grands massifs alpins, était associée à des failles « chevauchantes », produisant un raccourcissement sur un plan incliné. Enfin, dans une frontière de plaques « transformantes », où les deux plaques glissent latéralement l'une contre l'autre, les failles étaient verticales avec un glissement horizontal de coulissage. En somme, chaque glissement et chaque faille étaient adaptés pour apporter leur contribution au mouvement local des plaques, quel qu'en soit le style tectonique.

Ainsi, conçus au début du XIXe siècle pour expliquer la formation des montagnes, la théorie contractioniste et ses avatars avaient vécu, défaits par les découvertes océaniques.

Le temps d'une rupture

La nouvelle théorie remit au goût du jour le vénérable modèle du cycle sismique de Gilbert, presque centenaire. Isolons une faille, au voisinage d'une frontière de plaques. Le déplacement relatif des deux plaques déforme lentement mais inexorablement les roches, en particulier dans les zones de failles actives. Ces dernières sont orientées de telle sorte que la déformation y est surtout cisaillante, c'est-à-dire optimale pour forcer les deux blocs qu'elles séparent à glisser l'un sur l'autre. Ces contraintes cisaillantes augmentent lentement jusqu'au point de rupture des roches les plus faibles, au sein des failles. De part et d'autre de la faille qui rompt, les blocs glissent alors soudainement l'un sur l'autre, et engendrent les vibrations sismiques. Puis la faille se bloque de nouveau. Le ballet des plaques se poursuivant, la déformation élastique des roches reprend lentement, jusqu'à la prochaine rupture. Une faille est la cicatrice sans cesse réactivée de ruptures sismiques, accommodant le mouvement relatif des plaques. Des centaines, voire des milliers d'années de mise en charge secrète, en déformation cisaillante, pour quelques secondes catastrophiques.

À la fin des années 1960, la chaîne d'événements conduisant au séisme pouvait enfin être remontée intégralement : mouvements vibratoires du sol, ondes sismiques dans les roches, rupture de faille, tectonique des plaques, convection des roches du manteau, radioactivité des roches. Ainsi, si l'on reprend la vision des savants-philosophes grecs, le principe actif primordial qui met en branle la Terre n'est ni l'Air, ni l'Eau, ni même le Feu, mais la Terre elle-même, par sa propre désintégration !

Entre-temps, les sismologues avaient appris à mesurer la grandeur d'un séisme en définissant une échelle de magnitude. Cette échelle fut proposée par l'Américain Charles Richter en 1935, à partir de l'amplitude des premières ondes observées à des distances régionales. Dans les décennies suivantes, d'autres échelles de magnitude, mieux adaptées aux grands séismes et ajustées les unes aux autres, furent définies à partir de la mesure de l'amplitude des ondes P de période 1 seconde, et celle des ondes de surface de période 20 secondes, à des distances de plusieurs milliers de kilomètres.

Cependant la magnitude ne donnait qu'une caractérisation globale et empirique du séisme. Comment les failles se fracturent-elles ? En combien de temps ? Quels types d'onde rayonnent à partir d'elles, à quelles fréquences, avec quelles amplitudes ? Ces ondes ont-elles des directions de rayonnement privilégiées ? Dans la plupart des cas, les séismes avaient lieu sans sismomètre à proximité, et, lorsque par chance il y en avait un, l'amplitude des mouvements le mettait hors échelle – comme si l'on photographiait le Soleil sans filtre. Seuls quelques sismomètres adaptés à ces mouvements forts, des « accéléromètres » de faible sensibilité dont je parlerai plus loin, ont pu enregistrer de rares événements. Jusqu'au début des années 1970, on ne savait toujours rien, ou presque, du processus de rupture sismique lui-même, faute de mesures adéquates. La balle était dans le camp des théoriciens.

Poursuivant le travail initié par Alan Griffith, vers 1920, sur la mécanique des fractures, le Russe Boris Kostrov publia en 1964 un premier modèle de rupture. Les sismologues en résolurent les équations grâce au calcul numérique que permettaient enfin les premiers ordinateurs des laboratoires de recherche. Ainsi, en 1969, le mécanicien Robert Burridge publie les premiers résultats pour la propagation d'une fracture monodimensionnelle ; et en 1976, le Chilien Raùl Madariaga calcule le mode de rupture et d'émission d'onde d'une fracture spontanée s'étendant circulairement autour d'un point de nucléation. Selon ce modèle, la rupture des failles débute presque en un point et s'étend sur le

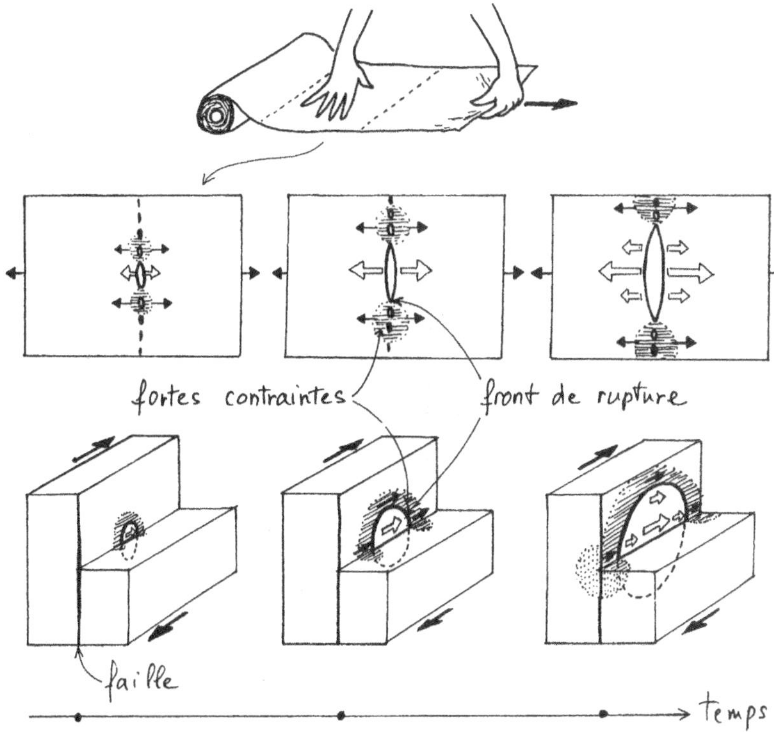

20. Propagation d'une rupture dans un solide élastique et cassant. En haut, expérience avec deux feuilles de papier absorbant : la déchirure progresse derrière une zone fortement étirée qui se propage. En bas, rupture sismique sur une faille : la rupture progresse derrière une zone fortement cisaillée qui se propage.

plan de faille à grande vitesse, environ 3 kilomètres par seconde, en y brisant sa résistance au glissement.

Que se passe-t-il ? Prenez un rouleau de papier absorbant, déroulez deux feuilles sans les détacher, et tirez lentement de part et d'autre de la ligne pointillée (figure 20). Le papier s'étire, les trous du pointillé s'élargissent. Tout d'un coup, une première déchirure apparaît entre deux trous voisins, produisant une fissure plus longue qui reporte les efforts de tension à ses extrémités. La déchirure va se propager ainsi de proche en proche, très rapidement, jusqu'à traverser toute la largeur de la feuille. Une faille est l'analogue de ce pointillé, zone fragile dans les roches. À deux différences près : une faille est une surface, et non une ligne ; et une faille sismique ne s'ouvre pas, mais coulisse... Traduisons l'expérience : une petite fissure cisaillée cède et glisse rapidement, reportant de fortes contraintes sur les roches à sa périphérie. Ces contraintes peuvent alors faire rompre et glisser la surface de faille ainsi surchargée, et ainsi de proche en proche. Un front de rupture se propage, séparant une zone qui glisse et bientôt se fige, d'une zone qui n'a pas encore glissé. Lorsque la rupture atteint des zones plus résistantes ou déjà relâchées de la faille, elle s'arrête.

Qu'en était-il des failles réelles ? Plus que la curiosité des chercheurs, le souci de définir des règles de construction et des normes parasismiques adéquates motiva le développement de réseaux d'accéléromètres au voisinage des failles les plus actives, en particulier en Californie, en Italie, en URSS et au Japon. Il fallut attendre que plusieurs séismes destructeurs soient pris dans les mailles de réseaux denses, dans les années 1970, pour commencer à comprendre ces vibrations qui, depuis des millénaires, semaient terreur et dévastation. Parmi les plus connus : à San Fernando (1971) et à Imperial Valley (1979) en Californie, au Frioul (1976) et en Campanie-Lucanie (1980) en Italie. Ces trépidations, oscillations, ondulations, chocs, si souvent décrits par les témoins des catastrophes historiques, étaient enfin finement mesurés : durant une dizaine de secondes, le sol bouge de manière chaotique, présente des accélérations atteignant la moitié de celle de la pesanteur, et se déplace de plusieurs dizaines de centimètres (figure 21) !

Grâce aux performances nouvelles des ordinateurs, ingénieurs et sismologues allaient caractériser le spectre de ces mouvements – c'est-à-dire la distribution de l'énergie des

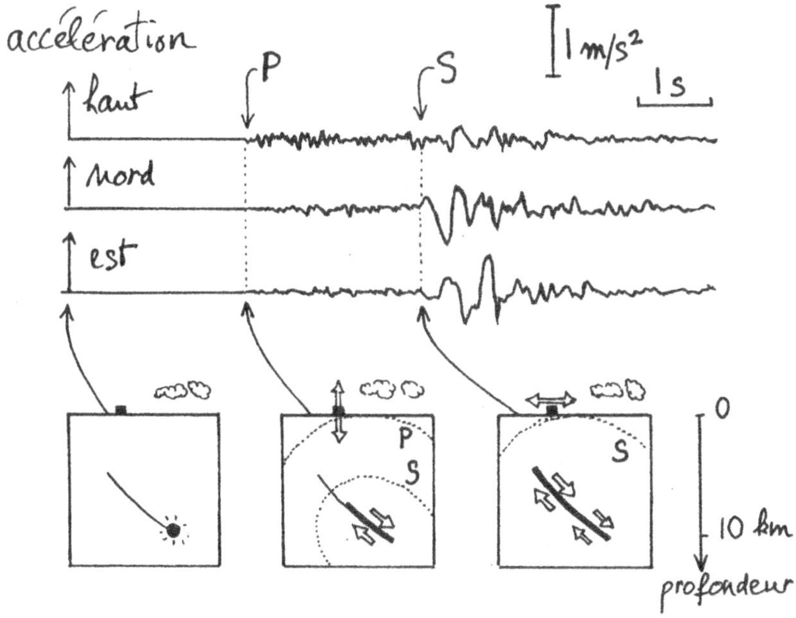

21. Enregistrement de l'accélération du sol pour le séisme d'Aigion de 1995, en Grèce (magnitude 6,2). Les ondes P, verticales, arrivent en surface 3 secondes après le début de la rupture, et les ondes S, horizontales, arrivent environ 3 secondes plus tard. Notez la complexité des mouvements P et S ! (Université d'Athènes)

ondes en fonction de la période d'oscillation (figure 22). Vous connaissez le spectre de la lumière solaire : un prisme décompose la lumière dans toutes ses composantes colorées. Songez aussi aux spectres sonores : l'oreille est capable de distinguer plusieurs instruments jouant ensemble. En glissant, les failles engendrent des vibrations de périodes très diverses, avec une amplitude proportionnelle à la vitesse de glissement sur la faille. Une faille glissant lentement produit très peu de vibrations. Hélas, pour la plupart des failles, le glissement est très rapide, et les vibrations sont particulièrement intenses quand elles ont des périodes comprises entre 1 et 0,1 seconde. Or, ces périodes sont les plus dangereuses pour les bâtiments : à

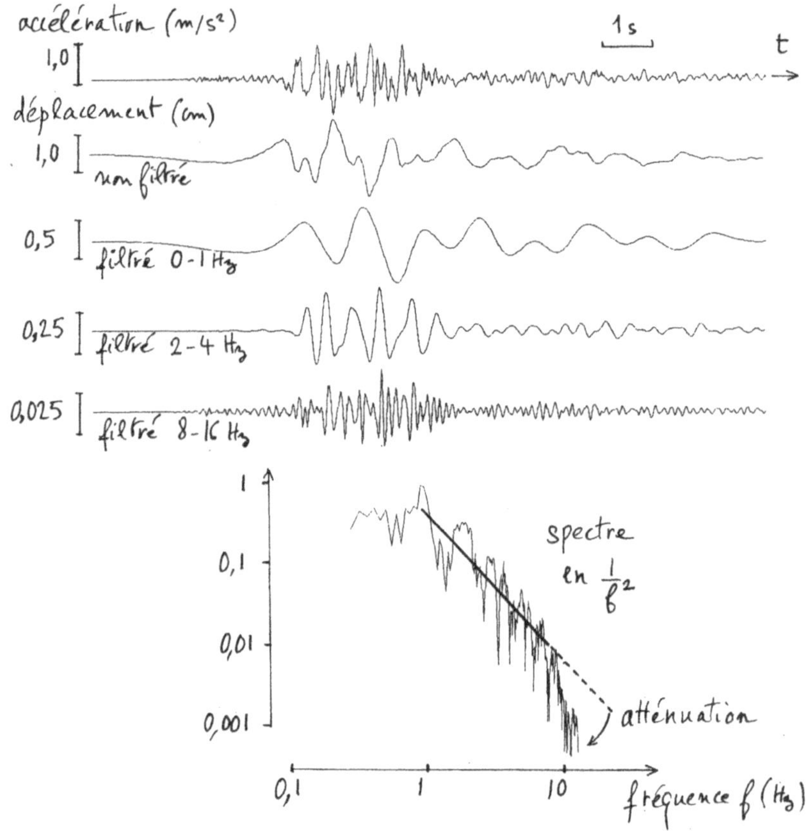

22. Décomposition « spectrale » d'un sismogramme. L'accélération du sol présente plus de hautes fréquences que le déplacement. L'amplitude du déplacement filtré décroît lorsque la fréquence augmente. Le spectre du déplacement rend compte de cette décroissance du rayonnement des sources sismique avec la fréquence, en $1/f^2$.

des périodes plus longues, les bâtiments se déplacent avec le sol, « tranquillement », sans se déformer ; à des périodes plus courtes, leur inertie ne leur donne pas le temps de se déformer notablement. J'aurai l'occasion de revenir plus tard sur ces effets. Par ces mesures, la science des séismes touchait enfin le monde des hommes.

Les sismologues découvrirent d'autres pistes riches d'enseignements, par l'analyse des ondes enregistrées près de la source. Avec la même ardeur qu'ils s'étaient mis à tomographier la Terre, ils se mirent à tomographier les ruptures sismiques. Les fluctuations d'amplitude ou de fréquence des ondes enregistrées et de leur temps d'arrivée sur un même sismogramme sont la marque de la progression de la rupture sur la faille, et de la mise en place d'un glissement. À partir des mesures de plusieurs sismogrammes d'un même séisme, on déduit l'histoire spatiale et temporelle du glissement sismique sur la faille, et en particulier la vitesse de rupture. Un tel travail de déduction est particulièrement délicat, plusieurs modèles de source sismique différents pouvant expliquer les mêmes mesures. Au terme « déduction », faisant appel à une simple construction logique, avec une solution unique, les chercheurs préfèrent d'ailleurs celui d'« inversion », en référence aux procédures mathématiques, parfois très élaborées, qui visent à définir l'ensemble des modèles possibles à partir d'observations, et à en estimer les incertitudes.

En 1979, le séisme californien d'Imperial Valley, de magnitude 6,9, fut le premier pour lequel les sismologues produisirent des images détaillées de la rupture, avec une précision inégalée pendant plus d'une décennie. Ce travail fut facilité par la simplicité géométrique de la faille, très linéaire, par la cartographie des ruptures de surface associées, bien visibles sur une trentaine de kilomètres de long, et par les mesures géodésiques dans son voisinage. Dans le modèle détaillé de l'Américain Ralph Archuleta (figure 23), la vitesse de propagation du front de rupture, compatible avec les prédictions théoriques en moyenne de 3 kilomètres par seconde, semblait nettement fluctuer dans le temps autour de cette valeur. Le glissement lui-même n'était pas régulier, ni en amplitude, ni en

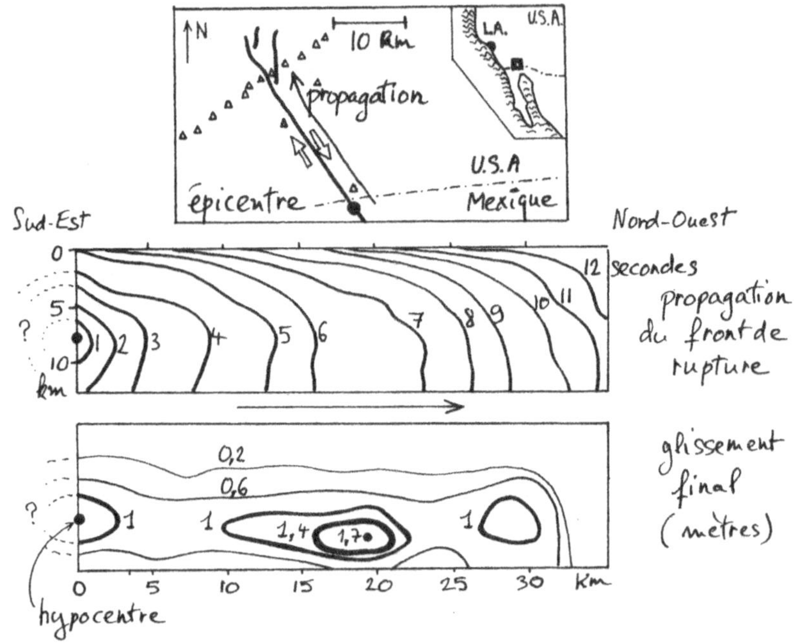

23. Première tomographie d'un séisme, par Archuleta : Imperial Valley, 1979 (magnitude de 6,9). Le grand nombre de stations autour de la faille (triangles sur la carte en haut) a permis de voir le détail de la rupture et ses irrégularités. Les deux sections verticales montrent les instantanés du front de rupture, à chaque seconde, et le glissement final sur la faille.

vitesse : certaines zones de la faille avaient coulissé de 2 mètres, tandis que d'autres de moins de 50 centimètres ; les vitesses de glissement variaient, elles aussi, d'un point à un autre, entre 10 centimètres et 1 mètre par seconde… Les séismes ultérieurs l'ont bien confirmé : l'irrégularité des ruptures est la règle.

Ainsi, à la fin des années 1970, la source sismique, ce point singulier que les sismologues observaient de très loin avec les premiers sismographes, se révéla être un objet étendu et complexe, une surface fracturée dont le processus dynamique de rupture pouvait être enfin mesuré et décrypté. En somme,

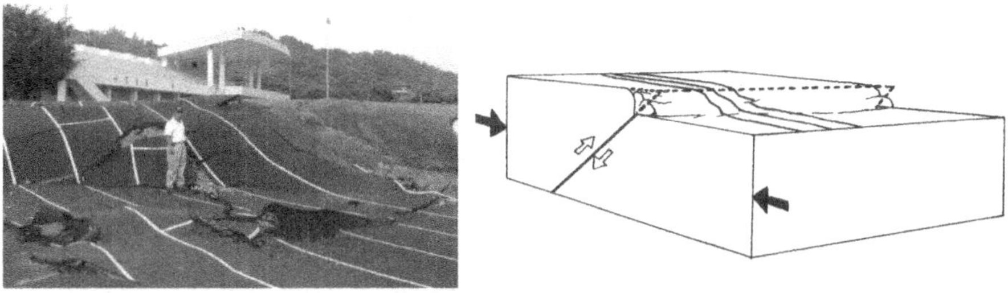

24. Rupture du sol lors du séisme de Chi-Chi, Taiwan, en 2000, de magnitude 7,5. La piste du stade est déformée par l'escarpement de la faille activée. Le mécanisme est dit « chevauchant », les blocs de part et d'autre de la faille inclinée se rapprochant, l'un passant sur l'autre.

il s'agit bien d'une faille, comme celles qui, au XIXe siècle, engendrèrent ces dislocations spectaculaires et lancèrent les géologues sur la bonne piste.

Une loi simple

Au premier abord, cette complexité des ruptures sismiques semblait renforcer l'idée de mouvements imprévisibles. Toutefois, leurs caractéristiques moyennes obéissaient à une loi extrêmement simple, dite « loi d'échelle » : le glissement moyen sur la faille – ou dislocation – est proportionnel à la longueur du segment de faille rompu, dans un rapport de 1 à quelques 10 000. Cela signifie que pour une faille de 15 kilomètres de long (un séisme de magnitude 6 typique), le glissement est de 1 mètre environ. Pour une faille de 150 kilomètres (un séisme de magnitude 8 typique), le glissement atteint la valeur impressionnante de 10 mètres ! Si vous habitez une maison qui tient le choc, cela vous permet de changer de voisin sans déménager, pour peu qu'il habite de l'autre côté de la faille.

L'observation du glissement est parfois directe (figure 24) : sur le terrain, ce peut être le décalage d'une route ou d'une haie d'arbres recoupée par la faille. Un levé précis par les géologues, guidés par des images satellites, permet de cartographier les ruptures et de les mesurer sur des dizaines de kilomètres pour les grands séismes. Le plus souvent, le glissement se déduit de la mesure des ondes sismiques, en particulier pour les petits séismes, les plus nombreux, car leurs ruptures n'atteignent pas la surface et ne sont pas directement observables. Ainsi, l'étude des ondes sismiques a révélé qu'un séisme de magnitude 4 fait glisser de quelques centimètres un segment de faille de 1 kilomètre de long, et un séisme de magnitude 2 concerne une faille d'une centaine de mètres, jouant de quelques millimètres... On pouvait dès lors caractériser la grandeur d'un séisme non plus par sa magnitude, déduite de l'amplitude de certaines ondes sismiques à des distances spécifiques, mais par la longueur de sa faille, L, ou par l'amplitude de sa dislocation, D.

Cependant, le sismologue japonais Keiti Aki, travaillant au *Massachusetts Institute of Technology*, montra, en 1964, que la grandeur physique fondamentale caractéristique d'un séisme n'est ni la longueur de la faille, L, ni la dislocation, D, mais leur combinaison sous la forme du produit : $Mo = \mu \times D \times S$, le moment sismique, où le facteur μ est la rigidité des roches, et S est la surface de la faille, de l'ordre de L^2. L'amplitude des ondes rayonnées P, S, ou de surface, est proportionnelle à ce moment sismique. La magnitude M étant une fonction logarithmique de l'amplitude, une formule empirique, proposée en 1977 par le sismologue japonais Hiroo Kanamori, du *California Institute of Technology*, put la relier au moment sismique : $\log_{10}(Mo) = 1{,}5M + 9{,}1$ (dans les unités du système international, soit Mo en Newton-mètres).

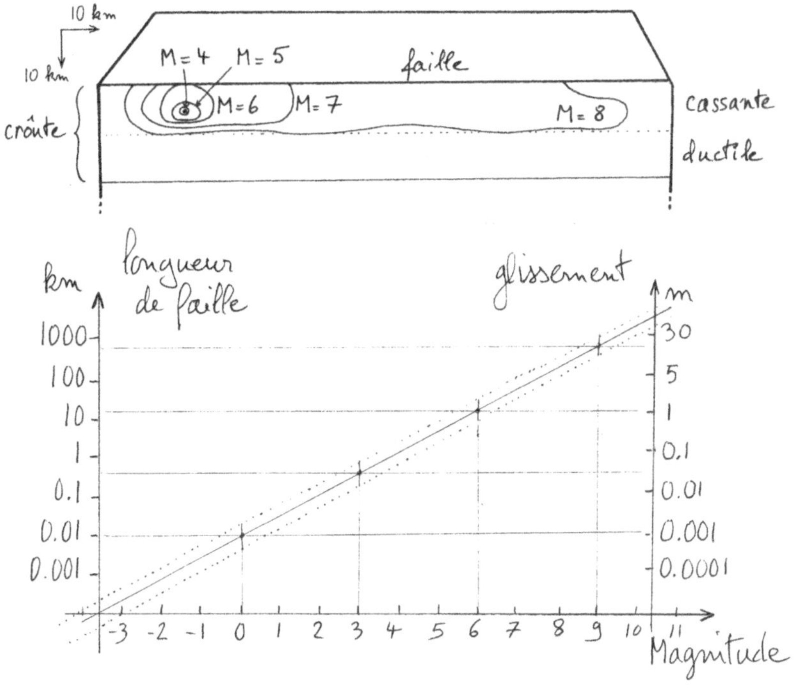

25. Correspondance approximative entre magnitude, longueur de faille, et glissement sismique. Les magnitudes les plus faibles, négatives, sont détectables par des mesures en forage profond, près des sources ; et les plus grandes (supérieures à 9,5) n'ont pas encore été observées.

Le glissement sur la faille étant proportionnel à la longueur de celle-ci, d'après la loi d'échelle dont j'ai parlé plus haut, on en déduit que *Mo* est proportionnel à L^3 : la magnitude est donc simplement liée à la longueur de la faille (figure 25). Le lecteur accro de la calculette vérifiera facilement qu'avec une telle loi, multiplier par trois la longueur de la faille revient, en gros, à ajouter une unité à la magnitude. Si vous êtes plutôt physicien, vous constaterez que l'unité de mesure de ce moment sismique est une énergie. Des calculs plus poussés montrent que l'énergie véritablement libérée sous forme d'ondes sismiques par le séisme n'est pas *Mo*, mais lui est environ 100 000 fois plus faible. Ce lien direct avec l'énergie totale portée par des vibrations explique la prééminence de cette grandeur pour « mesurer » un séisme. Si le séisme gagne un point de magnitude, son énergie est multipliée par 30, et si la longueur de faille est multipliée par 10, son énergie est multipliée par 1 000 !

Reprenons ce lien entre magnitude et longueur de faille. On comprend bien que cette échelle de magnitude est limitée pour les grandes valeurs par la taille finie de notre planète : on imagine mal un seul séisme mettant en jeu une faille bien plus longue que la circonférence de la Terre… au plus, ce séisme pourrait rompre, dans un même élan, l'ensemble des frontières de plaques. Pour les magnitudes les plus petites, le problème est différent : les ondes émises par les petites fractures profondes de la Terre sont difficilement détectables par des sismomètres de surface. Toutefois, l'analyse des microséismes liés à l'activité minière montre la rupture de fractures de moins de 1 m de long, avec des glissements micrométriques, correspondant à des magnitudes négatives… par la magie des logarithmes (le logarithme d'un nombre compris entre 0 et 1 étant négatif).

Comment une loi d'échelle aussi simple – la proportionnalité entre dislocation et longueur – peut-elle s'appliquer sur près de sept ordres de grandeur de dimension de faille, de la minifissure d'un décimètre de long à la méga-faille de 1 000 kilomètres ? De quelle physique cachée cette loi était-elle la marque ? La réponse fut rapidement donnée par les théoriciens : il suffit de décoder la formule.

Le volume de roche déformé autour de la faille avant un séisme, accumulant des siècles de mouvement tectonique, est comme un ressort tendu avant sa rupture (figure 26). Ce ressort de longueur L est étiré lentement par une force F : son allongement D est proportionnel à la force F, bien sûr,

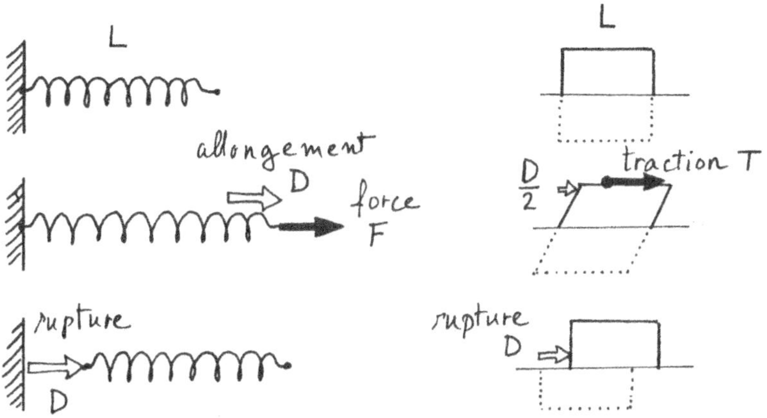

26. Rupture et relaxation d'un ressort (à gauche) et d'une faille (à droite). Le déplacement du ressort après la rupture est proportionnel à la diminution de la force, tout comme le glissement de la faille est proportionnel à la chute de traction (ou de contrainte).

mais aussi à sa propre longueur, car pour une même force, un ressort deux fois plus long s'allonge deux fois plus. À la rupture – on lâche une extrémité du ressort – cette force de traction chute à zéro, et après quelques cinglantes vibrations, le ressort reprend sa longueur originelle *L* : il s'est donc raccourci de *D*. Le raccourcissement *D* est proportionnel à la chute de traction, et à la longueur du ressort. Il nous suffit alors de passer du milieu élastique à 1 dimension (le ressort) à celui à 3 dimensions des roches autour de la faille, et on trouve une formulation analogue : le glissement *D* sur la faille est proportionnel à la chute des contraintes (force par unité de surface de faille).

Pour expliquer la conservation du rapport entre longueur et dislocation, il suffit donc que la chute de contrainte sur la faille soit la même, pour un microséisme et un mégaséisme. Cette chute de contrainte est de l'ordre d'une dizaine de bars, associée à des déformations de quelques 1 pour 100 000 des roches au voisinage de la faille, soit quelques mètres sur une distance de 100 kilomètres.

Pour le lecteur à l'esprit teigneux – quoique scientifique –, la nouvelle question est donc : pourquoi cette constance de la chute de contrainte ?

L'expérience commune devrait nous aider à y voir plus clair. Votre polar vient de glisser entre le lit et le mur ; impossible de passer la main, ni de l'atteindre par en dessous. Il reste donc à déplacer le lit. Vous tirez, rien ne bouge ; vous tirez plus fort, encore plus fort, et tout d'un coup, dans un grincement strident qui n'augure rien de bon pour le parquet, le lit glisse. Vous récupérez votre polar, et normalement, vous avez tout compris aux séismes.

Vous pouvez répéter l'expérience : c'est toujours avec la même force, à peu près, que vous devez tirer le lit pour parvenir à le déplacer. Que se passe-t-il ? Tant que le lit ne glisse pas, la force croissante que vous exercez est exactement compensée par une force du sol sur les pieds du lit : c'est le frottement, dit « statique », qui retient le lit. Ce frottement vient de la rugosité des deux surfaces en contact, celle des pieds et celle du sol ; les petites bosses et aspérités des uns s'accrochent à celles de l'autre. Des surfaces bien lisses vous auraient évité de vous casser les reins et de rayer le parquet.

Cet exercice vous révèle que lorsque la force que vous exercez atteint un certain seuil, les aspérités qui retiennent latéralement les deux surfaces en contact cèdent, se décollent les unes des autres ou bien s'arrachent, et leur force d'interaction chute brutalement : la surface de contact est cisaillée et glisse brusquement. Il en va de même pour les failles : leur résistance au glissement vient de contacts liés à la rugosité des surfaces des deux blocs rocheux, pressés l'un contre l'autre par le poids des terrains. Si, par le chargement tectonique des roches autour de

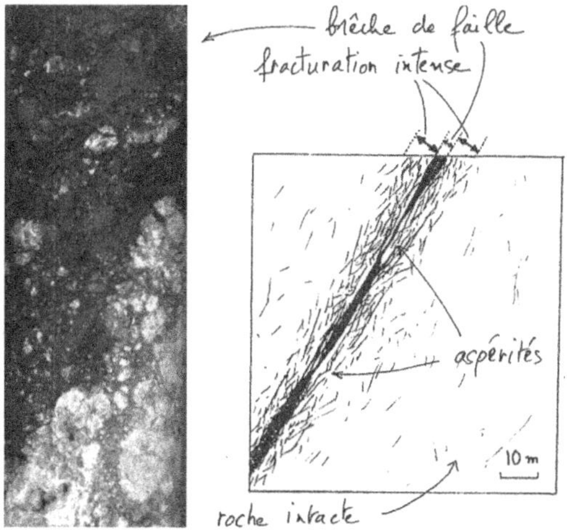

27. Structure d'une zone de faille. Le cœur de la faille est constitué de roches broyées. La fracturation des roches diminue progressivement en s'écartant de la zone centrale. Les roches photographiées proviennent de 750 mètres de profondeur, carottées dans le forage d'Aigion du projet de Corinthe, en Grèce.

la faille, un certain seuil de contrainte cisaillante est atteint, le faille se met à glisser très rapidement : c'est un séisme. Il se trouve que ce seuil est à peu près le même sur toutes les failles, quelle que soit leur taille, car le frottement est une propriété locale, indépendante de cette taille. De même, la contrainte résiduelle de frottement, lorsque la faille se fige de nouveau, est elle aussi indépendante de cette taille. La différence des deux, c'est-à-dire précisément la chute de contrainte, est donc indépendante de la taille du séisme. Bien sûr, la variation de force, elle, augmente considérablement avec la taille du séisme : la force valant la contrainte multipliée par la surface de contact activée.

La constance de la chute de contrainte, et donc la proportionnalité du glissement avec la longueur de la faille, résulte directement de l'existence d'un seuil de frottement au-dessus duquel toute faille, grande ou petite, se met à glisser. C'est une propriété locale des roches – le mode de rupture de ses aspérités – qui est responsable de cette ressemblance des séismes à toutes les échelles.

Autrement dit, la rupture des failles peut être vue comme le décrochage des aspérités de sa surface rugueuse, qui empêchent les deux blocs de glisser de part et d'autre : ce qui explique l'aspect particulièrement fracturé du cœur des zones de failles, tel que l'on peut l'observer lorsque les failles sont exhumées par érosion, ou sur des échantillons carottés par des forages profonds, montrant la présence de roches broyées (figure 27), témoins des nombreux séismes passés.

PARTIE II

Le cycle chaotique des séismes

CHAPITRE 4

La hiérarchie sismique

La tectonique des plaques, on l'a vu, n'est qu'un maillon d'une grande chaîne de transformations d'énergie: énergie nucléaire, énergie thermique, énergie gravitationnelle, enfin énergie mécanique. La radioactivité des roches réchauffe la terre profonde, entraînant la convection du manteau, laquelle produit la déformation élastique de la croûte terrestre, et enfin les séismes. Pour expliquer ces derniers, on a introduit les modèles mécaniques simples des fractures et des failles, et la notion de chute de contrainte qui génère dislocations et ondes. Ces modèles décrivent l'événement singulier.

Examinons de plus près cet ultime transfert d'énergie entre les plaques en mouvement et les séismes. Peut-on décrire le flux de l'énergie mécanique mise en jeu, dans le temps et dans l'espace? Peut-on savoir comment cette énergie se relâche et se mobilise dans les réseaux de failles, avant de déclencher telle ou telle rupture? Les ruptures ne participent-elles pas elles-mêmes à ce transfert d'énergie, d'une faille à la faille voisine, d'un séisme à l'autre?

Entre l'approche globale de la tectonique des plaques et celle, focalisée, des événements singuliers, il existe tout un champ de recherche sur les affaires sismiques de la planète.

Avec quel degré de détail et quelle fiabilité peut-on deviner la sismicité à venir ? Où, quand, et avec quelle magnitude les prochains grands séismes frapperont-ils ? Les vies de centaines de milliers de personnes sont en jeu lorsque des zones urbaines ou des complexes industriels se développent sous la menace directe de failles proches. Cependant, avant de pouvoir dire quoi que ce soit de la sismicité future, il est évidemment souhaitable de bien connaître et de comprendre la sismicité passée... Que peut-on dire de la rythmicité des séismes ?

Le lieu et l'instant d'apparition des séismes dans la machine Terre paraissent obéir à des lois capricieuses. Ce caractère aléatoire, déjà bien inventorié dans les compilations historiques, s'est confirmé depuis 1960 par l'enregistrement de milliers de séismes de magnitude supérieure à 5 chaque année. Le film accéléré d'une carte de la sismicité mondiale, sur les dernières dizaines d'années, montre des points s'allumant au hasard dans les vastes zones de frontières de plaques, comme le crépitement des braises dans un brasier ; parfois un éclat illumine une région jusque-là épargnée.

La magnitude d'un séisme à venir n'est pas plus connue que sa date ou son lieu. La prédiction des risques associés semble donc impossible : un séisme de magnitude 3 est à peine ressenti en son voisinage ; un séisme de magnitude 6 commence à faire de sérieux dégâts dans un rayon de 20 kilomètres ; et un séisme de magnitude supérieure à 9 provoque des destructions sur un territoire de 500 à 1 000 kilomètres de long.

Heureusement, les très grands séismes sont rarissimes. Seuls quelques séismes historiques rivalisent avec le séisme du Chili de 1960, de magnitude 9,5 : en Alaska, en 1964, de magnitude 9,2 ; à Sumatra, en 2004, de magnitude 9,3 ; au Japon, en

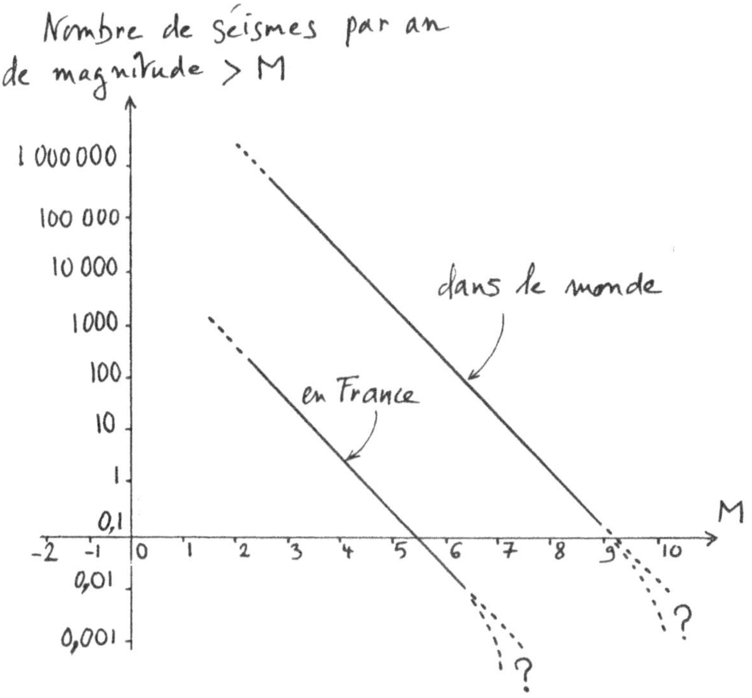

1. Loi de Gutenberg-Richter de la sismicité. Les plus petits séismes ne peuvent pas tous être détectés, et on ne sait pas si des séismes de magnitude largement supérieure à 9,5 peuvent se produire.

2011, de magnitude 9,0. Que nous disent les statistiques sur les séismes plus modérés ? Tous les ans se produisent des dizaines de séismes de magnitude d'au moins 7, des centaines de magnitude d'au moins 6, des milliers de magnitude d'au moins 5… La loi de distribution du nombre de séismes N dépassant une certaine magnitude M, en fonction de la magnitude, est étonnamment simple : $\log(N) = a - b\mathrm{M}$, ou, de manière équivalente, $N = 10^{a-b\mathrm{M}}$, a donnant le niveau d'activité, dépendant de la période de mesure et de la région étudiée, et b un paramètre universel valant environ 1 (figure 1). C'est une loi de puissance, découverte par Gutenberg et Richter en 1954. Pour ceux à qui les logarithmes ou les puissances ravivent de mauvais souvenirs, cette loi revient à dire que si l'on augmente la magnitude seuil d'une unité, on divise le nombre de séismes par 10.

Fait extraordinaire, cette loi est indépendante de la région considérée, qu'elle soit fortement ou peu sismique, que l'on soit en Californie ou en France ; elle est également indépendante de la période de temps considérée, pourvu qu'il y ait assez de séismes à dénombrer. Une loi si universelle pour un phénomène aussi erratique a de quoi surprendre !

Fractures fractales

Une première explication fut proposée dans les années 1980, en lien avec la géométrie des failles. Si les séismes ont des « tailles » variables, c'est que les failles, elles aussi, ont des tailles variables. La cartographie fine des failles actives, par les études de terrain et à l'aide des images satellites, en particulier en Californie, montre en effet que ces dernières ne sont pas rectilignes. Au contraire, elles dévoilent des géométries compliquées et tortueuses. Les failles tournent, bifurquent, s'interrompent, se décalent, et cette complexité observée en surface doit se poursuivre jusqu'à 10 ou 20 kilomètres de profondeur, là où les failles s'estompent en raison de la ductilité des roches.

Une longue faille peut donc être vue comme une succession de plusieurs segments de faille plus petits. À une échelle plus fine, chaque segment apparaît lui-même segmenté, et ainsi à chaque échelle, de plus en plus petite, jusqu'aux petites tailles des échantillons de roches, bien étudiés en laboratoire. À cette échelle, on ne parle alors plus de faille, bien sûr, mais de fracture, de fissure ou de micro-fissure, mais le principe est toujours là : la

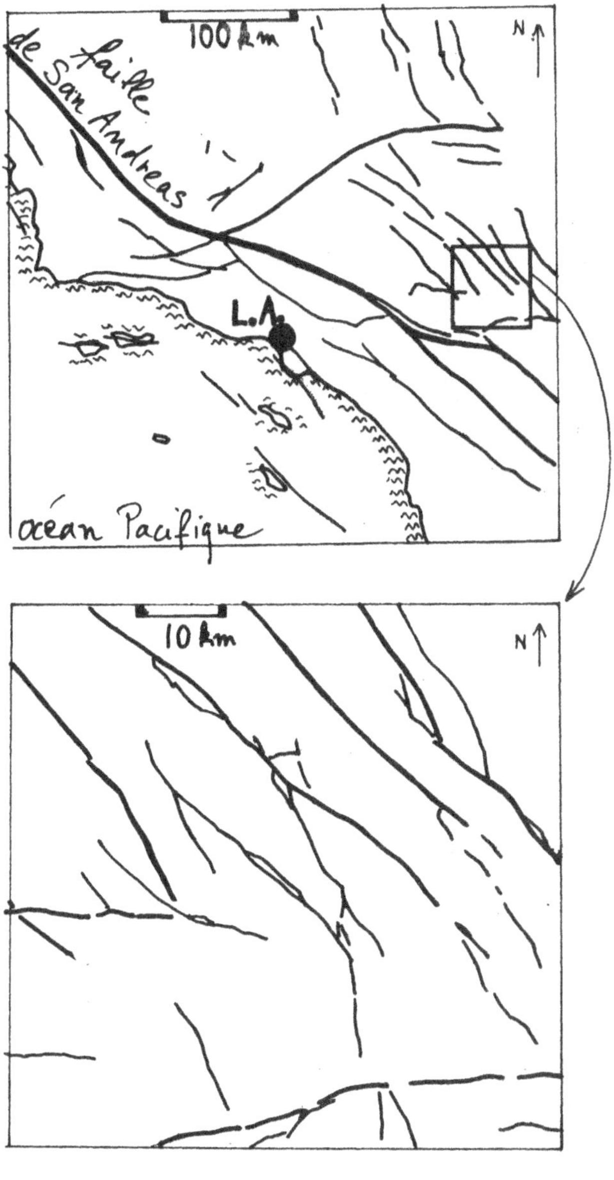

2. Failles principales de la Californie du Sud (en haut) et zoom sur le carré sélectionné (en bas). Les failles montrent une complexité similaire à des échelles très différentes.

3. Construction d'une figure de géométrie fractale. À chaque étape, chaque côté linéaire de la figure se hérisse d'une pointe. De manière analogue, chaque faille à une échelle donnée peut être décomposée en segments à une échelle inférieure.

déformation cassante des roches produit des systèmes de fractures de toutes dimensions. Leur aspect et leur forme sont similaires à toutes les échelles : un schéma de réseau de faille à l'échelle de 1 000 kilomètres peut ainsi être confondu avec un schéma de fissures dans un échantillon de roche (figure 2).

En conséquence, les segments de faille sont d'autant plus nombreux qu'ils sont petits. Ces segments étant les supports des séismes, leur dimension réglant leur magnitude, on devine ici un lien avec la loi de Gutenberg-Richter : les séismes sont d'autant plus nombreux que leur magnitude est petite.

Un modèle géométrique, fort à la mode dans les années 1980, permit de rapprocher cette complexité des failles d'autres phénomènes semblables : c'est le concept de fractale (figure 3), introduit en 1975 par le mathématicien Benoît Mandelbrot. La géométrie fractale a été efficacement popularisée au travers d'étonnantes images numériques, tourbillons irisés de mille couleurs, aux formes complexes identiques à elles-mêmes jusqu'à l'infiniment petit. La version française la plus populaire d'une fractale est celle de la côte de Bretagne, dont la longueur mesurée dépend de la taille de la règle qui la mesure ! Cette longueur, en raison d'une tortuosité présente à toutes les échelles, tend donc vers une valeur infinie lorsque la règle devient infiniment petite… La forme des nuages et les pentes d'éboulis montrent aussi des géométries fractales.

Les failles, avec leurs segments segmentés et emboîtés, pouvaient-elles s'ajouter à la liste des objets fractals ? Géophysiciens et géologues ne purent résister à les décortiquer dans cette perspective, et, dans la foulée d'une première étude menée par Christopher Scholz et C.A. Aviles en 1986 sur la faille de San Andreas, ils découvrirent que les systèmes de fractures de notre planète ont toutes les caractéristiques de fractales. Toutefois, décrire la géométrie d'un objet ne suffit pas pour le comprendre : quelle mécanique subtile permet de construire ces délicates structures faillées ?

C'est une tout autre approche, physicienne et non plus géométrique, qui bouleversa la vision des séismes et des failles, et en expliqua la structure fractale. Il suffisait d'envisager l'effet collectif de leurs interactions. Mais ne nous y plongeons pas tout de suite…

Le rythme

L'approche fractale des années 1980 n'était pas la tasse de thé de tout le monde, et nombre de chercheurs prenaient le contre-pied de ces études. Ces chercheurs s'intéressaient à des segments de faille presque rectilignes sur lesquels les lois physiques simples de la mécanique et de l'élasticité pouvaient être appliquées, sans avoir besoin de regarder la grande faille à laquelle chaque segment appartenait, ni le détail des sous-segments qui les composaient.

C'est ainsi qu'en 1984, les Américains David Schwartz et K.J. Coppersmith proposèrent qu'un segment de faille bien marqué dans la géologie puisse casser toujours en un même séisme, de même longueur de rupture, sans que cette dernière se propage sur les segments voisins. La variété des magnitudes dans une région refléterait seulement la variété des longueurs de segments. À chaque faille son séisme : la notion de séisme « caractéristique » était née.

Ce modèle a l'avantage de la simplicité. Supposez qu'un segment de faille de 20 kilomètres appartienne à une frontière entre plaques, et que ces plaques, de part et d'autre, se déplacent en moyenne de 3 mètres par siècle (par un glissement discontinu, ne se produisant qu'au moment des séismes). La longueur de 20 kilomètres impose, par la loi d'échelle, une magnitude de séisme d'environ 6, avec un glissement d'environ 1 mètre. Des séismes se produisant tous les 33 ans permettent donc de compenser le retard de glissement des plaques accumulé dans les périodes intersismiques. La tectonique des plaques, associée aux modèles de dislocation et de séisme caractéristique, pouvait enfin autoriser des prédictions.

L'hypothèse du séisme caractéristique remettait donc au goût du jour le vieux concept de cycle sismique, avec un cycle parfaitement régulier. Était-elle justifiée ? Un segment de faille particulier vint illustrer ce modèle : celui de Parkfield, en Californie. Parkfield est un petit hameau de quelques baraques en bois traversé par la faille de San Andreas, dans une région de collines sauvages à mi-chemin entre Los Angeles et San Francisco. Depuis le début du XIXe siècle, tous les 22 ans, à quelques années près, un séisme de magnitude environ 6 se produit, troublant pour quelques secondes le calme du lieu. Lorsque débutèrent les premières études sismologiques, dans les années 1980, le dernier séisme en date était de 1966. Il apparaissait donc fort probable que le prochain séisme se produise aux alentours de 1988… Branle-bas de combat ! Plus une

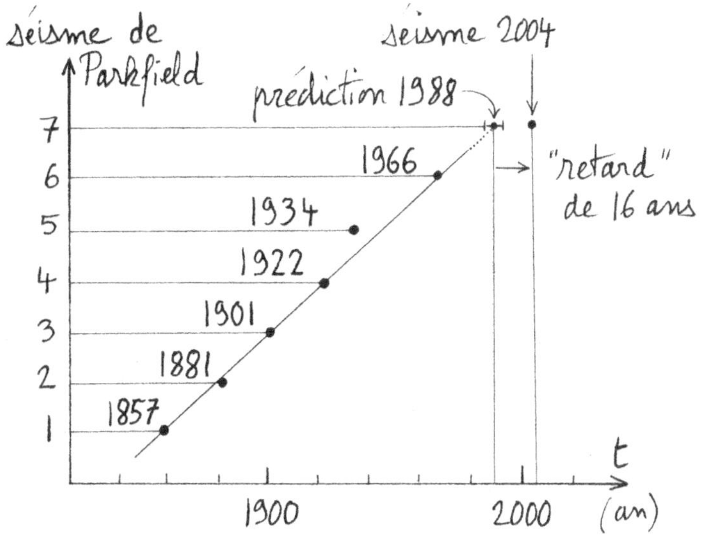

4. Prédiction du séisme de Parkfield en Californie. La séquence régulière des séismes historiques a permis de lancer une prédiction pour 1988, à trois ans près. Mais le séisme ne survint qu'en 2004…

minute à perdre ! Une cohorte de chercheurs, convaincus du bien-fondé de cette prédiction, monta rapidement un ambitieux projet expérimental, truffant la région de capteurs sismologiques et géophysiques, pour attendre le séisme de pied ferme et éventuellement le prédire à court terme.

Prédit avec 95 % de chances d'être dans la fourchette 1985-1992, le séisme attendu ne se déclencha qu'en 2004, avec 16 ans de retard (figure 4) – ayant presque doublé son temps de chargement ! L'hypothèse d'un retour régulier avait donc du plomb dans l'aile. Rétrospectivement, les grincheux qui s'étaient dès le début opposés à cette expérience de Parkfield ont fait valoir que les séismes du XIXe siècle de cette séquence n'ont probablement pas tous eu lieu sur la faille de San Andreas, et que le séisme de 1934, anormal quant à sa date dans la séquence, avait été retiré de l'analyse statistique de la période de retour. Il était clair que les scientifiques enthousiastes avaient un peu forcé la main aux observations pour justifier leur projet d'observatoire. Pour autant, le modèle du séisme caractéristique pouvait-il être rejeté sur ce seul contre-exemple ?

À l'époque, l'histoire trop courte de l'Ouest des États-Unis n'autorisait aucun travail similaire sur les autres segments des failles californiennes. Ceux-ci sont bien plus longs que celui de Parkfield, ou moins actifs, et seraient donc associés à d'éventuels séismes caractéristiques dont la période de retour excédait la courte période historique de cette région.

Pour tester la même idée, une autre approche statistique fut entreprise. Elle fut motivée par l'hypothèse dite des « lacunes » sismiques, proposée par William McCann et ses collègues en 1976, et formulée plus précisément en 1991 par Stuart Nishenko. Elle partait de la constatation que la très forte sismicité historique du pourtour de l'océan Pacifique, associée à la subduction des plaques aux fosses océaniques, montrait de grandes zones inactives depuis fort longtemps. D'après l'hypothèse d'un cycle régulier des séismes dans ces régions, contrôlé par une vitesse constante de la convergence des plaques, les grands séismes ne devaient plus tarder : ces régions devaient présenter une probabilité élevée d'occurrence d'un fort séisme, bien plus élevée que dans les régions touchées récemment. Des zones rouges, dangereuses, étaient ainsi identifiées sur tout le pourtour du Pacifique. Évidemment, la période de retour attendue de ces grands séismes, de magnitude 7,5 ou plus, étant d'un ou de plusieurs siècles, il ne fallait pas s'attendre à ce que ces cibles soient toutes frappées en quelques années, ni même en quelques dizaines d'années. Cependant le grand nombre de ces régions rendait cette hypothèse testable, au bout d'une dizaine d'années d'attente. En 1996, Yan Kagan et David Jackson testent donc la méthode. Leur résultat fut mitigé, sinon négatif : seuls trois grands séismes eurent lieu dans ces régions, alors que treize auraient dû se produire d'après les périodes de retour probables. Comme si le retard d'un séisme augmentait sa probabilité d'être en retard ! Une prédiction fondée sur la seule loi de Gutenberg-Richter donnait de meilleurs résultats... Le modèle des lacunes était sans doute trop simpliste.

Le chaos

Quel modèle physique de sismicité peut-on construire pour coller un peu mieux à la réalité des catalogues ? Reprenons le modèle de cycle sismique avec notre ressort préféré – notez qu'un gros élastique convient aussi bien. Cette fois-ci, imaginez ce ressort attaché à un patin posé sur le sol ; ce patin peut être un parpaing, une brique, un cube de bois, ou tout autre objet un peu lourd ayant une grande surface de contact avec le sol. Attention : un patin trop léger ou trop lisse ne convient pas à l'expérience, car ses aspérités n'accrochent pas assez... Tirez sur le ressort pour déplacer le patin. Le ressort s'allonge, mais le patin ne glisse pas, à cause du frottement. Puis, au-dessus du seuil de rupture, il glisse brusquement (figure 5, en haut). Cette expérience suit le même principe que celle de votre quête du polar glissé derrière le lit, à la différence que la déformation du lit est moins visible que celle du ressort, le lit étant moins élastique. Ainsi débarrassé de l'encombrement du lit et du confinement de la chambre, poursuivons l'expérience plus avant. Si le frottement du patin ne change pas, et si vous allongez le ressort toujours à la même vitesse, le patin avancera par une succession de brèves glissades, à un rythme plus ou moins régulier, séparées par des périodes plus longues de mise en tension du ressort. Vous aurez reproduit un modèle réduit de séisme caractéristique.

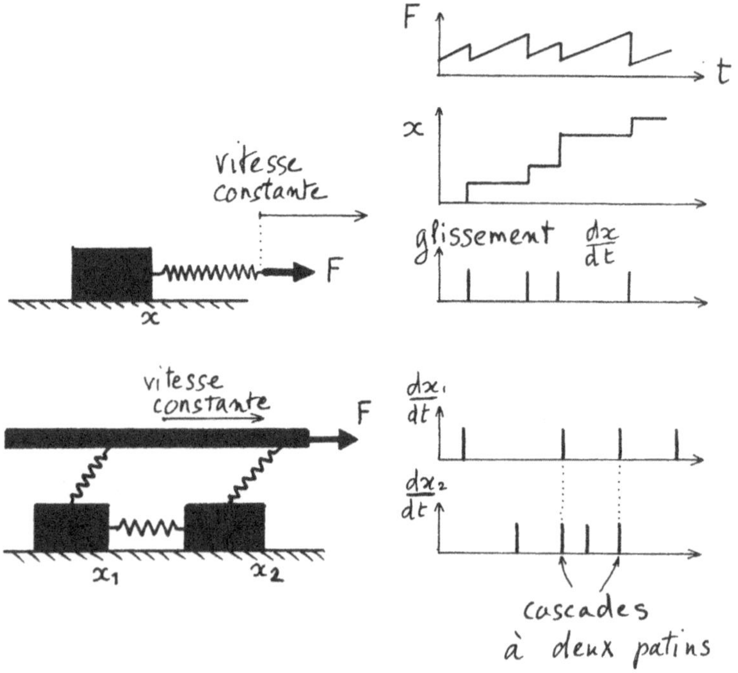

5. **Patins et ressorts : un modèle réduit de séismes.** Le mouvement saccadé du ressort simule la répétition plus ou moins régulière des séismes sur une faille. Avec deux ressorts, simulant deux segments de faille couplés, les mouvements deviennent plus complexes.

Imaginez alors deux patins sur le sol, reliés par un ressort, chacun tiré par un autre ressort à une même barre qui se déplace à vitesse constante. Ce sont deux segments contigus, sur une même faille, entraînés par le mouvement des plaques… Suivant les propriétés de frottement des patins, lisses ou rugueux, la raideur des ressorts, et la vitesse de déplacement de la barre, le mouvement perd son allure régulière, et prend des rythmes étranges, chaotiques, intermittents (figure 5, en bas). Parfois, un des deux patins glisse plusieurs fois de suite, jusqu'à ce que l'autre finisse par se décoincer. Plus tard, leurs glissades alternent à des périodes voisines, mais l'un des deux finit toujours par perdre les pédales, déréglant le rythme binaire. À d'autres moments, le glissement de l'un entraîne quasi immédiatement le glissement de l'autre, voire simultanément.

Au cours des années 1980, ce type de comportement fut étudié en détail dans le cadre des fascinantes théories mathématiques du chaos, non pas avec des patins mais avec des pendules couplés. Les solutions numériques du mouvement, calculées sur ordinateur, montraient déjà ces étranges comportements de pseudo-périodicité et d'intermittence. Une des caractéristiques de ces modèles est la très grande sensibilité du système aux conditions initiales, ou aux paramètres des lois : modifiez d'un rien l'écartement initial des patins ou la raideur d'un des ressorts, ou encore la rugosité d'un patin, et après quelques glissements semblables, la séquence des mouvements change complètement. Cette sensibilité aux conditions initiales est propre aux phénomènes chaotiques. L'illustration la plus populaire en est l'effet papillon ; le battement d'ailes du lépidoptère en Afrique pourrait déclencher un typhon aux Caraïbes.

Vous aurez sans doute deviné la correspondance entre l'expérience des patins et la question des séismes. Notre expérience simule deux segments de faille voisins couplés par l'élasticité des roches ; le déplacement de la barre à vitesse régulière est celui de la plaque mobile par rapport à l'autre où frottent les patins ; et les ressorts simulent le milieu élastique de la croûte terrestre, transmettant les contraintes. Par analogie, cette expérience montre que le processus couplé de chargement et de rupture de deux segments de failles voisins pourrait bien être chaotique. La périodicité du séisme caractéristique serait, dans ce cadre, le résultat de son isolement ; mettez deux segments côte à côte, et voilà qu'ils construisent ensemble une séquence chaotique de glissades qui ne se répétera jamais.

Cependant, les réseaux de failles dessinant les frontières de plaques sont bien plus complexes que des paires isolées de segments. Que se passe-t-il pour un ensemble de segments de failles, connectés les uns aux autres en de longues chaînes ?

Affinons notre expérience en allongeant la chaîne des patins. Nous avons maintenant un très grand nombre de patins, toujours couplés deux à deux, comme un train de marchandises, et chacun est toujours relié par un ressort à la barre qui se déplace. On se doute bien que le mouvement ne va pas se simplifier, et on aurait facilement jugé qu'il deviendrait chaotique s'il ne l'était pas déjà. Alors, quoi de plus ?

Le déplacement des patins ne devient pas plus régulier, effectivement, et conserve un comportement complexe. Mais quelque chose de nouveau émerge de ces séquences de glissement : parfois, le glissement d'un patin entraîne de proche en proche, dans un même mouvement, une très longue file de patins. De telles « cascades » à deux patins étaient déjà présentes dans le premier modèle ; mais ici, toute longueur de cascade est possible, jusqu'à faire glisser l'ensemble de la chaîne d'un coup. Des analyses numériques de ce modèle montrent que les cascades sont d'autant plus rares qu'elles sont longues ; ou, plus précisément, qu'elles suivent une loi de puissance. La complexité s'organise ! Multiplier par 3 la longueur des cascades – le nombre de patins glissant d'un coup – revient à diviser par X le nombre de tels événements, le nombre X dépendant des paramètres fixés du modèle. Cette loi devrait vous rappeler quelque chose… C'est précisément la loi de Gutenberg-Richter des séismes, si l'on prend X = 10 !

Cette propriété du comportement collectif d'une chaîne de patins fut théorisée et montrée expérimentalement dès 1967 par Burridge et Knopoff, bien avant que des physiciens ne s'intéressent à la question avec de nouveaux outils théoriques et des moyens de calcul considérablement accrus.

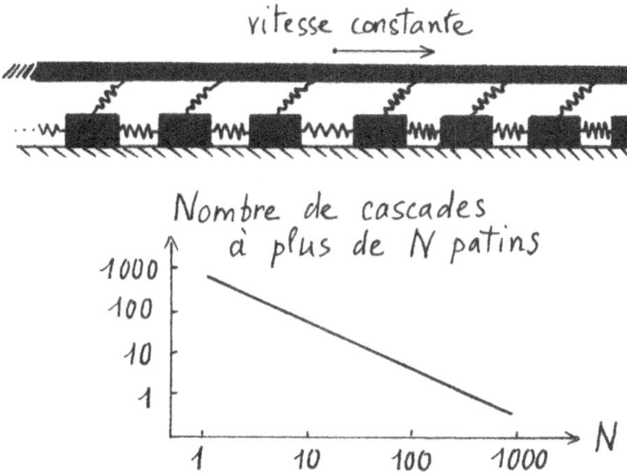

6. Chaîne de patins et ressorts. Des ensembles de patins peuvent glisser simultanément, d'autant plus rarement que le groupe est important. La loi de Gutenberg-Richter émerge du chaos.

Le premier modèle de cette complexité organisée – on ne peut plus vraiment parler de chaos – fut celui du « tas de sable », imaginé par le physicien Per Bak et ses collègues en 1987. Sur une plage, avec tout le sérieux de l'enfance, une main innocente s'affaire à lâcher des grains de sable, un à un, pour faire un tas. Le tas s'élève, ses flancs s'inclinent de plus en plus, mais vient un moment où cette pente se stabilise : à partir de ce moment, l'ajout des grains provoque, de temps à autre, des avalanches, en particulier sur les endroits du tas où la pente est la plus forte. Ces avalanches, d'importance variable, régulent donc la croissance du tas, et maintiennent en moyenne une pente constante. Le nombre d'avalanches d'une ampleur donnée apparaît en loi de puissance, comme celle des séismes… Le système n'est pas organisé par la main enfantine, qui ne vise aucun point particulier du tas. Il est « auto-organisé » par la nature de ses interactions propres, et il ne se stabilise pas. Il se trouve dans un état critique, oscillant autour d'un équilibre jamais atteint, qui serait une pente régulière, où chaque nouveau grain peut se loger dans un trou sans rien déranger, ou au contraire risque d'engendrer une avalanche immense, mettant ainsi en relation des points très éloignés du tas. Un conseil : n'essayez pas d'expérimenter pour de vrai ; vous auriez toutes sortes de problèmes avec l'humidité qui colle les grains de sable, et avec leurs formes et tailles irrégulières. Les mathématiques savent très bien formuler cette expérience de pensée.

Cette théorie à la source d'un comportement complexe particulier, à la limite du chaos, fut baptisée « criticalité auto-organisée », *SOC* en technico-scientifico-américain, pour « *Self-Organized Criticallity* ».

Les avalanches de grains de sable et les séismes ne sont pas les seuls exemples du processus de *SOC*, qui peut être appliqué à certains aspects de la vie mentale, économique, biologique, sociale ou politique. Certes réducteur et simpliste, il est parfois porteur d'effets réalistes. L'effet papillon, né de la physique du chaos, pourrait bien n'être qu'une de ces rares cascades contribuant à la complexité auto-organisée des phénomènes météorologiques : il ne serait alors qu'une fluctuation particulière à la marge du chaos. Le modèle de *SOC* est ainsi devenu un nouveau paradigme, expliquant la dynamique des systèmes physiques complexes, et en particulier la génération des fractales.

Les séismes seraient donc la marque d'une criticalité auto-organisée sur le système de failles zébrant la croûte terrestre. Paraphrasons notre description sommaire de l'expérience des grains de sable : chaque segment de faille a la capacité de générer des séismes immenses mais rares, mettant en relation des segments de faille très distants – ou de se rompre en un séisme élémentaire, sans déstabiliser les segments voisins. Mais ces ruptures, irrégulières, se déclenchent les unes les autres en désordre, et le système n'atteint jamais le comportement cyclique d'une alternance de failles toutes chargées et toutes déchargées de manière synchrone.

Ces développements sont séduisants, mais les observations collent-elles à ce modèle ? Peut-on le tester ? La sismicité présente-t-elle bien les caractéristiques de *SOC* ?

Un séisme peut en cacher un autre

Curieusement, les premiers résultats probants provinrent non pas des séismes actuels et de leurs séquences meurtrières enregistrées, mais de la découverte de traces de séismes fossiles, préhistoriques, à tout jamais figés dans leurs mouvements. Comment le temps a-t-il préservé ces mouvements ? Que reste-t-il de ces catastrophes ? Pensez à ces longues ruptures de surface générées par les grands séismes, décalant horizontalement deux blocs de croûte terrestre de plusieurs mètres. Qu'un petit ruisseau d'un mètre de large traverse la faille en un endroit, et le voilà cisaillé par la faille lorsque celle-ci joue. Si le décalage est assez grand, et si le relief le permet, la crue suivante creuse un nouveau lit en aval de la faille, et abandonne l'ancien. Puis, quelques centaines ou milliers d'années plus tard, la faille se décalant encore lors d'un nouveau séisme, le chenal se cisaille encore, et un nouveau lit se creuse bientôt, en continuité du chenal amont. Dans le désert californien où l'érosion est faible, ces formes délicates sont préservées depuis des millénaires. Débutées vers 1980 par le géologue américain Sieh et ses collègues, des études fines de ces décalages, associées à des datations des dépôts dans ces chenaux par des techniques comme celle du carbone 14, ont révélé que sur des durées de quelques milliers d'années, les séquences sismiques n'étaient pas régulières : des « bouffées sismiques », constituées de plusieurs événements échelonnés sur quelques centaines d'années,

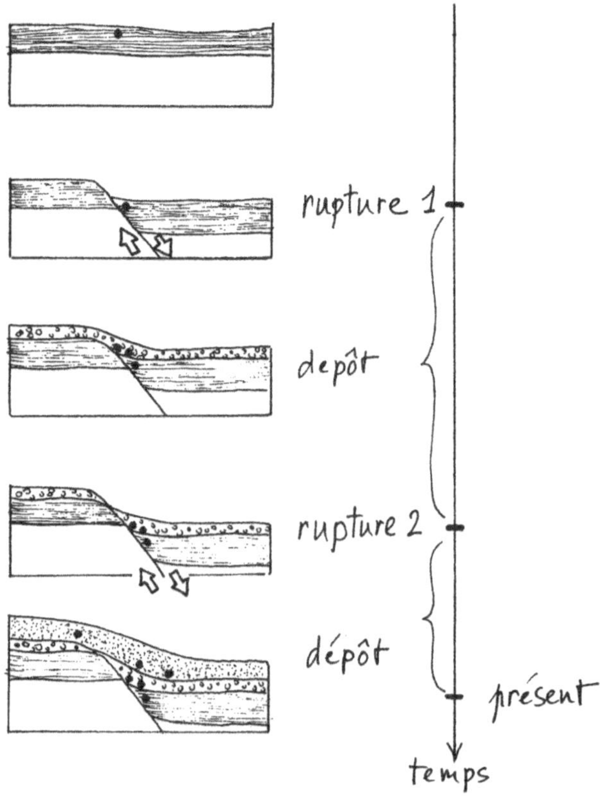

7. **Paléoséismes découverts dans une tranchée au travers d'une faille.** Les dépôts sédimentaires succédant aux deux ruptures scellent ces dernières, qui peuvent être datées grâce au carbone 14 (points noirs) piégé dans les sols.

succédaient à des périodes de calme tellurique bien plus longues, sans trace de rupture. Plusieurs études similaires, faisant usage des techniques dites de paléosismicité, confirmèrent ce résultat (figure 7) : l'irrégularité des chronologies sismiques d'un segment de faille était un premier indice en faveur du modèle *SOC*.

Un deuxième trait de la sismicité – historique, cette fois – allait conforter le modèle. Certes, la sismicité historique de la plupart des régions sismiques était bien trop courte pour

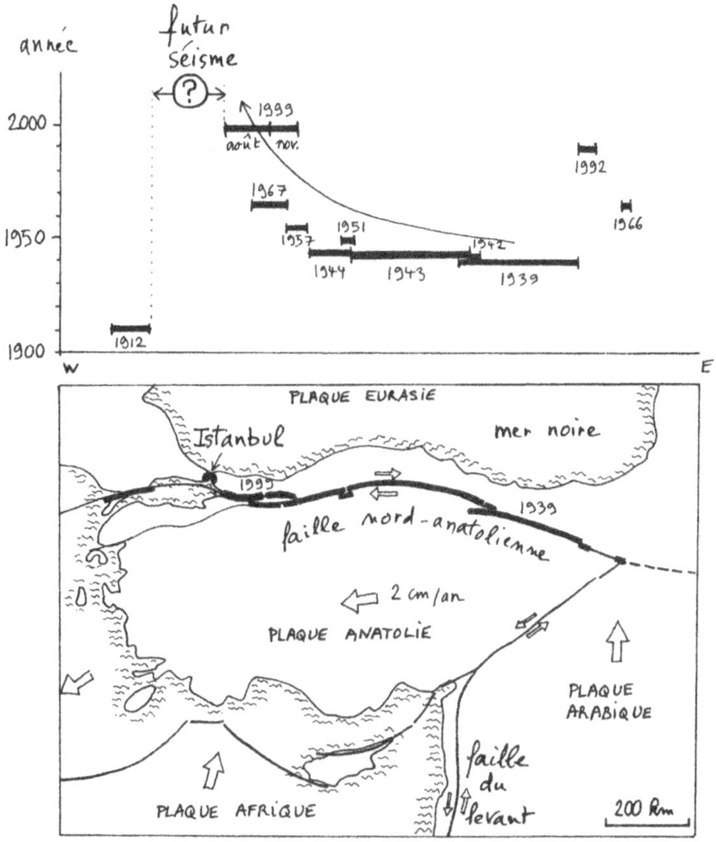

8. Séquence sismique de Turquie de 1939 à 1999. La faille nord-anatolienne a presque complètement rompu en 70 ans, laissant un segment de faille menaçant au sud d'Istanbul, sous la mer de Marmara.

offrir l'opportunité de plusieurs ruptures sur le même tronçon de faille – mis à part le site de Parkfield –, mais elle révélait par de nombreux exemples l'interaction d'un segment avec ses proches voisins.

En 1939, dans le nord de la Turquie, commença une des séries sismiques les plus tristement fameuses de l'Histoire (figure 8). Après un gigantesque séisme de magnitude 7,9 qui rompit 300 kilomètres de la faille nord-anatolienne avec un glissement moyen de 5 mètres et causa la mort de plus de 20 000 personnes, le reste de la faille se mit en branle, segment par segment, par une succession de dix grands séismes de magnitudes comprises entre 6,7 et 7,7. Le sens de la progression se fit pour l'essentiel vers l'ouest, mais son histoire détaillée fut assez irrégulière. L'intervalle de temps entre deux séismes s'étale entre trois mois et vingt ans, et, parfois, les ruptures successives ne sont pas contiguës : un segment peut être épargné quelque temps, coincé entre deux zones déchargées, avant de se rompre. Les éclats les plus récents de cette séquence sont encore présents dans les mémoires, avec les 20 000 morts du séisme d'Izmit, en août 1999, et de son successeur, le séisme de Ducze, en novembre 1999, propageant leur furie sur 200 kilomètres de faille. La vitesse moyenne de coulissage à long terme de cette grande faille nord-anatolienne, séparant la plaque eurasienne au nord de la petite plaque anatolienne au sud, vaut 2 centimètres par an d'après les mesures géodésiques : autrement dit, un segment rompu avec 5 mètres en un séisme met environ 250 ans à se recharger. Au vu de la concentration dans le temps de cette séquence par rapport à une « période de retour » de 250 ans, il est clair que tous ces séismes se sont déclenchés les uns les autres sans apport significatif de la tectonique.

Une autre séquence exceptionnelle de séismes eut lieu en Mongolie au début du XXe siècle : de 1905 à 1957, quatre séismes de magnitudes comprises entre 7,4 et 8,1 firent jouer des failles distantes de plusieurs centaines de kilomètres. La chose n'aurait pas été surprenante à des frontières de plaques ; mais voilà, la Mongolie est au cœur de la plaque eurasienne, qui se déforme très peu, et ces failles sont censées être très peu actives, le temps entre ruptures sur une même faille se comptant en milliers d'années. On pourrait aussi citer la séquence

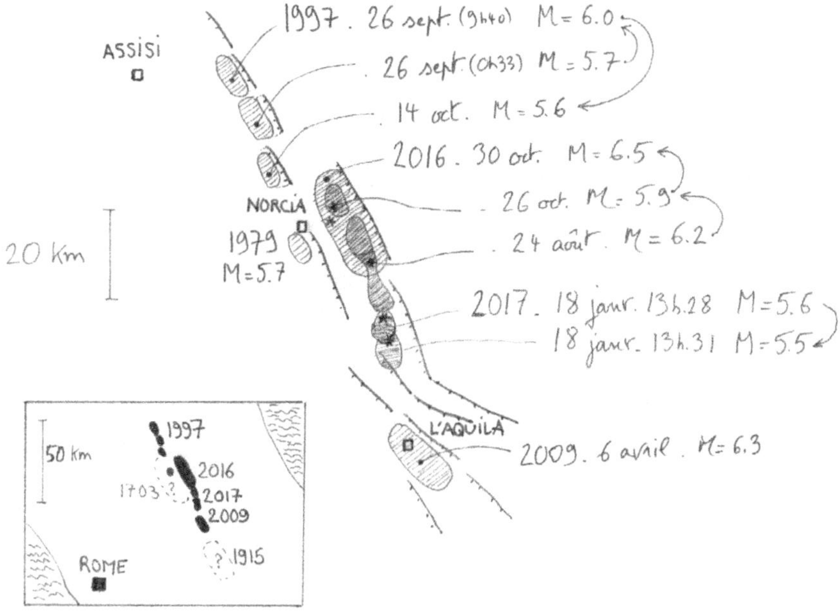

9. Une série de séismes destructeurs en Italie, initiée en 1997, a fait jouer des failles voisines de la chaîne des Apennins. Les séismes se sont déclenchés les uns les autres avec des délais de quelques jours à plusieurs années. Début 2017, cette séquence en cascade n'est sans doute pas terminée, car des segments de failles sont restés épargnés.

de cinq grands séismes, entre 1759 et 1872, sur la grande faille du Levant qui relie le rift de la Mer Rouge aux montagnes du Caucase.

Si de telles tempêtes telluriques sont heureusement assez rares, de nombreuses autres séquences, doublets ou triplets de séismes plus modérés, relèvent du même processus d'interaction et de déclenchement, à des échelles de temps plus courtes. En février 1981, Athènes est réveillée par une forte vibration ; la secousse vient de loin, de l'extrémité est du Golfe de Corinthe, où plusieurs villages sont détruits en quelques secondes. Un deuxième choc de même ampleur survient le lendemain, faisant jouer une faille voisine. Enfin, 10 jours plus tard, survient un troisième choc, de magnitude à peine plus faible, sur une troisième faille contiguë. De nombreux autres exemples, en Chine et en Californie, montrent des séquences similaires, à quelques jours ou quelques heures d'intervalle. Certaines se déclenchent encore plus rapidement : le 23 novembre 1980, dans les montagnes apennines à l'est de Naples, un séisme destructeur rase plusieurs villages ; 20 secondes plus tard, une deuxième rupture naît sur une faille 20 kilomètres plus au sud, et, encore 20 secondes après, se déclenche une troisième rupture destructrice, 10 kilomètres plus à l'est.

Qui se souvient encore de l'inquiétante séquence sismique d'Ombrie, à moins d'une centaine de kilomètres de Rome ? Dans la nuit du 26 septembre 1997, un séisme modéré causa quelques dégâts dans la jolie ville d'Assise, endommageant en particulier les superbes fresques de la basilique (figure 9). Au petit matin, rassurés par la voix du ministère de la Protection civile qui ne voyait plus de danger majeur après cette secousse de magnitude 5,6, des spécialistes inspectent les fameuses fresques, escortés des caméras de télévision. À peine arrivé sous la voûte lézardée, le groupe est surpris par un deuxième séisme, plus violent, de magnitude 6, qui poursuit ses œuvres destructrices et l'ensevelit. Vingt jours plus tard, un troisième séisme survient, de magnitude 5,5, mais 15 kilomètres plus au sud. Nul ne savait où allait s'arrêter la séquence, qui se rapprochait de Rome. Cette fois-là, elle n'alla pas plus loin… Mais vingt ans plus tard, en 2016, les failles voisines, 20 à 50 km plus au sud, prennent la suite, avec une nouvelle séquence dramatique, détruisant plusieurs villages dans la région de Norcia. Le 24 août, un séisme de magnitude, 6,2 ; le 26 octobre, un séisme de magnitude 6,1 ; et le 31 octobre, un séisme de magnitude 6,5 ! Et le 18 janvier 2017, la crise reprend vers le sud, par deux séismes de magnitudes 5,6 et 5,5.

Ces événements ne sont pas rares; il peut même s'en produire en France! Dans la vallée du Rhône, au sud de Montélimar, de tels essaims de séismes, certes plus modérés, ont sévi plusieurs fois dans l'Histoire, comme la crise de Tricastin qui débuta en 1933 et ne s'acheva qu'en 1936, avec plusieurs centaines de secousses ressenties et un paroxysme en 1934. Depuis 2012, dans la région de Barcelonnette, 100 km au nord de Nice, quelques failles s'activent sismiquement de manière épisodique: on compte déjà 4 crises avec de très nombreux petits séismes; le plus gros a atteint la magnitude 5,2 en 2014. Des séries semblables existent pour des séismes de magnitude bien inférieure à 3, non ressentis mais détectés par les réseaux sismologiques.

Il est inutile de poursuivre plus loin cet inventaire. L'idée qu'on en retire est que les séismes, quelle que soit leur ampleur, semblent se déclencher les uns les autres, dans leur voisinage, avec des intervalles de temps variables et *a priori* imprévisibles. Interactions par déclenchements retardés, similarité des processus à différentes échelles, imprévisibilité sont la marque d'un chaos bien particulier sur lequel nous reviendrons.

CHAPITRE 5

L'œuf et la poule

Reprenons les modèles de séisme. D'un côté, la loi de Gutenberg-Richter, donnant la proportion entre gros et petits séismes, est apparue pour certains comme la conséquence de la géométrie fractale des failles. Pour d'autres, c'est au contraire la complexité des failles liée à l'hétérogénéité de la croûte terrestre qui génère celle des séismes. Pourtant les modèles de patins (et d'autres plus élaborés et plus réalistes) montrent que cette loi n'a nul besoin de fractalité des failles pour exister.

À vrai dire, cette question revient à se demander qui, de la poule ou de l'œuf, a existé le premier. En effet : comment les séismes se produiraient-il sans failles pour les porter ? Et inversement, comment donc naissent et croissent les failles, sinon par l'action des séismes ?

C'est le jeu sismique, déclenché par les forces tectoniques faisant grandir les failles à partir des petites fractures omniprésentes dans la croûte terrestre, qui les allonge, séisme après séisme, au sein des roches « intactes », par les fortes contraintes cisaillantes en leur extrémité. À chaque nouveau glissement sismique, les failles gagnent quelques pour mille, voire quelques pour cent de leur longueur, par fracturation près de leurs extrémités. Pour doubler de longueur, une faille isolée devrait donc subir des dizaines, voire des centaines de séismes…

Cet allongement ne résulte pas nécessairement du simple prolongement de la faille dans une même direction. La géométrie et l'orientation des tensions en bout de fissure font naturellement bifurquer les fractures hors de leurs plans. Pour peu que l'hétérogénéité des roches favorise cet écart, la croissance de la fracture s'en trouvera nettement déviée, ce qui explique la tortuosité des failles. Du coup, des failles voisines en croissance, parallèles au départ, peuvent tourner et se rapprocher jusqu'à se rejoindre. Bifurcations et fusions vont former les mailles du futur réseau de failles (figure 10). Celui-ci, lorsqu'il est mature, fracture la croûte terrestre, voire la lithosphère, et accélère la formation d'une nouvelle frontière de plaque.

Ainsi, sous la poussée de la plaque arabique vers le nord, la faille nord-anatolienne est apparue il y a quinze millions d'années, dans l'est de la Turquie actuelle, se propageant peu à peu vers l'ouest. En 1999, R. Armijo et ses collègues découvrirent un épisode de forte déformation de sédiments anciens, proches de la faille actuelle à l'ouest de la mer de Marmara, qu'ils purent dater à cinq millions d'années : pas de doute, ces plissements remarquables furent produits au passage de la pointe occidentale de la faille, poursuivant la découpe nord de la plaque anatolienne. Depuis sa naissance, outre sa propagation sur près de 2000 kilomètres, cette faille a cumulé 85 kilomètres de glissement. Cela fait pas mal de séismes, chacun contribuant à quelques mètres de glissement seulement !

Dans les réseaux de failles, les segments se partagent les séismes, qui s'y développent tantôt sur l'une, tantôt sur l'autre. Les

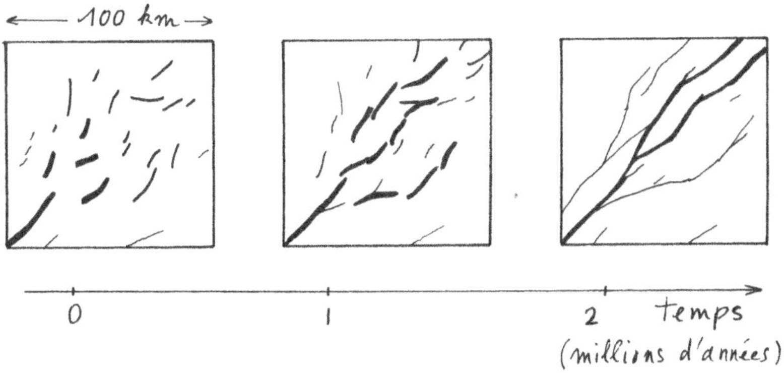

10. Croissance d'un réseau de failles. À partir de nombreuses petites failles mal connectées, le réseau évolue lentement en quelques failles majeures de géométrie plus linéaire, et de glissement cumulé plus important.

séismes font croître les failles, et les failles sans séismes se figent pour la plupart, et meurent. Lentement, à l'échelle de centaines de milliers d'années, ou de millions d'années, la géodynamique d'une région évolue, les directions de contraintes varient, sous l'influence de changements tectoniques dans une région voisine : les failles sont moins cisaillées, et les séismes s'y font plus rares. Dans un réseau de failles, l'une d'entre elles peut prendre le dessus à cause d'une fragilité ou d'une orientation propice à faciliter les ruptures sismiques. Dans tous les cas, la rareté des séismes sur une faille la rend plus résistante : la zone broyée au cœur de la faille se cimente, ses fissures se ferment ou se scellent, leur seuil de rupture augmente, ce qui rend son activation plus difficile. Vie et mort des failles, donc, sous l'action sismique.

Mais où naissent et se développent les ruptures sismiques ? Elles naissent sur les failles, bien sûr, ruptures guidées par la persistante fragilité de ces zones broyées, chemins faciles à réactiver tracés dans les roches ; nourries dans leur progression fulgurante par les contraintes hétérogènes qu'elles ont accumulées depuis leur précédent jeu.

Les failles naissent donc des séismes, et les séismes des failles. La mécanique des ruptures et la complexité du milieu géologique favorisant des géométries fractales, le processus de *criticalité* n'a plus qu'à se composer sur les réseaux de failles – et à les organiser en retour, en les faisant croître et évoluer...

Les modèles des patins furent alors les outils les plus utilisés de la panoplie des physiciens, mais ils ne furent pas les seuls. De nombreux autres modèles chimériques, réseaux de « fusibles » ou de « poutres », aboutissent aussi à des processus d'avalanche ou de « percolation ». Leur principe est la destruction d'un élément du réseau : rupture d'une poutre ou fusion d'un fusible, qui augmente la probabilité de destruction des éléments voisins. Ces derniers peuvent alors se détruire en cascade. Suivant les interactions entre éléments voisins, et à partir d'un certain seuil des paramètres d'interaction, la volée destructrice peut traverser tout le réseau d'un coup : c'est le phénomène de percolation.

En 1994, un modèle particulier, inspiré des théories mathématiques dites de « renormalisation », fut proposé par le géochimiste Claude Allègre et le géophysicien Jean-Louis Le Mouël. Il considère que les cascades de rupture se propagent non pas de proche en proche, mais d'une échelle d'éléments à l'échelle supérieure : un élément de taille donnée cassera avec une certaine probabilité si une certaine proportion des sous-éléments qui le constituent ont cassé (figure 11). On s'aperçoit qu'il existe une proportion critique de nombre de petits éléments brisés pour que le système se brise jusqu'aux niveaux hiérarchiques les plus élevés. Au-dessous de cette proportion, le système est stable, seuls les éléments aux petites échelles ont une chance d'être brisés ; que cette proportion soit dépassée, et la « fracturation » percole à travers les échelles, affectant l'ensemble du système, c'est-à-dire l'élément de plus grande taille.

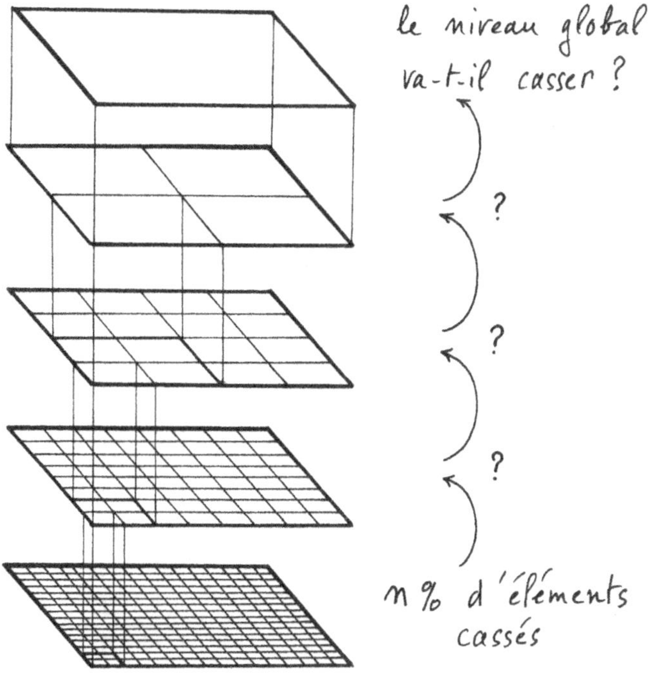

11. Modèle de fracturation par changement d'échelle. La propagation de la rupture d'une échelle à l'échelle supérieure dépend de la proportion et de l'interaction des éléments cassés à l'échelle inférieure.

Ainsi, après le milieu des années 1980, dans une épidémie de publications, les géophysiciens retrouvaient des lois ressemblant à celle de Gutenberg-Richter à partir de nombreux modèles importés du monde de la physique, qu'ils considérèrent pour cette raison comme adaptés à leurs problèmes. Tout le monde, ou presque, ne jurait plus que par le *SOC*, ou contre le *SOC*. Peu à peu, cet engouement s'estompa, et il apparut clairement à la fin des années 1990 que par une simplification abusive de la mécanique, ces modèles ne pouvaient, en matière de séismes, ne rien prévoir d'autre que cette fameuse loi. Le modèle des patins lui-même, malgré ses allures d'automate à séismes, était inadapté aux cas réels. Il décrit trop grossièrement les interactions à courte distance, et ignore les interactions à grandes distances ainsi que les pertes d'énergie liées aux ondes sismiques.

Il fallait revenir à une physique plus classique, plus mécanique, pour expliquer les observations des modes d'interaction de faille et de leurs effets. Naturellement, les géophysiciens ont d'abord analysé les observations d'interactions les moins contestables : les « répliques », ces petites ruptures sismiques qui font suite à un grand séisme dans son voisinage, et qui sont interprétées comme des réajustements de la croûte.

Les contrecoups

L'observation des répliques est aussi ancienne que celle des séismes principaux qui les induisent. Pour une population touchée, et pour les sauveteurs engagés dans les ruines à la recherche de survivants, ces répliques sont une menace éprouvante, frappant au hasard et menaçant les édifices encore debout. Pour les sismologues, depuis la banalisation des sismomètres portables, dans les années 1980, elles furent longtemps une chance unique pour tenter de comprendre ce qui s'était passé.

En 1843, déjà, entraîné par la grande envolée des sciences naturalistes de cette époque, le capitaine L'Herminier dressait un inventaire soigné de leur nombre quotidien et de leur intensité ressentie : à la lecture de ses précieuses notes, il apparaît que la Guadeloupe fut secouée pendant près d'un an après le grand séisme du 8 février, avec des mouvements heureusement bien moins violents. Par chance pour les populations touchées par de grands séismes, les plus fortes répliques ont en moyenne une unité de magnitude inférieure au choc principal ; ce phénomène est assez général, ainsi qu'il fut établi un siècle plus tard.

Un séisme de magnitude 7 donnera une dizaine de répliques de magnitude supérieures à 5, dont une autour de 6 ; et un séisme de magnitude 5 donnera une dizaine de répliques de magnitude supérieure à 3, dont une autour de 4. Cependant ces lois empirique s'appliquent avec une grande variabilité, et un écart d'un facteur 2 du nombre de répliques, en plus ou en moins, n'est pas rare. On note aussi que plus le séisme initiateur (ou « choc principal ») est violent, plus cette période de répliques dure longtemps : pour un séisme de magnitude 7, les répliques sont ressenties durant des semaines à plusieurs mois ; pour les séismes de magnitude 5, quelques jours à quelques semaines. Les plus petits séismes produisent aussi des répliques, d'une magnitude si faible qu'elles ne sont pas ressenties ni même détectées par les sismomètres les plus sensibles la plupart du temps, disparaissant ainsi sous le bruit de fond terrestre.

Cette durée limitée de l'activité post-sismique obéit en fait à des lois statistiques très particulières. Dès la fin du XIXe siècle, le Japonais Fusakichi Omori nota que le taux de production de répliques décroît rapidement après la rupture principale, selon une loi en $1/t$, où t est le temps écoulé. Il y a deux fois moins de séismes journaliers le lendemain du choc principal que dans les premières 24 heures, et dix fois moins le dixième jour. Cette loi paraît universelle, indépendante de la taille du séisme (figure 12). Cependant ce n'est qu'une loi moyenne, et chaque séquence sismique peut réserver des surprises, avec parfois de grosses répliques tardives suivies de leur propre train de répliques, ou au contraire une activité post-sismique très faible.

Il ressort de ces études que ces répliques, d'occurrences apparemment si erratiques, s'organisent suivant des statistiques précises. Toutefois, dans ses analyses des répliques, le sismologue ne se contente pas de les dénombrer. Tout d'abord, c'est dans ces périodes agitées qu'il a le plus de chances d'attraper un séisme

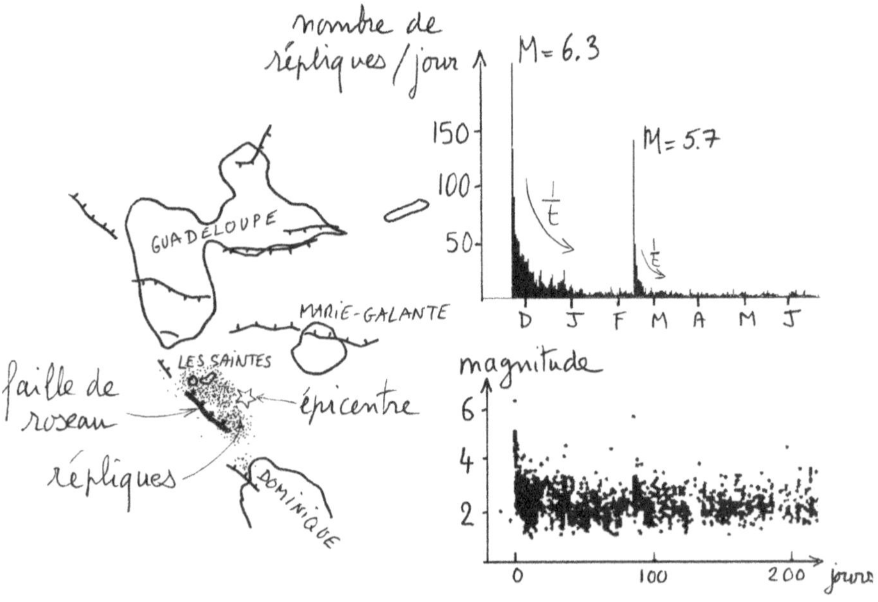

12. Ruptures principale et répliques du séisme des Saintes en Guadeloupe, 2004, M = 6,2, d'après F. Beauducel et ses collègues. Chaque séisme important est suivi de sa cohorte de répliques, dont le nombre décroît en 1/t suivant la loi d'Omori.

important dans les mailles de ses réseaux de mesure. Si les enregistrements sont en qualité et en nombre suffisants, il pourra tomographier la rupture de faille. Même sans grande réplique, il apprendra beaucoup des petites, en particulier sur les directions des contraintes tectoniques, qu'il peut déduire de leurs mécanismes.

L'essentiel du travail d'analyse consiste à localiser les séismes : à partir des temps d'arrivée des ondes P et des ondes S de chaque séisme à chaque sismomètre du réseau, on dessine point par point le nuage de répliques. D'apparence hétérogène, ce dernier présente des zones calmes et des essaims, dont la distribution évolue avec le temps : la nuée souterraine s'éloigne progressivement de la zone épicentrale. Les perturbations mécaniques de la faille principale diminuent rapidement avec la distance, si bien que les répliques ne sont observées, pour l'essentiel, que dans son voisinage, à des distances de l'ordre de la longueur de la faille elle-même. L'étude des répliques permet de circonscrire la zone de mouvement principale, et de localiser la faille coupable, même si elle ne rompt pas jusqu'en surface. Mieux : la forme du nuage qu'elles dessinent dans l'opacité de la terre permet parfois de déterminer l'orientation de la faille. Dans certains cas, par une concentration anormale, les répliques trahissent le début de déstabilisation des failles voisines.

Au début des années 1990, tout semblait avoir été dit ou fait avec les répliques ; les missions de terrain post-sismiques devenaient routinières, bien rodées, avec leurs analyses standards toujours plus efficaces. Toutefois, alors que les images des répliques devenaient plus précises, leur interprétation semblait impossible dans le détail, lequel dépend de paramètres incontrôlables, liés à la résistance et à l'état de contrainte, inconnaissables, des failles périphériques. Une nouvelle approche, proposée par l'Américain Ross Stein et ses collègues, étayée par les observations des répliques de Landers de 1992, révéla que leur distribution spatiale était en fait bien structurée. Les répliques ne se placent pas au hasard, mais définissent autour de la faille principale des zones actives et d'autres inactives dont il est possible de prédire la géométrie. Ce résultat était d'autant plus étonnant que les fondements de la théorie qui expliquait ces structures liées aux problèmes du frottement solide dataient de plusieurs siècles.

Le déclic

Attardons-nous sur ces questions de frottement qui sont au cœur de bien des phénomènes sismiques. Autour des années 1500,

Léonard de Vinci fut le premier savant à s'attaquer à la question, et il réalisa un grand nombre d'expériences. En particulier, il s'amusa à faire glisser des patins en les tirant sur un plan horizontal ou incliné (sans ressort, ce n'était pas encore à la mode). Avec la rigueur obsessionnelle des physiciens expérimentateurs, il varia la pente du plan, le poids du patin, sa surface, sa texture, pour déterminer quand le patin se mettait à glisser en fonction de ces divers paramètres. Mais il ne publia pas ses travaux, consignés dans son codex *Atlanticus*. Les lois du frottement furent formulées en 1699 par le Français Guillaume Amontons, et complétées en 1779 par Charles Augustin de Coulomb. Ce n'est qu'en 1967 que les premières expériences systématiques furent conduites sur des roches, par l'Américain J. Byerlee.

Ces savants abordèrent ainsi un problème similaire à celui posé par la récupération de votre polar derrière le lit. Ils notèrent cependant quelque chose dont je ne vous ai rien dit (le plancher supportant votre lit étant supposé horizontal) : la pente à partir de laquelle le patin glisse est indépendante du poids de ce dernier. Ou, ce qui revient au même, pour un support horizontal, la force de frottement limite (la traction sur la corde tirant le patin et parvenant à le décrocher) est proportionnelle à la charge (le poids du patin). Autrement dit, en considérant les forces par unité de surface, la contrainte cisaillante limite est proportionnelle à la contrainte normale. Cette loi du frottement statique limite devrait vous sembler évidente : s'il y avait eu quelqu'un(e) dans votre lit lorsque vous recherchiez votre livre, vous lui auriez naturellement demandé d'avoir la gentillesse d'en sortir, le temps de la manœuvre. Le lit glisse plus facilement sans personne dedans : la force *normale* sur les pieds du lit étant alors réduite, la force *cisaillante* pour le faire glisser est réduite dans les mêmes proportions.

Quittons la chambre pour descendre au cœur de la croûte terrestre, près d'une grande faille qui vient de rompre et de glisser, et considérons une de ces nombreuses petites failles immatures qui croissent, vivotent, ou meurent à l'ombre de leur grande sœur. Dans le bloc de roche qui entoure la surface de cette petite faille, le glissement sismique de la faille principale a créé de fortes déformations, qui vont modifier les contraintes sur la surface du bloc. Si, seule, la contrainte *cisaillante* augmente, la fracture se rapproche de son « seuil de Coulomb », et peut même l'atteindre si la perturbation est forte ou si la fracture était très proche de la rupture. L'effet du grand séisme sur une petite faille de son voisinage, est comparable à vous-même en train de tirer sur le lit ; la petite faille, c'est la surface de contact entre le pied et le parquet ; la réplique, c'est le lit qui se déplace brusquement.

Imaginez maintenant que, vexée par tant d'ardeur inappropriée, votre âme sœur ne daigne pas quitter le lit pendant les opérations de sauvetage du livre. Vous exercez donc une forte traction sur le lit, en vain, car la pression ayant augmenté, ses pieds tiennent mieux au sol et résistent à votre effort, sans glisser. C'est alors que l'autre, bondissant hors du lit, le soulage brutalement de son poids. Immédiatement, le lit décroche et glisse, et vous partez à la renverse, assailli par l'éclat de rire de votre partenaire expérimentateur qui vous fait soupçonner quelque perverse préméditation à l'origine de cette petite leçon de physique. Dans ce cas, le grand séisme, c'est le bond de votre partenaire, qui relâche la contrainte normale ; et la réplique, c'est le lit et vous-même qui partez dans un même élan.

Une décompression de la surface d'une faille peut donc déclencher un séisme, tout comme le fait une augmentation du cisaillement. Suivant la position de cette petite faille par rapport à celle qui glisse lors du séisme principal, la première pourra être

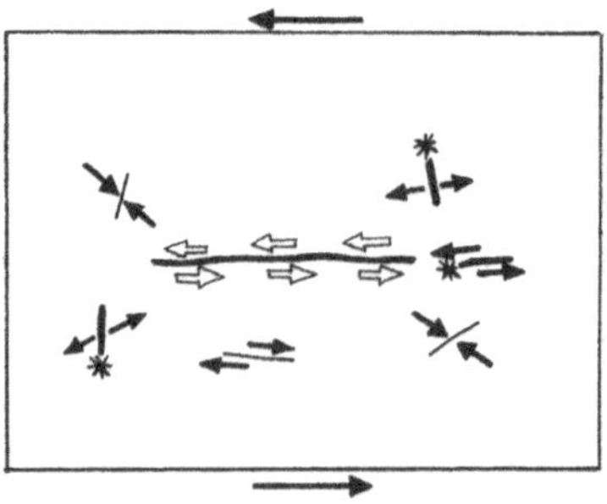

13. Effet d'une rupture sur son voisinage. Le glissement sur la grande faille (au centre) déstabilise certaines failles (marquées d'une étoile et d'un trait plus épais) en augmentant la contrainte de Coulomb, et en stabilise d'autres en la diminuant.

déstabilisée, par décompression ou cisaillement, ou au contraire stabilisée, par compression ou cisaillement inverse (figure 13). Dans un volume de roche, il se peut donc que toutes les failles se stabilisent, quelle que soit leur orientation (c'est le cas lorsque votre partenaire non seulement ne quitte pas le lit, mais est rejoint par une tierce personne, réduisant à néant votre chance de mouvoir le lit). Il se peut aussi que de nombreuses failles se rapprochent de leur domaine instable, et qu'un certain nombre y parvienne et rompe : voilà donc les répliques, déclenchées à retardement par des effets dont je parlerai plus loin.

Ces zones favorables aux répliques ont une géométrie complexe autour de la faille du choc principal. Elles forment des lobes fusant à partir de l'extrémité des zones de ruptures, sur des longueurs similaires à la dimension de la faille. Ces lobes dépendent de l'orientation de la faille principale par rapport à la direction et à l'amplitude des contraintes tectoniques, ainsi que de la valeur du frottement sur les failles portant les répliques. En d'autres termes, à la suite du séisme principal, le potentiel sismique de certaines régions autour de la faille décroît fortement, voire s'annule, alors que celui d'autres régions croît. Certains chercheurs ont utilisé ces caractéristiques afin de prédire les grosses répliques en temps de crise : il suffit de calculer la géométrie des lobes sismogènes, déduits de la connaissance de la faille principale qui vient de rompre.

Ces analyses donnent un résultat étonnant : il suffit d'une faible perturbation de contrainte pour produire un séisme dans les « lobes » actifs d'une rupture. Un cisaillement qui augmente de quelques dixièmes de bars, ou une pression qui diminue d'autant, et de nombreuses failles rompent, alors que ces perturbations sont 10 à 100 fois inférieures à la chute de contrainte sur la faille principale. Autant dire que ces petites failles étaient prêtes à casser. La déformation statique du grand séisme est la pichenette qui déstabilise le tout. Cette sensibilité extrême à de toutes petites perturbations devrait vous rappeler quelque chose... La croûte terrestre semble être, un peu partout, à la limite de la rupture.

La pichenette

Le modèle de Coulomb tomba vite sur un os. En 1992, le grand séisme de Landers fractura le désert californien d'une dislocation de 5 mètres le long de trois segments de failles, activés en cascade sur 70 kilomètres (figure 14). Son effet ne s'arrêta pas à cette balafre et sa cohorte de répliques : le séisme provoqua aussi une variation de sismicité dans toute la Californie, jusqu'à près de 1 000 kilomètres ! Un séisme de magnitude 5 se déclencha quelques heures après, à 800 kilomètres de là. Cette action à si grande distance rendit les sismologues perplexes, car les perturbations de contrainte statique y sont largement inférieures au millième de bar. Normalement, les perturbations décroissent avec la distance élevée au cube : multipliez cette distance par 10, et la contrainte est divisée par 1 000 ! À ce niveau, on ne s'attend pas à ce que des ruptures sismiques puissent être déclenchées, un peu comme si vous comptiez sur votre chien pour déplacer le lit et vous rapporter le livre. Cependant, improbable ne veut

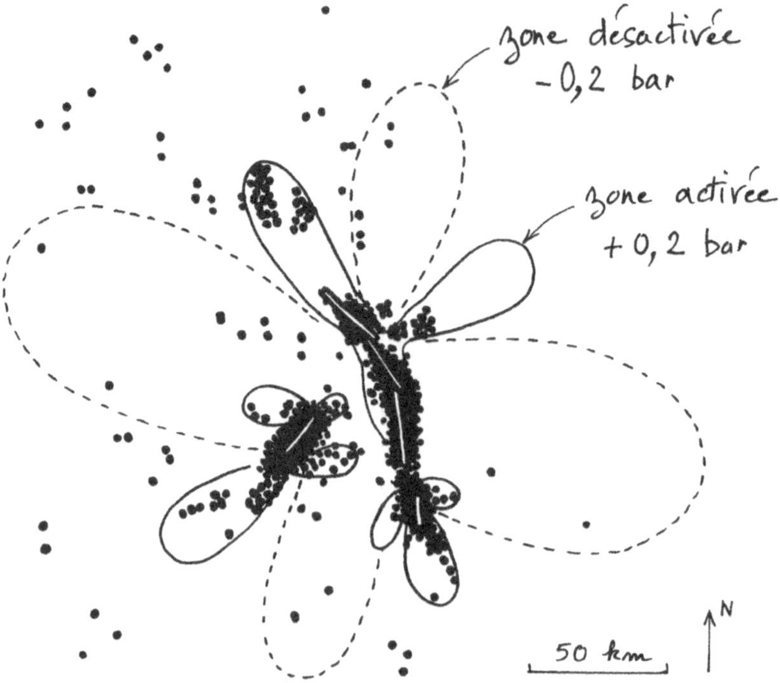

14. Répliques du séisme de Landers de 1992, en Californie. La densité de séismes est plus forte au sein des lobes où la contrainte de Coulomb augmente (trait plein) que dans ceux où elle diminue (trait tireté). (D'après Stein et ses collègues)

pas dire impossible : il suffit que la faille lointaine soit tout près de sa limite de rupture pour qu'elle soit déstabilisée lors de cette ultime pichenette.

Cette explication par une sensibilité extrême des failles à un accroissement de la contrainte de Coulomb tient-elle la route ? Certaines observations semblent prouver le contraire. Considérons l'effet des marées. On enseigne à l'école que la Lune et, dans une moindre mesure, le Soleil attirent les masses d'eau de la surface de notre planète et produisent deux bourrelets liquides de quelques mètres de haut, diamétralement opposés. Ces bourrelets suivent les astres en balayant la surface des océans et les lignes de côtes : ce sont les marées océaniques. Il existe aussi une marée terrestre : souvenez-vous, la terre solide est élastique, et les forces d'attraction de nos deux astres la déforment, elle aussi. En conséquence, nous montons et descendons deux fois par jour d'une trentaine de centimètres, au rythme de cette marée solide – ou « terrée », pourrait-on dire. Combien vaut cette déformation des roches, distribuée dans le volume de la Terre ? Quelques dizaines de centimètres, gagnés sur une longueur de 10 000 kilomètres, représentent une déformation de 1 pour 100 millions. Un bloc de roche de 10 mètres de côté se rétrécit et s'allonge d'un micromètre deux fois par jour. C'est bien petit, mais cela se mesure très bien depuis des décennies. Autrement dit, les failles sont périodiquement pressées et cisaillées. À quelle variation cyclique de contrainte cela correspond-il ? À quelques millièmes de bars. Si les failles étaient fortement sensibles à ce niveau de perturbations sur une durée de 12 heures, une proportion appréciable des séismes serait déclenchée en phase avec la marée terrestre. Les premières études statistiques des corrélations sismo-lunaires datent de la deuxième moitié du XIXe siècle, s'attachant au cycle diurne de la Lune mais aussi à celui de 28 jours, avec ses variations de quartiers. Vers 1850, Alexis Perrey, enthousiaste, publie ses premières lois de corrélations, basées sur quelque 300 séismes, qui corroboraient sa vision d'un manteau terrestre liquide, sensible à la marée à l'instar des océans. Il lança ainsi un long débat qui n'est toujours pas achevé. Mais en 1888, Montessus de Ballore, s'appuyant sur des catalogues bien plus fournis de 5 000 séismes, démontre qu'aucune corrélation significative ne peut être établie. De nos jours, les catalogues comptent des centaines de milliers de séismes, et malgré de nombreuses études très détaillées depuis les années 1990, seule une très faible corrélation temporelle de la sismicité avec la marée a pu être mis en évidence, et reste sujette à polémique.

En conséquence, les failles ne sont pas si sensibles que cela à ces faibles changements de niveau de contrainte, et le déclenchement de répliques à très grande distance par l'effet d'une faible augmentation de la contrainte de Coulomb lié au choc principal ne semble pas défendable.

Si ce n'est pas cette influence qui engendre ces sursauts lointains, cela ne peut être que les vibrations émises par la rupture. Ce qui favorise cette hypothèse est que les amplitudes des ondes sismiques décroissent lentement avec la distance, si bien que même à mille kilomètres d'un grand séisme, les déformations transitoires induites par les vibrations, qui peuvent durer des dizaines de secondes, sont bien plus fortes que celles des marées. Mais comme pour toute réplique, le séisme est déclenché non pas au moment du passage des ondes, mais bien après, plusieurs heures, voire plusieurs jours plus tard.

Rapportées depuis des siècles, les variations de hauteur d'eau dans les puits, parfois de plusieurs mètres, liés à des grands séismes lointains, pourraient avoir des causes similaires. On ne peut les expliquer par la déformation finale liée au séisme, celui-ci étant trop faible. Comme ces changements de niveau persistent après le passage des ondes, il est nécessaire d'imaginer un processus irréversible, non linéaire, qui produit un changement brutal dans les propriétés de stockage ou de perméabilité du milieu rocheux, en modifiant sa porosité. À petite cause, grands effets, cette fois-ci non plus sur les failles, mais sur le stockage des eaux souterraines : encore une marque de la criticalité. Cela devient inquiétant. En effet, si un rien peut déstabiliser la croûte terrestre, ne suffirait-il pas d'un simple coup de pied par terre pour déclencher un séisme ?

Rassurons-nous : un coup de pied au sol produit des vibrations qui s'évanouissent dans la rumeur ambiante des roches au bout d'une centaine de mètres, alors que les ondes des grands séismes balayent des volumes considérables de roches, sur des distances colossales : ces ondes sismiques finissent bien par dénicher, de-ci de-là, une faille à la limite d'instabilité, pour en initier la rupture. Le coup de pied a non seulement une portée bien moindre, mais il agit de plus dans un volume de roches superficielles, les premières centaines de mètres de la croûte terrestre, où les contraintes tectoniques sont affaiblies par des glissements lents et non sismiques sur les failles et les fractures des roches altérées et peu comprimées. Un coup de pied pourrait bien déclencher un séisme, s'il était porté au bon endroit : c'est-à-dire à grande profondeur, sur l'aspérité prête à casser qui retient la faille. Ce coup de pied, par sa faiblesse, ne ferait toutefois qu'avancer de quelques instants le moment du séisme, qui aurait eu lieu de toute façon…

Cela dit, le piétinement du sol n'est pas la seule activité humaine à perturber la Terre : certains ouvrages ou activités industrielles exercent des pressions bien plus considérables, qui devraient, selon la théorie *SOC*, engendrer des séismes. Les grands barrages produisent une sismicité notable, avec des magnitudes dépassant parfois 6. En Inde, dans la région de Koyna, historiquement dépourvue de séisme, se produisit en 1967 un séisme de magnitude 6,4, causant plusieurs centaines de morts : il eut lieu à 10 kilomètres du lac de barrage, quatre ans après le début de sa mise en eau. En France, la mise en eau du barrage de Monteynard, près de Grenoble, déclencha en 1963 un séisme fortement ressenti, de magnitude 4,9. La mise en eau modifie les pressions dans les roches de plusieurs bars, à des kilomètres de profondeur, ce qui déstabilise directement les failles. De plus, la transmission d'une surpression d'eau souterraine par les fissures de la croûte, jusqu'au cœur des failles à quelques kilomètres de distance, joue un rôle important : une augmentation de pression d'eau dans la zone de faille elle-même diminue la force de contact entre les aspérités, et le frottement décroît, pouvant aller jusqu'à déclencher un glissement sismique. Un tel effet déclencheur a d'ailleurs bien été mis en évidence au Népal par L. Bollinger et ses collègues, dans un contexte tout à fait naturel : le nombre de microséismes mensuels y augmente de près de 40 % en hiver par rapport à l'été. L'analyse des corrélations temporelles avec les signaux de déformations mesurés par GPS et le niveau des nappes rechargées par la mousson montre que c'est plus probablement l'effet mécanique de pression de surface qui domine sur celui d'une diffusion de pression de pore vers les zones sismogènes profondes, laquelle mettrait 6 mois pour y parvenir.

Dans la panoplie des activités humaines sismogènes, en sus des barrages, on trouve bien sûr les activités minières. Les riverains du bassin houiller de Provence, près de Gardanne, à mi-chemin entre Aix-en-Provence et Marseille, en refont actuellement l'expérience, après quelques années de calme lié à l'arrêt de l'exploitation en 2003. Surveillée par l'INERIS depuis 2007, et analysée en coopération avec le BRGM, la sismicité du site minier s'est réactivée depuis 2012, par de petites crises sismiques concentrées atteignant la magnitude 2, bien ressentis. Mais, à la surprise des sismologues, ces derniers ne sont pas localisés au niveau des travaux miniers, entre 50 et 100 m de profondeur, mais bien en dessous, jusqu'à 500 m. En outre, ils apparaissent fortement corrélés au changement saisonnier du niveau de la nappe d'eau souterraine qui inonde partiellement les galeries, ce qui suggère un effet de pression sur les zones perméables et fragiles de failles préexistantes.

Une autre cause de sismicité induite, elle aussi d'impact généralement limité à l'exploitation elle-même, provient du pompage de pétrole et de gaz. Ce ne sera pas une surprise pour les habitants de Pau, qui sont régulièrement secoués par des petits séismes dépassant parfois la magnitude 4, localisés à

20 km de la ville, au voisinage immédiat de l'exploitation de gaz de Lacq. Le plus gros séisme du site, de magnitude 4,2, eut lieu en 1981, mais la sismicité persiste à ce jour. Cette proximité et l'apparition de cette sismicité 10 ans après le début de la production en 1957 ne laissent aucun doute sur son caractère induit, dont le sismologue Jean-Robert Grasso pu démontrer l'origine, une forte subsidence et décompression des roches.

Mais certains sites de production, placés au voisinage de grandes failles tectoniques, sont notablement plus efficaces pour déclencher des secousses sismiques. Entre 1976 et 1984, une série de grands séismes frappèrent l'Ouzbékistan, au sud de la Russie, dont trois atteignirent la magnitude 7,5. Cette zone désertique n'était pas reconnue comme sismique, mais plutôt comme source quasi inépuisable de revenus : en 10 ans, le pompage de 200 millions de tonnes d'hydrocarbures finit par décomprimer suffisamment les roches pour que les grandes failles voisines des champs exploités, inactives sans doute depuis des millénaires, vinrent un beau jour à rompre en cascade… En 1991, une étude du sismologue américain Art McGarr mit en cause les pompages de pétrole dans le déclenchement de certains des grands séismes californiens des années 1970 et 1980. Elle eut beaucoup de mal à être publiée, non pas qu'elle fût dénuée de fondement, mais parce qu'elle était dérangeante pour les exploitants, remettant en cause leur activité.

Ces questions sont revenues récemment sous le feu des médias : à partir de 2004, une augmentation considérable du niveau sismique est observée au cœur des États-Unis, en Oklahoma, dans des régions de très faible sismicité historique (figure 15). La cause ? Principalement, la réinjection sous pression, à plusieurs kilomètres de profondeur, des eaux usées et polluantes issues de l'exploitation pétrolière, en particulier des gaz de schiste. Les industriels ont longtemps combattu cette

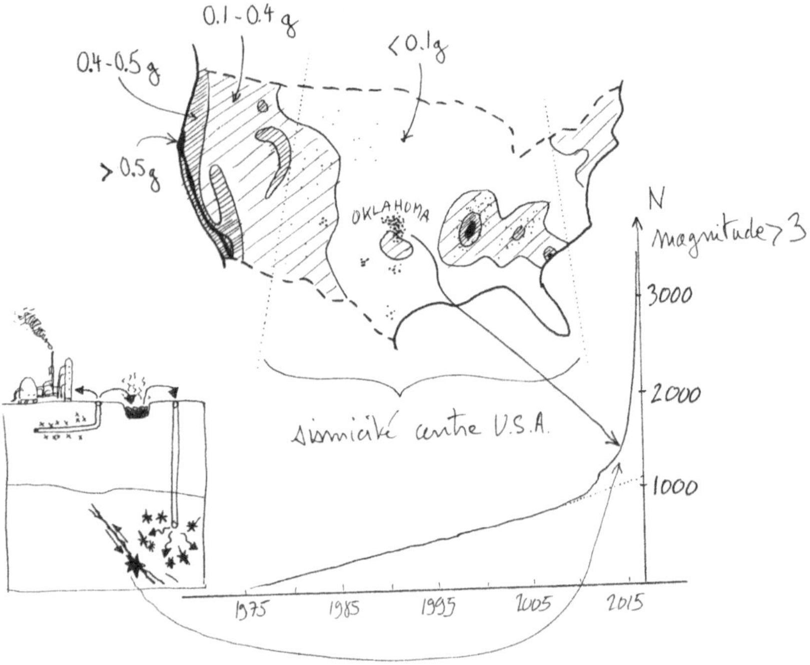

15. Sismicité du centre des USA. Depuis 2006, le nombre de séismes annuels a fortement augmenté dans cette région de faible niveau sismique, où en 50 ans il n'y a qu'une chance sur 10 de dépasser une accélération de 0,1g (à comparer aux valeurs plus élevées des autres zones, notamment la Californie). Cette sismicité nouvelle est liée à l'exploitation du sous-sol, et en particulier à la réinjection en profondeur des eaux de production de gaz et de pétrole. D'après W. Ellsworth.

explication, arguant que ces séismes étaient tout ce qu'il y avait de plus naturel. Mais ils doivent maintenant se rendre à l'évidence : en quelques années, le nombre de séismes annuels a été multiplié par 4 dans la zone, qui est ainsi devenue plus sismique que la Californie ! Le plus grand séisme ainsi déclenché est de magnitude 5,7, en 2012 – heureusement il n'a pas fait de victimes, une chance dans cette région sans protection parasismique particulière – mais cela arrivera bien un jour. Le débat ne porte plus maintenant sur l'origine anthropique de ces secousses, bien avérée, mais sur la valeur maximale plausible en magnitude de tels séismes. Peut-on limiter la taille des failles activables à la dimension des exploitations souterraines, sur moins de 10 kilomètres ? Ou bien peut-on débloquer ainsi des failles longues de plusieurs dizaines de kilomètres, endormies depuis des dizaines ou centaines de milliers d'années – et donc déclencher des séismes majeurs ? En Angleterre, les premières explorations souterraines avec de tels procédés de « fracking » ont conduit en 2011 à des petits séismes de magnitude jusqu'à 2,2, soulevant la question polémique de leur impact et de leur encadrement réglementaire.

La situation de la Mer du Nord a notablement changé depuis les années 1960, avec des séismes dépassant la magnitude 5 au voisinage des côtes, alors qu'aucune sismicité historique n'est rapportée. Le dernier date de 2002 ! Pourquoi ? Le fond de cette mer est un vaste champ de pétrole... bien exploité, on l'aura deviné.

Enfin, l'exploitation industrielle de la géothermie de haute température est aussi source de séismes. L'exploitant doit d'abord fracturer les roches profondes en injectant de l'eau sous pression dans un forage à plusieurs kilomètres de profondeur. Cette fracturation ouvre des chenaux perméables jusqu'à des forages voisins. Une fois ces chenaux constitués, on fait circuler de l'eau entre les forages : injectée froide dans l'un, elle ressort réchauffée dans les autres. La phase préliminaire de fracturation est la source de microséismes – on parle de séismes induits –, lesquels restent de très faible magnitude et sans danger. Mais la montée en pression d'eau peut réactiver des failles préexistantes, et déclencher de plus gros séismes. C'est ce qui s'est produit en Suisse. En 2006 à Bâle, après un séisme de magnitude 3,4 à 3 km sous la ville, l'exploitant a dû fermer en catastrophe le forage d'injection – et abandonner le site. En 2013, au démarrage de l'exploitation d'un autre site géothermal du pays, à St Gallen, l'exploitant a dû stopper l'injection suite à un séisme de magnitude 1,2, par précaution ; mais la sismicité a continué de croître pour donner un séisme de magnitude 3,6, 10 heures plus tard. Après le déclin de l'activité, il fut alors décidé de reprendre les injections très lentement, sous surveillance continue. Cet ajustement permanent a pu préserver une activité sismique de très faible niveau, montrant que la vitesse de montée en pression joue un rôle important dans la réactivité des failles : elles n'aiment visiblement pas être brusquées.

Répliques, cascades de séismes, sismicité déclenchée par les hommes eux-mêmes : il en faut peu pour que la terre tremble. La théorie d'une « criticalité auto-organisée » de la croûte terrestre des années 1980 semble bien fondée à décrire les fortes corrélations spatio-temporelles des séismes et cette étonnante sensibilité à de si faibles perturbations. En somme, sous le règne du *SOC*, on pourrait croire vivre en marge du chaos. Mais les géophysiciens, souvent confrontés à des événements et des situations singulières qu'il faut bien expliquer par le détail, sur tel ou tel système de faille, ne peuvent se contenter de cette belle théorie dont les prédictions statistiques restent bien trop générales et ne portent que sur les comportements collectifs. Il leur faut aussi y associer des analyses fines et quantifiées en se focalisant sur des objets spécifiques pour en décrire et comprendre l'évolution passée – et prédire son évolution future !

PARTIE III

Le décryptage d'une secousse

CHAPITRE 6

Regards croisés

Jusqu'ici, je ne vous ai donné qu'une vision particulière des failles sismiques, insistant sur leur hiérarchie, leurs domaines d'influence, leurs interactions et leurs comportements collectifs, trahissant cette fameuse criticalité. Mais que se passe-t-il lors d'un séisme, à l'échelle d'un événement ? Peut-on prévoir les vibrations qui seront émises par telle faille dont on soupçonne qu'elle pourrait s'activer un jour prochain ? Et si l'on s'intéresse non pas aux effets des séismes, mais à leur cause, ne pourrait-on pas retrouver, au cours d'une seule rupture, la marque de cette criticalité qui semble régir la sismicité collective ?

Revenons à l'étude des événements singuliers : un grand séisme vient de se produire, que s'est-il passé ? Cette approche est plus classique, car depuis près d'un siècle, l'essentiel des travaux des sismologues « de la source » concerne l'étude minutieuse de séismes individuels, au cas par cas, et non pas l'étude du comportement collectif des failles, lequel n'a débuté que dans les années 1980.

La science de la « sismogénèse » repose sur trois outils d'observation fondamentaux : la sismologie, car il faut évidemment enregistrer les vibrations du sol ; la tectonique, car il faut cartographier les ruptures de surface des failles rompues, lorsqu'elles apparaissent ; la géodésie, enfin, car il faut aussi mesurer la déformation finale du sol. Les sismologues ne sont donc pas seuls sur ce chantier : géologues et géodésiens sont des partenaires indispensables. Bien sûr, les progrès de la sismogénèse sont directement liés à ceux des outils de mesure, mais aussi au développement prodigieux, continu, des performances des ordinateurs. Grâce aux progrès en vitesse de calcul et en mémoire, les programmes de simulation des processus et de modélisation des mesures sont toujours plus efficaces et traitent de problèmes toujours plus réalistes – et plus complexes.

Outil numéro un, donc : le sismomètre, que j'ai déjà évoqué. La dernière révolution technologique date des années 1980 et a grandement amélioré les performances de ces engins. De systèmes oscillants et amortis, vulgaires masses suspendues par des ressorts, peu sensibles et confinés à des gammes de fréquence étroites, ces appareils sont devenus des systèmes asservis, bien plus sensibles et sophistiqués, avec une grande fenêtre de perception fréquentielle… Comme ce résumé n'est sans doute pas très éclairant – qu'est-ce donc qu'un système asservi ? – et que par ailleurs, sans sismomètre point de sismologie, quelques précisions supplémentaires seront bienvenues.

Après tout, il n'y a pas de mal à parler d'un peu de technologie dans un livre traitant d'une science de la Nature. Un instrument de mesure n'est rien d'autre qu'un formidable condensé de science, produit de décennies, voire de siècles de travaux savants, modèle miniature et simplifié des lois naturelles. C'est aussi un médiateur logé à l'interface du monde sensible, extrayant de l'infinie complexité de l'Univers la grandeur physique unique à laquelle il est consacré (et récupérant malheureusement au passage quelques effets parasites, dont il faut savoir se débarrasser…). Voilà peut-être pourquoi j'ai parfois eu l'impression de procéder à un rite religieux – surtout par les nuits de pleine lune – quand, au fond d'une campagne dévastée par un séisme, j'ai niché à la main un sismomètre, dans un trou creusé à la pelle et à la pioche, pour ausculter dans l'urgence les palpitations terrestres, puis recouvert de terre ce petit bijou technologique pour le protéger du vent et du sabot des chèvres.

Des sismomètres immobiles

Qu'a-t-elle donc de si extraordinaire, cette génération de sismomètres des années 1980 ? Imaginez-vous dans un ascenseur. Un ressort est attaché au plafond, et vous y accrochez ce livre (Figure 1). L'ascenseur démarre et s'élève, et le ressort s'allonge par l'inertie du livre dont la tendance naturelle n'est pas de suivre les ascenseurs qui démarrent, mais de rester sur place, comme tout objet de masse non nulle. D'ailleurs, vous vous tassez vous-même un petit peu lorsque l'ascenseur accélère, pour les mêmes raisons. Le ressort résiste et rappelle le livre à l'ordre : il faut suivre l'ascenseur. Le livre oscille un peu, et le ressort finit par reprendre sa longueur originelle peu après que l'ascenseur ait atteint sa vitesse de croisière. Puis, lorsque ce dernier ralentit pour s'arrêter, le ressort se raccourcit, et vous-même vous sentez plus léger, toujours par inertie. Enfin, l'ascenseur reprend le chemin inverse, et redescend au niveau initial, avec des effets semblables que vous êtes maintenant capable de deviner. Si, pendant cet aller-retour, vous mesurez le mouvement du livre par rapport à l'ascenseur, vous pouvez en

1. Principe du sismomètre passif. Sa masse suspendue par un ressort a un mouvement relatif détectable, comme pour le livre dans l'expérience de l'ascenseur, que l'on analyse pour en déduire le mouvement absolu de l'appareil.

déduire celui de l'ascenseur, connaissant la raideur du ressort et la masse du livre. C'est le principe du sismomètre traditionnel: l'ascenseur joue le rôle du boîtier fixé au sol qui monte et qui descend, le livre joue celui de la masse, et le ressort son propre rôle. Le défaut d'un tel sismomètre est évident: les mouvements du livre sont très distordus par rapport à ceux de l'ascenseur, surtout lors des phases de démarrage et d'arrêt, et dépendent fortement du ressort. Par ailleurs, j'ai oublié ceci: pour amortir rapidement les oscillations parasites du ressort, il faudrait que le livre reste plongé dans une bassine d'huile bien visqueuse…

Maintenant, le livre toujours attaché au ressort, prenez-le cette fois dans votre main (Figure 2). Oubliez la bassine d'huile. Repartez d'en bas. Le livre, soutenu par le ressort, ne pèse rien dans votre main. Le jeu est de bien observer le livre, et de le forcer à garder la même position dans l'ascenseur. Ce dernier démarre et s'élève, vous sentez que le livre veut «descendre»: le poids apparent du livre augmente dans

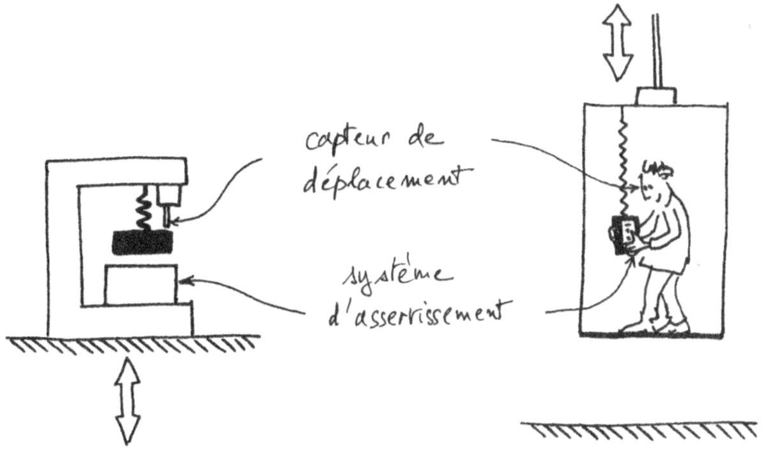

2. Principe du sismomètre asservi. La masse est astreinte à ne plus bouger par rapport au boîtier (ou à l'ascenseur), grâce à un système d'asservissement précis et rapide. Ce dernier mesure la force d'asservissement, et on en déduit l'accélération absolue de la masse.

votre main, et vous ajustez aussitôt votre force de soutien pour le maintenir en place, ce que vous contrôlez visuellement. Lorsque l'ascenseur atteint sa vitesse de croisière, la force que vous exercez est nulle. Puis, lorsqu'il ralentit, le livre a tendance à s'échapper de votre main pour « monter » ; il faut exercer une force vers le bas pour le maintenir. Si vous êtes capable de mesurer la force avec laquelle vous retenez le livre au cours de son ascension, vous connaissez parfaitement son accélération à tout instant : elle est égale à la force divisée par la masse, d'après Newton. Cette accélération est aussi celle de l'ascenseur qui a exactement le même mouvement, et donc vous pouvez déduire le déplacement de l'ascenseur au cours du temps.

Vous venez de réaliser un sismomètre « asservi » : l'ascenseur, le livre, et le ressort conservent leurs rôles, et vous-même avez pris sans le savoir le rôle du système d'asservissement. Plus précisément, vos yeux jouent le rôle du capteur de position qui détecte tout déplacement relatif de la masse ; votre cerveau joue le rôle du circuit électronique d'asservissement, qui analyse les signaux du capteur et contrôle vos muscles ; les muscles de votre bras jouent le rôle du système mécanique d'asservissement, généralement des bobines électriques exerçant une force électromagnétique sur la masse. Autrement dit, le circuit électronique se débrouille pour que, quel que soit le mouvement du sol, la masse bouge le moins possible par rapport au boîtier. Il suffit alors de mesurer la force électrique de rappel pour en déduire l'accélération de la masse, et celle du sol. C'est donc paradoxalement en empêchant le mouvement relatif que l'on détermine le mouvement du sol, sans référence extérieure. Le ressort n'a que peu d'influence sur la mesure : il n'y a plus les effets gênants de résonance, le ressort n'oscillant plus, ou presque… On comprend que la qualité du sismomètre dépend de la vivacité électronique avec laquelle il réagit à des variations de vitesse du sol, tout comme votre performance au deuxième jeu de l'ascenseur dépend de votre acuité visuelle et de vos réflexes. L'expérience de pensée est terminée. Vous pouvez sortir de l'ascenseur, et vous reposer les méninges.

Depuis la fin des années 1980, ce type de sismomètre asservi s'est largement répandu dans la plupart des réseaux mondiaux et régionaux, tant fixes que mobiles. De plus, les réseaux eux-mêmes connurent un développement considérable, par le nombre de leurs instruments, et par l'automatisation croissante des procédures d'analyse des enregistrements qui mesurent les temps d'arrivée ou l'amplitude des vibrations. Ces réseaux ne se sont pas seulement développés à l'échelle mondiale, pour ausculter la planète. La plupart des régions sismiques du monde sont aujourd'hui étroitement surveillées par des sismomètres sensibles et des accéléromètres. Ces derniers sont des sismomètres particuliers, capables d'enregistrer les fortes secousses sismiques, de l'ordre de l'accélération de la pesanteur, soit environ 10 mètres par seconde carrée, sans « saturer ». Les autres sont trop sensibles, limités à des valeurs 100 fois, 1 000 fois plus faibles…

Des sismomètres géants

Malheureusement, lors des mouvements forts, nombre de ces accéléromètres perdent un peu les pédales : bien que très précis pour les hautes fréquences, ils ont du mal à mesurer correctement le mouvement à longues périodes, de dizaines de secondes, caché sous les fortes oscillations rapides. En particulier, ils donnent, par double intégration, une mesure du déplacement final statique du sol très souvent fantaisiste, sans rapport avec la valeur vraie, ce qui est bien ennuyeux si on veut préciser le glissement final de la faille. Mais depuis le début des années 2000 les sismologues ont trouvé la parade, grâce au GPS de leurs collègues géodésiens.

Vous connaissez bien ce GPS (le « global positioning system ») – tout du moins sa version grand public grâce à laquelle vous localisez votre véhicule à quelques mètres près sur toutes les routes de la planète et vous sont épargnées bien des fâcheries avec votre passager, incapable de lire une carte et de vous aiguiller à l'approche d'un carrefour… La version du GPS utilisée par les scientifiques, initiée à la fin des années 1980 avec une précision centimétrique, possède maintenant une précision de l'ordre de quelques millimètres. Dans les deux cas, les récepteurs GPS enregistrent les ondes électromagnétiques spécifiques émises par une constellation de satellites qui tournent autour de la Terre, et analysent les différences de phase entre ces ondes en différents points dont on veut calculer les positions relatives. Pour obtenir leur extraordinaire performance millimétrique, les récepteurs

GPS des scientifiques analysent non pas une onde mais deux, de longueurs d'onde différentes, ce qui leur permet de détecter et de corriger les effets de retard très variables liés à la traversée de l'ionosphère, fortement perturbée par l'activité solaire. Nous y reviendrons au chapitre suivant.

Jusqu'au début des années 2000, la surveillance par GPS se faisait pour l'essentiel grâce à des réseaux de répétition : ces derniers sont constitués de sites repérés précisément par des points ou des piliers géodésiques, où l'on revient régulièrement, parfois tous les ans, avec les récepteurs et les antennes pour y faire une session de mesures. Celle-ci peut durer de quelques heures à la dizaine d'heures, afin d'atteindre les meilleures précisions. Qu'un grand séisme survienne dans la zone surveillée, les géodésiens relancent en hâte une nouvelle campagne pour mesurer les déplacements de chaque site liés aux déformations de la croûte terrestre tout autour de la faille (Figure 3). À partir de la magnitude 5,5, les déplacements du sol au plus près de la faille dépassent le centimètre, et sont donc bien détectables. Pour des magnitudes 7, ils atteignent parfois plusieurs mètres ! Ces déplacements décroissant au carré de la distance à la faille, leur détection par GPS exige que les distances entre stations soient inférieures à 20 kilomètres, pour que des séismes modérés de magnitude 6 ne passent pas entre les mailles du filet.

Mais avec l'amélioration rapide des récepteurs, depuis 2000, ces derniers fonctionnent en continu et réalisent plusieurs mesures de position par seconde. Ils peuvent dès lors surprendre les failles en action, et très bien voir, sans distorsion, des mouvements sismiques plutôt lents, d'une période de 5 secondes et plus autour des failles actives. Les récepteurs GPS permettent donc de faire le lien entre les vibrations sismiques longues période et le déplacement statique, palliant la déficience des accéléromètres, gagnant ainsi leurs galons de

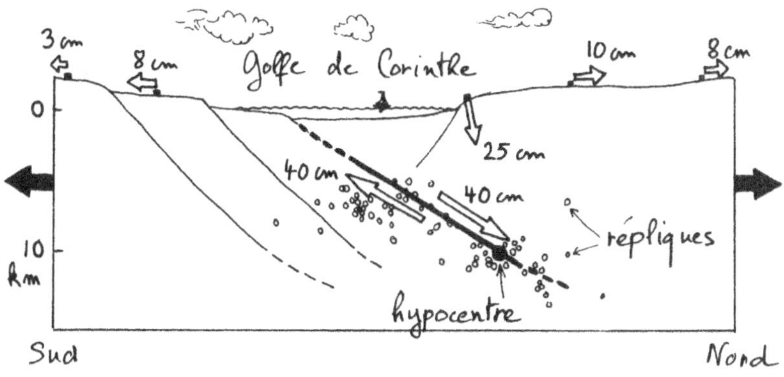

3. Mesures GPS du séisme d'Aigion (Grèce) de 1995, de magnitude 6,2. La dislocation de 80 centimètres sur la faille induit des mouvements du sol en surface, qui sont détectés par la répétition de mesures GPS. Ces mesures révèlent l'ouverture sismique du rift, et l'affaissement de sa partie centrale. (D'après Briole et ses collègues)

super-sismomètres à basse fréquence. Pour revenir au principe de la mesure, si le GPS est un sismomètre, où donc se trouve sa masse inertielle servant de référence ? En fait, il s'agit d'un ensemble constitué par le satellite lui-même, imperturbable aux vibrations du sol et dont la trajectoire stable par rapport à la Terre est connue avec une incroyable précision, et par des stations GPS au sol de référence, trop éloignées de la source des ondes pour être perturbées. Vu sous cet angle, le GPS est un simple sismomètre géant, de milliers de kilomètres de long…

Aujourd'hui, des dizaines de milliers de sismomètres et des milliers de stations GPS enregistrent en continu les soubresauts terrestres pour détecter les failles actives. Le Japon et la Californie arrivent en tête quant à la densité des instruments. On s'en doutait, à l'aune des risques encourus. Au Japon, par exemple, la catastrophe provoquée par le séisme de Kobé, en 1995, a conduit au montage d'un réseau d'un millier de sismomètres couvrant tout l'archipel. Même en Europe, quoique dans une moindre mesure, on relève un effort significatif, avec des centaines de stations sismologiques en veille continuelle. En France, le nouveau réseau du programme RESIF, avec ses 120 stations sismologiques, est en cours de montage et devrait être achevé vers 2020.

Un sol sous haute surveillance

Les instruments au sol, sismomètres et antennes GPS, ne sont pas les seuls capables de nous éclairer sur les mouvements de la Terre. Depuis plus de 20 ans, les satellites eux-mêmes, malgré leur éloignement considérable, en détectent les distorsions sismiques, par des techniques d'imagerie radar et optique.

En effet, quelques années à peine après les premiers succès du GPS, une deuxième révolution de la technologie géodésique, préparée par 10 ans d'études du Centre national d'Études spatiales (CNES), a éclaté. L'image d'un séisme vue de l'espace – le séisme de Landers de 1992, de magnitude 7, dans le désert Californien – réalisée par l'ingénieur français Didier Massonnet et ses collègues, occupa une pleine page du journal *Libération*. La « photographie » depuis l'espace montrait d'immenses lobes, tels des ailes de papillon, partant de la faille et s'étalant jusqu'à une cinquantaine de kilomètres de distance. On y vit pour la première fois une image complète et détaillée de la zone d'influence d'une rupture sismique.

Qu'a donc mesuré le satellite, au juste ? Comment peut-on percevoir, depuis 800 kilomètres d'altitude, des choses que l'on a tant de mal à mesurer correctement depuis le sol ?

La technique utilisée repose sur l'interférométrie radar. Porté par le satellite, le radar en question, le SAR (Synthetic Aperture Radar) parcourt une orbite quasi-circulaire, d'un pôle à l'autre, en deux petites heures. Il émet en continu, vers la

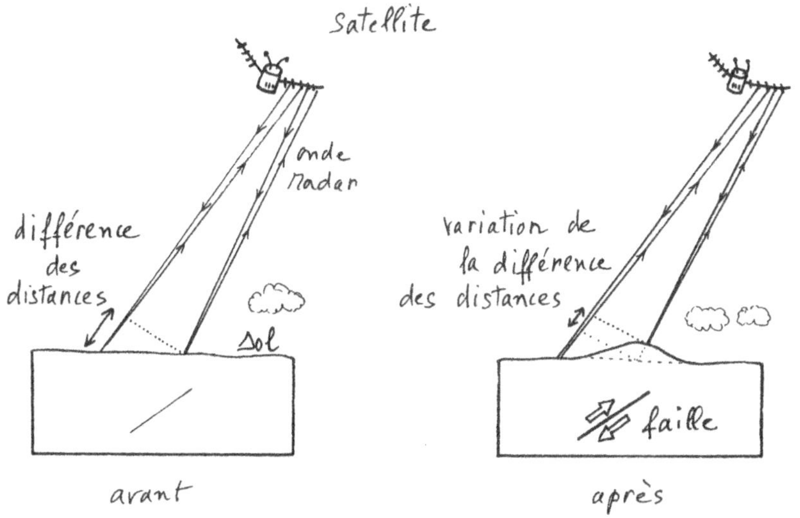

4. Le radar « SAR » des satellites. Le déplacement du sol lié à un séisme change les distances relatives parcourues par les faisceaux radars voisins, ce qui est détecté par interférence des ondes, et produit une image du déplacement du sol dans la direction du satellite.

Terre, des ondes électromagnétiques de quelques centimètres de longueur d'onde, qui atteignent le sol et y sont réfléchies vers le ciel et le satellite (Figure 4). Le radar enregistre l'écho de sa propre émission, quelques fractions de secondes après : à chaque pixel réflecteur du sol (le pixel est le grain de l'image numérique, ne portant aucun détail spatial) sont associées une amplitude et une phase de l'écho. La phase définit la position précise de l'onde dans son cycle d'oscillations par rapport à une référence. Par radar, on est incapable de dénombrer les oscillations de l'onde entre le moment de son émission et son retour sur l'antenne réceptrice du satellite ; mais on peut mesurer précisément la différence de phase entre le signal émis et le signal renvoyé. En gros, le radar mesure la distance à la cible, à un nombre entier de longueurs d'onde près…

Un sol végétal ou neigeux réfléchit peu les ondes, au contraire d'un sol rocailleux ou des toitures d'habitation, dont l'écho est vif. L'image d'amplitude radar ressemble donc à une photographie en noir et blanc, et l'apparence des reliefs est légèrement déformée en raison de son angle de visée légèrement oblique. Il arrive que le satellite, en repassant au-dessus de la même région quelques semaines ou quelques mois plus tard, se trouve sur une orbite très proche du premier passage. La « prise de vue » est alors semblable à la première, à un léger décalage de distance près, qui affectera de la même manière toutes les phases de l'écho. Si rien n'a changé au sol, les deux images radar en amplitude sont identiques, et les deux images en phase sont similaires. Jusque-là, rien de spécial.

Que se passe-t-il si un séisme déforme le sol entre les deux prises d'image radar ? Certaines zones du sol autour de la faille se sont rapprochées du satellite, d'autres s'en sont éloignées : l'écho met un temps différent pour revenir, et les phases ne sont plus les mêmes que dans l'image originale. Il suffit alors de comparer, pixel à pixel, les phases de chacune des deux images : leur différence est une image d'interférence. Un déplacement du sol d'un centimètre dans la direction du satellite raccourcit le trajet aller-retour de deux centimètres, ce qui est une fraction importante de la longueur d'onde : le déphasage entre les deux images est net et mesurable. Remarquez que si le sol se déplace non pas d'un centimètre, mais d'un centimètre plus exactement une demi-longueur d'onde, l'effet sur le trajet différera d'une longueur d'onde exactement, et donc la phase sera la même.

Ces images d'interférence radar, ou « interférogrammes », montrent des lignes de déphasage constant, correspondant aux points du sol qui ont eu des déplacements identiques dans la direction du satellite. Les franges de la photographie radar du séisme de Landers ou de celui d'Athènes (Figure 5)

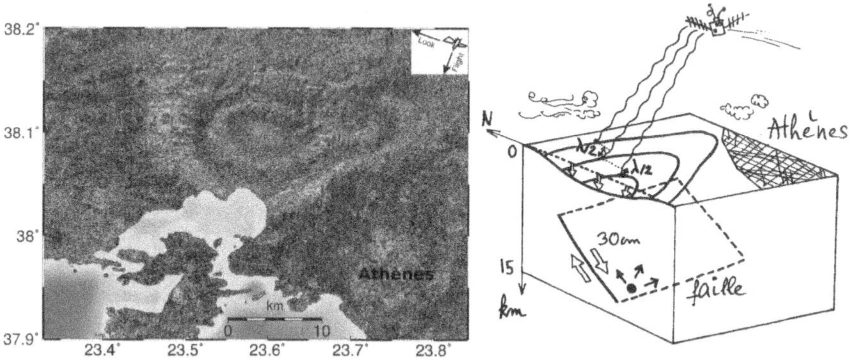

5. Image d'interférométrie radar du séisme d'Athènes de 1999 (d'après Kontoes et ses collègues). Les franges (chacune correspondant à 2,8 centimètres de variation de distance au satellite) dessinent une cuvette, en accord avec le mécanisme en faille normale. Cette subsidence est observée alors même que la faille n'atteint pas la surface.

sont précisément ces bandes de déphasage constant, formant en quelque sorte les lignes de niveau de la déformation du sol dans la direction du satellite : le passage d'une frange à sa voisine correspondant à une demi-longueur d'onde, on en déduit que le sol s'est déplacé de près de quatre centimètres entre deux franges.

Bien sûr, les applications de cette technique dépassent largement les questions sismiques : glissements de terrain, gonflements de volcans, affaissements de sol au-dessus de mines ou de carrières souterraines peuvent être détectés et cartographiés précisément. Depuis le séisme de Landers, cette technique a fourni des milliers d'interférogrammes pour les séismes importants. Même des séismes modérés, comme celui d'Athènes de 1999 ou de l'Aquila en 2008, de magnitude 6, ou celui d'Ombrie de 1997, encore plus faible, de magnitude 5,5, pour lesquels aucune rupture de surface n'a été découverte, ont révélé une nette signature radar de quelques franges d'interférence, soit une dizaine de centimètres de déplacement du sol. Comme pour le GPS, la précision de l'InSAr atteint maintenant quelques millimètres ! Avec un avantage : au lieu des quelques dizaines de points de mesures GPS autour de la faille, au mieux, l'InSAR offre une image complète, équivalente à des centaines voire des milliers d'antennes au sol.

Alors, pour voir la déformation du sol après un séisme, *exit* le GPS et en avant pour le « tout satellite », avec son radar ? Non, bien sûr... Premier défaut du radar : il faut que le satellite repasse, à quelques dizaines de mètres près, au même endroit – cela arrive rarement, au mieux toutes les trois semaines pour la première génération de satellites ; au pire, jamais. C'est ce qui s'est produit en 2002-2003, lorsqu'ils se sont arrêtés de survoler la planète : les orbites et radars des nouveaux satellites étaient trop différents des anciens, et les images incompatibles pour l'interférométrie. Le nouvel intervalle de temps s'est raccourci à 8 jours grâce à des satellites suiveurs, mais on est bien loin du rythme possible des mesures GPS, d'une dizaine par seconde. Troisième défaut, et non le moindre : une grande partie de la surface de notre planète n'est pas un réflecteur bien stable ; sur l'eau, impossible de conserver la phase d'une image à l'autre ; dans les zones cultivées, *idem*, en raison des labours ou des pousses végétales ; en forêt, de même. Finalement, les zones appropriées pour détecter ces mouvements sont essentiellement les zones urbaines, bien réfléchissantes, et les régions naturelles de faible couverture végétale, pour lesquelles la réflexion des ondes radar reste la même en phase et en amplitude. Il est possible de contourner cette difficulté à pénétrer les forêts avec des ondes radar de plus grande longueur d'onde ; mais les images de déplacements sont alors bien moins précises.

En outre toute mesure a ses limites : celles du GPS et du SAR sont imposées par l'eau. L'humidité de l'atmosphère ralentit les ondes électromagnétiques utilisées par ces systèmes, si bien que l'on peut confondre un déplacement du sol avec la perturbation d'un gros nuage d'orage dans le champ de visée.

À tel point que les futurs réseaux européens GPS serviront moins à détecter l'activité des failles qu'à prédire la météo…

D'autres satellites d'observation de la Terre, plus classiques, fournissent parfois des images complémentaires des images InSAR pour les grands séismes. Pour ces derniers, si la faille atteint la surface, le sol peut être très fracturé à petite échelle, ce qui fait perdre la cohérence de l'image radar jusqu'à plusieurs kilomètres de la faille ; on perd donc l'information là où le déplacement du sol est le plus fort, au voisinage de la rupture. Pour y pallier, il suffit de comparer deux images optiques, et non plus radar, faites par un même satellite repassant au même endroit. Sans séismes entre les deux, des prises de vue successives ne montrent pas de différence (sauf nuages…). Mais si le sol s'est déformé de plusieurs mètres sur de grandes surfaces, les images ne s'ajustent plus exactement : on ne voit rien à l'œil nu, mais par des techniques mathématiques de corrélation, des décalages d'une fraction de pixel peuvent être détectés, décalages dont on déduit les déplacements relatifs du sol. Ainsi, en analysant des centaines de pixels à la fois, on peut voir des déplacements d'un mètre avec des pixels de dix mètres ! Cette technique délicate, maintenant bien développée, a ainsi fourni de belles cartes de la déformation du sol, jusqu'à proximité de la faille du séisme d'Izmit de 1999, en Turquie. Elle montre jusqu'à six mètres de coulissage horizontal sur la faille, retrouvant par endroits les valeurs mesurées par les géologues, et repérant en d'autres des glissements ignorés par ces derniers, en raison de leur amortissement dans les couches superficielles. Ces cartes de déformation optique, tout comme les interférogrammes radar, ou les positions GPS, sont alors digérées par les calculateurs pour être « inversées » et fournir les caractéristiques de leur source.

Ainsi, les mesures de terrain et les nouvelles techniques de géodésie sont de première importance pour décrire l'aspect final de la rupture sismique et de sa dislocation, et complètent les mesures sismologiques à basse fréquence et les données de terrains cartographiées par les géologues. Mais en mer, ces mesures géodésiques autour des failles, par GPS et imagerie satellite, sont inopérantes ; depuis les années 2000 se développent de nouvelles techniques de mesure de déformations, par la mesure (directe, ou par un navire de surface) de distances entre émetteur et récepteur sous-marins. Ces derniers permettent de mesurer des déformations du fond marin, mais avec des performances 10 à 100 fois moins précises qu'à terre. Quelques trop rares observatoires sous-marins en sont équipés, en raison de leur coût d'installation et de maintenance.

En revanche, d'autres mesures marines bien plus classiques se sont avérées très utiles pour débrouiller ces phénomènes, et font partie, depuis les années 2000, de la panoplie des grandes enquêtes sismiques. Il s'agit des marégraphes, ces instruments qui mesurent fidèlement, à quelques millimètres près, le niveau marin dans tous les grands ports du monde, souvent depuis des décennies. Mais en quoi un tel appareil barbotant dans l'eau peut-il nous dire quoi que ce soit sur l'activité d'une faille au tréfonds de la terre solide ?

La grande vague

Sumatra, 26 décembre 2004. Un séisme géant rompt en huit minutes 1 600 km de frontière de la plaque indienne, produisant un tsunami monstrueux. Quelques dizaines de minutes plus tard, le tsunami balaye les côtes nord de Sumatra et des îles Andaman, se propageant à la vitesse d'un avion de ligne dans tout l'océan Indien, inondant une heure plus tard la Thaïlande, puis le Sri Lanka et la côte est indienne ; et enfin, 5 à 10 heures plus tard, les côtes est-africaines. Plus de deux cent mille morts, pas d'alerte – nous y reviendrons. Mais d'abord, essayons de comprendre ce phénomène – heureusement la plupart du temps bénin, voire à peine détecté par les marégraphes…

Que se passe-t-il sous l'eau ? Les ondes sismiques produites par la faille dans les roches profondes atteignent le fond de l'eau et s'y propagent sous forme d'ondes de compression – tout comme le son. Le fond marin fonctionne alors comme un haut-parleur géant ! Les séismes sont donc très bien ressentis, parfois même violemment, sous forme de vibrations par les navires à la surface des océans : l'impression est la même que si la coque touchait le fond, à tel point que des avaries sont parfois déclarées lorsque le navire se trouve dans la région épicentrale. À plus grande distance, ces ondes acoustiques préservent beaucoup d'énergie grâce à leur piégeage par la zone à plus faible vitesse de la couche océanique, le canal SOFAR : ce sont les ondes T, qui peuvent être détectées bien plus loin que les ondes P et S pour les séismes modérés au cœur des océans.

Cependant ces vibrations ne sont pas la cause des tsunamis : elles ne font que comprimer et dilater l'eau, sans déplacement de masse important. C'est le mouvement vertical irréversible du fond marin, persistant après la fin de la secousse, qui en est responsable.

On l'a vu, le déplacement final du sol à proximité d'une faille qui rompt peut atteindre plusieurs mètres. En mer, la couche d'eau suit le mouvement vertical du fond (Figure 6). En quelques dizaines de secondes, voire en quelques minutes pour les plus gros séismes, des bosses ou des creux du fond marin surgissent sur le dos de la faille. Les surfaces affectées sont de la dimension de la faille, et l'amplitude du mouvement vertical atteint une fraction importante du glissement. Ces mouvements sont particulièrement développés dans les zones de rift ou de subduction, où le

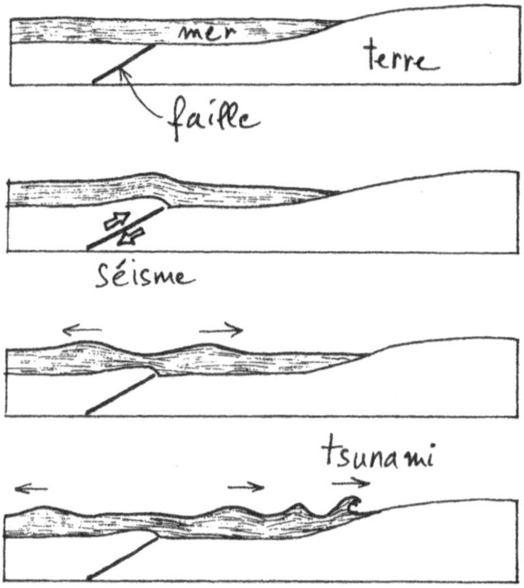

6. Génération d'un tsunami. De haut en bas : une faille glisse rapidement lors d'un séisme, soulevant la couche d'eau ; la bosse d'eau s'étale, propageant une onde de gravité ; cette onde peut être amplifiée par la remontée des fonds près des côtes, et y déferler.

mouvement des dislocations a une composante verticale importante. Pendant la rupture, l'eau suit le mouvement vertical du fond et n'a pas le temps de s'écouler sur des distances significatives au regard des dizaines de kilomètres de la perturbation ; mais une bosse ou un creux de la surface de l'océan ne peut évidemment pas se maintenir en place : sous l'effet de la gravité, la bosse s'étale, redistribuant son eau aux alentours, et le creux se remplit, attirant l'eau du voisinage. C'est ainsi que bosses ou creux, de proche en proche, perturbent de vastes zones marines, formant une onde de « gravité » qui se propage au loin de la zone épicentrale, à environ 100 mètres par seconde en mer profonde. Elles ont mis 7 heures pour traverser l'océan Indien et toucher les côtes africaines. On peut voir ce phénomène comme une gigantesque houle ; mais à la différence de cette dernière, la distance entre crête et creux, au large, peut atteindre des dizaines, voire la centaine de kilomètres – une distance directement liée à la taille de la faille sous-marine initiatrice.

En s'approchant des côtes, comme le fond marin remonte, l'onde marine de gravité se ralentit et ses crêtes se resserrent, mais, pour conserver son flux d'énergie, elle gagne en amplitude. Cette amplification est d'autant plus forte que le fond marin remonte doucement et que la forme des côtes la focalise, comme dans les baies et les estuaires. D'un mètre d'amplitude à la source, l'onde peut atteindre plusieurs mètres, voire une dizaine de mètres sur la côte. À Lisbonne, en 1755, la vague a atteint 20 à 30 mètres en certains endroits. À Sumatra, en 2004, la masse d'eau a atteint 15 m de haut sur de longues portions de côte, et en déferlant, a pu atteindre près de 50 mètres de hauteur en certains endroits du Tage. Et le 11 mars 2011 au Japon, moins de 30 minutes après le séisme géant de Tohoku, le tsunami généré au large a touché les côtes de l'île de Honshu : à son paroxysme, le niveau de l'océan a atteint quinze mètres au-dessus de la normale, se déversant par-dessus les digues de protection et inondant les plaines côtières, – et la centrale nucléaire de Fukushima, nous en reparlerons. Des glissements sous-marins déclenchés par les vibrations sismiques des grands séismes contribuent parfois à ces tsunamis, et peuvent même en être la cause principale : malgré leur taille modeste, des séismes de magnitude 7,5 sont ainsi susceptibles de déclencher de gigantesques glissements de terrain provoquant très localement, sur quelques dizaines de kilomètres de côtes proches, des vagues dépassant 10 m.

À la côte, l'arrivée d'un grand tsunami ne commence pas nécessairement par un mur d'eau constitué de déferlantes monstrueuses. Souvent, le début de l'oscillation est plutôt tranquille, on ne voit pas de grosses vagues. La mer descend doucement, asséchant le fond des ports en quelques dizaines de minutes, comme une marée accélérée, avec de forts courants. Bien des gens se sont laissés prendre à ce piège : la mer se retire très loin, attirant des foules de curieux ravis de marcher au fond de la mer, à des profondeurs jamais découvertes, et de ramasser poissons et crustacés piégés dans les trous d'eau. La mer est vite oubliée dans cette promenade invraisemblable, et son retour, parfois rapide et violent, quelques dizaines de minutes plus tard, est souvent meurtrier.

Heureusement, la plupart des tsunamis n'ont pas l'ampleur de celui de 2004 dans l'océan Indien. Mais bien que modestes, leurs effets sur la hauteur des mers sont très souvent bien détectés, les marégraphes ayant une précision meilleure que le centimètre – et ces mesures sont autant de nouvelles fenêtres ouvertes sur la source sismique.

Le tsunami de Sumatra fut même détecté depuis l'espace, par les satellites océanographiques mesurant en continu, sur leur trajectoire, la hauteur de la surface des océans. En une dizaine de minutes, deux heures après le séisme, deux satellites ont ainsi survolé, à 500 km d'altitude, l'océan Indien, alors que le tsunami s'y propageait encore : ils ont ainsi pu prendre une sorte de coupe instantanée des bosses et des creux sur leur trajectoire, mesurant ce phénomène avec un détail inouï.

Des sismomètres à terre, sur des îles de l'océan Indien, ont également détecté le tsunami : de forts signaux apparaissent, bien après le passage des vibrations sismiques, et coïncident avec les enregistrements des marégraphes locaux. Un effet du poids de l'eau, qui enfonce le sol sous son poids et l'incline à sa périphérie – rappelez-vous de l'effet trampoline sous vos pieds –, combiné avec un effet d'attraction gravitationnelle de cette masse d'eau supplémentaire, attirant la masse mobile du sismomètre. Des études sur des tsunamis plus modestes au Chili ont précisé ces deux effets, en montrant que l'effet du tilt est largement dominant. Les sismomètres – ou les inclinomètres de longue base, sorte de niveaux à eau géants hyperprécis – permettent en quelque sorte de peser le tsunami de loin, sans se mouiller, à la différence des marégraphes. Mieux, cet effet de tilt, agissant à distance aux vitesses des ondes sismiques, pourrait parfois être observable avant même que les masses d'eau, plus lentes, n'atteignent les côtes.

Mesures de hauteur d'eau, en mer, à la côte, à distance par satellite, ou même par pesage de la masse d'eau à terre : les moyens sont multiples pour étudier les tsunamis. Mais ce n'est pas tout : on peut aussi en voir une trace physique dans l'espace ! Plus précisément dans l'ionosphère, plus de cent kilomètres au-dessus de nos têtes. Ce phénomène de perturbation de la densité des électrons à très haute altitude fut d'abord observé pour les ondes de surface de la terre solide émises lors du grand séisme d'Alaska de 1964, à partir de sondeurs ionosphériques au sol. Dans les années 1990, les stations GPS précisèrent ce couplage sismique avec l'ionosphère, et après le tsunami géant de Sumatra de 2004, il apparut clairement que la surface des océans communiquait également son mouvement aux gaz ionisés de haute altitude. Comme l'ont analysé et calculé pour la première fois les géophysiciens P. Lognonné, G. Occhipinti et leur équipe, il s'agit d'un gigantesque effet piston de l'atmosphère, qui se trouve comprimée et dilatée lentement à sa base au rythme des mouvements verticaux de la surface. Et la densité de l'ionosphère étant très faible, ces ondes de pression, se propageant vers le haut, y sont considérablement amplifiées : pour les tsunamis, une oscillation de 50 cm de la surface océanique provoquera un déplacement de l'ionosphère de près de 500 m. Ce déplacement s'accompagne de fortes

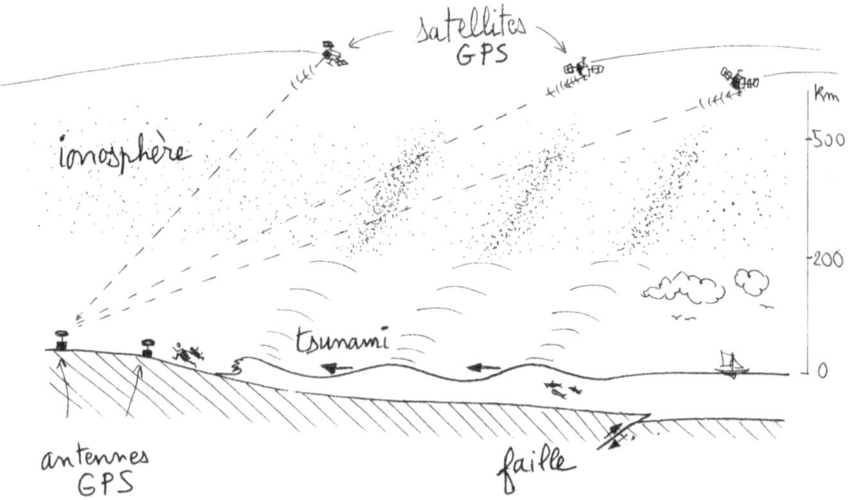

7. **Un tsunami dans l'ionosphère.** Lors de la propagation d'un tsunami, la surface de l'océan, tel un haut-parleur, génère des ondes dans l'atmosphère qui se propagent jusqu'à l'ionosphère, y faisant pulser la densité électronique. Les mesures GPS, sensibles à cette densité, vont pouvoir révéler cet écho dans le ciel du tsunami marin.

variations de densité bien détectables par GPS. Rappelez-vous : les deux ondes de ces satellites traversent l'ionosphère avant d'atteindre les antennes au sol, et sont différemment sensibles à ses perturbations électroniques : la comparaison des retards de deux signaux aux antennes permet donc de connaître la densité ionique (Figure 7). Ce bruit gênant devenait signal utile ! Les satellites croisant simultanément au-dessus d'une région donnée étant nombreux, on réalise à chaque instant une véritable tomographie de ces anomalies de densité, dès lors que l'on dispose d'antennes GPS au sol. Pour le séisme du Japon de 2011, d'extraordinaires images ont ainsi été obtenues : elles montraient l'évolution de cet écho ionosphérique avec un retard de 8 minutes sur le tsunami.

En somme, les bruits des mesures GPS dont on cherche à se débarrasser pour positionner le sol au millimètre près constituent un signal utile pour détecter l'écho ionosphérique des tsunamis, image décalée et retardée de sa source océanique.

Depuis la catastrophe de Sumatra, les réseaux de marégraphes se sont considérablement étoffés sur toutes les mers du globe, le long des côtes ou sur des bouées ancrées au large, pour une surveillance opérationnelle en temps réel. Et, en parallèle, les codes de calcul pour simuler ces mouvements océaniques ont vite progressé, au rythme de l'évolution des processeurs et des capacités de mémoire des ordinateurs. Les marégrammes enregistrés, après analyse et modélisation, fournissent temps d'arrivée, amplitude et forme des ondes ; paramètres qui permettent ensuite de préciser la localisation de la faille, et les amplitudes de déplacement vertical du fond marin autour de la faille. Pour les grands séismes dont l'épicentre est détecté en mer grâce aux premières ondes P enregistrées, ces marégrammes sont systématiquement recherchés, en urgence, et, s'ils sont suffisamment précis et pas trop perturbés par les amplifications à la côte, ils viennent alors en complément des mesures terrestres des sismologues et des géodésiens sur les mouvements du sol. L'eau des océans, tout comme le sous-sol rocheux, nous apporte donc son propre message sur la source sismique, via des ondes. Pour les roches, des ondes très rapides (dont la vitesse est de l'ordre de plusieurs kilomètres par seconde) liées à la force de rappel élastique, intrinsèque ; pour les masses d'eau, des ondes plus lentes (centaine de mètres par seconde), liées à la force de rappel de l'attraction terrestre.

Depuis les années 1980, donc, pas une décennie ne s'est écoulée sans un bouleversement de nos moyens de mesures des séismes. Nouvelles technologies, bien sûr : sismomètres asservis, accéléromètres, GPS, imagerie radar satellitaire, imagerie satellite haute résolution, marégraphes de haute mer, géodésie de fond de mer ; mais aussi mise en place de grands réseaux d'observation terrestres très denses – et, plus modestement, marins –, focalisés sur les zones à risque tellurique ; sans oublier les moyens de calcul et de traitement de l'information, mémoire de stockage, vitesse de calcul et mémoire vive phénoménales, en croissance exponentielle, indispensable pour débrouiller et analyser ce flot de mesures continues. Avec ces multiples regards croisés, qu'a-t-on découvert de nouveau sur la source des séismes ?

CHAPITRE 7

Premières images de l'invisible

Sismomètres, GPS, InSAR, images satellites, marégraphes : tous ces outils apportent leur vision, partielle, du processus de rupture profond des grands séismes. Mais comment passer de ces enregistrements au modèle détaillé de rupture de la faille qui l'a généré ? Première étape indispensable : dégrossir le problème, en trouvant la faille activée et ses limites approximatives.

Pour cela, les premières analyses, sismologiques, donnent les bases du modèle. Elles exploitent les temps d'arrivée des ondes P aux stations régionales et mondiales, et l'amplitude des ondes principales (P, S, et de surface), pour définir les caractéristiques de la source : la position et instant de l'hypocentre, où a débuté la rupture ; le moment sismique, ou la magnitude ; les mécanismes et orientations possibles de la faille ; et une estimation de la durée et de la longueur de la rupture. Pour les plus gros séismes, notre connaissance des propriétés élastiques de la terre est suffisamment précise et nos calculateurs suffisamment puissants pour nous permettre de simuler et prévoir, avec une extraordinaire précision, le mouvement continu du sol à très basse fréquence, lié à des déformations d'ensemble du manteau terrestre.

Les premières répliques localisées rapidement peuvent préciser l'extension du ou des segments rompus – mais sont également susceptibles de donner de fausses pistes, car il arrive parfois que ce soit surtout le segment voisin qui s'active... Ces observations sont immédiatement confrontées à la position des failles souvent déjà tracées sur les cartes par les géologues tectoniciens : à terre, par des études de terrain couplées aux analyses d'image satellitaires, et en mer par l'interprétation de la bathymétrie et des structures sédimentaires révélées par les campagnes de navires océanographiques. On sait assez vite, en quelques heures en général, de quelle faille il s'agit. Après quelques dizaines d'heures, les observations complémentaires par les géodésiens des déformations du sol autour de la faille, grâce au GPS et à l'interférométrie radar, contribuent plus tardivement mais très efficacement à cette première étape, précisant la localisation de la faille activée. Si le séisme est assez grand – à partir d'une magnitude 6 – la faille peut rompre la surface ; ce sont ces traces de rupture fraîche, parfois ténues, que les géologues tectoniciens recherchent et cartographient sur le terrain, guidés par les cartes de déformation issues des analyses des images radar et optique des satellites (Figure 8). Cependant ces ruptures sont parfois trompeuses : elles peuvent se produire sur des failles secondaires, à plusieurs kilomètres de la faille principale, et exhiber des géométries et des mouvements différents, voire inverses, de ceux qui ont produit les vibrations. Dans les régions montagneuses, des glissements de terrain peuvent aussi faire croire à l'émergence de ruptures

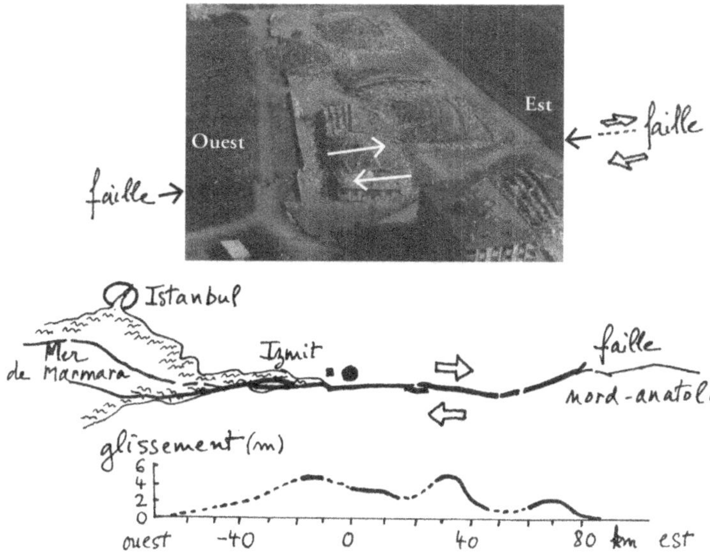

8. Glissement le long de la faille Nord-Anatolienne lors du séisme de Kocaeli (Izmit) de 1999. En haut à gauche, les vibrations ont fait s'effondrer les immeubles, et le glissement final de la faille (pointée par les flèches noires) décale les routes et les clôtures d'environ 4 mètres. En bas, glissement mesuré directement au sol (trait épais) ou déduit de mesures géodésiques (trait pointillé) le long de la faille. (D'après Armijo et ses collègues).

profondes. Une grande prudence est donc de mise dans l'analyse de ces ruptures de surface – tout comme dans l'analyse de leur absence : des sédiments épais et mous peuvent faire obstacle aux grandes ruptures lorsque celles-ci les traversent en approchant de la surface du sol. Le géologue est alors aveugle ; mais les sols étant déformés bien que non fracturés, le géodésien reste dans le jeu pour détecter ces effets de surface. Parfois, enfin, le géodésien et le tectonicien sont tous deux totalement aveugles : il suffit que la faille activée soit très profonde, au sein des plaques plongeantes des zones de subduction. Les déformations statiques de surface d'un séisme de magnitude 7 à plus de 150 km de profondeur leur sont ainsi indétectables.

Le sismologue doit alors se débrouiller seul avec sa collection d'ondes pour dévoiler la profondeur et l'étendue de la faille.

Ce n'est qu'après cette première étape donnant une vue d'ensemble assez grossière de la source sismique que le sismologue, très souvent épaulé du géodésien, s'avance à regarder la rupture profonde à la loupe.

Examinons un sismogramme enregistré à quelques dizaines de kilomètres d'un grand séisme (Figure 9). Il montre un mouvement très irrégulier du sol, de forte amplitude, qui dure plusieurs dizaines de secondes. Cette vibration est la superposition d'ondes de périodes variées, des plus longues (dont la période est de plusieurs secondes, voire plusieurs dizaines de secondes) jusqu'aux plus courtes (dont la période est d'un dixième de seconde, voire moins).

Comment une même faille peut-elle faire naître des ondes de périodes si différentes ? Imaginez une surface particulière sur la faille, de plus faible résistance, ou bien plus chargée que les zones voisines, lesquelles ont pu casser lors de précédents séismes. Lorsque qu'une telle zone – une « aspérité », dans le jargon sismologique – rompt et se met à glisser, elle glisse bien davantage que les surfaces voisines et devient la source d'ondes particulièrement énergétiques. Cette aspérité est disloquée très rapidement par la rupture, les vitesses de rupture atteignant plusieurs kilomètres par seconde dans les roches : si elle mesure six kilomètres de long, elle cassera en deux ou trois secondes. Cette aspérité glisse donc, mobilisant les roches alentour en produisant une onde de même période qui se propage jusqu'aux sismomètres.

La réalité est plus complexe, car la vitesse du front de rupture n'est pas uniforme sur la faille, et deux aspérités de même taille ne génèrent pas nécessairement des ondes de même période. De plus, la fréquence des ondes enregistrées est transformée suivant que la rupture s'approche du sismomètre ou

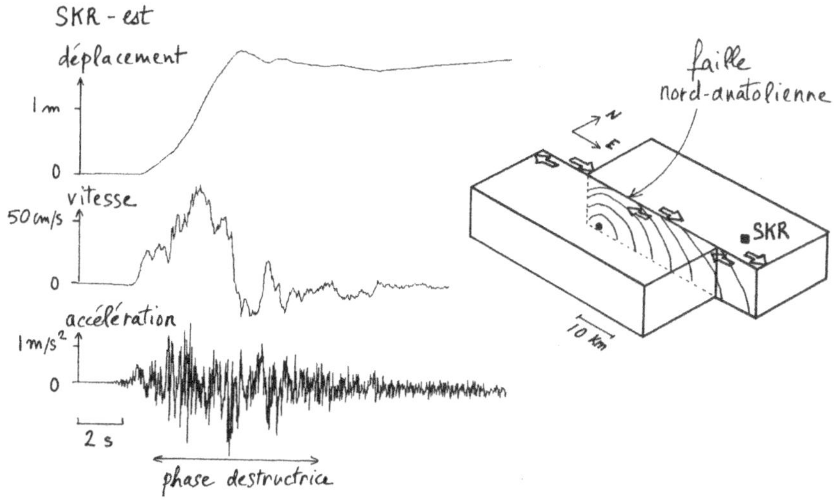

9. Sismogramme à SKR (composante Est) du séisme de Kocaeli de 1999, en Turquie, près de la faille rompue (Université de Bogazici, Istanbul). Le déplacement du sol traduit simplement le glissement de la faille. La vitesse caractérise les détails de premier ordre de la rupture. L'accélération du sol est très complexe et indéchiffrable.

s'en éloigne; c'est le phénomène de «directivité» que nous verrons plus loin. Malgré ces complications, l'idée principale est simple: les aspérités rayonnent des ondes dont la période est en gros proportionnelle à leur longueur. Et comme diverses aspérités de tailles très différentes coexistent sur les failles, ces dernières produisent des ondes de périodes très variées.

Émises par toute la surface de la faille en mouvement, ces ondes se propagent dans les roches hétérogènes de la croûte terrestre, réfléchies par des interfaces géologiques contrastées, focalisées par des effets de lentilles, diffractées par des irrégularités géométriques des interfaces, diffusées par des myriades de petites hétérogénéités, amplifiées par des couches de faible vitesse, atténuées par la mise en jeu des microfissures omniprésentes… Autant dire que les vibrations du sol dévoilées par le sismogramme ne sont pas toujours simples à analyser!

Ces effets dépendent de la période de l'onde ; ils sont d'autant plus imprévisibles que les périodes sont petites, car une longueur d'onde plus courte rend l'onde plus sensibles aux petites hétérogénéités de la croûte. À la période de 0,1 seconde, la longueur d'onde est de 300 mètres pour les ondes S, et le détail des vitesses sismiques est inconnu à cette échelle dans la croûte. Heureusement, les effets des petites hétérogénéités sont lissées pour les ondes de longues périodes, et une connaissance du sous-sol, même sommaire, permet de les analyser correctement ; une onde S de deux secondes de période a une longueur d'onde de six kilomètres... Vous devinez que la plupart des sismologues se sont empressés de travailler sur les ondes de longues périodes, délaissant le brouhaha indéchiffrable des hautes fréquences...

Un procédé habituel consiste à ne pas considérer l'accélération du sol, directement enregistrée, mais plutôt sa vitesse, calculée par intégration en temps, voire son déplacement. Ces intégrations successives atténuent notablement les hautes fréquences du signal à analyser et font ressortir les mouvements lents. De plus, au voisinage des grandes ruptures, le déplacement final du sol, stabilisé après le passage des dernières ondes sismiques, révèle le glissement final établi sur la faille – révélant une composante essentielle du moment sismique, et donc de la magnitude.

Si l'on n'observe que les ondes de longues périodes – ou basses fréquences –, avec des sismomètres ou des récepteurs GPS, on ne « voit » que les aspérités de grande taille. En quelque sorte, on filtre le détail fin de la source sismique, comme si l'on écoutait un concert en ne passant que les graves et en filtrant les aigus : on n'entendrait plus que la grosse caisse, ou la contrebasse. Pour les séismes, le « filtre » en fréquence se transforme alors en « filtre » spatial.

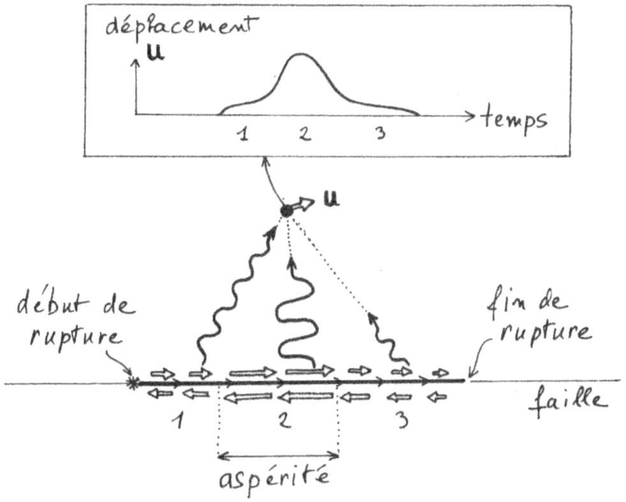

10. Onde de déplacement lors d'une rupture étendue. Les aspérités de la faille rayonnent des ondes sismiques en proportion de leur glissement, qui arriveront successivement à la station de mesure.

Dans le cas d'une rupture de quelques dizaines de kilomètres de long, seul l'effet de quelques grosses aspérités transparaît dans le sismogramme filtré (Figure 10). L'analyse croisée de ces sismogrammes à plusieurs stations – on dit aussi « inversion » – permet de localiser ces aspérités et de préciser l'instant de leur rupture, ainsi que l'amplitude de leur glissement. Cette inversion réalise une véritable tomographie de la rupture sismique à longue période – c'est-à-dire sans le détail de rupture de ses petites aspérités. Si la faille est proche de la surface, les mesures géodésiques statiques contribuent à mieux définir la position de ces grosses aspérités. À vrai dire, pour un même grand séisme, les images des aspérités ainsi produites par différentes équipes peuvent être assez différentes, pour plusieurs raisons. Toutes ces inversions n'exploitent pas forcément les mêmes mesures, ni avec la même pondération, suivant le domaine d'expertise préféré des chercheurs. Les paramètres de calcul fixés a priori – élasticité des roches, géométrie de la faille – peuvent différer, ainsi que le procédé technique de recherche de la solution, qui n'explore pas de la même manière l'espace des possibles. Ainsi, plusieurs distributions d'aspérités et de temps de rupture bien différents sont susceptibles d'expliquer tout aussi bien le même jeu de mesures : on parle de non-unicité de la solution, très fréquente pour les séismes. Mais heureusement, pour des analyses bien faites avec un nombre suffisant de mesures, les différences ne sont pas trop importantes, et les aspérités principales détectées existent bien.

Néanmoins, ce sont les ondes mesurées à des périodes plus courtes que quelques secondes qui portent les plus fortes énergies et qui sont les principales responsables des destructions. Cela signifie que de très nombreuses aspérités de petite taille, de quelques kilomètres au plus, sont mises en jeu lors des ruptures sismiques. Hélas, la localisation de ces petites aspérités par l'inversion des ondes de haute fréquence pose un double problème. D'une part, les ondes sismiques de haute fréquence sont très perturbées lors de leur voyage dans les roches hétérogènes, comme on l'a dit, ce qui brouille le signal de la source. D'autre part, le nombre plus élevé de ces petites aspérités exige davantage de sismogrammes pour pratiquer mathématiquement cette « inversion ». Pour produire l'image précise des centaines d'aspérités de 1 000 mètres de long présentes sur une faille de 20 kilomètres de long, il faudrait plusieurs centaines de sismomètres à moins d'une dizaine de kilomètres de la faille… Une telle installation n'est pas pour demain, même au Japon, car il faudrait choisir sa cible à l'avance. Et qui oserait parier sur la rupture prochaine d'une faille particulière, après les déboires de la prédiction de Parkfield sur la faille de San Andreas (voir p. 96) ?

Cette question n'est pas anodine, car si ces hautes fréquences sont plus dangereuses, il serait bon de savoir d'où elles proviennent sur la surface de faille. De son cœur ? De sa zone la plus profonde et pressurisée ? De sa limite la plus superficielle ? De ses zones de bifurcation ? Ou au contraire de ses portions plus rectilignes, n'offrant pas d'obstacle à la propagation de la rupture ?

Des sismomètres radars

Pour répondre à ces questions, il faut donc pallier l'incohérence des signaux sismiques haute fréquence enregistrés par les sismomètres installés près des failles, voire l'absence fréquente de telles mesures. C'est dans ce but que les sismologues développent, depuis les années 2000, une nouvelle méthode d'analyse des signaux sismologiques. Cette méthode s'appuie sur les nouveaux réseaux denses, composés de plusieurs centaines de sismomètres couvrant des zones s'étendant sur des milliers de kilomètres – tels les réseaux permanents d'Europe et du Japon, ou le grand réseau mobile américain US-Array. Le domaine de période analysé est de quelques secondes à quelques dixièmes de seconde, pour les ondes P (Figure 11). À ces périodes, la forme du signal d'un sismogramme d'un grand séisme lointain qui dure des dizaines de secondes, voire des minutes, apparaît toujours très complexe ; mais d'une station à sa voisine, distantes de quelque dix ou cent kilomètres, la ressemblance des signaux est étonnante ; pratiquement les mêmes oscillations s'y retrouvent, légèrement décalées en temps.

Cette ressemblance des signaux provient simplement de ce que cette distance de 10 ou 100 km entre stations est très petite par rapport aux quelque 5 000 ou 10 000 km de distance du séisme. Les ondes P émises par la faille pour atteindre ces

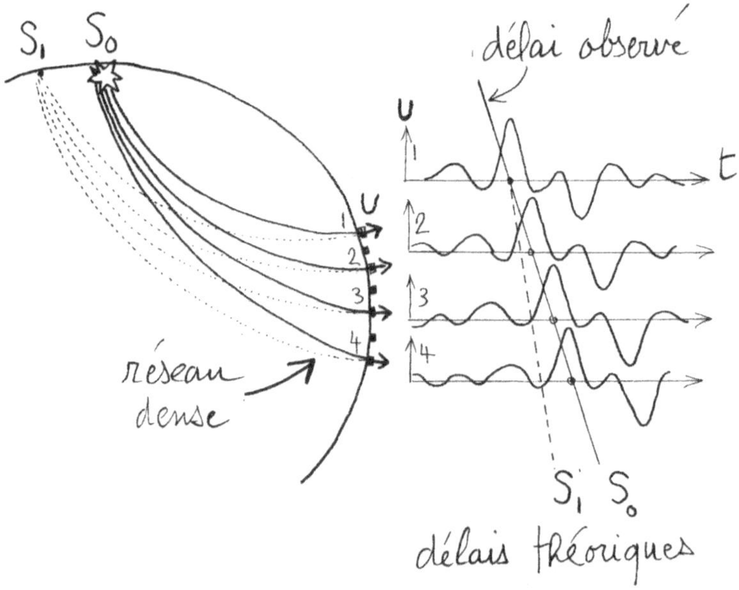

11. Antennes sismiques. Les réseaux denses de sismomètres permettent de pointer la direction d'arrivée des ondes sismiques, même pour des signaux émergeants ou complexes, en exploitant les corrélations entre stations. Ici, la position de la source en S1 ne permet pas d'expliquer les décalages observés, compatibles en revanche avec la source en S0.

stations partent, à quelques degrés près, dans la même direction, et donc portent un signal vibratoire très similaire. Mais elles arrivent aux diverses stations du réseau avec un décalage temporel lié à leur distance au séisme, les stations plus proches recevant les ondes parfois des dizaines de secondes avant les plus lointaines du réseau.

Lorsque la source émettrice d'ondes est de petite dimension (une dizaine de kilomètres), il est facile de la localiser sur la faille, car c'est elle qui permet d'expliquer au mieux ces décalages temporels – ce sont des techniques classiques de traitement d'antenne, d'autant plus efficaces que les stations sont nombreuses et le réseau étendu. Mais cette technique ne devient vraiment intéressante que lorsque la rupture sismique est grande et de longue durée, de plusieurs dizaines de secondes ou minutes. L'analyse peut alors se porter sur des tronçons successifs du signal, chacun d'une durée de 10 secondes par exemple. Au cours du temps du sismogramme, plusieurs sources puissantes et cohérentes peuvent alors apparaître à la suite les unes des autres, avec des positions différentes sur la faille. C'est ainsi que l'on peut, de très loin, voir le détail du déroulement des grandes ruptures sismiques – alors que vu de près, dans la région de la faille, débrouiller toutes ces ondes de haute fréquence paraît vraiment impossible…

Sauter, ou ne pas sauter

Ainsi, depuis les années 1980, grâce à la panoplie d'outils renouvelés de sismologie, de géodésie et de tectonique, les chercheurs ont analysé finement près d'une centaine de grands séismes, gagnant à chaque fois en résolution, au rythme des progrès techniques et des mises en place de nouveaux réseaux. Pour un séisme donné, l'analyse croisée de toutes les observables permet de repérer l'instant de déclenchement et la position des principales sources radiatives sur la surface de la faille. Après le repérage de la zone hypocentrale, laquelle marque l'initiation de la rupture et ne produit généralement pas d'ondes très puissantes, on peut ainsi suivre la progression très rapide du front de rupture sur la faille, activant progressivement des aspérités de plus en plus éloignées. Les vitesses de propagation sont de l'ordre de quelques kilomètres par seconde, généralement inférieures à la vitesse des ondes S. Un segment de faille de 15 km, typique d'un séisme de magnitude 6, peut donc rompre en quelques secondes ; et sur une faille de 1 600 km, comme celle de Sumatra Andaman, de magnitude 9,3, la rupture s'est propagée vers le nord pendant 500 secondes. En moyenne, les durées des ruptures sismiques – tout comme le glissement sur la faille – apparaissent proportionnelles à la longueur de la faille. Des propriétés élémentaires de la mécanique.

Mais la Nature montre une très forte variabilité autour de ces lois simples. Tout d'abord, les aspérités ne sont pas uniformément distribuées sur la faille ; les plus grosses révèlent les zones de fort glissement, séparées par des zones de glissement moindre, voire de blocage complet lors du séisme. Cette variabilité a souvent pu être reliée à la segmentation géométrique de la faille telle que les tectoniciens l'observent en surface. La complexité de l'histoire de la rupture, au cours du temps, semble aussi se rapporter à cette segmentation.

Par exemple, durant le grand séisme de Landers, en 1992, la rupture s'est propagée sur une première faille, puis s'est arrêtée à son extrémité, après une vingtaine de kilomètres. Le glissement a alors pris de l'ampleur sans se propager. Après quelques secondes, la rupture a avancé de nouveau en attaquant la faille voisine et s'y est propagée encore une vingtaine de kilomètres. Elle a marqué un nouvel arrêt de quelques secondes, avant de reprendre sa fracturation sur une troisième faille. Les irrégularités géométriques jouent donc un rôle important, sinon primordial, dans cette dynamique : ce sont des barrières, concept inventé au début des années 1980 par Aki. Aujourd'hui, on sait en mesurer précisément l'effet de retard. Plus la barrière est forte, plus la rupture met du temps à la sauter. Elle peut même s'y bloquer, donnant la mesure finale du séisme et sa magnitude.

Plus récemment, lors du séisme de Tohoku en 2011 au Japon, de magnitude 9, la rupture, partie de 50 km de profondeur sur l'interface entre les deux plaques, s'est d'abord propagée, hésitante, vers l'est, en remontant sur la surface peu inclinée de cette faille géante. Après une vingtaine de secondes de faible rayonnement, elle y a déclenché progressivement, en une minute, un glissement considérable, d'une cinquantaine de mètres, sur une zone de 100 km de diamètre, soulevant l'océan de 5 à 10 m. Puis le front de rupture s'est propagé en sens inverse, vers l'ouest, et enfin vers le sud, rompant les profondeurs de la faille, générant des glissements bien plus modestes mais des ondes de haute fréquence bien plus énergétiques. Ces phases successives de la rupture ont eu des conséquences très différentes, et dramatiques : un tsunami géant initié à l'est, sur le dos de la faille, puis des vibrations destructrices produites à l'ouest, par des sources profondes à l'aplomb des côtes. Plusieurs études concurrentes ont tenté d'expliquer cette dynamique, invoquant les propriétés de frottement de la faille et son interaction avec les couches environnantes, différentes vers la surface et en profondeur. Depuis, l'analyse d'autres grands séismes de subduction récents a montré que leur signature sismique doit révéler une segmentation cachée de ces failles, dont il reste à comprendre les ressorts – un sujet d'étude très chaud, et particulièrement important pour la prédiction…

Ces effets de retard ou d'arrêt et de variabilité spatiale du glissement de la faille sont maintenant bien reproduits par le calcul sur ordinateur, où l'on introduit des lois simples de frottement sur les failles. Les calculateurs à haute performance, pour obtenir des mouvements du sol plus réalistes, commencent même à intégrer des modèles de Terre en trois dimensions simulant des roches élastiques très hétérogènes et hachées de failles de géométrie très complexe. Mais même pour des géométries simples de faille, présentant quelques sauts ou bifurcations, et des roches homogènes, on observe une grande variabilité des résultats des calculs. Cette variabilité est liée à l'usage de lois de frottement différentes : il n'y a pas consensus sur ces lois,

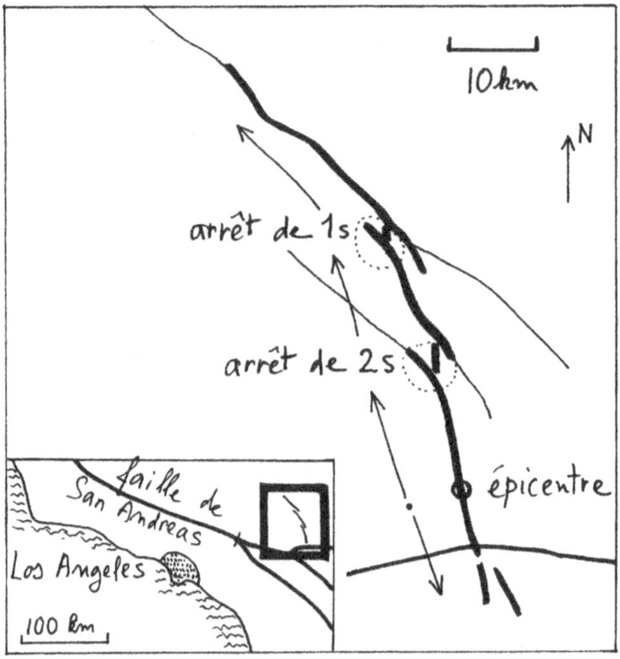

12. Détail de la rupture de Landers de 1992 en Californie. La segmentation des failles a compliqué la propagation de la rupture vers le nord, en l'arrêtant brièvement par deux fois aux zones de relais les plus marquées.

toutes approximatives ; et pour une même loi, chaque sismologue modélisateur a ses réglages préférés des paramètres physiques de calcul…

Pour une géométrie de faille observée, le calcul ne saura donc pas prédire de manière fiable le comportement réel. La rupture sautera-t-elle ou non telle barrière bien cartographiée ? Ou s'arrêtera-t-elle sur la barrière suivante, vingt kilomètres plus loin ? Autrement dit : la magnitude sera-t-elle de 6, de 7, voire plus ? Suivant votre choix des lois de frottement et de leurs paramètres de réglage, vous obtiendrez des résultats bien différents. Ce problème est d'autant plus difficile à cerner qu'il n'est pas possible,

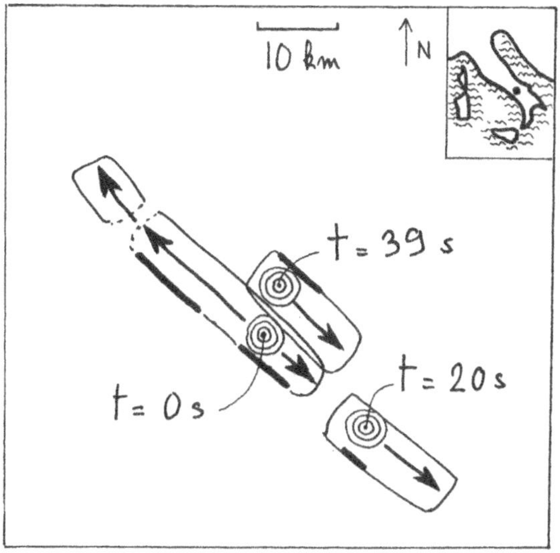

13. Détail de la rupture de l'Irpinia de 1980 en Italie, de magnitude 6,9. La segmentation des failles a été la cause d'une séparation marquée en trois ruptures sismiques, 20 secondes l'une après l'autre.

pour l'instant, de connaître les contraintes en profondeur préexistantes sur la faille, alors qu'elles jouent un rôle primordial sur le développement de la rupture : les zones de faille activées par des séismes récents ont toutes les chances de peu glisser lors d'une prochaine rupture, voire de bloquer cette dernière.

À Landers, en 1992, la rupture s'est arrêtée quelques secondes, pour reprendre son potentiel de déformation et sauter une barrière (Figure 12). Dans le cas du séisme d'Irpinia de 1980, qui fit trembler la ville de Naples, il a fallu 20 secondes pour mettre en jeu une deuxième faille, et encore 20 secondes pour rompre une troisième (Figure 13). Au Japon, en 2011, la rupture s'est propagée paresseusement pendant une vingtaine de secondes, avant de débloquer en grand la partie superficielle de la faille. À ces échelles de temps, peut-on encore parler d'un séisme ou d'une rupture unique ? Nous voilà de nouveau confrontés à des séquences de séismes déclenchés les uns par les autres. Les études détaillées des séismes montrent que tout est possible au passage des barrières, entre deux segments de faille : hésitation d'une fraction de seconde, petite pause de quelques secondes, ou arrêt momentané durant des minutes, des jours, voire des années.

La criticalité ne se limite donc pas à ces cascades de séismes dont j'ai parlé plus haut. Elle est partie intégrante des processus dynamiques de chaque séisme, dont elle façonne la complexité à partir de la géométrie et de l'histoire de la faille.

Petites aspérités : un effet collectif

Ces études des failles sismiques ne concernent que les vibrations de moyenne et longue période (période supérieure à la seconde) émises par des aspérités de plusieurs kilomètres de long, pour lesquelles les techniques d'inversion sont performantes. Ce sont pourtant les aspérités plus petites qu'il faudrait étudier, celles dont les émissions d'onde de hautes fréquences ravagent des villes entières. Elles aussi proviennent de complexités géométriques de la faille ou d'hétérogénéités des contraintes préexistantes. Mais il est très difficile de bien savoir où elles se trouvent sur la faille, sauf à disposer d'enregistrements de réseaux hyper-denses ou d'antennes sismiques très compactes, encore bien trop rares.

Les quelques études qui ont pu localiser des zones particulières de rayonnement haute fréquence montrent que ces dernières ne coïncident pas avec les zones de glissement maximal des plus grosses aspérités. Elles semblent au contraire encercler ces dernières, suggérant que les hautes fréquences sont liées à des à-coups dans le blocage ou de démarrage des grands glissements, contrôlés par des petites hétérogénéités de contact ou de contrainte, à la périphérie de surfaces plus lisses ou régulières. C'est d'ailleurs aussi à la périphérie des grosses aspérités que se localisent les petites répliques qui suivent la rupture. Ces dernières seraient alors simplement de modestes aspérités de la faille qui auraient bien tenu lors de la rupture principale ; et qui auraient fini par céder, des minutes ou des mois après le choc, fatiguées de résister aux nouvelles contraintes.

Revenons à ces petites aspérités rayonnantes lors de la rupture principale, que l'on ne peut localiser (Figure 14). Pour en connaître la taille et le glissement, on peut en considérer l'effet vibratoire cumulé lors d'un même séisme, et en faire l'analyse statistique.

Pour cela, on examine le « spectre » de la source, c'est-à-dire la distribution de l'amplitude dans les différentes gammes de fréquences. Depuis les années 1980, l'analyse des sismogrammes a révélé les spectres des séismes : leur amplitude spectrale décroît en loi de puissance avec la fréquence. Plus précisément, comme l'ont découvert James Brune et Keiti Aki en 1967, le spectre du déplacement du sol secoué par une onde sismique est proportionnel à $1/f^2$, où f est la fréquence.

Cette décroissance rapide avec la fréquence implique que le déplacement du sol est surtout composé de mouvements de basses fréquences. Attention : quand on s'intéresse à la vitesse du sol, ou, pire, à l'accélération du sol, il faut « dériver » le déplacement, c'est-à-dire considérer ses variations dans le temps. Ces variations font nettement ressortir les plus hautes fréquences du spectre – les « à-coups » – qui dominent le signal en accélération, et sont les principales causes des destructions.

Dans les années 1980, la physique mécanique a démontré qu'un tel spectre en $1/f^2$ révélait la coexistence d'aspérités en

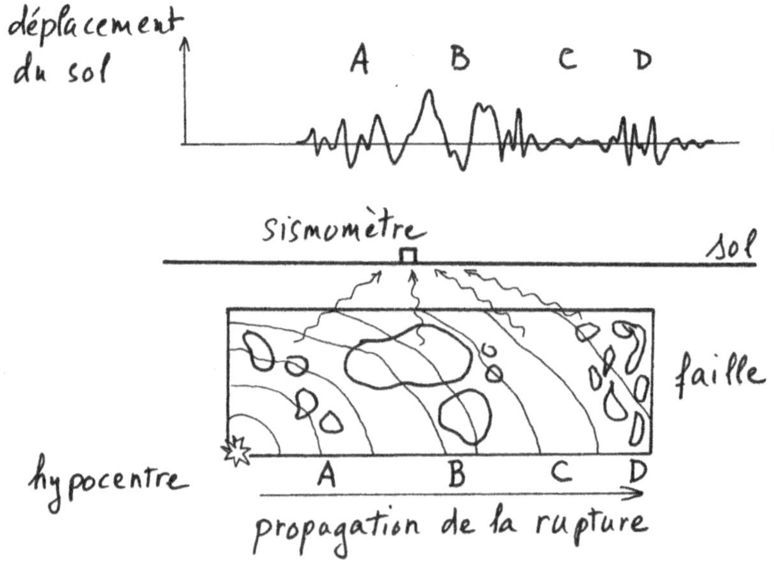

14. Rayonnement sismique des aspérités. La période des ondes dominantes émises par les aspérités est proportionnelle à leur taille. La distribution de ces dernières en loi de puissance est à l'origine du spectre standard en $1/f^2$ du rayonnement des séismes, comme on le voit en figure 22, p. 76.

limite de rupture, à toutes les échelles, et recouvrant tout le plan de faille. Le glissement moyen associé aux aspérités dépend de leur taille. C'est pourquoi la rupture des aspérités au cours d'un séisme provoque l'émission d'ondes de périodes variables, comme lorsque la pointe d'un diamant transforme en musique les bosselures (ou aspérités…) irrégulières du sillon des disques vinyle. Les lois fréquentielles du rayonnement sismique correspondent donc à des lois spatiales de distribution de taille d'aspérités.

Cependant, la réalité n'est pas si simple. Une complication notable provient de la directivité de la rupture. La fréquence des ondes émises est transformée suivant que la rupture s'approche du lieu d'observation ou s'en éloigne, de même que vous

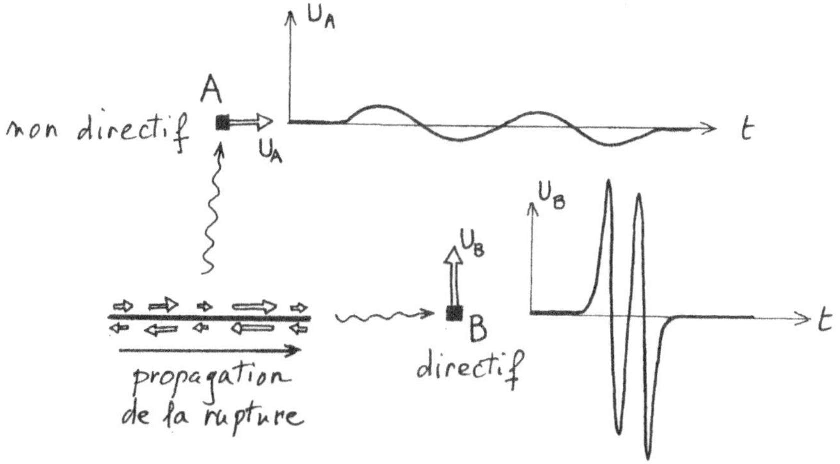

15. **Effet de directivité d'une rupture sismique.** Dans la direction de propagation de la rupture, les ondes sont amplifiées et leur fréquence augmente, parfois d'un facteur 10.

percevez la sirène d'ambulance plus aiguë lorsque le véhicule s'approche de vous, ou plus grave quand il s'éloigne (Figure 15). Ce phénomène de changement de tonalité pour la sirène est encore plus marqué pour les ondes sismiques. L'ambulance roule bien plus lentement que le son ne se propage dans l'air: typiquement 20 à 30 mètres par seconde, contre 300 mètres par seconde pour le son. La fréquence apparente de la sirène varie légèrement, de 10 % environ, ce qui correspond à un décalage d'un ton environ. En revanche, la vitesse des ruptures sismiques, d'environ 3 kilomètres par seconde, est proche de celle des ondes de cisaillement dans les roches: leur rapport atteint 0,8 ou 0,9. C'est comme si votre ambulance roulait à 270 mètres par seconde! Il en résulte des variations de fréquence pouvant atteindre, dans la direction de la rupture, non pas 10 % comme l'ambulance, mais 500 %, voire 1 000 %, soit plus de trois octaves! Les lois fréquentielles du rayonnement sismique à la source sont alors très distordues à l'observateur. Pire: non seulement les fréquences sont perturbées, mais les amplitudes des ondes aussi. Dans la direction de la rupture, ces amplitudes peuvent être décuplées, au moins du point de vue théorique ! Or, si une grandeur sismique semble difficile à prévoir, c'est bien la vitesse de rupture sur une faille donnée : les effets directifs d'un futur séisme seront donc toujours incertains, et l'on pourrait se tromper d'un facteur 5, ce qui est embarrassant.

Enfin, pour compliquer encore notre tâche, il n'est pas impossible que la vitesse de rupture dépasse la vitesse des ondes S. Dans ce cas, le séisme produirait l'analogue du « bang » supersonique au passage d'un avion dépassant la vitesse du son, ce qui fait frémir. Utilisons une image moins frappante mais plus visuelle. Montez dans un canot à moteur. À l'arrêt, sur une eau calme, le ballottement du canot crée des vaguelettes – des ondes – qui se propagent alentour à une certaine vitesse, dessinant des ronds dans l'eau... Vous démarrez le moteur, et avancez tout doucement, moins vite que ces ondelettes : ces dernières fuient toujours le bateau, y compris vers l'avant. Augmentez le régime du moteur : vous atteignez alors leur vitesse puis la dépassez. Les ondelettes disparaissent de la proue et se combinent pour former la vague d'étrave, de la forme d'un triangle pointant vers l'avant et fuyant sur les côtés. Cette vague sur le plan d'eau est l'équivalent de l'onde conique sonore, le « bang » de l'avion supersonique, appelée aussi onde de « Mach », du nom de son découvreur. Qu'en est-il pour les séismes ?

L'avion ou le canot représentent la pointe de la fracture qui progresse en émettant des ondes S. Si la vitesse de cette pointe de fracture dépasse celle des ondes S – nommons-la « vitesse super-S » – elle engendre une onde de Mach dans les roches, à l'instar du sillage (Figure 16). Cela n'augure rien de bon pour les bâtiments qui se trouvent dans ce sillage... Proposés dans les années 1970, de tels effets étaient considérés

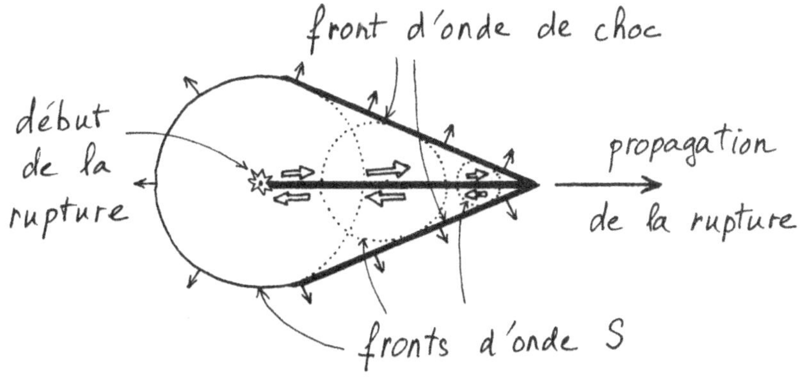

16. Onde de choc (ou de Mach) sismique. Une vitesse de rupture supérieure à la vitesse des ondes S engendre théoriquement une onde conique très énergétique.

comme théoriquement possibles mais exotiques, et encore non observés. En 1994, des expériences américaines réalisées à l'aide d'énormes cubes de mousse, et réitérées plus tard avec des plaques de plexiglas, ont montré la réalité de ces vitesses de rupture super-S dans des conditions particulières. En laboratoire, ces modèles de faille étaient ultra-simplifiés, et on pouvait encore douter de leur existence dans la réalité. Pourtant, en 1999, le grand séisme de Kocaeli, en Turquie, a bien eu une propagation super-S sur une partie de sa course : c'est ce que montrent le sismologue français Michel Bouchon et ses collègues par une fine analyse des accélérogrammes enregistrés près de la faille. Ce résultat étonnant déclencha un débat assez vif, mais peu après, plusieurs séismes, comme celui du Kunlun en 2001, au Tibet, ou de Denali en 2002, en Alaska, confirmèrent la réalité de ces phénomènes pour les failles… Une condition semble requise pour une telle vélocité : ces phénomènes ont lieu sur des segments de failles très plates et lisses, sans ces bosselures et bifurcations rectilignes qui freinent la progression de la fracturation.

Malgré tout, ces effets de distorsion fréquentielle sont souvent négligeables pour les ondes P, et ne perturbent vraiment les ondes S que sous des conditions bien particulières : conditions de localisation des stations de mesure, et de fortes vitesses de rupture. Le spectre en $1/f^2$ caractérisant les populations d'aspérité dynamique sur les failles reste donc un modèle moyen tout à fait acceptable et très utilisé pour nombre d'études, en particulier pour les calculs de protection parasismiques.

L'écho des failles endormies

Par l'analyse des sismogrammes, on sait donc détecter et caractériser les zones de faille particulières à l'origine du puissant rayonnement sismique observé. Peut-on pour autant les prédire avant l'événement ? Où donc débutera la rupture sur un segment de faille donné ? À quelle vitesse va-t-elle balayer la faille ? Parviendra-t-elle à se propager sur le segment voisin ? Le glissement sera-t-il régulier, sans à-coups, ou au contraire haché, générant des ondes de haute fréquence destructrices ?

À défaut de connaître les conditions de frottement sur la faille, pour un quelconque progrès dans ces prédictions, il est nécessaire de préciser, le mieux possible, la géométrie de la faille. En effet, on sent bien qu'il doit y avoir une relation, encore à découvrir, entre la topographie d'une faille, son épaisseur, sa segmentation à différentes échelles, l'élasticité des roches qui l'enserrent, et le mode de rupture qui peut s'y développer. Les cartes des failles en surface établies par les géologues sont insuffisantes pour cela : il faut savoir les caractériser aux profondeurs sismogènes, jusqu'à 10 ou 15 kilomètres sous nos pieds, voire bien plus dans les régions de subduction !

Pour ausculter l'intérieur de la Terre, les géophysiciens disposent de plusieurs techniques de sondage, sismiques, électromagnétiques et électriques. Et les cartes magnétiques et gravimétriques, relevées au sol, par avion, ou par satellite, complètent ces informations sur la structure de la croûte… Les images les plus précises, requises pour bien voir les grandes failles en profondeur, sont celles que fournit le sondage sismique. De quoi s'agit-il ?

À terre, des tirs à l'explosif dans de petits forages, ou en mer, des tirs par des canons à air très puissants traînés derrière un navire, engendrent des ondes sismiques qui pénètrent la croûte terrestre jusqu'à des dizaines de kilomètres de profondeur. Ces ondes se réfléchissent sur les diverses discontinuités géologiques, en particulier sur les interfaces de certaines couches recoupées par les failles, présentant des décalages de centaines ou de milliers de mètres dus au glissement cumulé de ces dernières. Ces ondes descendantes frappent aussi directement le cœur fracturé ou broyé des failles (marqué par des vitesses plus faibles), qui sont souvent des zones de contact entre des massifs rocheux discordants – et donc de vitesses sismiques contrastées, renforçant la réflectivité de leur interface. Quelques secondes plus tard, ces divers échos reviennent en surface où ils sont enregistrés par des ribambelles de sismomètres alignés, espacés de quelques dizaines de mètres, postés le long de routes ou traînés derrière le navire sur des lignes – des « flûtes », dit-on – parfois de 10 km de long. C'est ainsi que l'on peut percevoir les failles en profondeur, trahies par leurs échos directs ou par celui des discontinuités géologiques qu'elles ont formé ; et, par une analyse sophistiquée de ces échos, en esquisser la géométrie (Figure 17). Ces techniques sont classiquement utilisées par les pétroliers pour détecter les nappes de pétrole ou de gaz piégés sous les plis sédimentaires ; mais de très nombreux profils de sismique marine ont été réalisés au travers des grandes failles de la planète pour la recherche académique. Les images les plus

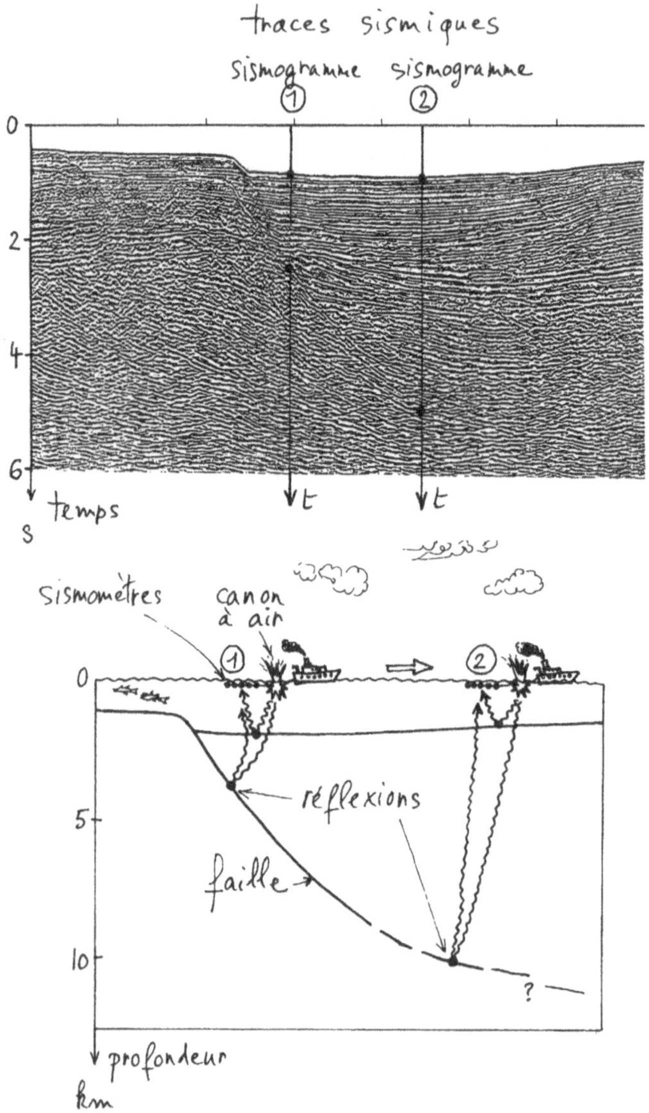

17. Expérience de « sismique réflexion » sur une faille (d'après Laigle et ses collègues). On distingue sur les sismogrammes placés côte à côte (en haut) l'écho des ondes réfléchies par la faille. Son temps d'arrivée mesuré sur chaque sismogramme peut être converti en profondeur (en bas), connaissant les vitesses sismiques.

spectaculaires proviennent des zones de subduction, qui ont ainsi dévoilé le cœur broyé de la zone de contact entre les plaques, à des profondeurs sismogènes : au pied de la cordillère Andine, à l'ouest de Sumatra, sur les côtes pacifique du Japon… Instantanés de ces monstres endormis, sources de séismes géants.

Dans les années 2000, l'industrie pétrolière a développé plus avant ces techniques de sismique en mer et de traitement des signaux pour réaliser de véritables images en trois dimensions (« 3D ») de la croûte terrestre, révélant la complexité géométrique des réseaux de failles et celle des couches géologiques, elles-mêmes plissées, tordues et basculées lors d'anciens épisodes tectoniques. Mais les industriels évitent de cibler les zones de failles actives, peu propices à abriter et préserver de gros gisements de gaz ou de pétrole, et malheureusement la sismique 3D appliquée à ces régions de fort potentiel sismique reste encore hors de portée de la recherche publique.

Pour conclure ce chapitre, revenons à cette vision bien partagée au crépuscule du XXe siècle, d'une criticalité des processus de rupture de la croûte terrestre. Failles silencieuses et séismes fulgurants s'engendrant l'un l'autre dans des cascades d'interactions, géométries fractales et hétérogénéités de toutes tailles, à la fois productrices et produits de cette dynamique tellurique. Le tout mis en branle par une tectonique des plaques incroyablement lente et régulière, injectant tous les mois dans ces régions sismiques, millimètre par millimètre, millibar par millibar, l'énergie nécessaire à entretenir cet état critique, à la marge du chaos.

L'essentiel était donc déjà dit au tournant du millénaire ? Non, bien sûr. Moins de vingt ans plus tard, cette vision s'est considérablement enrichie de nouvelles découvertes. Et de nouveau, un saut dans le passé s'impose : place aux précurseurs…

PARTIE IV

La chasse aux précurseurs

CHAPITRE 8

Coups de semonce

La terre s'ébranle sans prévenir. Pourtant, l'énergie monstrueuse libérée en quelques instants doit bien se loger quelque part sous terre : difficile de résister à l'idée que cette transformation brutale d'une énergie occulte en une puissance destructrice ne soit précédée de quelques signes avant-coureurs, même ténus, distillés des profondeurs.

Cette idée fascinante de phénomènes précurseurs est bien plus ancienne que la science sismologique : on raconte que le philosophe grec Pherecydes de Syros, maître de Pythagore, annonça la venue d'un séisme après avoir goûté l'eau d'un puits, et, sa prédiction réalisée, fut vénéré pour sa sagesse. Thalès de Milet aurait prédit un séisme qui ravagea la cité de Sparte, sauvant ses habitants. À toutes les époques, de semblables prédictions sont rapportées par les chroniqueurs : les signes peuvent venir du ciel, des animaux, des rêves, de l'eau… Gloire à celui, mage visionnaire ou savant génial, qui détecte ces précurseurs, et les décrypte pour annoncer la venue prochaine de la catastrophe !

Parfois, cependant, la Nature fait bien les choses. Le 10 mai 1995, un grand séisme de magnitude 6,7 frappe une région peu sismique de la Grèce continentale, près de la petite ville de Kozani (Figure 1). Travaillant de longue date avec des collègues grecs, plusieurs équipes françaises de géologues, sismologues et géodésiens, sont dépêchées sur le terrain. Je me souviens de l'approche de la zone épicentrale, sur les petites routes de cette belle campagne vallonnée ; je guettais, inquiet, les premiers signes des dommages. Les premières lézardes sur les murs, tuiles et cheminées tombées sont apparues ; après quoi nous avons traversé nombre de villages fracassés, aux maisons fendues et éventrées. J'ai toujours en mémoire cette petite école au toit de tuiles effondré sur les tables des enfants. Bilan : une vingtaine de villages détruits et des milliers d'habitations à reconstruire, dans un rayon de 20 kilomètres. Impressionnés, nous demandons anxieusement le bilan des victimes, certainement effroyable. Mais non : quelques blessés seulement, et pas un mort !

Que s'était-il donc passé ? Le samedi 10 mai, en fin de matinée, un choc sismique ébranle la région, comme il s'en produit quelques-uns par décennie. Forte secousse qui gronde quelques secondes, lézarde quelques plâtres et fait balancer les lustres. Pas de dommages sérieux, ni de panique. La population est sur le qui-vive. Vingt minutes plus tard se produit un deuxième choc, similaire. Inquiets, les gens sortent de chez eux. Une minute après, un troisième choc : les habitations se vident. Une minute passe et un quatrième survient. Encore deux minutes, et en voilà un cinquième ! Enfin, vingt secondes plus tard, se déclenche le grand séisme qui, en moins de cinq secondes, met à bas les maisons vidées de leurs habitants.

Belle histoire de précurseur ! Hélas, de tels événements sont rarissimes, et les précurseurs sont souvent bien plus ténus, voire

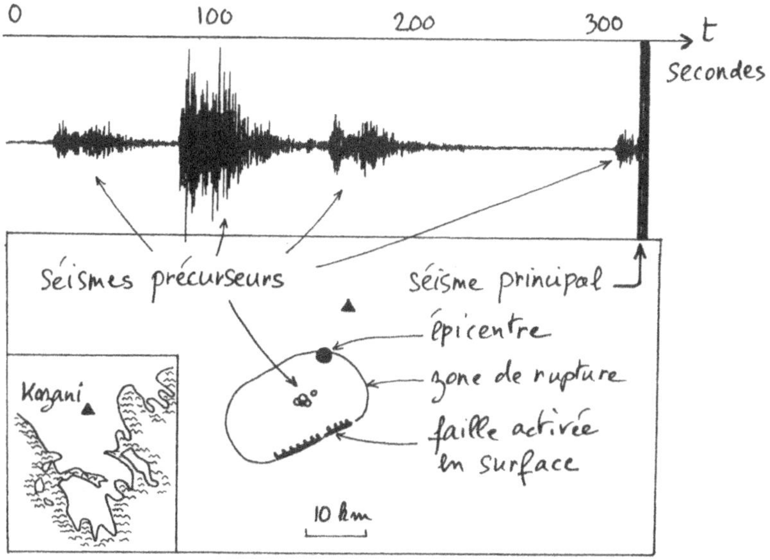

1. Séismes précurseurs du séisme de Kozani de 1995, en Grèce. Le sismogramme montre quatre des cinq séismes de magnitude 4, fortement ressentis, qui ont précédé de quelques minutes le séisme principal de magnitude 6,7 (Université Aristotélicienne de Thessalonique). Ces séismes furent localisés à 10 kilomètres de l'épicentre.

indécelables. Pire, ils ne sont la plupart du temps identifiés qu'après coup, ce qui réduit leur potentiel prédictif à zéro.

Les années glorieuses

Dans les décennies 1960 et 1970, l'émergence de la théorie de la tectonique des plaques, l'observation accrue et la mathématisation des séismes redonnent du grain à moudre aux chercheurs : la bête sismique commençait à être mieux comprise, et on pouvait espérer en prévoir le comportement sauvage. Se mettent alors en place d'importants programmes de prédiction sismique, pour l'essentiel en Californie, en Union Soviétique, en Chine et au Japon. Ces programmes associent l'expérimentation en laboratoire au développement de réseaux géophysiques d'observation autour des failles actives.

De 1966 à la fin des années 1970, plusieurs grands séismes meurtriers frappent la Chine et le Japon, lançant le défi de la prédiction aux grandes nations menacées, qui se mettent alors sur le pied de guerre. C'est de la Chine, pourtant en retard du point de vue de la technologie et de la science sismologiques, que viendront les premiers succès – et les premiers échecs.

La Chine est alors en pleine révolution culturelle : la sismologie, pas plus que les autres sciences, ne peut y échapper. Les activités de recherche académique passent sous le contrôle et les directives du président Mao, qui renvoie les universitaires et autres savants à la campagne et prône une « coopération » d'égal à égal entre les scientifiques et les amateurs : il faut s'appuyer sur les « masses ». Des brigades de milliers de volontaires locaux installent toutes sortes d'appareils de mesure bricolés, truffant les zones à risque de pièges à séismes et à précurseurs. La stratégie est simple : elle revient à remplacer la performance instrumentale par le nombre d'observations, et à contourner l'absence de modèle théorique par la mise en œuvre de toute mesure possible et imaginable. Des dizaines de milliers de paysans s'attachent alors à consigner le comportement anormal des animaux, lequel pourrait bien, d'après la tradition populaire, indiquer l'imminence d'une catastrophe.

Dans ce contexte particulier de vigilance active, une première prédiction fut émise officiellement, le 4 février 1975. Une forte crise sismique s'est déclenchée la veille dans la région de la petite ville de Haicheng et s'est poursuivie toute la nuit jusque dans la matinée. Les autorités de la province déclarent une alerte sismique. Huit heures plus tard, un puissant séisme de magnitude 7,3 ravage la ville. Un millier de victimes sont à déplorer. Sans cette alerte, leur nombre aurait pu atteindre des dizaines de milliers. Une histoire exemplaire, donc, fortement médiatisée en Chine et à l'étranger, complaisamment relayée par la communauté scientifique internationale. La réalité est quelque peu différente, car c'est la population elle-même, paniquée par les canonnades souterraines de dizaines de secousses toutes les heures, qui avait sagement et promptement décidé de vivre dans la rue, à l'abri de petites cabanes de planches et de toiles élevées en quelques heures. Les autorités n'avaient plus qu'à prendre acte; il faut toutefois reconnaître qu'elles n'ont pas contraint les gens à dégager les rues et à rentrer chez elles...

L'année suivante, le 28 juillet 1976, un grand séisme de magnitude 7,8 rasait la ville de Tangshan, à 150 kilomètres de Pékin. Tuant 240 000 personnes, d'après les chiffres officiels, peut-être un demi-million en réalité, cette catastrophe sismique fut une des plus meurtrières de l'Histoire. Aucune prédiction ne fut lancée, car aucune crise sismique, ni aucune autre anomalie notable ne furent identifiées avant le séisme. L'ampleur du séisme poussa cependant les chercheurs chinois à recueillir les nombreuses mesures menées dans la région, mettant en lumière, mais après coup, l'existence de plusieurs effets présismiques.

Parmi les effets géophysiques les plus remarquables, ils notèrent une forte variation des niveaux d'eau dans les puits, de plusieurs centimètres à plusieurs mètres, certains s'élevant, d'autres descendant; cette variation fut observée jusqu'à 150 kilomètres de l'épicentre. Il y eut aussi une perturbation claire de la résistivité électrique des roches dans la même région. La résistivité du sous-sol se mesure en injectant un courant électrique dans la terre entre deux électrodes plantées dans le sol, et en mesurant le potentiel électrique associé entre deux autres électrodes. La valeur du rapport entre la tension et le courant donne une valeur moyennée de la résistivité entre les électrodes. Plus une roche contient d'eau et plus cette eau est chargée en sels minéraux, plus la résistivité est faible. Le changement de la résistivité du sous-sol suggérait donc une modification de la circulation de l'eau souterraine et un mélange entre différents aquifères.

La plupart des autres grands séismes chinois de la décennie 1966-1976 (une dizaine de magnitudes supérieures à 7 se produisirent) donnèrent eux aussi quantité de signaux précurseurs dans la région épicentrale, le plus souvent repérés après coup : essaims de petits séismes, variations de résistivité électrique du sous-sol, phénomènes électromagnétiques et lumineux, variations du champ de gravité terrestre, déformations du sol, fluage superficiel des failles, variations du niveau des eaux souterraines, de leur température et de leur composition chimique ; et, bien sûr, les inévitables bizarreries du comportement animal, dont l'inventaire fut la contribution essentielle des masses laborieuses à la lutte contre les séismes. Cependant, l'absence de documents détaillés publiés en anglais et la dispersion des données sources excluaient toute analyse critique et tout essai d'interprétation pour des chercheurs ne maîtrisant pas le chinois. On pouvait alors se demander si les anomalies observées avaient quelque chose à voir avec le séisme en préparation. D'ailleurs, les chercheurs chinois eux-mêmes restaient prudents dans leurs conclusions.

Dans la même période, le Japon ne fut pas en reste dans cette chasse aux précurseurs. Plusieurs grands séismes, de magnitude comprise entre 6 et 7, apportèrent leur lot de mesures surprenantes. La séquence la plus remarquable fut celle de la Péninsule d'Izu, à 150 kilomètres au sud-ouest de Tokyo. Peu active pendant des décennies, cette région fut frappée, en 1974, par un premier grand séisme, de magnitude 6,9, qui surprit tout le monde. L'analyse rétrospective de la microsismicité révéla que, quelques jours avant, le nombre de petits séismes volcaniques régulièrement enregistrés sous l'île d'Izu-Oshima, 50 kilomètres plus à l'est, avait plus que doublé, pour culminer au moment du séisme et décroître quelques semaines plus tard. Dans le même temps, le magma du volcan était notablement remonté dans le cratère, sans éruption toutefois, pour redescendre après le séisme.

Les dernières répliques de cet événement à peine évanouies, une microsismicité apparut, début 1975, à une trentaine de kilomètres plus au nord sur la Péninsule. Alertés, les chercheurs analysèrent les mouvements du sol grâce à des mesures géodésiques et au marégraphe du port d'Izu. Ils découvrirent qu'au début de l'année, la moitié nord-est de la Péninsule avait commencé un lent soulèvement, de plusieurs millimètres par mois dans sa partie centrale, si bien que fin 1975, le sol s'était élevé de plus de 5 centimètres, sans aucun séisme notable! Cette activité anormale motiva le déploiement d'observations intensives, réseaux sismologiques et géodésiques, mesures géomagnétiques, géo-électriques, géochimiques et des niveaux des eaux souterraines. Toutefois, en juillet 1976, après un séisme modéré de magnitude 5,4 précédé de quelques anomalies microsismiques, cette activité finit par se réduire, et le soulèvement s'arrêta. Les sismologues restaient perplexes: fallait-il baisser la garde, la crise étant passée, ou au contraire redoubler de vigilance, le calme pouvant précéder la tempête? La question était sensible, car le cœur de la zone en question était fortement peuplé et très touristique. Le choix pencha vers la prudence, et les moyens de surveillance furent renforcés.

C'est dans ce contexte favorable de pré-alerte que survint, le 14 janvier 1975, le grand séisme d'Izu-Oshima-Kinkai, de magnitude 7, qui mit en mouvement plusieurs segments de failles sur une trentaine de kilomètres (Figure 2). Le 13 janvier fut marqué par le début d'une forte activité sismique, concentrée juste à l'ouest de l'île volcanique d'Izu-Oshima. Elle culmina le lendemain vers 10 heures du matin, avec plusieurs séismes de magnitudes comprises entre 4 et 5, fortement ressentis ; une heure et demie plus tard débutait la grande rupture du choc principal, se propageant jusqu'à la Péninsule d'Izu, 30 kilomètres plus à l'ouest. Les mesures géodésiques ne montrèrent aucune perturbation anormale à court terme. Cependant, deux extensomètres, des appareils qui servent à mesurer les déformations des roches, donnèrent des signaux remarquables. Les appareils les plus sensibles détectent des déformations de la taille d'un atome sur une distance de 1 mètre, équivalentes à des variations de 1 micromètre sur une distance de 10 kilomètres. Installés en forage à une vingtaine de kilomètres de la faille, les extensomètres détectèrent, un mois avant le séisme, le début de déformations inhabituelles, correspondant à une contraction de l'ordre d'un centimètre sur une distance de 10 kilomètres. À la mi-décembre, en un troisième lieu situé à une dizaine de kilomètres, le niveau d'eau d'un forage profond chuta à vitesse régulière d'environ 10 centimètres par jour, jusqu'à l'instant du séisme. En un quatrième site, des mesures de la concentration de gaz radon dans l'eau montrèrent une forte perturbation, entre le 8 et le 10 janvier, quelques jours avant le séisme… Arrêtons là cette liste de précurseurs pour ne retenir que l'essentiel : c'est la péninsule d'Izu tout entière, sur des dizaines de kilomètre de distance, qui semblait s'être mise en activité plusieurs semaines avant le séisme.

Le Japon et la Chine n'avaient pas l'exclusivité de ces phénomènes. En 1969, une publication du soviétique Vladimir Semenov eut un impact considérable : on y rapportait qu'avant certains séismes du Tadjikistan, les vitesses de propagation

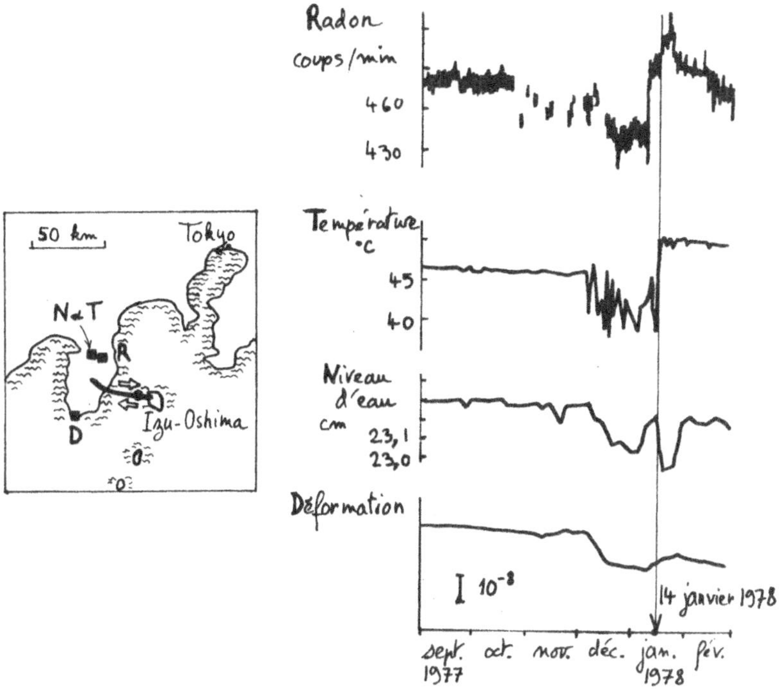

2. Phénomènes précurseurs du séisme d'Izu-Oshima-Kinkai de 1978, au Japon, d'après Wakita. La coïncidence en temps des diverses perturbations implique probablement une cause commune liée à la préparation du séisme.

sismiques étaient significativement modifiées. Plus précisément, on observait une décroissance de plus de 10 % des vitesses moyennes dans la région épicentrale, déduites de mesures du temps de propagation des ondes P. Trois ans plus tard, une observation similaire fut rapportée pour des petits séismes nord-américains. Si ce processus était confirmé, cela signifiait que la phase finale de maturation des séismes perturbe de très grands volumes autour des failles. L'enthousiasme soulevé par ces observations de vitesses lança nombre de sismologues sur cette piste.

Cet élan optimiste ne tenait pas simplement à la découverte d'un nouveau type de précurseurs. Tout d'abord, ces observations de variations de vitesse donnaient l'espoir de définir les contours précis de la zone de préparation, par tomographie sismique au sein de la croûte terrestre. Cela était impossible avec les autres précurseurs, associés la plupart du temps à des effets ponctuels en des sites particuliers. En outre, cette tomographie pouvait être réalisée par des tirs à l'explosif dans des petits forages. Il n'était donc plus nécessaire d'attendre le bon vouloir de la Nature pour que de petits séismes éclairent les zones menaçantes ; il suffisait de placer judicieusement des sismographes et des points de tir par rapport à ces zones, et de répéter régulièrement ces expériences, pour mesurer l'évolution temporelle de ces vitesses. Le rêve du sismologue – prédire les séismes – allait-il se réaliser ?

Vers la fin des années 1970, après moult efforts pour mettre en place et faire fonctionner tous ces réseaux d'instruments, les scientifiques disposaient d'une vaste collection hétéroclite d'observations de précurseurs. Certains phénomènes se reproduisaient souvent. D'autres, plus rares ou moins bien documentés, paraissaient nettement moins fiables, voire anecdotiques, selon la qualité des mesures et le détail publié du protocole expérimental. Bien sûr, pendant cette période, les recherches sur les précurseurs ne se limitèrent pas à ces observations. Les phénomènes rapportés inspirèrent bien des géophysiciens, lançant nombre de théories disparates et parfois contradictoires. Quarante ans plus tard, la polémique dure encore, même si le champ de bataille s'est beaucoup transformé grâce à l'accumulation de nouvelles mesures. Certaines théories ont évolué, dominant le débat ; d'autres ont disparu, défaites ; quelques-unes, récemment esquissées, tentent de gagner des suffrages et des preuves pour prospérer. Cette foire d'empoigne, avec ses éclats de vérité, ses doux délires et ses petites tricheries, mérite le détour.

Les casse-cailloux

Revenons à ces temps glorieux des décennies 1960-1970 qui virent naître plusieurs théories générales de la sismogénèse, décrivant avec force conviction ce qui doit être la phase finale de la maturation des séismes. Les plus fécondes de ces théories proviennent de très sérieuses expériences de laboratoire, durant lesquelles on casse consciencieusement des cailloux. Du reste, ces expériences de mécanique des roches n'étaient pas franchement nouvelles : les premières datent de la fin du XIXe siècle. Cependant, c'était la première fois que l'on s'en servait pour comprendre le comportement des roches au sein de la croûte profonde, là où naissent les séismes.

C'est donc en fracturant des petits échantillons de roche que le Japonais Kiyoo Mogi et quelques autres géophysiciens conçoivent, à la fin des années 1960, les premières théories sur le déclenchement des séismes. Un petit cube ou cylindre de roche, de quelques centimètres de long, représente un bloc de croûte terrestre de dizaines de kilomètres de côté : l'analogie est audacieuse ! Lors de ces expériences, les échantillons sont comprimés lentement selon une direction, jusqu'à leur rupture. On mesure la pression exercée sur la roche, ainsi que le raccourcissement de l'échantillon. On complète le dispositif en bardant l'échantillon d'instruments variés : des capteurs acoustiques, sorte de mini-sismomètres, pour détecter des micro-ruptures, et des antennes pour capter d'éventuels rayonnements électromagnétiques.

Pour de faibles pressions, pas de mystère : le raccourcissement est proportionnel à la pression ; la roche est élastique, nous l'avons vu. Pour les très fortes pressions, au-dessus de la limite de la résistance de la roche, celle-ci se fracture brutalement, en grand ; la roche est dite fragile, nous l'avons vu aussi. Si l'expérience se limite à cela, et si les séismes sont bien simulés par une telle expérience, il est clair que ces derniers sont imprévisibles : en effet, deux blocs de roches similaires ne cassent jamais exactement à la même pression limite, que l'on ne peut pas connaître à l'avance.

Que se passe-t-il dans la roche ? Lorsque la pression dépasse la moitié de la valeur de rupture, la roche commence à faiblir : sa rigidité décroît, et elle se déforme d'autant plus facilement que la pression est élevée (Figure 3). Dans le même temps, des micro-ruptures sont enregistrées, signes de la formation de petites fissures au sein de la roche : l'échantillon commence à craquer. De plus en plus nombreuses, ces micro-fissures créent des espaces vides dans la roche et la font gonfler : c'est la phase dite de « dilatance ». Les fissures sont tout d'abord réparties également dans tout le bloc. Puis, la compression augmentant, les fissures se concentrent peu à peu en une région assez plane, oblique par rapport à la direction de compression. La contrainte augmentant toujours, ces fissures grandissent, se rejoignent de plus en plus vite, et forment enfin, d'un coup, une grande fracture : l'échantillon se brise le long d'une surface irrégulière, localisée là où s'étaient concentrées les micro-fissures...

Pourquoi les roches se craquellent-elles avant de rompre ? La réponse est simple : les roches ne sont pas des solides homogènes. Elles contiennent des myriades de petits défauts : des micro-fissures ou des cavités (pores) préexistantes, des grains de minéraux plus ou moins résistants, des ciments plus ou moins tendres... À cause de ces défauts, le seuil de rupture d'un échantillon n'est pas le même en tout point ; de plus, ces défauts produisent en leur voisinage de fortes perturbations

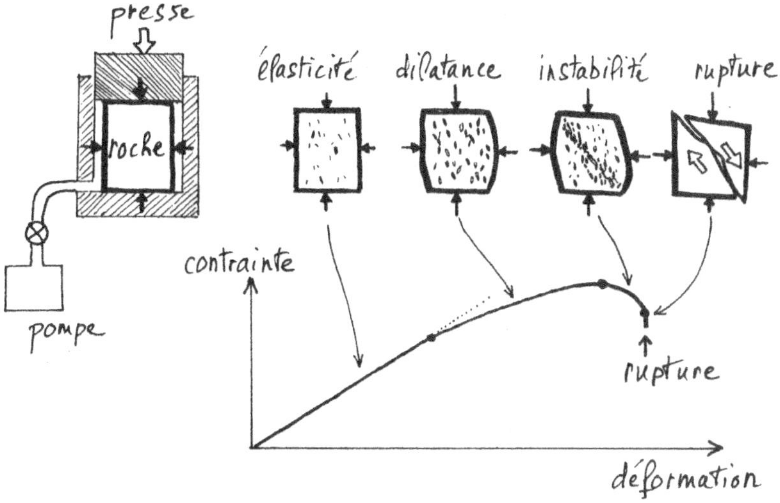

3. Expérience de fracturation des roches. La mise en compression des roches confinées conduit à la dilatance et à des déformations irréversibles avant d'atteindre le seuil de rupture.

des contraintes dans la roche. Des petites fissures apparaissent aux endroits les plus faibles ou les plus chargés, bien avant de se connecter entre elles. Si l'on utilisait du verre pour cette expérience, les choses se passeraient différemment, car le verre est un matériau homogène pour lequel la limite de rupture est quasiment la même partout: il reste élastique jusqu'à l'apparition d'une première fissure. Les tensions aux extrémités de cette fissure suffisent à l'agrandir, et la rupture se propage très rapidement, fracturant le bloc. Heureusement la croûte terrestre n'est pas en verre, et ses hétérogénéités nous permettent, parfois, de détecter les prémisses des grandes ruptures sismiques.

Les géophysiciens casse-cailloux tiennent donc enfin leurs précurseurs, du moins dans un modèle réduit de séisme: microchocs sismiques et déformation accélérée. On retrouve ainsi ce que montrent les observations grandeur nature dans la croûte terrestre. Ce n'est pas tout : dans les échantillons comprimés, la formation des fissures s'accompagne d'une forte diminution des vitesses sismiques, de quelques pour cent à plusieurs dizaines de pour cent. Les variations de vitesse précédant les grands séismes ont donc leur analogue reproduit en laboratoire ! Il y a mieux : en 1972, le géophysicien américain Amos Nur émet l'hypothèse qu'à l'échelle des séismes, lors de cette phase de dilatance, la formation de vides par la micro-fissuration produit un effet de pompage qui aspire l'eau des fractures de la roche. Il en résulterait de nombreux effets : variations de la résistivité des roches, sensible à l'eau des fissures ; apparition et transport du gaz radon jusqu'en surface, porté par l'eau et mobilisable par les nouveaux chenaux de circulation ouverts par les fissures ; perturbation du niveau et de la géochimie des aquifères, pour les mêmes raisons ; enfin, variation des vitesses sismiques, diminuées par la présence de nouvelles fissures. L'expérience du casse-caillou offrait donc une explication générale des effets précurseurs, et on peut comprendre son succès d'alors.

Les frotte-fissures

Dès le début, ce modèle rencontra un rival séduisant : un frère ennemi, né lui aussi d'expérimentations sur les roches. Plutôt que de broyer des roches entre les mâchoires d'un monstrueux casse-noix, on fait glisser des blocs l'un contre l'autre. Leur surface de contact est aplanie, et les deux blocs sont fortement pressés l'un contre l'autre, soumis aux mêmes fortes pressions que des roches à des kilomètres de profondeur dans la Terre. Vous vous souvenez de l'expérience du lit : plus la pression est forte, plus l'effort cisaillant doit être important pour faire glisser un bloc sur l'autre. Toutefois, cet effort est bien moindre que celui requis pour fracturer une roche intacte (imaginez que les pieds du lit soient collés au parquet avec de la super-colle...). L'idée des expérimentateurs est simple : les séismes ont surtout lieu sur des failles préexistantes et créent peu de fractures « fraîches » au sein de la roche. Le processus de rupture sismique, et les phénomènes qui le précèdent, doivent donc être liés à des problèmes de glissement et de frottement, et non pas à des problèmes de fracturation massive.

Dans les chapitres précédents, vous avez vu comment ces expériences de frottement conduisent à des phénomènes de ruptures saccadées, alternant glissements rapides et phases de blocage. Ce modèle ne laisse aucune place aux précurseurs. Cependant, à la fin des années 1970, ces expériences de glissement mettent en lumière un processus bien plus compliqué : sous de fortes contraintes cisaillantes, les blocs en contact ne restent pas totalement soudés. Des mesures réalisées en laboratoire durant des heures, voire des semaines, révèlent un glissement continu extrêmement lent d'un bloc sur l'autre. Dans certaines conditions de chargement, lorsque le décalage cumulé atteint une fraction de millimètre, la vitesse de glissement augmente de plus en plus vite pour atteindre les vitesses de glissement sismiques. Que se passe-t-il donc ? Les deux faces de la fracture se déplaçant, les petites aspérités de la roche en contact finissent par se décrocher – dès que le glissement est supérieur à leur longueur. Or, dans ces expériences, ces aspérités sont de la taille des grains de la roche, de 1 à 10 micromètres, ce qui explique cette limite de glissement stable. À des glissements supérieurs, ces contacts perdent leur résistance et le mouvement s'emballe, les vitesses passant de quelques microns par heure, non radiatives, à un mètre par seconde, vitesse typique générant des ondes sismiques. Entre l'état initial de quasi-blocage et

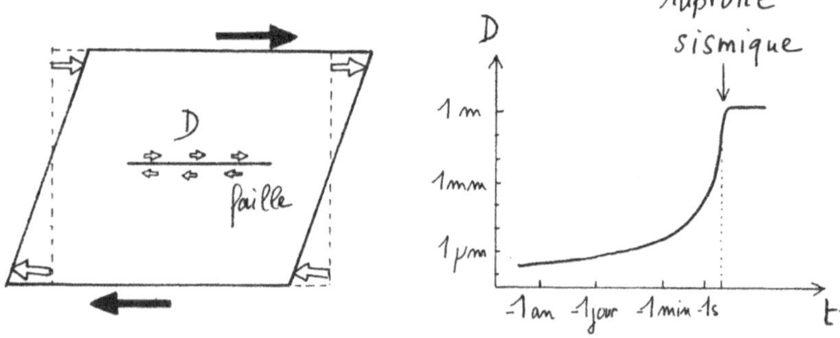

4. Glissement instable des failles. D'après les expériences de laboratoire, les failles soumises à des forces cisaillantes croissantes glissent très lentement, puis accélèrent peu à peu leur glissement pour finalement se déstabiliser en un séisme.

celui de la rupture brutale, les expérimentateurs ont ainsi mis en évidence une phase de glissement non sismique, accéléré, qui pourrait être la cause des précurseurs observés dans la Nature (Figure 4). Par les déformations qu'il induit dans son voisinage, ce glissement précurseur peut engendrer des petits séismes en son voisinage, ainsi que toutes les perturbations liées à la circulation des eaux souterraines.

Les avantages de ce modèle de frottement sur le modèle de fracturation sont multiples. En effet, il semble plus facile – pour l'expérimentateur – et plus réaliste – pour le sismologue – de faire glisser une fracture préexistante que de fracturer un bloc intact. Ces expériences ont ouvert un champ de possibilités expérimentales, loin d'être épuisé, où l'on fait varier le type de roches en contact, la pression de confinement, le mode de mise en charge et la qualité de la surface de contact.

Dès le début des années 1980, des expériences fondamentales menées par le géophysicien américain James Dieterich et quelques autres ont montré deux types de comportements opposés. Pour la plupart des roches, dans certaines conditions de pression et de température, le frottement augmente lorsque l'on force les blocs à glisser plus vite : le système résiste donc aux perturbations, et le glissement forcé est stable. Dans d'autres conditions, c'est le contraire : le frottement diminue lorsque le glissement est plus rapide, ce qui peut conduire à une instabilité. À l'échelle de la croûte terrestre, on a montré que la zone de glissement potentiellement instable sur les failles était confinée à des profondeurs entre quelques kilomètres et une quinzaine de kilomètres de profondeur. Cette zone favorable au glissement instable est précisément celle des séismes. Plus profondes, les roches sont trop chaudes ; elles deviennent plastiques, et stabilisent le glissement. Au-dessus, près de la surface terrestre, les roches ne sont pas assez comprimées ; le frottement y est donc réduit, et les failles glissent lentement, relaxant les contraintes.

Pas de repos pour les failles

La réalité est toutefois plus complexe. Dans la couche sismogène, là où le frottement diminue lorsque la vitesse de glissement sur les fractures augmente, toutes les failles ne sont pas instables : au-dessous d'une certaine dimension de la faille, le frottement a beau diminuer, le glissement reste stable. Donc, pas de séisme possible pour les toutes petites failles ! Cela s'explique par la « souplesse » des failles, qui augmente avec leur taille. En effet, pour une même contrainte, le glissement sur une faille est proportionnel à sa longueur : les grandes failles glissent plus que les petites, nous l'avons déjà vu. Pour les mêmes raisons, lors d'un même glissement présismique, les petites failles relâchent plus de tensions tectoniques que les grandes. Par conséquent, lors d'un glissement lent, les grandes failles restent sous tension, même quand le frottement diminue, ce qui emballe le système et produit un séisme ; au contraire, les petites failles évacuent leur tension plus rapidement au cours du même glissement lent asismique, ce qui les stabilise et empêche les séismes de naître.

Une première question se pose : quelle est la taille minimale des failles pour qu'un séisme puisse s'y déclencher ? Théoriquement, cette taille est 10 000 à 100 000 fois plus grande que le glissement limite des lois de frottement, celui à partir duquel le glissement s'emballe. Cela nous mène à la deuxième question : que vaut ce glissement limite ? En laboratoire, sur des blocs soigneusement préparés, il varie de la dizaine de micromètres au centimètre, selon l'épaisseur de la zone de contact.

Si l'on admet ces valeurs de laboratoire, on arrive à une taille minimale de faille de l'ordre du mètre, au plus de la centaine de mètres. Que pourrait-on en déduire pour les précurseurs ? Tout d'abord, que le glissement pré-sismique serait confiné sur une surface encore plus petite, car sinon un séisme aurait tôt fait d'être déclenché. Ensuite, que les déformations présismiques associées seraient circonscrites dans une dizaine ou une centaine de mètres alentour, et cela à une dizaine de kilomètres sous terre. À la surface, pas de quoi affoler les populations, ni même titiller les instruments les plus sensibles : les précurseurs resteraient quasiment indétectés.

Comment peut-on sauvegarder ce modèle de glissement accéléré, tout en expliquant certains précurseurs effectivement détectés ? Il suffit que les valeurs de glissement critique mesurées en laboratoire soient très inférieures à celles des « vraies » failles : celles-ci pourraient donc glisser beaucoup avant de se déstabiliser, et cette phase de gestation sismique deviendrait détectable. À l'appui de cette idée, on constate que la zone broyée au cœur des failles est d'autant plus « épaisse » que la faille est grande. Cela se comprend : les grandes failles ont été formées peu à peu par un grand nombre de séismes, qui les ont fait croître. À chaque séisme, le raclement et la rupture des aspérités triturent la faille qui s'enrichit de nouvelles fractures et de nouveau matériau concassé, si bien qu'elle s'épaissit. Le travail collectif des nombreuses fractures de toutes tailles qui s'accumulent sur l'épaisseur de la faille permettrait des effets de glissement stables sur des longueurs bien plus grandes que les glissements obtenus sur les petits échantillons en laboratoire. Les sismologues confirment maintenant ces vues : une grande valeur de glissement critique, de l'ordre de 10 cm à 1 mètre, est requise pour expliquer, par des calculs poussés, le détail des sismogrammes des plus grandes ruptures sismiques.

Évaluer en laboratoire ce déplacement critique des failles est une tâche difficile : comment réaliser une machine capable de faire glisser de 1 mètre, l'un sur l'autre, deux blocs rocheux ? Ces blocs devraient mesurer une dizaine de mètres, et donc peser plusieurs milliers de tonnes ! Des expérimentateurs inventifs ont pu contourner ce problème en faisant tourner leur système. La gouge de faille est simplement modélisée par un cylindre annulaire de sable, d'une dizaine de centimètres d'épaisseur, coincé entre un cylindre central et un autre anneau extérieur, tous deux très rigides. La rotation différentielle des deux parois cylindriques triture le sable confiné, ses grains se déplacent et se réorganisent, réduisant le frottement au cours de la rotation contrôlée, par le broyage progressif des grains au sein d'une fine bande… Cette expérience de frotte-fissure tourne donc un peu au casse-(micro)-cailloux… La faille artificielle annulaire peut ainsi glisser de plusieurs mètres, donnant accès à une représentation plus proche de la réalité des grandes ruptures sismiques : la chute progressive du frottement y est bien retrouvée, précisant les paramètres de ses lois.

Mais nombre d'expérimentateurs et de modélisateurs ne se satisfaisaient pas de ces expériences de frottement contrôlées par les propriétés lubrifiantes des roches broyées, ou de celles de matériaux comme le talc. Pour eux, le dégagement de chaleur produit par le glissement bloc sur bloc pouvait jouer un rôle important, sinon prépondérant. Frottez-vous les mains vivement, et vos paumes seront vite échauffées ; plus vous appuyez fort, plus vous dépensez de l'énergie mécanique pour les faire glisser l'une sur l'autre, et plus vos mains chauffent, puisque cette énergie passe sous forme de chaleur... C'est pareil pour les roches, ce qui a mené certains chercheurs à proposer que l'eau contenue au cœur de la faille, échauffée, monterait en surpression, décoinçant les parois et facilitant le glissement. Pour d'autres, certains minéraux fonderaient rapidement lors du glissement, lubrifiant les parois de la faille. Cette fusion « flash » a d'ailleurs bien été observée en laboratoire, au début des années 2000, avec d'énormes machines mettant en contact, sous pression, des blocs de roche en rotation inverse très rapide. En quelques secondes, des jets de roche en fusion giclent violemment du contact des échantillons. Des observations au cœur de failles, exhumées ou recoupées par des forages profonds, ont bien montré la présence de telles roches fondues – mais l'importance relative de ce processus reste sans doute modeste.

Laissons ici cette digression sur la phase dynamique de la rupture, et revenons aux effets présismiques – et en particulier à ces changements précurseurs des vitesses des ondes dans la croûte qui ont fait couler tant d'encre, et motivé tant d'expériences. Au cours des deux décennies qui suivirent leur mise en évidence, leur existence ne put être confirmée, malgré l'effort et l'enthousiasme de nombreuses équipes, et malgré l'accroissement des performances et du nombre de sismomètres.

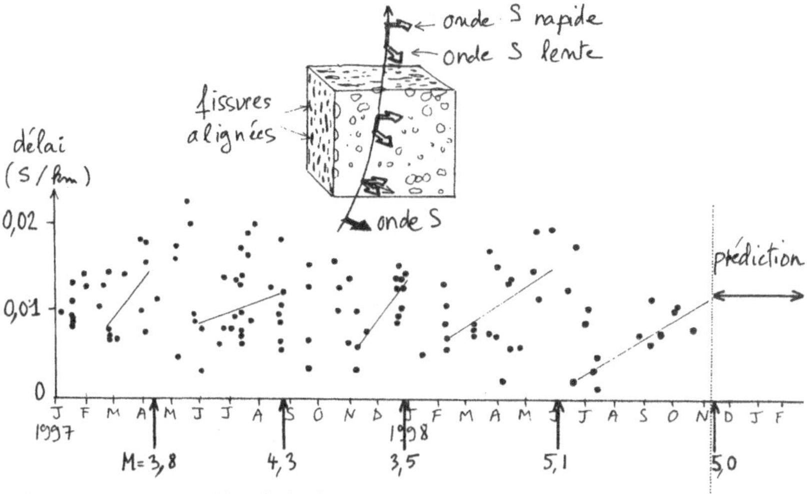

5. Variations temporelles de la fissuration de la croûte en Islande. La mesure du délai entre les deux ondes S donne le degré de fissuration des roches sur le trajet. Une crise sismique importante est associée par Crampin à des fluctuations du délai, dont la croissance, soulignée par les traits, entre juillet et novembre 1997 a conduit à une prédiction réussie – par chance?

Le sismologue anglais Stuart Crampin et quelques autres persistèrent un temps à croire à ces changements de vitesse à des fins de prédiction. Dans les années 1990, Crampin développa une méthode astucieuse pour les détecter, en calculant et mesurant l'effet des fissures des roches sur les ondes S. Une onde S pénétrant un volume de roche dit «anisotrope», avec des fissures toutes alignées, se divise en une onde insensible à ces fissures, parallèle à celles-ci, et une onde plus lente, perpendiculaire, ralentie par les fissures (figure 5). Ces deux ondes S arrivent au sismomètre avec un délai proportionnel à la densité de fissures et à la longueur du trajet dans le milieu anisotrope. Ce phénomène est semblable à la biréfringence des ondes lumineuses dans un cristal de quartz. Le délai entre les deux ondes S est facilement mesuré; il est de l'ordre du dixième de seconde pour des trajets de quelques kilomètres associés à de petits séismes proches. Une perturbation des contraintes dans la croûte, en changeant la densité ou l'orientation de ses fissures, pourrait donc produire un effet détectable sur la biréfringence des ondes S. En novembre 1998, sur la base d'une augmentation du délai, un séisme de magnitude 5 a ainsi été prédit en Islande. Toutefois, cette augmentation est à peine visible dans le bruit des données : dépourvus des yeux de la foi, les sceptiques pensent que le succès de cette prédiction vient non pas d'un changement de la fissuration, mais de la forte activité sismique de la zone, régulièrement ponctuée de séismes notables depuis 1997.

À vrai dire, l'extrême rareté des observations de variations d'anisotropie causées par les très fortes déformations associées aux grands séismes rendait extrêmement improbable leur détectabilité avant les séismes, eu égard à la faiblesse attendue des déformations présismiques. Et de fait, jusqu'à présent, aucun effet précurseur de fissuration convaincant n'a été relevé. Au tournant du millénaire, plus grand monde ne croyait à ces résultats de variation présismique des vitesses des ondes, sans doute biaisés par l'imprécision des mesures de l'époque. Pour tenir debout, ce modèle de microfissuration progressive dut s'adapter : on invoqua une dilatance limitée aux roches proches de la faille, voire à la zone de faille elle-même… Les casse-cailloux devaient revoir leur copie.

Mais les modèles de frottement, robustes, capables de décrire tant la dynamique de la rupture sismogène des failles que leur lente mise en charge, ont eux aussi dû évoluer pour mieux prendre en compte la complexité des zones de failles décrite par les géologues, familiers du terrain. Peu à peu, les modèles ont considéré non plus une fracture plane et fine, mais une fracture épaisse, éventuellement rugueuse, remplie de poudre ou de débris de roches broyées, voire baignée d'eau sous pression. Malgré la prise en compte de ces effets, trois décennies après les premières expériences de glissement, les simulations de laboratoire sont encore loin de prendre en compte la forte hétérogénéité et la complexité géométrique des vraies failles, de l'échelle du mètre à celui du kilomètre… Et encore bien rares sont les supercalculateurs qui peuvent se lancer dans la course à la modélisation numérique et à la prédiction de ces effets. La phase de préparation des séismes, en partie contrôlée par ces instabilités de frottement sur ces vastes échelles de longueur, reste pour l'essentiel bien mal cernée par les modèles et les expérimentations.

À grand effet, grande cause ?

Ces modèles d'instabilités de fracturation ou de frottement qui se sont développés depuis une quarantaine d'années pour décrire la phase ultime de préparation des grands séismes ont un point commun : la zone déstabilisée a une taille de l'ordre du mètre au kilomètre, une fraction donc du segment de faille qui rompra, sur dix ou cent kilomètres de long.

Cette hypothèse était toutefois loin d'être consensuelle et d'autres modèles s'y sont opposés vivement, inspirés par d'autres principes de physique : dès les années 1970, des équipes chinoises, japonaises, américaines et russes proposaient, chacune à sa façon, l'existence de précurseurs sismiques dans une très grande région de la croûte terrestre, bien plus étendue que la faille. Cette phase d'activation de plusieurs années évoluerait en se concentrant près de la faille en instance de rupture, produisant ensuite des précurseurs à court terme.

Le plus populaire de ces modèles impliquant une très vaste zone de préparation est celui de Mogi. Ce dernier étudia en détail l'évolution de la sismicité de faible magnitude précédant les grands tremblements de terre du Japon. Selon lui, quand une faille est sur le point de rompre, la sismicité augmente dans un vaste domaine autour de la faille, puis, peu de temps avant la grande rupture, décroît au voisinage de la faille. C'est le modèle de quiescence, inspiré par la vision du calme qui précède la tempête. Ce modèle s'ajustait à quelques grands séismes japonais, mais trop peu d'événements corroboraient cette préparation en deux phases. Au début des années 1980, la théorie d'activation à grande échelle la plus aboutie a été proposée par le géophysicien russe Vladimir Keilis-Borok et ses collègues ; elle est fondée sur l'idée d'une croûte terrestre structurée par des systèmes de failles de toutes tailles, qui découpent des blocs également de toutes tailles, emboîtés les uns dans les autres – une idée peut-être inspirée des poupées russes traditionnelles…

Dans un tel modèle, un séisme majeur succède à une activation progressive, généralisée, de toutes les failles du système, des plus petites aux plus grandes, par des effets de cascade d'échelle et d'interaction à distance. On peut comparer ce phénomène à ce qui se produit dans une casserole d'eau sur le feu : les micro-bulles de l'eau frémissante gonflent et coalescent lorsque la température s'élève, pour finalement produire de grosses bulles lors de l'ébullition. Ce modèle est bien dans l'esprit des phénomènes critiques chers aux physiciens… Il est aussi décrit par ses créateurs comme une turbulence « solide », dont les flux marqués d'éclats sismiques peuvent se développer dans toute une région, se renforçant et conduisant au grand séisme, maelström final au cœur de la zone.

Pour l'imposer aux plus sceptiques, V. Kossobokov et son équipe entreprirent de démontrer sa capacité prédictive, avec force publicité. Cette théorie « hiérarchico-critique » a conduit les chercheurs à considérer l'activité sismique de vastes régions autour de la faille cible. Pour prédire des séismes de magnitude 8 ou supérieure, qui rompent des failles de 200 kilomètres de

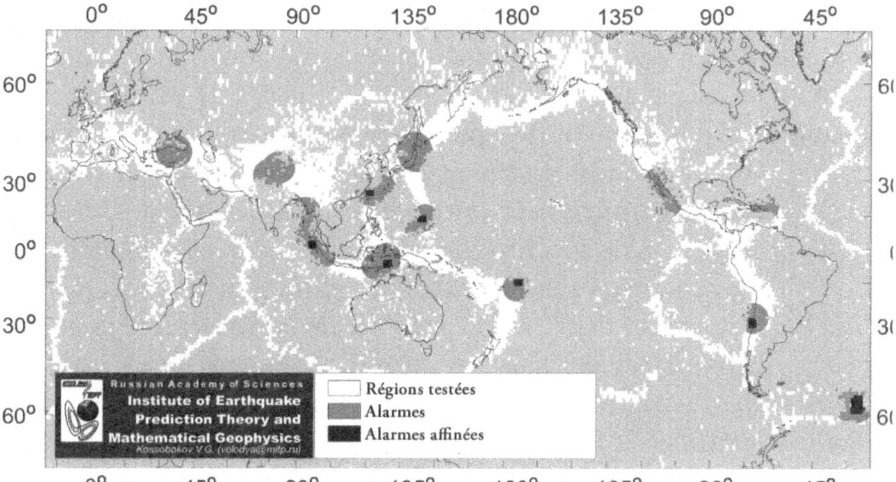

6. Régions d'alarme pour des séismes de magnitude supérieure à 8, sur trois ans, d'après la méthode « M8 » de Keilis-Borok et ses collègues (prévisions du 1er janvier 2013). Ces alarmes sont réactualisées tous les six mois sur le web (voir le site : http://mitp.ru/predictions.html).

long, ils ont mis au point un algorithme, dénommé « *M8* », qui analyse les fluctuations de sismicité dans une région assimilée à un disque d'environ 1 000 kilomètres de diamètre. Tous les séismes de magnitude comprise entre 6 et 8 qui s'y produisent sont comptabilisés, et leurs variations dans le temps et dans l'espace sont caractérisées par une typologie simple (concentration, fréquence, etc.). Les valeurs de ces paramètres, mesurés sur les cinq années précédentes, donnent l'état « normal » de la sismicité ambiante et servent de référence. Les mêmes paramètres sont alors évalués sur les six derniers mois, et comparés à ceux des cinq ans écoulés. Si leur rapport excède une valeur seuil, alors le paramètre est considéré comme anormal, dans le « rouge » ; si tous les paramètres sont au rouge, une alerte est déclarée pour les trois années suivantes (figure 6).

Cet algorithme a d'abord été ajusté sur des catalogues de sismicité des zones de subduction du pourtour de l'Océan Pacifique, sièges d'un grand nombre de séismes de magnitude supérieure à 8 : à partir des fluctuations sismiques des six mois précédant les grands séismes, on déterminait les paramètres optimaux qui distinguaient cette période présismique de l'activité routinière. Une fois les seuils d'alarme définis, la méthode a été testée en temps réel sur les régions sismiques du Pacifique, de la Californie et des Antilles. Pour ces deux dernières régions, l'algorithme *M8* a été ajusté pour des séismes de magnitude plus faible, par simple changement d'échelle des paramètres utilisés, distance et magnitude. Les sismologues étaient partagés sur l'approche suivie par leurs collègues soviétiques ; certains dubitatifs, d'autres enthousiastes ; et quelques-uns violemment critiques. Comment penser sérieusement que la croûte terrestre s'active sur 1 000 kilomètres pour ne produire qu'une petite craquelure de 200 kilomètres ?

Durant quelques années, on prédit par cette méthode plusieurs séismes de subduction du Pacifique. Le débat scientifique s'anima de plus belle lorsqu'on lança une alarme sismique pour un grand séisme à venir, quelque part entre San Francisco et Los Angeles ; il devint franchement houleux lorsque, deux ans plus tard, en 1989, survint le séisme destructeur de Loma Prieta, au cœur de la zone d'alarme. Ce séisme de magnitude 7 rompit une faille voisine de la faille de San Andreas, à 100 kilomètres au sud de San Francisco. Ce séisme causa la mort de 60 personnes, essentiellement par l'effondrement d'un viaduc, et coûta 4 milliards de dollars de dommages.

Nombre de sismologues furent alors convaincus de l'intérêt – sinon de la justesse – de la méthode et la testèrent dans leur propre province sismique, en particulier en Italie et en Grèce. D'autres résistèrent et s'attaquèrent à la validité statistique des prédictions. Ils montrèrent que d'infimes variations de la position du disque d'analyse pouvaient faire apparaître ou disparaître une alarme, par l'inclusion ou l'exclusion d'essaims sismiques localisés à sa périphérie. Cette sensibilité de la méthode rendait les tests statistiques périlleux. Vingt ans plus tard, cette difficulté persiste, mais le modèle M8 poursuit son travail de routine : tous les six mois, une poignée de sismologues reçoivent de Moscou, par courrier électronique, une mise à jour des alarmes sismiques. Quel est son bilan ? D'après une analyse indépendante de Molchan et Romashkova en 2010, 10 séismes sur les 18 séismes de magnitude 8 et 8,5 qui se sont produits sur la période 1992-2009 ont été prédits – ce serait plutôt 14 sur 19 d'après Kossobokov ! – les alarmes couvrant 30 % de l'espace-temps. Dans les deux cas, le résultat est significatif d'un point de vue statistique ; il aurait en gros une chance sur cent d'être obtenu par hasard.

Pour les populations, un défaut évident de cette méthode est son manque de précision : que faire d'une prédiction si l'on peut se tromper de centaines de kilomètres dans la localisation du futur séisme ? S'il advient un jour une alarme centrée sur Grenoble, faudrait-il aussi évacuer Nice et Strasbourg ? Les Russes ont donc affiné leur technique, en la doublant d'un deuxième algorithme : la première alarme déclenchée, on évalue d'autres paramètres de la sismicité sur une grille spatiale plus fine. On repère alors la région la plus anormale de la zone d'alarme, censée se rapprocher du séisme attendu. Cette technique a donné de bons résultats pour une dizaine de grands séismes. Du coup, non seulement les prédictions gagnent en précision, mais la méthode perd un peu de son caractère hérétique : l'essentiel des précurseurs reste à une distance « raisonnable » de la faille, ce qui facilite la recherche d'un lien plausible de cause à effet.

De dix ans son aîné, et contrastant avec la feuille de route stable du modèle M8, avec ses algorithmes verrouillés et ses prédictions revisitées consciencieusement tous les six mois, le modèle concurrent de quiescence sismique a largement évolué, adaptant, ajustant, inventant des algorithmes nouveaux, gonflant ou réduisant la dimension des zones d'action autour du futur épicentre, pour tenter de mieux révéler ce processus. Comme nous l'avons vu, les Japonais furent les premiers à monter l'existence d'un calme sismique anormal avant de grands séismes de l'archipel. Puis, en 1976, on observa une telle phase de « quiescence » au Mexique, commencée trois ans plus tôt. Cette longue quiescence concernait une région d'environ 150 kilomètres sur la côte Pacifique. On prédit un grand séisme dans cette zone, sans précision de date. Deux ans plus tard, il se produisit effectivement, à l'endroit désigné. Un succès retentissant… qui retomba malheureusement quelques années plus tard : la quiescence résultait non pas de la préparation du séisme, mais de la désactivation temporaire de certaines stations sismologiques…

Ce raté n'empêcha pas les zélotes de la quiescence de poursuivre leurs études. Mieux, il eut un bénéfique effet de garde-fou : les chercheurs sérieux affinèrent leurs études des catalogues de sismicité pour s'assurer que les capacités de détection du réseau n'avaient pas changé sur la période d'analyse. Le réseau qui se révéla le plus fiable pour de telles études n'était ni californien, ni japonais, mais arménien : ses stations, aux performances très médiocres, n'avaient bénéficié d'aucune amélioration en 30 ans, si bien qu'elles préservaient une vision constante de la sismicité régionale. L'Américain Max Wyss et ses collègues démontrèrent l'existence de telles phases de quiescence avant une dizaine de grands séismes des années 1980-1990 (Figure 7). Ces phases s'étalent sur une durée de l'ordre de l'année, mais à la différence des fluctuations révélées par le M8 de nos amis russes, elles se concentrent au voisinage

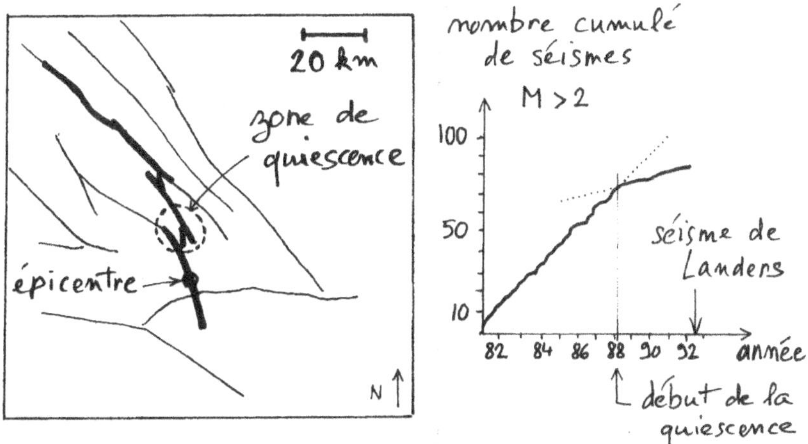

7. Quiescence sismique dans la région du séisme de Landers de 1992, en Californie, d'après Wyss et ses collègues. La zone quiescente est limitée au disque tireté, dans lequel la micro-sismicité a évolué brutalement en 1988, quatre ans avant le séisme principal (graphe de droite).

de la zone hypocentrale (le point de départ de la rupture), sur une distance bien inférieure à celle de la future rupture. Nous verrons plus loin comment certains modèles mécaniques pourraient en rendre compte. Mais depuis une décennie, les observations de quiescence sont devenues nettement plus marginales et moins probantes, relayées par des études désormais plus robustes sur les augmentations d'activité.

Revenons donc à ces activations présismiques. L'algorithme M8, avec sa stabilité routinière et le flou de ses prédictions en temps, ne pouvait satisfaire tout le monde. Ainsi, au début des années 2000, une certaine effervescence s'empara de la communauté sismologique lorsque quelques chercheurs publièrent l'observation d'une forte accélération de la micro-sismicité avant plusieurs séismes californiens des années 1980 et 1990. La région cible était bien plus grande que la faille du séisme prédit, comme pour les algorithmes russes ; mais à la différence de ces derniers, la fenêtre de prédiction temporelle était bien plus courte, liée à la nature même de l'instabilité et à la simplicité de sa loi d'évolution. Ils développèrent un modèle mécanique de criticalité pour l'expliquer. Nombre de publications, observations et calculs à l'appui, se succédèrent et entretinrent une vive polémique pendant plus de 5 ans ; mais les insuffisances statistiques et la faible plausibilité du modèle mécanique eurent finalement raison de cette approche.

La vision dominante sur les séismes précurseurs – et qui motive l'essentiel des recherches actuelles, car elle est mieux cernée d'un point de vue mécanique – est désormais celle d'une concentration d'activité anormale dans une zone plutôt réduite, proche de l'hypocentre de la future rupture, et, le plus souvent, peu de temps avant. Ce sont les coups de semonce du séisme de Kozani de 1995, ou ceux de Haichen de 1976 dont je parlais plus haut. Quelle est donc leur statistique, en proportion de fausses alarmes ? Le délai avant le grand séisme est-il, comme pour ces deux séismes, de quelques minutes à quelques jours ? À la fin des années 1990, les premières analyses montraient que plus du tiers de la cinquantaine de grands séismes californiens des années 1960-1995 a été précédé, dans les trente jours, d'un séisme de magnitude 4 à moins de 10 kilomètres de l'épicentre. En Grèce, d'après les calculs du sismologue Papazachos, 20 % des séismes de magnitude supérieure à 6 sont précédés, dans les 10 jours, d'un séisme de magnitude supérieure à 4,4. En Californie comme en Grèce, ce résultat est bien supérieur à ce que l'on obtiendrait par une distribution au hasard : ce sont donc bien des précurseurs. Malheureusement, comme vous l'avez vu plus haut, il y a cent fois plus de séismes de magnitude supérieure à 4 que de séismes de magnitude supérieure à 6. Alors, comment savoir si ces petits séismes en annoncent un gros ? Cette question se posa dramatiquement, lors la crise sismique de janvier-mars 2009, pour les habitants de l'Aquila :

de nombreux séismes furent ressentis, dont quelques-uns de magnitude 4 – fallait-il évacuer ou non les habitations ? Le séisme de magnitude 6,2 qui s'ensuivit fit plus de 330 morts. J'y reviendrai en détail plus loin, car la science n'y était pas seule en jeu.

En 2013, le sismologue français Michel Bouchon et ses collègues ont repris l'analyse des catalogues des 50 plus grands séismes de 1999 à 2011, de magnitude supérieure à 6,5, en se concentrant sur les zones du nord-ouest et du nord-est pacifiques, parmi les mieux surveillées de la planète, pour garantir un bon comptage des plus petits séismes. Cette analyse a révélé une faible mais indéniable augmentation statistique du taux de sismicité avant les séismes « interplaques », dont les failles dessinent les frontières majeures entre les plaques tectoniques. Cette activation progressive est déjà visible, pour certains, une année avant ; pour d'autres, elle ne débute qu'un mois avant ; et pour la plupart, elle est claire une semaine à un jour avant... Quelle peut donc être sa cause ? Un effet domino, ou un forçage caché ? Nous y reviendrons.

Pour conclure, la phase de préparation des grands séismes montre parfois, voire souvent dans certains contextes, des séquences de petits séismes avant-coureurs, généralement concentrés dans la zone hypocentrale. Mais dès que l'on mentionne les précurseurs, le public pense plutôt à ces récits étranges et fascinants de gaz radon qui s'échappe de la terre, de phénomènes lumineux dans le ciel, ou de bizarreries du comportement animal... Place aux précurseurs non sismiques.

CHAPITRE 9

Fuites en tout genre

Jusqu'ici, je n'ai évoqué que la forme et la surface des failles, fractures et fissures. Pourtant leur contenu importe aussi pour comprendre la mécanique sismique. Quand elles ne sont pas cimentées par des minéraux, la plupart sont pleines d'eau, non seulement près de la surface, comme l'indique le ruissellement continu dans les mines ou les tunnels, mais aussi quand elles sont localisées bien plus profond dans la croûte terrestre. En 1994, le forage scientifique européen le plus long, dit *KTB*, en Bavière, a atteint 9,1 kilomètres. À de telles profondeurs, on pensait ne plus voir une seule fissure ouverte, en raison de la pression colossale des roches ; pourtant, à ces profondeurs, les appareils de sondage ont détecté des fractures ouvertes, contenant de l'eau sous pression.

Pourquoi s'intéresser à cette eau souterraine ? La tendance naturelle de l'eau liquide étant d'aller « toujours plus bas », n'est-elle pas arrivée, aux profondeurs sismogènes, à une forme d'accomplissement, de stabilité absolue ? Méfions-nous de l'eau qui dort, dit-on : celle qui repose aux tréfonds de la Terre peut devenir redoutablement active.

L'eau « piégée dans les roches » n'est pas si piégée que cela : elle circule dans un réseau de pores et de fissures. La perméabilité à l'eau varie d'une roche à l'autre ; certaines sont très « étanches », comme les argiles ou les granites massifs, d'autres sont perméables, comme les grès, les calcaires ou granites fracturés – ou encore les roches fracturées ou concassées au voisinage ou au cœur même des failles. À faible profondeur, les eaux circulent dans les nappes aquifères des couches géologiques perméables, vidangeant lentement les reliefs chargés à la saison des pluies ou à la fonte des neiges, pour alimenter rivières et océans. À plus grande profondeur, cette eau atmosphérique ne pénètre presque plus, mais ses effets de pression peuvent encore se faire sentir par les chenaux de pores et fissures. L'eau profonde peut provenir de la surface, emprisonnée dans les roches sédimentaires qui s'enfouissent lentement dans les grands bassins. Une autre partie de l'eau des profondeurs provient du manteau terrestre : en particulier, les sédiments marins des zones de subduction, entraînés par la plaque plongeante jusqu'à une centaine de kilomètres de profondeur, y perdent leur eau, par des transformations de phase de certains minéraux des roches, sous l'effet de la chaleur et de la pression – une eau qui remonte ensuite vers la surface avec les roches fondues des magmas.

Jusqu'à quelques kilomètres de profondeur, la plupart des roches sont perméables (les argiles faisant exception notable) : les fissures ou les pores connectés forment un réseau dans lequel la pression de l'eau augmente régulièrement avec la profondeur, à cause du poids de la « colonne » d'eau située au-dessus – même si cette colonne zigzague dans les roches. Cette pression due à la gravité est la pression hydrostatique.

L'eau est alors mobile dans le réseau perméable jusqu'en surface. Cette mobilité se manifeste juste après les grands séismes, par de spectaculaires phénomènes de pompage. Les zones de roches comprimées autour de la faille crachent leur eau vers la surface, augmentant pendant des mois le débit des sources et des rivières, et les zones distendues aspirent l'eau de surface vers les profondeurs. En 1993, le géophysicien anglais Geoffrey King qui mit en lumière ces effets de croûte-éponge avec l'hydrologue R. Muir-Wood, commentait, avec un sérieux imperturbable : « *the crust sucks.* » Littéralement, « la croûte suce » ou « la croûte nous pompe », pourrais-je traduire… La découverte de ces variations de décharge des aquifères jusqu'à des dizaines de kilomètres de distance des failles confirma l'existence d'une perméabilité à grande échelle de la croûte terrestre, jusqu'à des profondeurs de plusieurs kilomètres.

D'autres observations ont cependant montré que cette forte perméabilité est loin d'être la règle. Les mesures dans les forages profonds de plusieurs kilomètres révèlent qu'il est aussi commun de trouver de l'eau, non pas à la pression hydrostatique, mais à la pression lithostatique. Cette dernière est due au poids, non pas de l'eau, mais des roches, environ trois fois supérieur. Cette observation de fortes pressions implique que l'eau de ces aquifères est piégée par des couches imperméables, et comprimée par le poids des roches au-dessus. L'eau ne pourrait se maintenir longtemps à pression lithostatique si des fissures lui permettaient de s'échapper vers la surface. En résumé, suivant la perméabilité des roches qui entourent le réservoir, on peut trouver à la même profondeur de l'eau « libre » ou de l'eau « piégée » – et bien sûr toutes les pressions intermédiaires.

Pompes à séismes

Intéressons-nous au sort de cette eau captive dans un aquifère confiné. Imaginons qu'à la base de ce réservoir perméable, la pression de l'eau soit celle des roches. Dix mètres plus haut, toujours dans le réservoir, la pression de l'eau a chuté d'un bar (c'est l'effet que produit une colonne d'eau de dix mètres). À cette hauteur, les roches étant trois fois plus denses que l'eau, leur pression y est plus faible de trois bars. Autrement dit, par rapport aux roches, l'eau y est en surpression de 2 bars. Cent mètres plus haut, l'eau y est donc en surpression de 20 bars ! C'est là que les choses se gâtent, car à ce niveau de surpression, l'eau peut commencer à fracturer les roches en ouvrant des fissures de tension, formant des chenaux dans lesquelles elle va s'infiltrer. Par conséquent, la hauteur d'un réservoir confiné et sous pression est limitée à quelques centaines de mètres, sous peine de se fracturer dans sa partie haute, et de se vidanger.

Considérons maintenant une faille qui traverse un aquifère profond sous pression (Figure 8). L'aquifère pourrait être la zone de faille elle-même, très fracturée. Au-dessus, dans les roches imperméables, la faille n'a pas cassé depuis longtemps et s'est cimentée. Toutefois, de petits glissements asismiques, imposés par le chargement tectonique, augmentent légèrement sa perméabilité, formant et connectant les micro-fissures : l'eau commence à s'infiltrer dans la partie étanche de la faille sous l'effet de cette surpression. Cet effet augmente avec la progression de l'eau vers le haut, car la surpression s'accroît. Cette dernière écarte peu à peu les deux faces des fractures, réduit la force de contact entre les aspérités, diminue le frottement et augmente la perméabilité. L'eau remonte donc plus vite, le glissement s'accélère et le phénomène s'emballe : le frottement chute brutalement et un séisme survient. Proposé en 1981 par le géologue néo-zélandais Rick

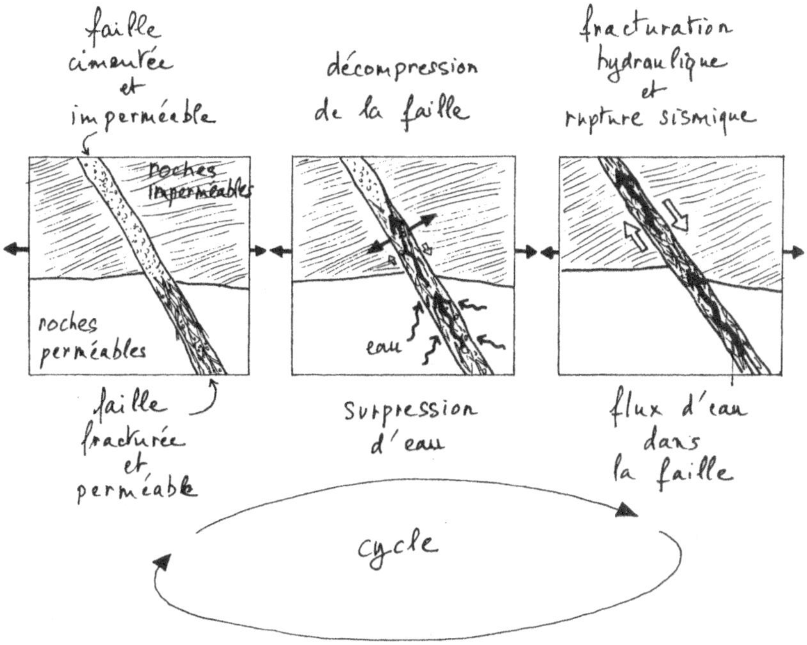

8. Effet de pompage des failles sismiques, d'après Sibson. Les variations de pression d'eau dans les roches et les failles jouent un rôle moteur dans le déclenchement des séismes.

Sibson, ce modèle montre que l'eau, dans certaines conditions, peut jouer un rôle clé dans la genèse des séismes.

Pour Sibson, un véritable cycle couple instabilité sismique et pompage de l'eau : après le séisme, l'eau circule facilement dans la zone de faille fraîchement fracturée, équilibrant les pressions. Puis les minéraux tels que la calcite ou le quartz cristallisent dans les fractures ; la faille se bouche, redevient imperméable, et la pression remonte doucement dans le réservoir, sous l'action de contraintes tectoniques ou d'apport de fluide profond… Et le cycle recommence.

Nul n'a jamais mesuré directement ces flots transitoires de la tuyauterie terrestre profonde – nous n'en avons pas les moyens techniques. Cette théorie pourrait donc sembler purement… théorique. Cependant, elle est inspirée par un grand nombre d'observations géologiques concordantes sur les dépôts de minéraux dans les fractures observées sur le terrain, ou sur les carottes extraites de forages profonds. Par des coupes de ces fractures, on montre que le ciment minéral possède souvent plusieurs couches distinctes, imbriquées les unes dans les autres, impliquant une alternance d'ouverture et de colmatage. Les fractures accumulent ainsi des couches de minéraux qui enregistrent leur activité de drainage épisodique. L'idée que ce processus soit couplé avec l'activité sismique des failles est séduisante, mais elle reste à prouver.

Indépendamment, les expériences d'injection d'eau et de déclenchement de micro-sismicité pour la géothermie à haute température ont pu montrer depuis plusieurs décennies l'efficacité d'un tel processus. Certes l'échelle est plus réduite, quelques centaines de mètres, et les magnitudes bien faibles, mais le processus est bien celui-là : l'eau injectée sous pression à plusieurs kilomètres de profondeur pénètre et avance progressivement dans les grandes fractures recoupant le forage. En écartant les parois, elle décoince les aspérités qui en parsèment sa surface, et sont autant de sources sismiques. Les plus petites, nombreuses et sans danger, marquent la progression du front de pression d'eau et du glissement des segments de faille ; mais les plus grandes sont à éviter, mettant en péril les forages, et menaçant d'endommager les installations et habitations au dessus – comme cela se produisit à Bâle en 2006.

Un troisième ensemble d'observations, issues du cœur même des zones tectoniques, étayent la possibilité de ces effets de valve. Ainsi, depuis 2001, à l'initiative du géophysicien français F. Cornet, des équipes du CNRS associées à des sismologues grecs surveillent une petite région très sismique, à l'ouest du rift de Corinthe en Grèce. Des dizaines de sismomètres y localisent les microséismes avec grande précision. De temps en temps, une bouffée de petites ruptures surgit de la racine des failles. Puis cette activité sismique migre lentement, pendant des semaines, à la vitesse typique d'une centaine de mètres par jour, tout le long de la partie profonde de la faille. L'explication la plus plausible d'un tel phénomène est la venue soudaine d'une surpression d'eau et sa diffusion dans les fractures de la zone de faille, qui fonctionne alors comme un immense drain naturel – jusqu'à présent, sans avoir pu décoincer ces grandes failles du rift, heureusement... De telles migrations lentes de micro-sismicité sont assez fréquentes dans de nombreuses régions actives de la planète, ce qui suggère bien que ces effets de pression d'eau puissent jouer un rôle non négligeable dans ces affaires de déclenchement.

Fuites de gaz : des séismes bulleurs

L'eau apparaît donc comme un ingrédient nécessaire à toute cuisine théorique sur la mécanique des failles, ne serait-ce que pour contrecarrer, au cœur des failles, les pressions considérables des roches, et en diminuer le frottement. Cependant cette eau est profonde et quasiment inaccessible. Que savons-nous de l'eau plus proche des aquifères superficiels, dans laquelle nous pouvons plonger des instruments ? Nous avons vu que les grands séismes, leurs vibrations et leurs déformations, perturbent ces réservoirs naturels, provoquant des variations de niveau d'eau du centimètre au mètre, voire plus, dans les puits ou les forages. On s'attendrait donc à ce que les perturbations pré-sismiques, liées à des déformations *a priori* beaucoup plus faibles, soient nettement inférieures. En 1988, des études statistiques et numériques menées par l'hydrogéologue américaine

Evelyn Roeloffs montrent au contraire que ces perturbations sont du même ordre de grandeur, et sont parfois observées à plus de 100 kilomètres de distance, là où les modèles mécaniques simples ne prédisent rien de détectable... Les sceptiques diront que nombre de ces signaux ne sont que des coïncidences fortuites : la question n'est toujours pas tranchée...

La chimie et la température de l'eau peuvent aussi être perturbées, ce qui renseigne indirectement sur sa mobilité et sur les déséquilibres de pression entre différentes nappes souterraines. Bien que tout essai de modélisation semble voué à l'échec en raison de notre méconnaissance de ces aquifères, ces observations paraissent incontournables. Les plus citées sont celles du séisme de Kobé de 1995, au Japon. Au cours du mois précédant le séisme, on a enregistré une forte concentration de radon dans un forage peu profond localisé pratiquement sur la faille. Le radon est un gaz radioactif de demi-vie 3,8 jours, produit dans les roches par la désintégration de l'uranium. L'uranium est présent en quantité infime, mais aisément détectable par les émissions de particules alpha très énergétiques qu'il produit lors de sa désintégration ; sa concentration renseigne sur les flux d'eau ou de gaz souterrains. Après le séisme de Kobé, des géochimistes japonais vidèrent les magasins de la région de toutes les bouteilles d'eau minérale en provenance d'une station de pompage implantée près de la faille, afin d'en analyser la composition en sels minéraux. Les dates de mise en bouteille encadrant celle du séisme, ils dressèrent un graphe de l'évolution de la concentration en chlorure de sodium au cours du temps. Ils montrèrent ainsi une forte anomalie débutant un mois avant le séisme – comme celle de la concentration de radon.

En France, le géochimiste Jean-Paul Toutain et ses collègues menèrent une étude similaire sur les eaux minérales

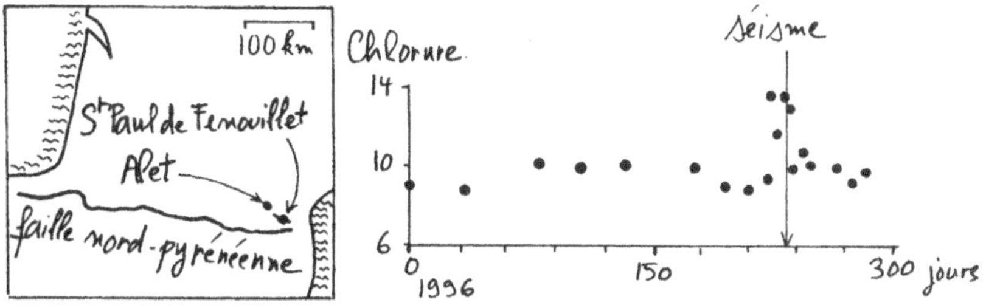

9. Perturbation de la géochimie des eaux lors du séisme de Saint-Paul de Fenouillet, en 1996, d'après Toutain et ses collègues. Des anomalies de concentration d'ion chlorure, mesurée dans les eaux minérales d'Alet, encadrent la date du séisme, distant d'une vingtaine de kilomètres.

d'Alet, après le tremblement de terre pyrénéen de Saint-Paul de Fenouillet de 1996 (Figure 9). Ils démontrèrent que ce petit séisme de magnitude 5,5, heureusement peu destructeur, n'avait rien à envier au séisme de Kobé : il fut lui aussi précédé d'une augmentation de la salinité de l'eau, une semaine avant. Mieux : l'équipe de sismologues venus enregistrer les répliques et comprendre l'origine de ce séisme fut menée à un endroit où la rivière crachait des bulles de gaz à débit soutenu. Ces bulles étaient apparues une semaine avant le séisme, et de mémoire de pêcheur, n'avaient jamais été observées auparavant. Elles disparurent cinq jours plus tard – malheureusement, avant que les géochimistes ne viennent les échantillonner pour en connaître la profondeur d'origine. La carte géologique montre qu'une des grandes failles de la région, à laquelle pourrait être associé le séisme, traverse précisément la rivière à l'endroit du dégazage… La coïncidence de l'effet champagne dans la rivière et de l'effet saumure dans l'eau minérale montre que de remarquables circulations d'eau souterraine précédèrent et accompagnèrent le séisme pyrénéen.

À Kobé ou à Saint-Paul de Fenouillet, une variation de la perméabilité de failles verticales aurait-elle permis la mise en communication temporaire d'aquifères profonds, liés à la zone de nucléation, à 15 ou 20 km de profondeur, avec les aquifères superficiels, accessibles aux observations ? Ou, simplement, s'est-il produit un effet de déformation profonde qui aurait déstabilisé des aquifères superficiels ? Impossible, pour ces deux cas, de répondre à cette question pourtant fondamentale : bien d'autres mesures auraient été nécessaires.

Fuites électriques : décharges

Mouvements lents du sol, perturbations des eaux souterraines, et surtout essaims de petits séismes : ces phénomènes précédant certains grands tremblements de terre peuvent être expliqués, au moins dans leurs traits dominants, par les modèles de physique simple que nous venons de voir. Ils relèvent de la mécanique des roches et des fluides, et il n'y a là rien de mystérieux.

Une autre classe de précurseurs, bien plus étranges, semble moins réductible à ces savantes interprétations. Que peut-on dire des effets pré-sismiques qui font luire les sommets des pitons rocheux, atténuent les signaux des radio-émetteurs, font courir dans le sol des signaux électriques vagabonds, et parasitent notre planète jusqu'à l'altitude de croisière des satellites ?

Le déclenchement de la première vague de recherches sur ces phénomènes électromagnétiques date des publications du géophysicien G. A. Sobolev et d'autres équipes soviétiques, à la fin des années 1970. De nombreux physiciens des roches, ainsi que d'autres spécialistes du monde électromagnétique et de la physique des solides, ne purent résister à explorer ce domaine inconnu, en imaginant toutes sortes d'expériences de laboratoire ou de terrain, et en focalisant leurs efforts dans leur propre domaine d'expertise. Il s'ensuivit le développement de tout un faisceau de théories, dont les contradictions déclenchèrent des débats intenses et passionnés.

Les premières expériences des années 1970-1980 reposaient sur une idée simple : puisque la fracturation des roches est un modèle mécanique plausible de la genèse des ruptures sismiques, des physiciens se sont amusés à mesurer le rayonnement électromagnétique qu'elles émettent lors de telles expériences. Pour cela, ils braquèrent des antennes électriques, des magnétomètres et des appareils photographiques sur des échantillons mis sous contrainte dans de puissantes presses. Sur des échantillons de granite, ils observèrent que la phase de dilatance, avec ses micro-ruptures, était accompagnée d'émission d'ondes électromagnétiques dans un très large spectre, de la lumière aux ondes radio (Figure 10).

Parmi ces ondes, les plus largement dominantes ont une fréquence très basse, autour du kilohertz. Les spécialistes des roches comprirent rapidement de quoi il retournait : cette propriété étonnante est simplement liée à la piézoélectricité des minéraux tels que le quartz. Si vous pincez fortement un cristal de quartz entre vos doigts, non seulement vous le raccourcissez un peu, mais vous faites apparaître un léger excès de charges électriques d'un côté, et bien sûr un excès de charges opposées de l'autre. C'est sur ce principe que fonctionne l'« allume-gaz » du commerce, dont vous déclenchez l'étincelle par une simple pression de la main : en serrant la poignée, vous comprimez un petit bloc de quartz, dont les deux extrémités sous tension se déchargent dans l'air par un petit éclair. Dans les expériences de fracturation, l'ouverture des micro-fissures engendre des déformations intenses et brèves de la roche, et donc des minéraux piézoélectriques qu'elle contient – en particulier le quartz. Ces grains, en se comprimant ou en se dilatant, se chargent

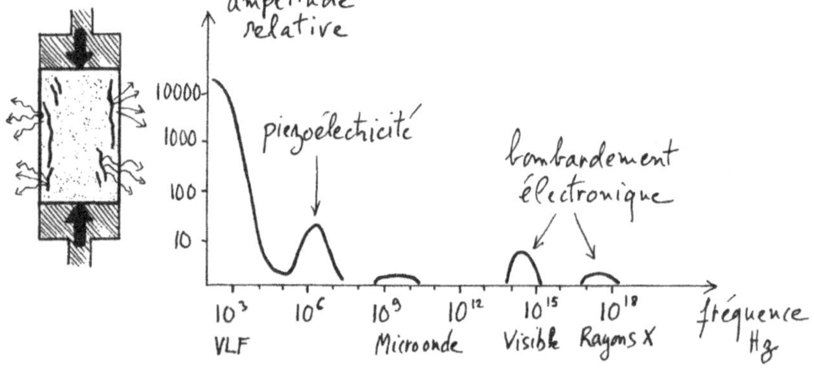

10. Émissions électromagnétiques lors de la fracturation de roches en laboratoire, d'après Brady, 1992. Ces émissions correspondent à de nombreux mécanismes ayant chacun leur fréquence caractéristique.

électriquement et fonctionnent comme de petites antennes, qui émettent des ondes à leur fréquence de vibration.

Dans le même temps, l'ouverture soudaine des fissures ou le frottement de leurs lèvres peuvent créer des séparations de charges, des électrons ou des ions restant égarés sur l'autre face : une forte tension électrique apparaît au travers de la fissure qui déclenche une décharge électrique, source d'une impulsion électromagnétique à haute fréquence. Ces décharges peuvent même émettre des signaux lumineux par ionisation de l'air !

Ces mécanismes paraissaient séduisants, mais ils soulevaient plusieurs problèmes. Tout d'abord, ils ne disaient rien sur l'origine de signaux électriques quasi-continus, durant plusieurs minutes, voire des heures ou des jours, tels que ceux qui ont été enregistrés au Japon ou en Grèce au début des années 1980. Il devait donc y avoir d'autres mécanismes à l'œuvre. En outre, il était surprenant que des signaux à haute fréquence apparaissent avant la rupture sismique, marquant la micro-fissuration de la zone de faille, sans que soit détecté le moindre signal lors de la rupture sismique elle-même. Pourtant, celle-ci broie des volumes de roches bien plus considérables que dans la phase pré-sismique !

Dernière difficulté : les expérimentateurs enthousiastes semblaient ignorer les propriétés conductrices des roches de la croûte terrestre. En effet, ces roches sont truffées de microfissures baignées d'eau contenant de nombreux sels minéraux dissous, sous forme ionique, véritables saumures conduisant très bien l'électricité. De plus, de nombreuses roches sont intrinsèquement conductrices, par exemple les couches de charbon ou d'argiles et les veines métallifères qui parsèment la croûte terrestre. Conséquence : à cinq ou dix kilomètres de profondeur, le sous-sol peut très bien conduire l'électricité, ce qui réduit considérablement la possibilité de séparation d'importantes charges électriques. Et sans charges séparées, pas de sources de rayonnement électromagnétique.

De surcroît, les ondes électromagnétiques émises se propagent dans la terre et y créent un courant électrique, à cause de la conductivité des roches et de la présence d'eaux salines : elles perdent ainsi beaucoup d'énergie. Un signal électromagnétique de 100 hertz peut être atténué d'un facteur 10 lorsqu'il traverse une épaisseur de roches d'un kilomètre. Difficile, dans ces conditions, d'observer à la surface de la terre un signal émis 10 kilomètres plus bas… En somme, la plupart des chercheurs sont sceptiques sur la capacité des failles à engendrer des signaux observables en surface, et restent perplexes quant à l'origine de ces ondes électromagnétiques de haute fréquence.

Les signaux de plus basses fréquences, inférieurs au hertz ou à une dizaine de hertz, sont moins atténués à grande distance, et on peut espérer détecter un signal émis par une source puissante à 10 kilomètres de profondeur. Toutefois, à ces fréquences, les processus piézo-électriques ne sont plus assez efficaces pour en être une source crédible, et il faut en imaginer une autre… Cette autre source, c'est l'eau.

Une pile électrique souterraine

« Comment ça, l'eau ? », devriez-vous protester, car vous avez lu à l'instant que la forte conductivité de l'eau, avec ses sels dissous, rendait très problématique la séparation de fortes charges électriques dans les roches. Difficile, certes, mais pas impossible… De façon étonnante, ces ions dissous permettent à l'eau non seulement de faire passer le courant électrique dans les roches, mais aussi de le générer ! Expérimentons sur le terrain : lorsque des barres de métal sont enterrées dans le sol, en guise de couples d'électrodes, au-dessus d'une zone d'écoulement d'une nappe aquifère, elles montrent des différences de potentiel électrique liées à la lente circulation de ses eaux. Des effets similaires sont observables au-dessus des zones de failles, ou dans les sites géothermaux où l'eau circule naturellement par convection. Le sous-sol, drainé par l'eau, se transforme curieusement en véritable pile électrique : c'est l'électrofiltration. Ainsi, sur une distance de l'ordre d'un kilomètre, des différences de potentiel de près d'un volt peuvent être mesurées. Pas de quoi s'électrocuter, ni même allumer une ampoule, mais un tel signal se distingue largement du bruit de fond des courants électriques circulant continuellement sous nos pieds. Ces derniers sont cent fois plus faibles, induits dans la terre par la divagation incessante des courants électriques dans l'ionosphère, cette couche de gaz ionisé située 100 kilomètres au-dessus de nos têtes.

Depuis plus d'un demi-siècle, ce phénomène d'électrofiltration est couramment exploité en prospection hydrologique pour détecter, avec des réseaux d'électrodes, la localisation et les caractéristiques des circulations souterraines. D'éminents chercheurs avancèrent, sans preuves tangibles jusqu'à présent, qu'il provoque le réflexe des sourciers…

Les physiciens eurent tôt fait d'ébaucher les principes de ces phénomènes, et leurs théories continuent de s'affiner, étayées par des expériences de laboratoire. Plutôt que d'écraser les échantillons de roches comme leurs collègues mécaniciens, ces expérimentateurs délicats y font percoler un léger courant d'eau. Pour un mètre d'eau de pression (0,1 bar) appliqué sur 10 centimètres de roche, la vitesse de l'eau dans les chenaux microscopiques peut varier de quelques centimètres à quelques microns par minute. Selon l'épaisseur de ces chenaux, la vitesse peut être quasiment nulle dans les roches imperméables comme les argiles, ou bien plus rapide, au travers des sables. Il suffit alors de planter quelques micro-électrodes sur l'échantillon et de mesurer le voltage de cette curieuse pile.

La clé de cet effet surprenant de pile électrique provient des caractéristiques de la surface de contact entre l'eau et la roche. Souvent chargée négativement, la surface des grains minéraux attire les ions positifs de l'eau : certains de ces cations se fixent sur les parois solides, en une couche très mince, de dimension atomique. Les autres ions, dominés par les anions, et mobiles dans l'eau, ont une charge électrique globale négative, compensant la charge des cations piégés sur les parois des grains. Lorsque l'eau circule dans le réseau perméable, elle entraîne donc cet excès d'anions au travers des méandres des fissures : un courant électrique, porté par le courant d'eau, circule dans la roche. On montre expérimentalement, et on démontre théoriquement, que la tension électrique engendrée est proportionnelle à la vitesse de circulation de l'eau, et donc à la différence de pression qui met cette eau en mouvement.

Sous des différences de pression de l'ordre de 1 bar, le potentiel électrique ainsi généré peut atteindre 0,1 volt. On retrouve en laboratoire les ordres de grandeur des mesures de terrain.

L'électrofiltration est donc une source possible de courants électriques de basse fréquence. Ce n'est pas la seule. Un modèle concurrent part du principe que le changement des courants électriques naturels provient non pas d'une source électrique transitoire de la croûte terrestre, mais d'une modification de la résistivité des roches près du site de mesure. Un tel phénomène fut observé dans la région de Tangshan, en Chine, quelques mois avant le séisme de 1976. Cette modification de la résistivité des roches ouvre alors de nouveaux chemins de circulation aux courants électriques telluriques induits par l'ionosphère. C'est un peu comme si, dans un réseau complexe de canaux d'irrigation, une petite écluse venait à rompre : certains des canaux verraient leur niveau monter, en aval de cette écluse, et d'autres descendre, en amont ; et l'on aurait bien tort d'attribuer ce phénomène à l'apparition d'une nouvelle source. Ces variations de résistivité pourraient être d'origine mécanique – modification des réseaux de fissures par des contraintes tectoniques – ou hydrologique – modification de la résistivité de l'eau souterraine par des circulations d'eau, elles-mêmes liés à des contraintes tectoniques.

Les théories rendent-elles compte des observations ? À l'inverse, les observations ont-elles la qualité suffisante pour éprouver ces théories ?

Examinons pour commencer les résultats d'une longue expérience de mesures électro-telluriques en Grèce, annoncée par ses auteurs comme une méthode presque infaillible de prédiction des séismes. Il s'agit de la fameuse méthode VAN, lancée au début des années 1980, qui a longtemps défrayé la chronique.

L'affaire VAN

À partir de 1981, le physicien grec Panayotis Varotsos (le « V » de VAN) et ses collègues installèrent des stations de mesure des courants électriques sur une quinzaine de sites en Grèce : ils plantèrent des couples d'électrodes dans le sol, à des distances comprises entre la dizaine de mètres et plusieurs kilomètres. Moins de trois ans plus tard, le groupe VAN criait victoire : quelques minutes à plusieurs heures avant les séismes régionaux de magnitude 5 et plus, il notait sur ses stations l'apparition d'un signal transitoire remarquable, baptisé SES, pour « *Seismo-Electric Signal* » (Figure 11). Un nom de baptême un peu gonflé, à l'époque où nulle étude statistique n'avait encore été lancée pour tester l'origine sismique de ces signaux ! C'était vendre la peau de l'ours…

L'amplitude de ce signal était de quelques dixièmes de volts : toujours pas de quoi allumer une ampoule, mais assez pour sortir clairement du bruit ambiant. Le phénomène VAN était né, relayé avec force quelques années plus tard par les médias du monde entier, et, en France, par notre secrétaire d'État à la Prévention des Risques Majeurs, le volcanologue Haroun Tazieff. La majorité des géophysiciens et sismologues, prudents, demandaient à voir, d'autant que les phénomènes décrits étaient peu compatibles avec ce que l'on pensait savoir de la Terre et de sa physique.

Les années passèrent, et le groupe VAN, poursuivant ses mesures, tenta de mieux formaliser ses prédictions. Il développa une méthode empirique censée définir l'épicentre et la magnitude du futur séisme, à partir de la direction du courant électrique et de la position du site de mesure révélant l'anomalie. Pour convaincre qu'il travaillait honnêtement, il envoyait ses prédictions par télégramme, puis par fax, aux

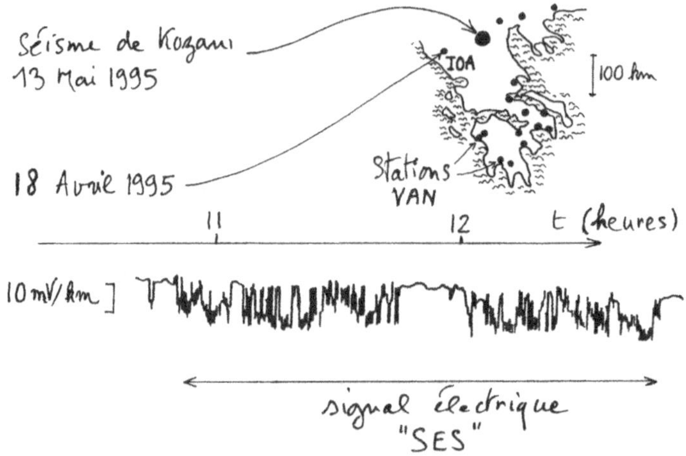

11. Signal électrique SES enregistré à la station IOA du réseau VAN. Ce signal en créneau est typique des signaux SES. Il est interprété par le groupe VAN comme un précurseur du séisme de Kozani.

autorités grecques et à quelques institutions de recherche triées sur le volet.

Fin 1991, le groupe VAN annonçait avoir prédit correctement 16 séismes parmi les 23 séismes grecs de magnitude 5 et plus qui eurent lieu de 1986 à 1989. Un résultat extraordinaire, qui enthousiasma certains géophysiciens, mais en irrita plus d'un, et laissa le plus grand nombre perplexe. De nombreux chercheurs, d'avis partagés et de spécialités diverses, s'attaquèrent au problème : sismologues, géomagnéticiens, statisticiens, mécaniciens des roches. Le débat scientifique qui s'ensuivit fut ardent pendant une bonne décennie ; il produisit une abondante littérature scientifique, et accapara de nombreux colloques et conférences. Ce débat déborda aussi largement du champ scientifique : coups de gueule entre experts, désinformation, abus des médias…

Les points polémiques de la méthode VAN sont si nombreux que chaque spécialiste pouvait mettre son grain de sel dans la discussion. Le plus surprenant est que ces signaux étaient observés très loin des séismes auxquels ils sont associés, jusqu'à 200 kilomètres. Dans un matériau solide de résistivité homogène, le courant électrique décroît avec la distance suivant une loi de puissance trois : doublez la distance à la source, l'amplitude est divisée par $2^3 = 8$! Le fait que des signaux persistent sur de telles distances implique, *a priori*, soit des sources électriques extrêmement puissantes, soit des conditions très particulières de propagation des courants électriques.

La première explication ne tenait pas la route, même pour VAN : il aurait fallu des sources générant des tensions électriques souterraines de centaines de volts sur des kilomètres de distance, associées à des courants de milliers d'ampères ! D'une part, cela est irréaliste, car aucune source souterraine connue n'engendre de telles tensions ; et d'autre part, un tel phénomène n'aurait pas manqué de perturber gravement les réseaux électriques et téléphoniques de Grèce – ce qui n'a pas été observé.

La deuxième explication, défendue par VAN, est que des zones très conductrices dans la terre relieraient les zones sismiques à leurs sites de mesure, rendant ces derniers très sensibles à des sources électriques même lointaines. Dans de tels conducteurs, l'intensité du champ décroît proportionnellement à la distance. En termes simplificateurs, VAN imagine des conduits électriques naturels entre chaque zone sismique et l'une de ses stations de mesure. Cet argument fut très critiqué. Tout d'abord, la plupart des stations VAN sont implantées sur des terrains militaires, pour des raisons de sécurité et de logistique ; il est peu crédible que de tels terrains coïncident précisément avec ces chemins privilégiés conducteurs du courant. De plus, les zones sismiques grecques dessinent de vastes bandes continues, si bien que la croûte terrestre devrait être quadrillée de ces chemins conducteurs reliés aux sites VAN. Ces chemins se croiseraient alors un peu partout, formant une grille : l'effet de guidage à grande distance sur un chemin unique serait alors perdu, et le courant serait distribué sur toute la grille conductrice.

Le deuxième point polémique concernait la source des signaux. Parmi les processus géophysiques susceptibles de transformer de l'énergie mécanique en énergie électrique, le plus efficace est de loin l'électrofiltration. Cependant, comme nous l'avons vu, une tension d'un volt n'est produite que par des différences de pression d'eau de l'ordre de la centaine de bars, voire plus. Ces pressions de fluide sont à la limite de ce que peuvent supporter les roches, au seuil de l'hydro-fracturation. Il n'est donc pas raisonnable d'imaginer des tensions de 10 ou 100 volts dans la région source. On calcule que le signal d'un volt généré sur une distance d'un kilomètre produit, à cent kilomètres de distance, un champ électrique d'un dixième de millivolt par kilomètre dans un milieu homogène ; même dans des conditions de propagation favorables, le signal à 20 kilomètres ne dépassera pas quelques millivolts par kilomètre, ce qui est à la limite du détectable.

À plusieurs dizaines de kilomètres de distance, les SES n'ont donc pas d'explication dans le cadre des théories actuelles. Le groupe VAN en fut conscient, et construisit sa ligne de défense sur la découverte d'un nouvel effet électrique dans les roches, bien plus puissant, lié à des défauts du réseau cristallin de certains minéraux. Cependant, les expériences associées à cette « découverte » ne furent jamais publiées, et VAN n'a jamais communiqué les procédures expérimentales, ni les chiffres établissant l'efficacité de ce processus, c'est-à-dire la valeur du potentiel électrique engendré pour une certaine déformation mécanique des échantillons. Enfin, VAN n'a jamais expliqué pourquoi le séisme lui-même, malgré les déformations intenses des roches qu'il crée dans un grand volume, ne génère pas de

SES à l'instant de la rupture… Le modèle de VAN n'est donc resté que pure spéculation.

Jouer aux dés

Du côté des processus physiques, la méthode VAN n'apparaît donc pas très brillante. Avant de chercher des explications aux signaux électriques émis dans les zones sismiques, il eut fallu se demander si les SES ont bien un rapport avec les séismes. La corrélation est-elle vérifiée statistiquement ? C'est là que les choses se gâtent…

Le succès d'une prédiction ne signifie pas nécessairement que l'observation ayant produit cette prédiction ait un quelconque rapport avec le phénomène prédit : il peut n'être que pure coïncidence. Si j'obtiens un double six en lançant les dés, j'aurais du mal à vous convaincre que ce résultat provient de ma force mentale supérieure. Prédire de la pluie pour le lendemain n'est pas sorcier en Normandie. Vous pouvez devenir expert météorologue, en annonçant correctement le temps du lendemain, avec plus de 70 % de chances de réussite : il suffit d'annoncer le même temps que celui du jour même. Une prédiction n'a d'intérêt que si l'on prouve que son succès a une probabilité très faible d'être obtenu par hasard. Il faut donc savoir calculer cette probabilité. Pour les dés, c'est simple : une chance sur trente-six d'avoir les deux six. Si je lance les dés trois fois seulement, et réussis 3 fois ce coup, vous pouvez calculer que cette probabilité est une chance sur 36 × 36 × 36, soit 1 sur 46 656 ! C'est très peu, et vous pourrez alors soupçonner soit que j'ai quelque talent de parapsychologue télékinésiste, soit, plus prosaïquement, que mes dés sont pipés. Quoi qu'il en soit, vous serez tentés d'exclure que ce résultat soit dû à la chance.

Si l'on veut prédire un séisme – ou tout autre événement – il est nécessaire d'être précis. Annoncer un séisme de magnitude 5 près d'Athènes n'est pas une prédiction testable : est-ce un succès si le séisme est de magnitude 4,5, ou 6 ? Est-ce un succès s'il se produit à 100 kilomètres d'Athènes, ou 150 kilomètres ? S'il se produit 10 jours, ou 1 mois plus tard ? Une prédiction en bonne et due forme doit préciser une fenêtre de prédiction : par exemple, une incertitude de 100 kilomètres sur la distance, de 0,5 point sur la magnitude et de 15 jours sur la date. Connaissant cette fenêtre de prédiction, on peut estimer la probabilité d'un succès par chance, en regardant le catalogue de la sismicité passée.

Malheureusement, les prédictions VAN n'ont jamais mentionné leurs incertitudes. Plus exactement, ces incertitudes étaient publiées indépendamment des prédictions, et évoluaient avec le temps. Dans les premières années, l'incertitude sur la date allait de la minute à sept heures, suivant les signaux. Puis, en 1984, VAN précise que les SES ont lieu entre 6 et 115 heures avant les séismes. En 1985, VAN passe à une semaine. En 1991, il s'agit de 11 jours, certains signaux s'accompagnant de 22 jours de gestation. En 1993, des écarts d'un mois sont parfois autorisés ; en 1995, de 6 semaines. Les erreurs acceptables dans la position de l'épicentre, quant à elles, évoluèrent de 90 à 130 kilomètres. Quant aux magnitudes, l'incertitude évolua de 0,5 à 0,7 entre 1984 et 1990. On voit bien que suivant le choix de ces fenêtres, la probabilité de succès par chance change considérablement. On devine qu'elle peut être assez élevée, si l'on prend la marge d'erreur la plus grande : VAN peut compter un succès en prédisant un séisme de magnitude 6, si un séisme de magnitude 5,3 a lieu à 150 kilomètres du lieu désigné dans un délai d'un mois et demi…

Ce n'est pas tout. Pour compliquer l'analyse, plusieurs valeurs de magnitudes sont à considérer pour un même séisme, suivant l'institut auquel on se réfère. Enfin, certaines prédictions furent lancées juste après des séismes importants, sur la même zone; or, la probabilité d'y attraper un séisme par chance augmente alors considérablement, à cause des répliques, ce qui n'est pas toujours pris en compte...

Dans des conditions aussi floues, résoudre correctement le problème statistique de ces prédictions était un véritable casse-tête, voire un non-sens. En effet, pour des statisticiens rigoureux, il est absurde de tester statistiquement une méthode dont les paramètres peuvent encore être ajustés. Vous comprenez maintenant pourquoi les supporters de VAN annoncent des résultats dignes d'une élection dans une république bananière, et pourquoi ses détracteurs jugent ces résultats insignifiants. Des analyses « neutres », s'il en est, obtiennent des résultats médiocres, qui ne permettent pas de rejeter l'hypothèse la plus simple, à savoir l'absence de corrélation SES-séisme. Je n'ai pas résisté à me faire ma propre idée sur la question : selon mon analyse, les prédictions de la période 1987-1989 – les mieux contrôlées – ont une chance sur dix d'être des coïncidences, ce qui ne peut valider la méthode.

Les quelques prédictions des années 1990 n'arrangèrent pas les affaires du groupe VAN. D'après lui, le séisme de Kozani en 1995, le plus fort de cette décennie, fut bien prédit par un SES, 25 jours avant. En réalité, aucun des séismes envisagés par cette prédiction multiple ne collait avec l'observation : ils étaient soit trop éloignés, soit trop petits. Fin avril de la même année, un SES observé à une station nouvellement installée fit prédire un séisme quelque part en Grèce, à l'exclusion des « zones de sensibilité » des autres stations qui n'avaient rien enregistré. Le séisme d'Aigion de 1995, de magnitude 6,2, survint deux semaines plus tard, et est considéré par VAN comme la réalisation de sa prédiction. Or, sa position était nettement en dehors de la région prédite tracée sur la carte envoyée aux autorités grecques. Dans la publication scientifique qui fit état de ce soi-disant succès, VAN modifia le tracé de cette limite après coup d'une vingtaine de kilomètres, pour inclure l'épicentre du séisme. On voit bien le problème psychologique, voire déontologique, posé par cette étude statistique : un échec peut-il être considéré comme un « presque succès » récupérable par un petit réglage de la méthode *a posteriori*, ou doit-il être jeté systématiquement aux oubliettes ?

Le murmure électromagnétique des failles

Laissons un temps ces casse-tête statistiques. Revenons aux signaux électriques anormaux, qui existent bel et bien, et reposons-nous la question de leur origine. En 1995, notre équipe venait d'établir une station d'observation géophysique permanente dans une grotte du rift de Corinthe, en Grèce. Par chance, le séisme d'Aigion du 15 juin de cette année eut lieu à 20 kilomètres du site. Si le SES du 30 avril était réellement associé à ce séisme, comme VAN le prétendait, nous aurions pu découvrir une autre manifestation de ce précurseur sur nos mesures. Le géophysicien Patrick Pinettes, alors doctorant dans mon équipe, se plongea méticuleusement dans les enregistrements provenant des inclinomètres et extensomètres que nous avions installés dans la grotte. Il ne put mettre en évidence aucun signal de déformation anormal, au moment du SES. Il calcula alors que, dans la région du séisme, aucune source d'électrofiltration ne pouvait engendrer le fort signal SES observé à 120 kilomètres de distance sans produire le moindre mouvement dans notre observatoire, bien plus proche. Il en conclut que la source du SES était non pas dans la région épicentrale, mais sans doute bien plus proche du site de mesure de VAN. Pour la première fois, on prouva qu'un SES n'était pas le précurseur d'un séisme.

D'autres mesures de terrain, lancées par les géophysiciens français Jean-Claude Rossignol et Sylvie Grüszow, allaient s'attaquer directement aux SES. En 1995, leur équipe installa des stations de mesure près de la petite ville de Ioannina, dans le nord-ouest de la Grèce, à une dizaine de kilomètres de la station IOA du groupe VAN, qui donnait plus des deux tiers des SES. Ils enregistrèrent parfaitement celui détecté à IOA en avril 1995 et associé par VAN au séisme de Kozani, et montrèrent qu'il avait des caractéristiques semblables à de nombreux autres signaux électriques dont l'origine locale et humaine ne faisait pas de doute. Des mesures plus détaillées, menées par le géophysicien Van Ngoc Pham et ses collègues dans la même région, permirent de démontrer que les antennes de télécommunication engendraient des signaux semblables aux SES. Des études de bruit réalisées par la même équipe, poursuivies ailleurs en Grèce ainsi qu'en France, confirmèrent que le groupe VAN n'avait pas pris les précautions nécessaires pour s'affranchir de vulgaires bruits anthropiques. Autrement dit, la plupart, sinon tous les SES rapportés, étaient non pas émis par les failles en instance de rupture, mais simplement par les hommes... Si vous voulez entendre le murmure des failles, coupez vos portables !

En somme, après 20 ans de recherches et de polémiques, la méthode VAN, statistiquement non validée et physiquement peu crédible, ne put faire la preuve de son efficacité, et fut progressivement ignorée : et depuis dix ans, nulle publication n'a relancé le débat.

Ce résultat négatif doit-il sonner le glas des mesures électromagnétiques associées aux séismes ? Un chercheur a-t-il jamais

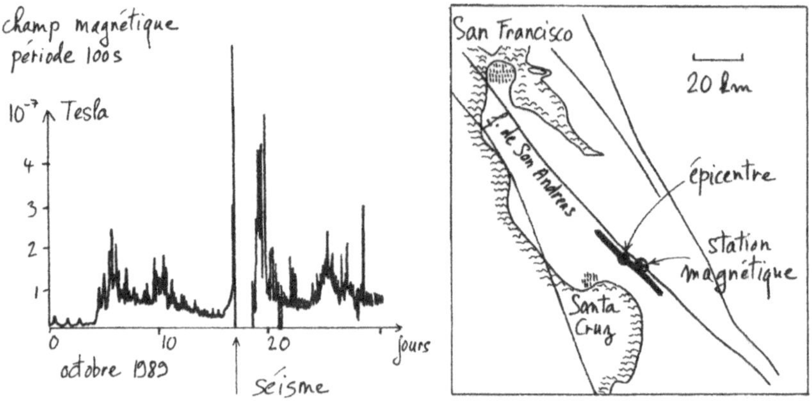

12. Signal magnétique lors du séisme de Loma Prieta de 1989 en Californie. Le bruit de fond est normal les premiers jours d'octobre. Le signal, débutant dix jours avant le séisme, reste perturbé pendant toute la durée des répliques.

obtenu la moindre mesure statistiquement fiable, ou suffisamment surprenante, pour que les scientifiques persistent à y croire ?

Un beau jour de 1989, au voisinage de la faille de San Andreas, un capteur magnétique enregistre un curieux signal dans le jardin de l'Américain Antony Fraser-Smith, spécialiste du champ magnétique. Ce bruit parasite persiste pendant des jours, et d'un coup décuple son énergie ; trois heures plus tard, à 15 kilomètres de profondeur sous le jardin, naissait un grand séisme, causant de nombreux dégâts jusqu'à San Francisco, 70 kilomètres plus au nord (Figure 12). L'activité magnétique resta anormalement élevée pendant des semaines, pour décroître au bout d'un mois, tout comme l'activité sismique des répliques. Dans les cinq années d'études publiées, de tels événements sismiques et magnétiques ne se sont pas reproduits en ce lieu. Faites alors vous-même le calcul : la probabilité de coïncidence fortuite d'un signal unique avec le déclenchement d'un séisme, à trois heures près, sur une période de cinq ans, est très faible. De plus, le fait que ce signal persiste avec l'activité postsismique ajoute un bonus à l'hypothèse d'une corrélation physique... Hélas, un seul instrument de mesure est insuffisant pour comprendre ce signal : des modèles variés furent proposés, les plus fouillés faisant état d'une circulation d'eau dans la faille, à 10 kilomètres de profondeur, provoquant un courant électrique d'électrofiltration associé à un champ magnétique.

De tels précurseurs électromagnétiques sont rarissimes. Je connais peu d'observations proches de l'épicentre qui offrent le même degré de coïncidence temporelle avec un séisme, à quelques heures près : en Roumanie, pour le grand séisme de Vrancea de 1986 ; au Japon, pour un fort séisme en 1993 ; et en Martinique, pour des séismes datant de... 1875 ! Que pouvait-on bien mesurer en cette lointaine époque qui puisse rivaliser avec les instruments élaborés de la fin du XXe siècle ? Voici la petite note que rédigea le chef de la station télégraphique de Fort-de-France, le 21 septembre 1875, suite à une forte crise sismique de la région, les vendredi 17 et samedi 18 septembre :

> « Vendredi, 10 h 25. L'aiguille du galvanomètre était affolée et se trouvait attirée avec une telle persistance vers le pôle de la terre que je croyais à quelque dérangement dans mes appareils. Tremblement de terre à 10 h 53 ; 11 h 07, l'aiguille reprend sa position normale. 12 h 17, nouvelle déviation de l'aiguille mais moins forte, toutefois l'aiguille est toujours attirée vers la terre. 2 h 45, la déviation est plus forte, 3 h 15, tremblement de terre. L'attraction vers le pôle de la terre continue et l'aiguille parcourt toute l'étendue du cercle, 6 h, tremblement de terre. Il est remarquable que tous les fils conducteurs et toutes les vis qui se trouvent en communication avec le pôle de la terre se trouvaient littéralement électrisés ; les autres parties des appareils n'ont point subi cette étrange influence.
> Samedi, 6 h du matin. L'aiguille est à son état normal. 12 h 35, forte déviation, 2 h 25, attraction vers la terre. 3 h, tremblement de terre. 4 h 50, l'aiguille est très affolée, elle est pour ainsi dire soudée vers le pôle de la terre. 5 h 55 forte secousse de tremblement de terre.
> Certifié conforme au procès-verbal du bureau. Le Chef de la Station, Destieux. »

Témoignage précis sur une observation exceptionnelle, que je m'avance à juger tout à fait crédible, d'abord par le style factuel de la dépêche, sans interprétation, avec des détails qui ne s'inventent pas, mais aussi pour des raisons psychologiques. En effet, Destieux n'avait rien à gagner à cette affaire, ni promotion, ni reconnaissance particulière : noter les dysfonctionnements de son télégraphe faisait partie de son travail routinier. Il n'y avait donc pas lieu d'inventer, ni d'exagérer les faits. Cela dit, Destieux aurait pu ne pas les consigner avec tant de détail : au contraire, il transmit sa note au gouverneur de Martinique, qui la fit suivre au ministre, lequel alerta l'Académie des Sciences qui en fit communication le mois suivant à Paris. C'est ainsi que j'ai retrouvé les éléments de cette dernière qui dormaient depuis plus de 100 ans, bien rangés au fond d'un carton des archives de l'Institut de France. Mais ne pouvait-il pas s'agir de coïncidences ?...

Question incidente : cette participation désintéressée et spontanée de citoyens ordinaires au progrès de la science de l'époque et le sérieux des relais politiques seraient-ils encore possibles de nos jours ? Nos médias ne seraient-ils pas devenus les interlocuteurs privilégiés du citoyen, avant les scientifiques, pour relayer l'information ? La crédibilité de tels témoignages ne serait-elle pas alors compromise par le goût de la notoriété ?

Revenons à ces quelques observations d'anomalies électromagnétiques précédant les séismes : aucune d'entre elles, faute d'autres mesures physiques complémentaires, ne peut être interprétée de manière fiable. Leur source demeure inconnue. Forts de leur maîtrise de l'espace, les Soviétiques eurent très tôt une approche originale pour étudier ces phénomènes : ils mesurèrent les signaux électromagnétiques non pas au sol, mais à bord de leurs nombreux satellites. L'idée n'était pas sotte : l'atmosphère n'atténue pas les champs électromagnétiques, au contraire des roches profondes, et l'éloignement à 800 kilomètres d'altitude est compensé par une sensibilité à l'ensemble des sources au sol d'une région grande comme la France. À la fin du vingtième siècle, des dizaines de signaux étranges furent ainsi mis en relation avec les séismes !

Certains de ces signaux résultaient simplement des ondes sismiques de surface : en faisant monter ou descendre le sol, ces ondes font vibrer l'air lui-même, et, comme on l'a vu, ces vibrations se propagent verticalement dans l'atmosphère, atteignant l'ionosphère en trois minutes où elle y pulsent la densité ionique et génèrent un signal bien détectable par les satellites. D'autres signaux vus par satellite n'avaient rien à voir avec les vibrations du sol. Ainsi, dans les semaines qui suivirent le séisme d'Arménie de 1988, un fort signal électromagnétique d'une centaine de hertz de fréquence apparaissait à chaque fois que le satellite défilait à l'aplomb de la région épicentrale. Ce signal rappelle celui du séisme de Californie, en 1989, dans sa période de répliques. Malheureusement, aucune mesure au sol, ni avant, ni pendant le séisme, ne confirme cette corrélation.

Mais certains chercheurs sont tenaces. Bien au fait des études spatiales russes, et aiguillonnés par le mystère qui planait sur ces mystérieux signaux électromagnétiques, non seulement associés aux séismes mais aussi aux volcans, les géophysiciens français Michel Parrot et Jean-Louis Le Mouël convainquent le CNES de lancer un satellite pour les détecter et les analyser – en particulier, pour tester la robustesse statistique de leur corrélation avec les soubresauts de la planète solide… Lancé en 2004, le satellite DEMETER devait orbiter 3 ans, à 700 km au-dessus de nos têtes ; il aura tenu 6 ans, apportant une moisson fantastique d'observations de l'ionosphère qui ont permis d'en mieux connaître la physique ; et sa trajectoire aura aussi survolé de nombreuses régions touchées par des séismes de magnitude supérieure à 5, quelques semaines avant à quelques semaines après, et à moins de 500 km de distance. Au grand dam des fans de précurseurs exotiques, aucun de ces séismes ne produisit de signal notable sur la densité électronique du plasma, ni sur les autres paramètres mesurés… Mais en sommant les signaux pour tous les séismes, une cinquantaine, avec un temps relatif calé au moment du séisme, il apparaît clairement que les derniers jours de la phase présismique montrent une légère anomalie de cette densité, qui disparaît juste après. Il y a donc bien quelque chose qui modifie l'ionosphère juste avant les séismes… et donc quelque source électromagnétique méconnue dans les zones de failles… mais quoi ? De l'électro-filtration ? Le mystère reste entier.

Perturbations du sol, de l'eau souterraine, du champ électromagnétique : nous avons presque fait le tour des curiosités naturelles à propos des précurseurs. Restent ces histoires d'animaux que l'on évoque toujours à propos des prédictions sismiques, et qui fascinent tant le public.

Animaux en fuite

Que peut donc dire la Science de ces animaux qui paraissent développer toutes sortes de comportements étranges à l'approche des séismes ? De ces rats qui escaladent les poteaux téléphoniques en plein jour (San Francisco, 1906) ? De ces serpents qui fuient leur trou pour geler sur les chemins d'hiver (Haichen, 1975) ? De ces cigales qui brusquement se taisent (grands séismes d'Afrique du nord, d'après un géophysicien algérien) ? De ces éléphants qui fuient la côte avant l'arrivée d'un tsunami (Sumatra, 2004) ? De ces chiens qui hurlent à la mort, sans raison apparente (tout le monde connaît quelqu'un qui connaît quelqu'un qui raconte cette histoire) ?

Les récits historiques fourmillent d'anecdotes, la plupart du temps invérifiables, ou dont le contexte, nécessaire à toute interprétation fiable, est perdu.

Une des plus anciennes concerne le séisme de 373 av. J.-C., qui, en Grèce, fit disparaître Helike, ville prospère située sur la côte sud du golfe de Corinthe en Grèce. « Pendant les cinq jours qui précédèrent la destruction d'Helike, toutes les souris, les martres, les serpents, les mille-pattes, les scarabées et autres créatures de cette sorte fuirent la ville en masse par la route qui mène à Kerynia. ». Les connaissances acquises par notre équipe sur l'activité sismique et tectonique de cette région, et en particulier sur la grande faille d'Helike, responsable probable du séisme, nous permettent de suggérer – si tant est que ce récit antique soit fiable – l'hypothèse plausible de glissements lents superficiels de cette faille, favorisant des sorties des gaz piégés des épais terrains sédimentaires – peut-être accompagnés de micro-secoussses imperceptibles à l'homme. Hypothèse plausible, mais invérifiable !

Les études récentes les plus poussées furent menées en Chine, en particulier pendant la décennie catastrophique 1966-1976, durant laquelle les 9 séismes destructeurs eurent chacun leur lot d'agitation animale pré-sismique. Ainsi, en 1976, la veille du séisme de Tangshan, les brigades paysannes consignèrent avec application 56 comportements anormaux de chats, 34 de belettes, 277 de poulets, 52 de poissons, 196 de rats, 121 de chiens, 144 de cochons, 238 de bétail... Comportements dont le détail n'est pas publié, mais qui sont en moyenne 10 fois plus fréquents que les jours précédents.

Malgré leur caractère parfois cocasse, il serait aussi stupide de rejeter ces récits en bloc que de les prendre pour argent comptant. Dans les cas de petits séismes précurseurs, mis à part les oiseaux en vol ou les ours en hibernation, les animaux ressentent bien mieux les micro-secousses sismiques que les hommes.

Peut-être avez-vous entendu parler de cette curieuse histoire de fuite de crapauds du séisme de l'Aquila, en 2009. Peu avant le séisme qui détruisit la ville, le 6 avril 2009, une colonie de crapauds, surveillée de près par des chercheurs britanniques, eut un comportement pour le moins étrange. Habitants d'une mare sise à 70 km de l'épicentre, 96 % des crapauds mâles désertèrent l'endroit 5 jours avant le séisme – chose totalement inhabituelle en période de reproduction. Et le nombre d'accouplements décrut alors pour tomber presque à zéro, 3 jours avant la catastrophe. Les chercheurs publièrent leurs résultats en invoquant un hypothétique effet ionosphérique… Peut-être bien, mais la forte activité sismique de la zone avant la catastrophe est une piste plus simple et plus crédible, car bien établie : la recrudescence d'activité, avec plusieurs séismes de magnitude entre 3 à 4, débutant six jours avant le choc principal, a bien pu être ressentie à cette distance par les petites bêtes que l'on imagine très sensibles aux moindres vibrations anormales dans leur mare – survie de l'espèce oblige, face aux prédateurs. De quoi faire fuir, et, mettez-vous donc à leur place, refroidir toute ardeur amoureuse…

Cependant les animaux réagissent aussi en période présismique, alors que nul petit séisme n'est ressenti, pas même par les sismomètres. Pourrait-il s'agir de perturbations électriques ou magnétiques, voire géochimiques, dont nous avons parlé plus haut, et auxquelles certains animaux seraient très sensibles ? En Grèce, le jeune patron du restaurant où j'avais mes habitudes me raconta que la veille du séisme destructeur d'Aigion, en 1995, il avait pêché tant de poulpes qu'il avait dû en vendre le surplus sur le marché de la ville, ce qui ne lui était jamais arrivé. De nouveau interrogé, quelques années plus tard, il ajouta que c'était par une nuit de pleine lune; la lumière avait pu les faire sortir de leur trou...

Coïncidences? Les analyses statistiques ou probabilistes sont quasiment impossibles à conduire sérieusement, en raison de la fragilité des témoignages et de la complexité des comportements animaux. Parmi les milliers de chiens d'une région sinistrée par un séisme, vous en trouverez souvent un, énervé par le chat de la voisine, dont les grognements inhabituels et persistants auront réveillé et alerté son maître juste avant la catastrophe. Bien sûr, ce chien renifleur de séisme restera longtemps dans les mémoires.

Petite parenthèse: parmi les centaines d'instruments géophysiques installés dans une région sismique, il peut arriver que l'un d'entre eux enregistre un signal anormal – défaillance, ou parasitage local et fortuit –, juste avant un grand séisme, et sans aucun rapport avec ce dernier. Ce signal-là polluera nombre de publications et de colloques, si personne ne prend garde à faire l'inventaire des autres mesures pour une évaluation statistique. Ce biais de sélection est un écueil bien connu des statisticiens, mais souvent difficile à identifier et à éviter. Pour cette raison, la seule observation des animaux ne peut permettre un quelconque progrès dans la découverte des processus à l'origine des précurseurs. Mais elle reste bien fascinante...

Voilà, nous avons fini notre premier petit tour du zoo des précurseurs: coups de semonces, fuites d'eau et de gaz, décharges électriques, radiations électromagnétiques, et bizarreries animales... Mais nous allons y revenir bientôt, dans une tout autre perspective.

CHAPITRE 10

Aléas de la prédiction

À la fin du XXe siècle, la moisson de mesures précises de précurseurs des séismes démontrait, à l'évidence, la réalité de ces phénomènes. Mais elle montrait tout autant leur caractère non systématique: dans la plupart des cas, aucun indice ne semblait filtrer des dessous de la planète pour les annoncer... Était-ce la faute de l'absence de capteurs suffisamment proche de la faille? Autre difficulté: la plupart des observations de précurseurs non sismiques étaient faites sur une poignée d'instruments épars, voire un seul; difficile de construire des explications – ou modèles – fiables avec si peu d'informations. Même pour les précurseurs sismiques, les nombreuses stations sismologiques capables de les détecter sont généralement loin des failles, à 20, 50, 100 km de distance: les sources de ces faibles chocs présismiques sont mal localisées, et les plus petits, de magnitude inférieure à 3, sont à peine détectés, voire pour la plupart indétectables.

Enfin, la variété des précurseurs rapportés semble indiquer une grande complexité des mécanismes mis en jeu, mécanismes couplés de micro-ruptures soudaines, de circulation d'eau souterraine, et de déformation lente des sols. On ne peut donc se contenter d'un seul type d'instrument pour les saisir et les comprendre : à quoi bon mesurer en continu un signal électrique ou la composition chimique d'une nappe d'eau souterraine pour en détecter les perturbations, si on ne comprend ni l'origine de ces dernières, ni leur lien éventuel avec la sismicité – ou, pire, si cette dernière n'est même pas mesurée avec la finesse requise pour localiser les sources en profondeur.

La solution était-elle donc là : densifier les réseaux d'instruments près des failles les plus actives, truffer ces régions de capteurs variés, sismomètres, mesures de distance, de vitesse sismique, de niveau d'eau, inclinomètres, extensomètres, magnétomètres, lignes électriques, etc. ? Dans la chasse au précurseur, passer du braconnage à la battue en règle ?

À vrai dire, dès les années 1980, quelques groupes de recherche avaient bien compris ces difficultés et entreprirent d'installer de tels réseaux autour de failles judicieusement choisies – celles que l'on évaluait mûres pour casser prochainement, avec une forte probabilité à l'échelle de décennies... Il ne fallait pas se tromper ; le coût des opérations était très élevé et pesait lourd dans le budget des recherches en Sciences de la Terre des pays impliqués. Mais il est facile de perdre aux jeux de hasard : aucun des séismes attendus ne survint dans les temps !

Échecs

Ainsi, au début des années 1980, quelques régions du Japon furent sélectionnées pour une surveillance renforcée, en particulier une région à 100 kilomètres au sud-ouest de Tokyo, où un séisme de magnitude 8 était attendu. Ce dernier devait rompre la lacune sismique de Tokai, zone de subduction dont la dernière activation date du grand séisme de 1854, coincée entre deux régions qui ont rompu plus récemment, en 1923 à l'est et en 1944 à l'ouest. Reste le segment milieu, à Tokai. Mais le séisme se fait toujours attendre, et depuis, deux catastrophes sismiques ont frappé le Japon, bien loin de cette région, lors du séisme de Kobé en 1995, et du séisme de Tohoku en 2011.

Pour tous les Japonais qui vivaient dans la crainte d'une catastrophe à Tokyo, la destruction de la ville de Kobé en 1995, à 500 kilomètres de là, fut un véritable électrochoc. Elle fut aussi une gifle cinglante pour les décideurs et les sismologues japonais, qui avaient dépensé des fortunes tout en délaissant l'étude des nombreuses autres failles actives, moins sismiques, qui zèbrent le pays – et celle qui traverse Kobé était connue depuis longtemps. La non-prévision du séisme de Tohoku fut lui aussi perçu comme un terrible échec des scientifiques japonais, dont nous parlerons plus loin.

En Californie, le petit segment de la faille de San Andreas, près de Parkfield, fut choisi dès 1985 pour une telle expérimentation. Pour le précédent séisme, en 1966, des précurseurs notables avaient été mentionnés : un séisme de magnitude 5 précéda la rupture de trois jours. Surtout, le prochain séisme caractéristique était prévu vers 1988, et il n'y avait plus de temps à perdre pour s'y préparer. Cependant, contrairement au projet japonais, ce projet américain, baptisé « Expérience de prédiction » par ses promoteurs, fut loin d'être consensuel. Ses opposants faisaient valoir des statistiques biaisées sur le cycle caractéristique que j'ai déjà évoqué, l'imprédictibilité intrinsèque des séismes, et surtout le coût énorme de l'opération. À Parkfield, avec ses trois baraques au milieu du désert, l'enjeu n'est pas celui de Tokyo. C'est toutefois parce qu'il n'y avait pas d'enjeu social ni économique que les scientifiques se sont permis d'y jouer à prédire. Je vous ai déjà raconté la suite : rien ne se produisit dans la période de plus forte probabilité, 1985-1991. Quelques années plus tard, une partie des réseaux fut démantelée et les chercheurs eurent bien du mal à laisser en place un réseau dense opérationnel, essentiellement de sismomètres. Le séisme n'eut lieu qu'en 2004 ! Mais sans aucun précurseur...

En Turquie, un segment de la faille Nord-Anatolienne, à 200 kilomètres à l'est d'Istanbul, au sud-est de Kocaeli, fut sélectionné en 1984 et instrumenté dans le cadre d'un programme germano-turc. Ce segment, dit de Mudurnu, devenait effectivement menaçant, car, depuis 1939, une série de grands tremblements de terre avait activé ses segments voisins un à un, par une progression vers l'ouest. La dernière rupture, en 1966, s'était arrêtée à proximité de ce segment. C'est donc de là, pensait-on, qu'une future secousse avait toute chance de naître, avec un temps de retour observé d'une vingtaine d'années pour des séismes modérés, de magnitude 6, Mais la faille Nord-Anatolienne a une géométrie complexe : d'une faille unique dans sa partie est, elle se sépare en deux branches principales peu avant d'atteindre la mer de Marmara vers l'ouest : l'une se poursuivant vers l'ouest, plongeant sous la mer de Marmara ; l'autre, auquel appartient notre segment de Mudurnu, bifurquant vers le sud-ouest, rattrapant plus loin la mer Egée... Mais peu coopérative, la faille rompit sur sa branche nord, non surveillée, lors du séisme d'Izmit en 1999. Et l'observatoire de Mudurnu a mis la clé sous la porte.

Ces échecs, qui ont fait les délices des opposants à ces observations lourdes et coûteuses, ne montrent qu'une chose : quand on parie sur des séismes à venir, on joue aux dés. On a beau être un excellent scientifique, on peut mettre un certain temps avant de sortir un double 6. Le jeu en valait-il la chandelle ? Les expériences de prédiction et la chasse aux précurseurs n'avaient plus le vent en poupe, et la fin du vingtième siècle vit poindre un nouveau paradigme, né du conflit entre deux visions diamétralement opposées des processus de déclenchement sismique.

Chaotique ou prédictible ?

Dès le début des années 1990, le coût élevé des projets de prédiction et leurs maigres résultats, ainsi que l'amoncellement d'observations de précurseurs isolés, indéchiffrables ou incertains, nourrirent la polémique sur le bien-fondé de ces recherches. Kagan et quelques autres géophysiciens construisirent leur ligne d'attaque sur une idée simple : les séismes sont des éclats paroxysmiques d'un système chaotique complexe – et rien n'est plus imprédictible qu'un tel système, dont l'évolution peut différer considérablement pour des variations infimes de condition initiales... Cette idée contrastait quelque peu avec les théories optimistes selon lesquelles des zones de préparation déterminent, par leur taille, celle des séismes futurs, pour le plus grand espoir des prévisionnistes (Figure 13)... Bien que basées sur des observations bien établies, ces deux théories s'opposaient diamétralement.

Acceptons pour un moment la logique des tenants du chaos qui fondent leur théorie sur la loi de Gutenberg-Richter et la géométrie fractale des failles. La progression rapide de la rupture sismique, déclenchée sur une petite zone, disons métrique, est imprévisible : elle dépend du détail inconnaissable de la géométrie et du chargement des segments de failles qu'elle va rencontrer sur son parcours. À sa naissance, dans son « berceau » d'un mètre de long fort éloigné des multiples barrières qui menaceront

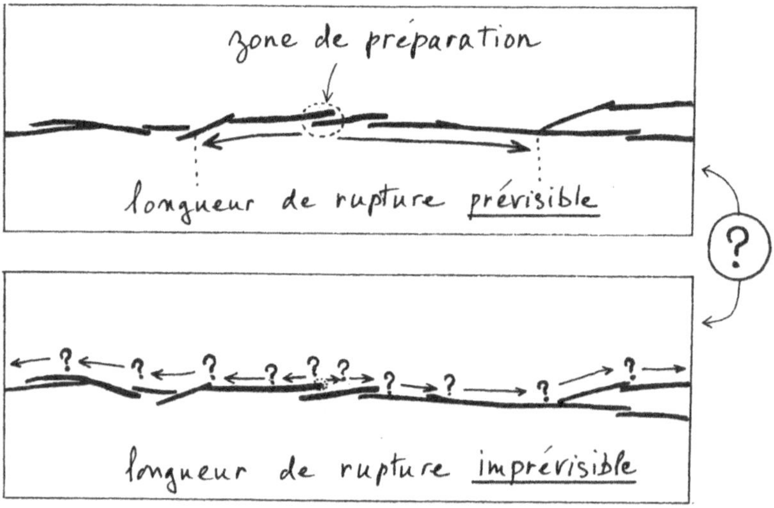

13. Prédictibilité contre chaos : deux modèles opposés de la sismogénèse. La zone de préparation est le siège de phénomènes précurseurs, en proportion de la taille du futur séisme (en haut) ; la zone de préparation est très petite, sans relation avec la taille finale du séisme (en bas).

sa progression, personne ne peut savoir sur quelle barrière cette rupture butera : au bout de 1 kilomètre, de 10, de 100 ? Autrement dit, à la naissance d'un séisme, il est impossible de dire s'il sera de magnitude 4, 6, ou 8… En conséquence, s'il y avait des précurseurs pour les grands séismes, il devrait y en avoir aussi, indistincts des précédents, pour les plus petits séismes, bien plus nombreux (il y a 10 000 fois plus de séismes de magnitude 4 que de magnitude 8). Autant dire que ces phénomènes précurseurs seraient omniprésents, et apporteraient donc une information inutile si on ne s'intéresse qu'à la prédiction des séismes destructeurs : à l'observation d'un « précurseur », on ne saurait dire si c'est un séisme de magnitude 4 qui se profile, ou bien un séisme de magnitude 8 ! Une seule alerte justifiée, pour des milliers de fausses alarmes… Les gens se lasseraient bien vite de sortir de chez eux pour rien. Conclusion imparable :

les précurseurs des grands séismes rapportés dans la littérature scientifique ne sont que des coïncidences sans véritable pouvoir prédictif. Ne dépensez point votre temps – et l'argent du contribuable – à ces billevesées !

Suivons maintenant la logique des devins optimistes : l'existence de précurseurs à court terme est avérée – quoique bien loin d'être systématique. Les expériences de frottement en laboratoire montrent une lente accélération du glissement avant la rupture dynamique, dont la phase ultime parut avoir été décelée dans la nature dès 1994 : le Japonais Io observait sur les sismogrammes un lent accroissement du déplacement du sol juste avant le début plutôt impulsif de l'onde P. Il semblerait même que la durée de cette phase de nucléation soit proportionnelle à la dimension finale du séisme !

Par ailleurs, l'étude des précurseurs sismiques montrait qu'un nombre non négligeable de grands séismes, quelques pour cent à quelques dizaines de pour cent, seraient préparés dans une zone de dimension proportionnelle à l'échelle du séisme : plutôt hectométrique pour les séismes de magnitude 5, plutôt kilométrique pour les séismes de magnitude 7. Les observations les plus remarquables furent celles des sismologues américains D. Dodge, G. Beroza et W. Ellsworth, publiées en 1996, portant sur une quinzaine de séismes : la dimension de la zone occupée par les séismes précurseurs est en gros proportionnelle, dans un rapport de 1 à 10, à celle de la rupture principale. Les optimistes pensaient que cette caractéristique pourrait être généralisée à la majeure partie des séismes, et qu'il ne restait qu'à rechercher les signes de ce processus, en affinant les techniques de détection des précurseurs. Donnez-nous encore de l'argent, et dans 10 ans, vous verrez ! Les pessimistes avaient beau jeu de ricaner : d'une décennie à la suivante, la grande révélation se faisait toujours attendre.

La contradiction était forte et généra, dans les années 1995-2000, un débat bien médiatisé. Une gradation de tendances entre ces deux extrêmes fut bien sûr proposée, du style : certains séismes sont précédés d'anomalies géophysiques, et d'autres pas… Cette réponse prudente ne faisait pas beaucoup avancer les affaires.

Pour sortir de cette polémique, il fallait cesser de scruter avec obsession la marmite à grands séismes, et regarder avec plus d'attention ces processus si faiblement sismiques et bien mal connus, processus transitoires ou instabilités de la croûte terrestre que sont les glissements lents sur les failles, les circulations d'eau souterraine, parfois accompagnés de bouffées de microsismicité, qui peuvent durer quelques minutes, quelques jours ou quelques mois. Les sismologues « devins » ignoraient ostensiblement ces mécanismes éphémères et mal documentés : rarement suivis de grands séismes, ils ne méritaient pas d'attention particulière – sauf ceux, bien sûr, identifiés après coup comme précurseurs ! Et les sismologues du chaos les ignoraient eux aussi, car ces phénomènes paraissaient bien trop lents et trop mal caractérisés : pourquoi penser un chaos tranquille et asismique alors que la mécanique des cascades sismiques, bien documentée, se suffisait à elle-même et rentrait bien dans le moule des théories du chaos et de la criticalité ?

Pourtant, ces phénomènes de glissement lent ou de circulation d'eau ont tout pour générer des processus critiques, et, par effet de cascade, des systèmes chaotiques, à l'instar des séismes : ils sont déclenchés au-dessus d'un certain seuil de contrainte, ou de pression, et peuvent se déclenchent les uns les autres. On peut alors imaginer que des glissements lents sur les failles déclenchent des flux d'eau dans les zones fracturées, et inversement, et qu'enfin glissements et flux d'eau provoquent des séismes – l'inverse est déjà bien observé (Figure 14). Dans

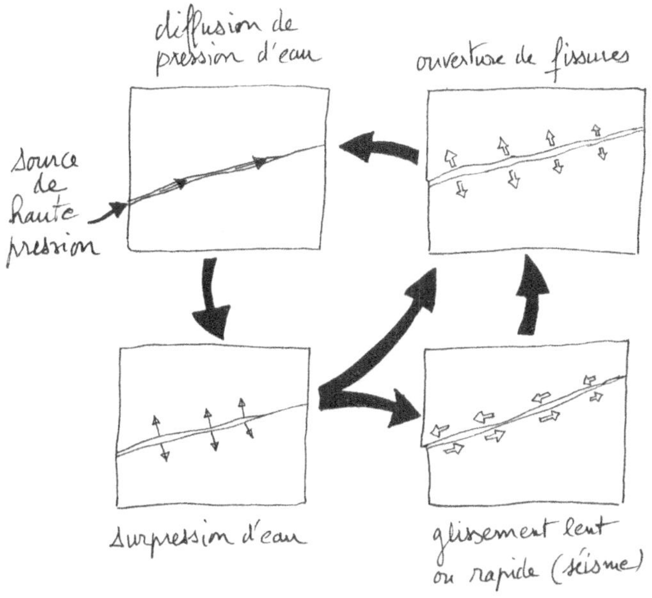

14. Couplages entre séismes, glissements lents, et diffusion de pression de fluide. Ces trois processus peuvent se déclencher les uns les autres, et sont à l'origine de nombreux phénomènes tels que les essaims microsismiques, les séismes lents, et les nombreuses formes de phénomènes précurseurs.

cette vision nouvelle d'un couplage entre instabilités lentes et ruptures sismiques, les précurseurs ont une place, même modeste : ils seraient des processus transitoires qui auraient mal tourné, ou bien auraient eu une mauvaise influence sur leur voisinage. Déclenchés près d'une région à la limite de la rupture, sur une faille en fin de cycle, ils constitueraient l'étincelle qui met le feu aux poudres. Peut-être seraient-ils même la signature spécifique du processus de nucléation des grandes failles : non pas déclencheurs des grandes ruptures, mais déclenchés, simples épiphénomènes d'un processus de déstabilisation caché, puissant, et irrésistible.

PARTIE V

Bruits et tremblements

CHAPITRE 11

Instabilités menaçantes

Au tournant du siècle, avec le changement de point de vue sur les processus souterrains (voir chapitre précédent) une nouvelle piste de recherche qui sortait de l'opposition chaos/prédiction s'est ouverte : étudier et comprendre les instabilités lentes de la croûte terrestre dans leur ensemble, et non plus la seule sous-classe des précurseurs, pour peut-être en apprendre plus sur ces derniers...

Mais ce n'est pas tant cette analyse théorique qui a fait basculer la perspective que toute une série de découvertes. Celles-ci ont été permises par le développement considérable des réseaux de surveillance, en taille et en densité, aux quatre coins du globe. Toute la marge ouest du continent nord-américain, du Mexique au sud à la région des Cascades au nord, en passant par l'incontournable Californie, a reçu un maillage serré de sismomètres, de stations GPS, et d'extensomètres de forage, notamment le long de la faille de San Andreas et au-dessus de la subduction du nord-est Pacifique. De même, le Japon s'est couvert d'une grille de milliers de sismomètres et d'autant de capteurs GPS ; cette grille est d'une incroyable densité : un site tous les 20 ou 30 km, dont des centaines en forage ! Même déploiement du réseau à Taiwan, en Nouvelle-Zélande, en Chine continentale, en Europe, en Équateur, sur l'arc des Antilles de Cuba à Trinidad en passant par les îles françaises de Guadeloupe et Martinique… Et dans toute une série de régions de dimensions plus modestes, densifiant encore plus les stations de mesure autour de cibles particulièrement actives avec un potentiel sismique fort à moyen terme : en Turquie autour du segment menaçant de la faille nord-anatolienne, sous la mer de Marmara ; en Grèce dans la partie ouest du rift de Corinthe, où des failles en fin de cycle se préparent à rompre ; en Italie, sur deux sites particulièrement actifs des montagnes apennines ; au Chili, dans la lacune sismique du Grand Nord… De fait, avec plus ou moins de moyens, la plupart des pays sismiques de la planète se bardent progressivement de tels réseaux, combinant, pour l'essentiel, sismomètres et GPS – et, trop peu souvent, des capteurs de déformation de plus grande résolution, extensomètres, inclinomètres, voire des capteurs géochimiques ou électromagnétiques…

À vrai dire, cette densification récente des points de mesure GPS n'avait pas pour objectif premier de détecter d'éventuels signes transitoires de déformation de la croûte, mais simplement de préciser la vitesse de chargement élastique de la croûte terrestre au voisinage des systèmes de failles. Les chercheurs souhaitaient en déduire le taux de récurrence des plus grands séismes de la zone, car dans le modèle le plus simple de cycle sismique, ces vitesses moyennes estimées sur plusieurs années sont supposées être stables pendant les siècles ou les millénaires séparant deux grands séismes consécutifs de la même faille. Ces mesures pouvaient ainsi contribuer à préciser l'aléa sismique à moyen et long termes. C'est ainsi que dans la région du Chili central, la vitesse de compression régulière de la cordillère littorale vue par GPS a permis au géodésien J.-C. Ruegg et à ses collègues de pointer, en 2001, la menace d'une répétition prochaine du grand séisme de Concepción de 1835, qui avait inspiré à Darwin ses visions sismiques ; en 2010, le grand séisme de Maule, de magnitude 8,7, leur donna raison. De même, en concentrant les stations sismologiques, les chercheurs avaient clairement pour but de mieux détecter les plus petits séismes, de façon à préciser l'activité et le potentiel sismogène des grandes failles. Mais les deux systèmes de mesure, GPS et sismologiques, en réseaux denses, allaient bien vite montrer d'étranges signaux et révéler des processus insoupçonnés.

Murmures et glissades

L'année 2001 fut ainsi marquée par une publication du géodésien américain H. Dragert et de ses collègues qui présenta une série étonnante de signaux GPS dans la région de subduction de Cascadia, au nord-ouest des États-Unis. Les antennes de mesure continue au sol, entraînées en temps ordinaire vers le nord-est par la pression croissante de la plaque Pacifique, montraient de brèves incursions en sens inverse, de quelques centimètres, durant une dizaine de jours, et ceci de manière cyclique, tous les 14 mois environ – comme si la plaque plongeante, dans sa partie profonde, relâchait temporairement son forçage sur la plaque supérieure. Cela fut vite interprété et modélisé comme un glissement lent périodique de la zone de contact profonde entre les deux plaques, sur des surfaces de dizaines de kilomètres de large et d'une centaine de kilomètres de long. La faille de contact, celle qui génère tous les quelques siècles des séismes géants, restait donc bien bloquée dans ses premiers 30 km de profondeur, mais glissait doucement par à-coups dans sa partie plus profonde, faisant régulièrement riper la plaque nord-américaine lors de ces « séismes lents »... Le vieux modèle de Reid, avec son chargement lent et régulier entre deux ruptures de la même faille, trop simple, commençait à être remis en cause. Et ce n'était qu'un début.

Un an plus tard, tandis que se confirmaient et se précisaient ces séismes lents des Cascades, un article du sismologue japonais Obara faisait état de grondements mystérieux et persistants en provenance de profondeurs de la subduction japonaise – grondements qu'il baptise « trémors non volcaniques », eu égard à leur ressemblance aux trémors des volcans en activité, vibrations de faible niveau et de longue durée associées au forçage de la lave dans les dykes (Figure 1).

Comment ces grondements tectoniques, pourtant bien enregistrés depuis des décennies malgré leur faible amplitude, avaient-ils donc pu échapper si longtemps au regard inquisiteur et aguerri des sismologues ? Tout simplement parce que sur un sismogramme, ils ne sont que deux ou trois fois plus forts que le bruit de fond ambiant, de quelques micromètres par seconde... et ressemblent aux vibrations du sol que produirait une petite poussée de vent dans la forêt voisine, ou un trafic accru de camions sur le chantier d'à côté. Murmure de failles, donc, plutôt que grondements. Les experts, qui recherchaient des petits signaux impulsifs des microséismes, ne pouvaient y prêter attention... Mais la densification du réseau sismologique japonais changea la donne, permettant la mise en correspondance de tous les sismogrammes d'une même zone, avec ses nombreuses stations espacées de quelques dizaines de kilomètres. La comparaison de ces enregistrements montra que le niveau de bruit fluctuait de la même manière sur tous

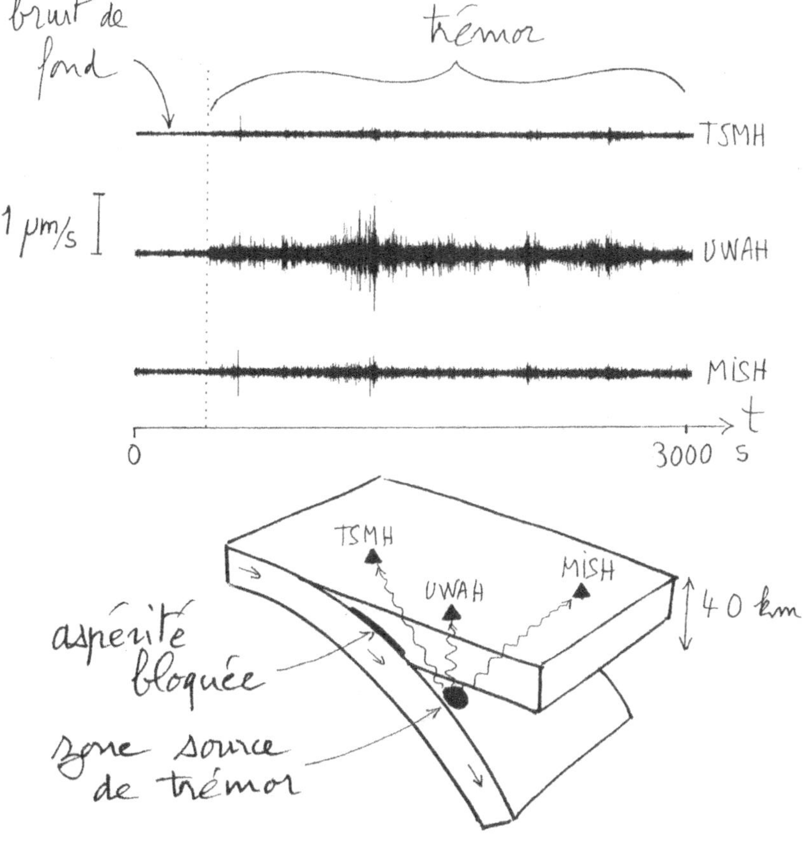

1. Les trémors tectoniques. Ils furent repérés pour la première fois en 2002 par Obara, dans la subduction japonaise, par la comparaison des sismogrammes de stations voisines. Leur source, localisée pour l'essentiel à la racine des failles, résulte de processus mécaniques encore mal cernés.

les sites à 50 km à la ronde, pendant des heures, des jours, parfois des semaines ! Difficile de croire à une coïncidence de coups de vents ou de trafic de camions… La source devait donc être commune, nécessairement cachée en profondeur, mais où ? Au premier coup d'œil, l'analyse des amplitudes de ce bruit permettait de trouver grossièrement la zone épicentrale, d'amplitude légèrement plus importante ; en regardant de plus près, il apparut que les fluctuations de niveau de bruit à courtes périodes étaient décalées d'une station à l'autre, de quelques secondes à quelques dizaines de secondes. Ces ondes furent rapidement identifiées comme des ondes de cisaillement (pour l'essentiel), et leurs délais d'arrivée aux stations du réseau permirent de les localiser : leur source se trouve entre 30 et 50 km de profondeur, une position très proche de la zone de contact entre les deux plaques, voire pile dessus…

Cette découverte inspira les chercheurs américains : ils eurent tôt fait d'annoncer, en 2003, qu'ils avaient également déniché de tels trémors dans les sismogrammes de la région des Cascades ; mais surtout, observation décisive, ces trémors apparaissaient en même temps que les séismes lents tout juste identifiés, et furent rapidement interprétés comme un de leurs effets particuliers. Aiguillonnés par ces derniers résultats, et poursuivant ce jeu de ping-pong scientifique par-dessus le Pacifique, Obara et ses collègues découvrent en 2004, au Japon, des signaux d'inclinaison du sol très ténus sur des capteurs en forage, coïncidant en temps et en lieu avec les épisodes des trémors qu'ils avaient identifiés deux ans plus tôt… Inclinaisons qu'ils interprètent, à l'instar de leurs cousins des Cascades, comme la signature en surface de séismes lents sur la subduction japonaise profonde.

Ces glissements lents périodiques associés à du trémor posèrent tout de suite la question de leur mécanisme, et de leur couplage. Si l'ampleur de déplacement du sol ne laissait aucun doute sur la réalité de ces séismes lents, grands glissements sur la faille interplaque, il n'en était pas de même pour la source des trémors. Les responsables seraient-elles de très nombreuses petites aspérités sur cette faille principale, dont le glissement lent entraînerait leur multiple rupture si faiblement sismique – comme le son de raclement désagréable d'un parpaing que

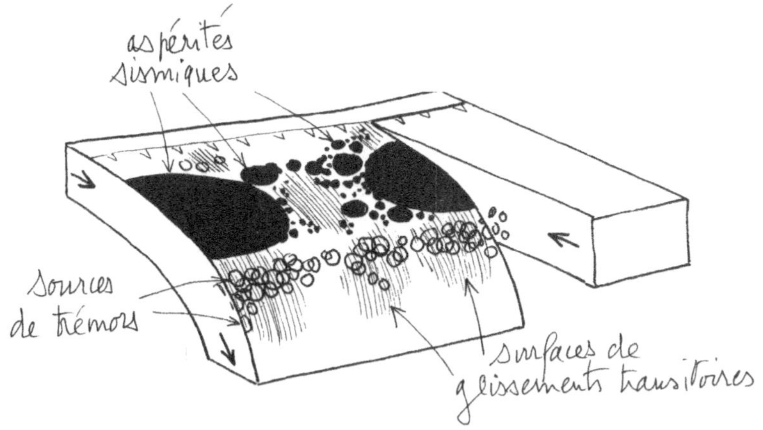

2. Les trémors et les glissements lents épisodiques déclencheurs. Ils sont localisés, pour la plupart, à plus grande profondeur que les aspérités bloquées produisant les grands séismes. Ils peuvent ainsi contribuer à leur chargement et leur déclenchement. Des glissements lents plus superficiels déclenchent surtout des microséismes.

l'on traîne sur un sol de ciment provient des micro-vibrations des multiples aspérités de leurs surfaces de contact (Figure 2) ? Un trémor serait-il simplement l'effet de superposition des ondes émises par une myriade de micro-séismes anormalement profonds, impossibles à détecter individuellement ? Mais l'apparente localisation de nombre de ces sources, franchement au-dessus du contact interplaque, montrait que ce ne devait pas être la seule cause possible ; alors, peut-être des failles secondaires, perturbées par le glissement principal – ou des fluides s'en échappant ? Docteurs, cela gratouille, ou cela gargouille ?

Tout cela déclencha une formidable chasse au trémors chez les sismologues, et une chasse aux séismes lents chez les géodésiens. De nombreuses équipes allaient s'en donner à cœur joie, fouillant les bases de données massives des nouveaux réseaux, impatientes de disposer des flots de mesures des stations de mesure continue. Chaque année eut son lot de trouvailles, de modèles, et donc de polémiques… Et à l'heure où j'écris ces lignes, cette frénésie ne semble pas retomber, 15 ans après ces premières découvertes. Au contraire !

Ces nouveaux venus dans la zoologie sismique furent retrouvés dans plusieurs zones actives, d'abord dans d'autres régions de subduction : Mexique, Costa Rica, Nouvelle-Zélande… Les premiers séismes lents mexicains furent découverts dès 2004, d'abord par des mesures inclinométriques, puis par des GPS rapidement installés en renfort par une équipe franco-mexicaine ; ces séismes lents montrent des durées de plusieurs mois et ont un temps de retour de 2 ans. Un long profil de stations sismologiques installé pour des études de tomographie fut mis à contribution : ses enregistrements continus révélèrent les mêmes grondements qu'au Japon et dans les Cascades, trémors coïncidant aux activations des séismes lents. La nouvelle génération de satellites radars fut aussi mise à profit, et grâce aux images d'interférométrie InSAR, les géodésiens purent révéler dans le détail, à chaque passage du satellite, l'évolution dans l'espace et le temps de ces séismes géants et paresseux : ils augmentent de taille de quelques kilomètres par jour, et font jouer les failles de quelques millimètres par semaine.

Ces lentes glissades revenant régulièrement furent rapidement expliquées dans le cadre de cette théorie développée depuis les années 1970, celle des lois de frottement stabilisantes – ou « adoucissantes », diraient les métallurgistes – qui atténuent les effets de toute perturbation et empêchent la naissance des grandes ruptures sismiques instables. S'il faut rompre, après des décennies de mise en charge par le jeu des plaques, ces tronçons de failles rompent, comme il se doit ; mais ils le font lentement, et glissent avec retenue, pourrait-on dire, sans faire d'à-coups ni de bruit… sauf parfois ce petit crissement caractéristique du trémor. Si toutes les failles de la planète se

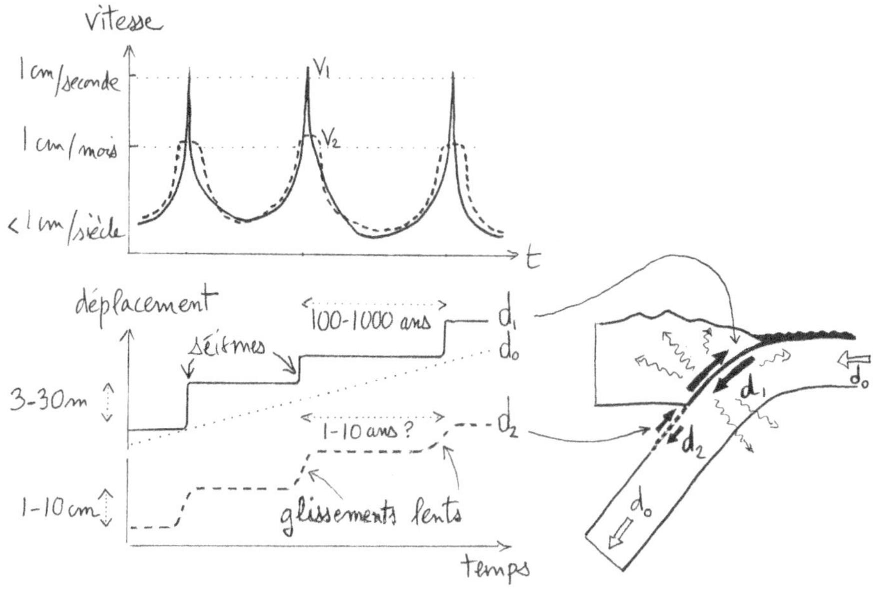

3. Cycle sismique et asismique des aspérités sur les failles. Avec des lois de frottement dépendantes de la vitesse et de l'état de la faille, le cycle de mise en charge, évoluant vers une augmentation accélérée des vitesses du glissement, peut s'achever par une rupture sismique (> 1 cm/s), ou bien par un glissement lent (quelques cm/mois), dans les deux cas pour rattraper le mouvement continu des plaques.

comportaient de la sorte, le ballet tectonique des plaques ne s'accompagnerait d'aucun séisme meurtrier (Figure 3)…

Les grandes zones de subduction des blocs tectoniques ne sont pas les seules régions concernées par ces phénomènes. Des bruissements sourds furent aussi repérés à la racine des grandes failles décrochantes, et tout d'abord sur le petit mais fameux segment de Parkfield de la faille de San Andreas, grâce au vieux réseau de sismomètres dédié à la détection des prémisses microsismiques du futur (et maintenant passé) séisme de Parkfield. Les sismogrammes furent réanalysés, et les premiers trémors de cette faille furent en effet détectés, avec des sources 20 ou 30 km sous la surface, soit 10 à 20 km plus profondes que les zones bloquées des grosses aspérités générant les grands séismes. Donc, dans la croûte très profonde, là où la température attendue des roches ne semblait pas propice à de telles sources de vibration sismiques… Mais à la différence des subductions, aucun glissement lent profond ne put être détecté en lien avec ces trémors, probablement par leur dimension bien plus modeste qu'en subduction, les rendant invisibles depuis la surface.

Le dynamisme interne des trémors des zones de subduction apparut surprenant, et devint rapidement une source d'excitation pour nombre de sismologues. Sur une journée, les pics de grondements arrivaient en premier à une même station, désignant cette dernière comme la plus proche de l'épicentre, de position plutôt stable, à quelques kilomètres près ; mais de jour en jour, ces épicentres semblaient migrer, à la vitesse de plusieurs kilomètres par jour… Cela fut bien vite mis en relation avec la dynamique des séismes lents, accroissant au même rythme leur surface de glissement. Mais un phénomène bien plus curieux fut vite découvert : la puissance de ces grondements semblait nettement modulée par la marée terrestre, cette déformation périodique de toute notre planète solide aux périodes diurnes et semi-diurnes, sous l'effet des attractions gravitationnelles conjointes du Soleil et de la Lune, et sous l'effet de pression des océans eux-mêmes soumis à cette gravité oscillante. À tel point que dans certaines régions, à chaque marée, les trémors n'apparaissent que la moitié du temps : la marée pousse le système, puis le freine, puis le relance… Cette hypersensibilité aux attractions lunaire et solaire parut étonnante, eu égard à la très faible amplitude de ces perturbations mécaniques ; faible amplitude attestée par leur influence très mineure sur le déclenchement des séismes. Mais un effet similaire de forçage fut observé lors du passage des ondes sismiques de grands séismes lointains. Modulé à la période de ces ondes, toutes les 20 ou 30 secondes, le grondement du trémor n'apparaissait souvent que sur une demi-période, lorsque les contraintes oscillantes des puissantes ondes de surface cisaillaient la faille dans le bon sens.

Pour que les zones de failles soient aussi instables et prêtes à glisser, les sismologues avaient une explication déjà bien rodée. Vous devinez laquelle ; car vous l'aurez déjà remarqué, dès que quelque chose de complexe et d'un peu mystérieux se passe sous terre, à l'instar de Thalès, le géophysicien invoque l'eau… Donc, une eau sous pression (saumure imbuvable et très chaude) dans la zone de faille, qui compense la pression gigantesque des roches alentour, et la maintient au seuil critique de glissement – mais des glissements bien mollassons, une fois mis en route.

Les longs trémors réservaient encore des surprises. En y regardant de plus près, certaines bouffées d'énergie étaient si brèves (quelques secondes seulement) qu'elles ressemblaient fortement à celles produites par des microséismes – avec cependant une absence très marquée de vibrations de hautes fréquences… des séismes « mous », en quelque sorte. Ces nouveaux venus dans le bestiaire sismique furent baptisés séismes de « basse fréquence » (ou LFE en anglais)… Ils purent être localisés bien plus précisément que les trémors eux-mêmes, et dévoilèrent leurs mécanismes, confirmant pour leur plus grande part leur coïncidence avec la partie profonde de la grande faille de contact interplaques. Cependant, alors que les sources des trémors migraient à la vitesse des grands séismes lents, de quelques kilomètres par jour, les sources de ces microséismes basse fréquence filaient à des vitesses 10 à 100 fois plus rapides le long de trajectoire rectilignes. L'origine physique de ces autoroutes à séismes nous reste encore mystérieuse… Ces grandes vitesses semblent toutefois rendues possibles par le faible frottement sur la faille, liés aux surpressions de fluides que nous venons de voir – encore l'eau !

Pour l'essentiel, trémors et glissements profonds semblent faire bon ménage, même si l'un des deux manque parfois à l'appel, probablement faute de mesures suffisamment fines. Mais les grandes profondeurs des failles, préservées des grands séismes, n'avaient pas l'exclusivité de ces glissements lents. Dans les profondeurs sismogènes, à moins de 30 km sous le sol, là ou se développent la plupart des grands séismes, ils n'étaient que quelques-uns à avoir été détectés, de-ci de-là, avant la fin du XXe siècle. Ils sont maintenant plus régulièrement observés par les nouveaux réseaux de géodésie, GPS, inclinomètres, en Équateur, à Taïwan, en Nouvelle-Zélande, au Costa Rica, au Chili... Ils persistent sur quelques jours ou quelques semaines.

Cependant, à la différence des séismes lents profonds, la plupart de ces glissements transitoires superficiels ne sont pas accompagnés de trémors : si du bruit sismique les accompagne, c'est surtout celui de microséismes ordinaires, déclenchés sous forme d'essaims. Localisés avec précision, ces séismes paraissent se déclencher de préférence sur le pourtour de la zone en glissement, en lien avec son développement. L'analyse fine de cette microsismicité permettrait-elle de préciser le détail de la géométrie et de l'amplitude de ces glissements ?

Failles à deux vitesses

Cette nouvelle moisson d'observation de séismes basse fréquence, de trémors et de séismes lents voire silencieux inspira le sismologue japonais Ide, qui proposa dès 2006 de les classer, des tout petits aux plus gros, dans une même catégorie de glissements lents, bien distincte de celle des séismes ordinaires.

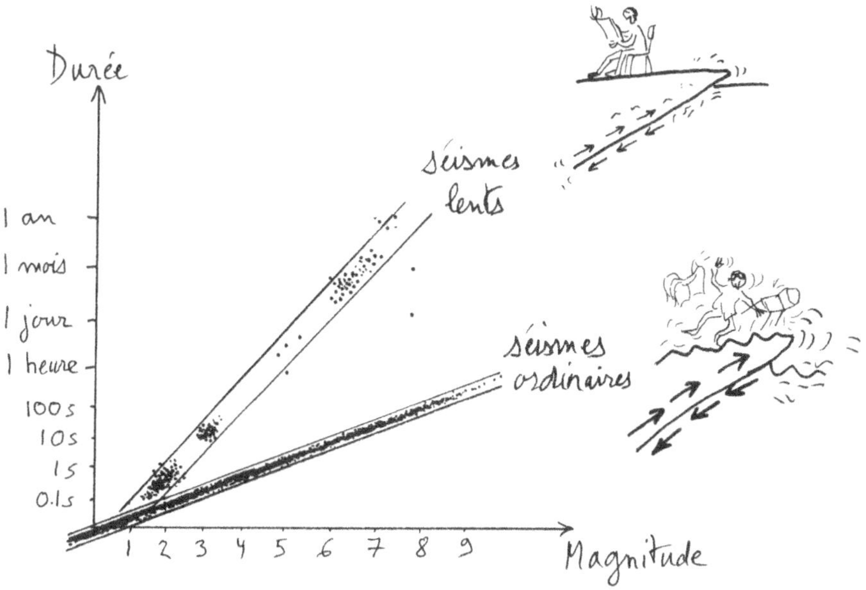

4. Séismes ordinaires et séismes lents. Le rapport durée-énergie du jeu des failles permet de classer les séismes en deux familles bien distinctes : les séismes ordinaires dont l'énergie évolue au cube de la durée, liée à la propagation des ruptures inertielles ; et les séismes lents, qui durent beaucoup plus longtemps pour la même énergie – ou déformation – que les séismes ordinaires, par des mécanismes encore débattus.

Quelle loi pouvait donc suivre tous ces processus paisibles qui n'émettaient pas d'ondes puissantes ? Ide put établir que leur point commun était une simple proportionnalité entre l'énergie de déformation mise en jeu et la durée du processus transitoire ; alors que pour les séismes ordinaires, cette énergie est proportionnelle au cube de cette même durée. Pour un micro-séisme de magnitude 1,5, l'énergie d'un séisme ordinaire se libère en 0,1 s, alors que celle d'un séisme lent se libère en 1 s. Un peu lent, donc… Mais l'écart s'accroît très vite avec les plus gros séismes : un séisme lent de magnitude 7,5 dure des semaines ou des mois, à comparer aux 20 secondes des séismes ordinaires de cette magnitude ! Deux modes de rupture de failles, donc : l'un rapide, dynamique, profitant des effets inertiels produits par les chutes de contrainte brutales liées au frottement instable ; et l'autre, bien plus lent, sur des surfaces de failles globalement adoucissantes, dont les lois de contact sont encore à débroussailler (Figure 4).

Cette nouvelle population d'instabilités lentes, qui semblent paver des surfaces importantes des failles majeures, ne paraît plus du tout marginale ; et la question de son rôle dans le jeu sismique des frontières de plaques est maintenant clairement posée. En particulier se pose celle de la capacité de ces glissements à déclencher des grands séismes, car ils activent des surfaces de failles en bordure des grandes aspérités bloquées et potentiellement sismiques : les séismes lents profonds les forcent par en bas, et les plus superficiels par le côté… Ce surplus de contrainte était-il capable de faire naître une rupture sismique majeure ?

Cette question est bien vite venue à l'esprit des chercheurs pour la subduction des Cascades, où un séisme géant de magnitude 9 est à craindre : la petite poussée d'une dizaine de jours tous les 14 mois, à la base de la zone bloquée, malgré sa faiblesse, pourrait bien un jour déclencher le réveil du monstre. À l'heure où j'écris ces lignes, le monstre dort toujours… mais un tel phénomène s'est récemment produit au Mexique. En 2012, la succession régulière de glissements lents de cette subduction a fini par déclencher un puissant séisme de magnitude 7,5.

Les séquences de glissements asismiques et sismiques sont parfois très intriquées. Celle du nord Chili, en 2014, fut particulièrement surprenante (Figure 5) : elle débuta en janvier sur la faille interplaque de subduction par une petite crise sismique au large des côtes, 50 km au sud-ouest de la ville d'Iquique, et fut suivie deux mois plus tard d'un séisme plus important, de magnitude 6,7, cassant la croûte superficielle. Ce séisme fut lui-même suivi de nombreuses répliques, lesquelles migrèrent vers le nord

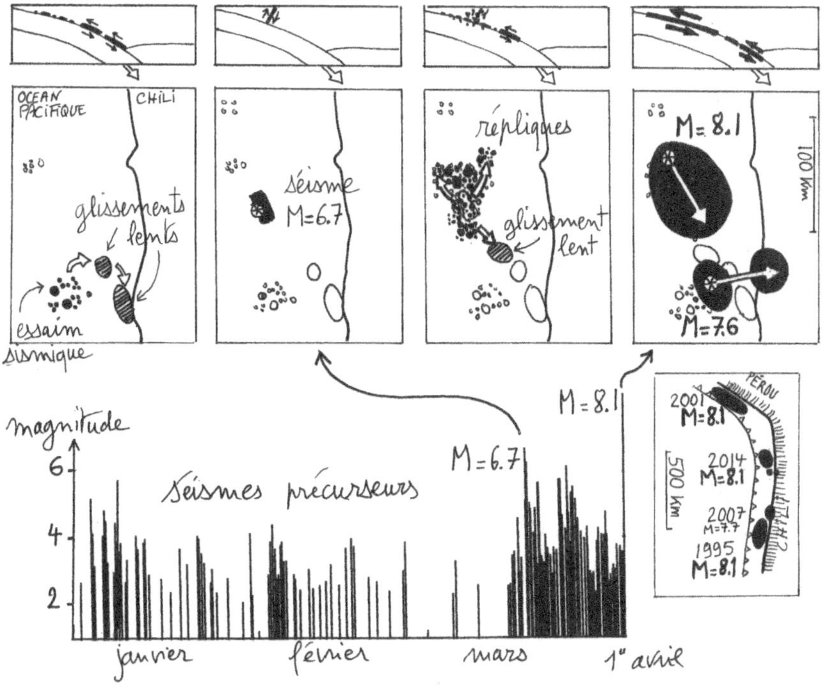

5. Précurseurs du séisme du Chili du 1er avril 2014, M = 8,2. D'une durée de 3 mois, la séquence de séismes précurseurs fut associée à des glissements lents transitoires, se déclenchant les uns les autres. Une telle évolution en cascade jusqu'aux grands séismes semble imprévisible.

en 2 semaines et déclenchèrent, le 1er avril, le choc principal, de magnitude 8,2, lequel balaya la faille en sens inverse, vers le sud, sur 100 km de distance. Et le lendemain, deux grosses aspérités cassaient en une réplique de magnitude 7,5, 50 km encore plus au sud, une zone proche du démarrage de la séquence microsismique de janvier ! Voilà pour les séismes de cette séquence, passablement tortueuse. Mais ce n'est pas tout : notre équipe put en révéler tout une partie asismique, détectée par deux inclinomètres de haute résolution installé dans une mine. Ces niveaux à eau de très grande stabilité et à haute résolution, développés et mis en place par le géophysicien français Frédérick Boudin, montrèrent plusieurs signaux d'inclinaison du sol qui, confortés par des signaux GPS millimétriques, furent interprétés par une série de glissements lents, durant quelques semaines, activant le pourtour des grosses aspérités du sud. Ces glissements ont contribué à préparer la rupture de la réplique principale, et peut-être celle de gros précurseurs plus au nord. Cette cascade de séismes lents et rapides, se déclenchant les uns les autres, peut s'expliquer dans les grandes lignes par la forte hétérogénéité du frottement sur la faille, elle-même déduite de l'analyse de près de 10 ans de mesures GPS. Mais pour en expliquer le détail, beaucoup reste à faire… Pour compliquer l'histoire, un article de M. Bouchon et ses collègues, paru en 2016 dans la revue *Science*, suggéra que toute cette crise a pu être initiée par des instabilités profondes de la plaque plongeante à 50 ou 100 km sous les Andes, quelques séismes modérés ayant été détectés quelques jours avant les deux séquences présismiques superficielles… Cette séquence de précurseurs est encore loin d'avoir révélé tous ses secrets.

Ces glissements lents, de tailles et de durées variables, montrent que la surface des failles actives est loin d'avoir des propriétés mécaniques simples et uniformes. Elle semble au contraire parsemée de zones de contact stables de toutes tailles, entrelaçant des aspérités sismogènes fortement instables, elles aussi de toutes tailles et de toutes formes… Ces différentes zones et aspérités forment un patchwork de frottements hétérogènes très complexe, sur lequel les glissements lents et glissements rapides sont couplés, se transférant les efforts mécaniques les uns aux autres. Et tous sont maintenus actifs par la charge persistante de la convection profonde et de la tectonique de grande échelle.

Ces idées d'un couplage entre séismes lents et séismes ordinaires, qui paraissaient bien farfelues il y a 20 ans en raison de la rareté de telles observations, sont maintenant bien intégrées.

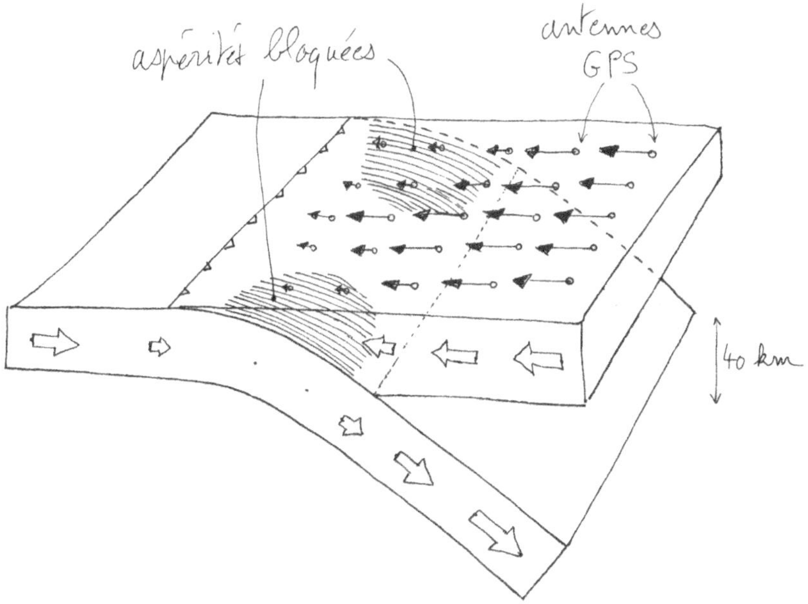

6. Couplage des plaques tectoniques vu par GPS. La mesure du déplacement des antennes GPS au voisinage des failles permet de distinguer les zones qui glissent lentement (de manière stable ou épisodique) des zones qui restent bloquées sur les grosses aspérités du contact, lesquelles seront le siège des futurs grands séismes.

Elles permettent en particulier d'aborder plus sérieusement la question des phénomènes précurseurs et de leur mécanique, car ces processus de glissement transitoires peuvent contribuer effectivement à la naissance des grandes ruptures sismiques. Mais ils sont aussi susceptibles de provoquer leur mort. Car si après des dizaines ou centaines de kilomètres de propagation à plusieurs km/s, le front de rupture atteint une zone régulièrement déchargée par ces séismes lents, elle aura de grandes chances d'y être brutalement freinée et stoppée, limitant la magnitude finale du séisme.

La détection des glissements lents revêt donc une importance toute particulière, car elle permet de dénicher certaines de ces zones « barrières » potentielles des ruptures sur la faille, et, en négatif, pointe les surfaces possiblement bloquées (Figure 6). Mais si les séismes lents de magnitude 7 sont maintenant bien repérés par les réseaux GPS régionaux denses et par les satellites radar, ceux de magnitude 6,5 sont à leur limite de détection. Les inclinomètres ou extensomètres de forage doivent alors prendre le relais et détecter leurs petits frères, que l'on suppose bien plus nombreux. Mais ces instruments, dont l'installation et le traitement sont délicats et qui s'avèrent relativement coûteux, équipent trop rarement les grands réseaux de surveillance, et la plupart des séismes lents continuent donc de passer entre les mailles du filet. Une loi équivalente à celle de Gutenberg-Richter pour les séismes, donnant les proportions de petits et grands glissements lents, reste donc à découvrir…

Dans ces conditions si difficiles d'observation directe, comment poursuivre des recherches pointues sur la mécanique discrète des failles, traquée avec tant de mal par les géodésiens ? Les sismologues pourraient posséder certaines des clés. Car fort heureusement, ces derniers ne sont pas restés les bras croisés à attendre que les réseaux GPS ou les satellites radars nous révèlent ces mouvements paresseux : depuis la fin des années 1990, ils ont au contraire décortiqué de plus belle leurs enregistrements sismiques des micro-ruptures, suivant deux approches d'inspiration opposée – et très complémentaires. L'une très globale, analysant les fluctuations du niveau de sismicité, et l'autre très focalisée, restreinte à quelques aspérités bien particulières, triées sur le volet, baptisées multiplets : de véritables clones sismiques. Précisons.

Les clones sismiques

La découverte des multiplets est en fait bien antérieure à ces découvertes géodésiques. Au début des années 1980, dans les premiers enregistrements sismiques de qualité des microséismes, apparaissaient parfois d'étranges couples de sismogrammes, enregistrés à différents moments sur le même appareil, et se ressemblant comme deux gouttes d'eau. Non seulement les premières ondes, mais aussi toutes les petites vibrations des échos tardifs apparaissent similaires, plusieurs secondes ou dizaines de secondes après. Ces paires de séismes provenaient nécessairement de failles très voisines, sinon de la même, rompant semblablement, à des minutes, des jours, parfois des années d'intervalle. Le sismologue français Georges Poupinet et son équipe eurent l'idée d'utiliser ces séismes, qu'ils baptisèrent « doublets », pour rechercher d'éventuelles variations dans les vitesses sismiques de la croûte : les sources répétées étant localisées au même endroit, ces variations de vitesse devaient changer de manière notable les temps d'arrivée relatifs aux différentes stations, et donc pouvaient être mesurées.

Peu à peu, on repéra des doublets dans toutes les régions sismiques du monde. On découvrit bientôt que certains de ces séismes se répétaient non pas une fois, mais des dizaines, des centaines de fois : des légions de clones sismiques ! Les doublets furent rebaptisés « multiplets ». Et parmi les multiplets, ceux présentant les enregistrements les mieux corrélés furent baptisés « repeaters » en anglais (je dirais « répéteur » en français, mais de fait ce terme n'est jamais traduit ainsi). Il devait très probablement s'agir de la même aspérité rompant de multiples fois – et non pas d'aspérités voisines.

Ces répéteurs furent très rapidement utilisés pour explorer les changements de vitesse sismique dans les régions de failles actives, en particulier avant les séismes : grâce à l'extraordinaire stabilité des positions de ces sources des ondes P et S, d'éventuelles variations de vitesse de ces ondes deviennent détectables, jusqu'à un pour cent de précision. C'est ainsi que l'on a pu éliminer les modèles de dilatance présismique, qui supposaient des perturbations importantes de vitesse sismique dans de grands volumes : malgré la sensibilité de cette technique de multiplets, les quelques études de cas n'ont montré aucune variation présismique. En postsismique, malgré les déformations intenses à proximité de la faille, c'est tout juste si une diminution de quelques pour cent des vitesses sismiques émerge…

L'explication dominante de ce mécanisme de rupture répétitive considère un glissement continu et essentiellement asismique de certaines failles. Sur leur surface, quelques petites aspérités résisteraient à ce mouvement d'ensemble, restant bloquées, puis finiraient, de temps à autre, par céder. Chacune de ces aspérités, continuellement rechargées par le fluage alentour, répéterait la même rupture, et produirait à chaque fois les mêmes ondes, égrenant, de séisme en séisme, les clones d'un multiplet (Figure 7). Sur de tels segments de la faille de San Andreas ou de la subduction japonaise, certains multiplets de magnitude élevée, 3 ou 4, présentent une régularité de métronome, révélant le fluage régulier de la faille et la persistance de ces aspérités. Ainsi, avec un glissement typique de deux centimètres par an sur la faille, un multiplet de magnitude 4, glissant de 10 centimètres à chaque rupture, cassera tous les cinq ans.

Ces clones ne se contentent pas de trahir le glissement silencieux des failles qui les animent : ils en donnent aussi la géométrie. Leurs enregistrements étant quasiment superposables, il est facile de mesurer précisément l'intervalle de temps qui les sépare, au millième de seconde près. En analysant ces intervalles, légèrement variables d'une station d'enregistrement à une autre, on

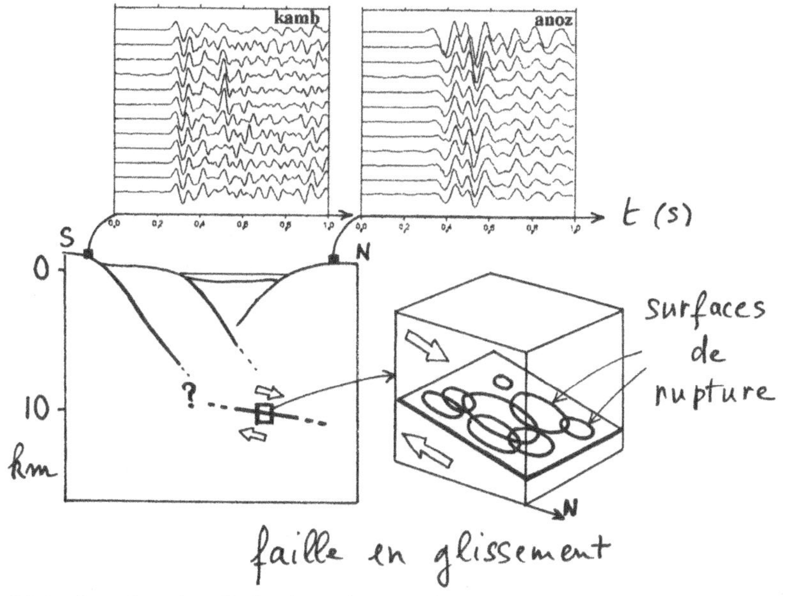

7. **Multiplets dans le rift de Corinthe.** Les douze séismes enregistrés à quelques heures d'intervalle ont des sources localisées sur un même plan, distantes de quelques centaines de mètres, d'après Rietbrock et ses collègues. Ces séismes pourraient bien trahir le glissement lent d'une grande faille.

localise les ruptures successives les unes par rapport aux autres, avec une incertitude de seulement quelques mètres! Cette précision diffère considérablement des incertitudes standard, kilométriques, des localisations absolues. On découvrit ainsi que, dans la plupart des cas, les multiplets n'étaient pas des répéteurs, leurs diverses sources étant légèrement décalées les unes des autres de quelques mètres à quelques centaines de mètres, dessinant une zone souvent très aplatie (Figure 7). Ce plan s'avérait coïncider avec le plan de faille de chacune des ruptures.

Un tel multiplet révéla les prémisses de la grande rupture du séisme de Landers de 1992, en Californie: une étude détaillée, publiée en 1995 par Ellsworth et Beroza, suggéra qu'une petite surface de faille d'un kilomètre de long s'est mise

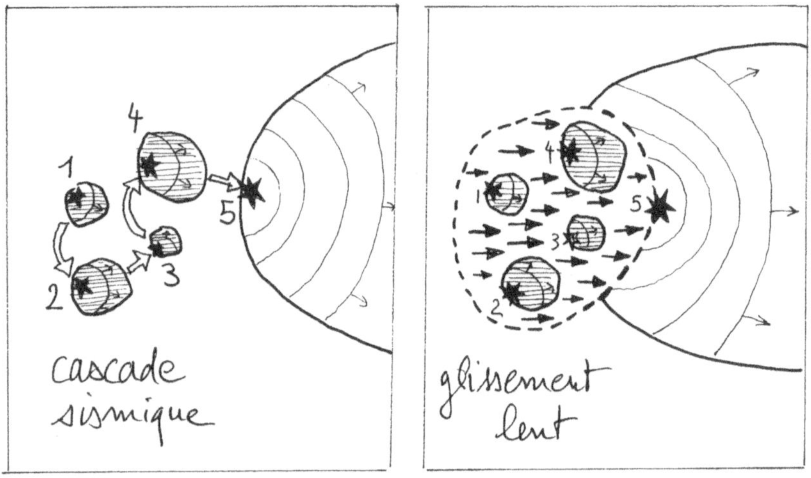

8. Modèles de séismes précurseurs. Dans le modèle en cascade, chaque séisme (1-4), y compris le séisme principal (5), est déclenché par l'effet mécanique des précédents. Dans le modèle à glissement lent, les séismes sont indépendants les uns des autres, mais tous déclenchés par ce glissement lent.

à glisser en quelques heures, entraînant la rupture de quelques aspérités sous forme de multiplets, avant de dégénérer en une puissante rupture sismique, qui balaya en cascade trois segments de failles, sur 70 kilomètres de longueur. Malheureusement, aucun capteur de déformation ne se trouvait dans les parages, et aucune donnée indépendante ne put confirmer – ni infirmer – ce modèle précurseur (Figure 8).

Initiées en Californie de manière routinière par R. Nadeau et ses collègues, ces recherches systématiques se sont rapidement développées au Japon, en Grèce, etc., dans le but de détecter et de préciser d'éventuels glissements asismiques sur les failles. Et éventuellement, bien sûr, des glissements précurseurs…

Il fallut attendre le terrible séisme d'Izmit de 1999, en Turquie, de magnitude 7, pour retrouver des multiplets répéteurs dans le rôle de hérauts, grâce une fine étude franco-turque pilotée par M. Bouchon qui fut publiée en 2007. La séquence débute quarante minutes avant le déclenchement de la grande rupture, par la rupture répétée de la même aspérité. Son diamètre est estimé à quelques centaines de mètres, glissant à chaque fois de quelques fractions de centimètre. Seule explication possible : la faille tout autour s'est mise à patiner, sur un patch kilométrique, ou plus. Cernée de toute part par ces blocs en mouvement, l'aspérité résiste, puis rompt et glisse en une fraction de seconde, puis résiste à nouveau, pour recasser peu après... Et, chose tout à fait nouvelle, un léger grondement sismique continu semble se superposer à ces à-coups sismiques : la surface en glissement lent parvenait elle aussi, mystérieusement, à se faire entendre – un trémor tectonique ?

Mais passer de ces observations sismiques de répéteurs à la mesure du glissement asismique de la faille s'avéra bien plus difficile que prévu. Le problème est vite apparu à Parkfield : les petites aspérités y semblaient casser bien moins fréquemment que les plus grosses – en prenant en compte leur potentiel de glissement –, comme si elles pouvaient résister bien plus longtemps, ou comme si elles étaient mises en charge bien moins vite : deux explications un peu ad hoc, et très controversées... En 2008, une troisième explication fut avancée par les américains Chen et Lapusta : ils montrèrent, par des calculs sur ordinateur, que les petites aspérités sismiques de moins de quelques centaines de mètres de diamètre pouvaient effectuer une partie de leur glissement de manière non sismique, en lien avec ces longueurs de glissement stable déduites des lois de frottement. Leur activation sismique, seule détectée par les sismologues, ne reflétait donc que partiellement le glissement de la faille à leur pourtour... Ce fait posait clairement un vrai problème pour déduire la vitesse de glissement à partir du rythme de ces multiplets. Malgré tout, à défaut, ces lois empiriques reliant magnitude et glissement de forçage, adaptées de celles trouvées pour les répéteurs de Californie, sont maintenant bien en usage, notamment au Japon… un pari quelque peu imprudent.

Depuis les années 2000, de grands catalogues de multiplets, dénichés dans toutes les régions sismiques de la planète, se mettent en place ; les habitats et les habitudes de ces multiplets se précisent peu à peu. Sur le contact interplaque de la subduction japonaise, les multiplets profonds, à la base des zones bloquées des futurs grands séismes, montrent une persistance et une régularité que n'ont pas les plus superficiels. De même, sur les failles du rift de Corinthe, les multiplets les plus profonds s'égrènent sur de nombreuses années, alors que les moins profonds crépitent durant quelques jours ou quelques mois, avant de disparaître pour longtemps des radars… Ces observations semblent bien indiquer qu'il se produit un forçage régulier à la base des failles, et un forçage plus erratique dans la zone plus hétérogène des grosses aspérités sismiques. Cette différence de comportement ressemble pas mal à ce que nous avons décrit plus haut, sur les familles de grands glissements lents : phénomènes cycliques pour les profonds, irréguliers pour les superficiels… Serait-ce un hasard ? Ou bien serait-ce la conséquence de plus fortes hétérogénéités de la croûte supérieure, qui interdit toute mise en ordre spatio-temporelle du système dynamique, poussant vers le chaos ?

Après les séismes de Landers en 1992 et d'Izmit en 1999, la crise présismique du grand séisme du Nord Chili, en 2014 près d'Iquique, a donné l'occasion de tester à nouveau l'apport de ces multiplets à l'identification de glissements lent précurseurs. Les mesures GPS donnant de faibles indices de tels glissements, à la limite de leur résolution, le Japonais Kato, féru des clones sismiques, analysa systématiquement toutes les paires de séismes détectés pour construire sa base de multiplets ; il affirma en déduire l'existence d'un grand épisode de glissement lent dans toute la zone touchée, débutant plusieurs années avant la crise. Mais les incertitudes sur leur caractère véritablement « répéteur », et l'incertitude sur sa loi de correspondance entre magnitude et glissement de forçage, imposent quelques réserves sur la validité de ces résultats.

L'intérêt de cette approche des transitoires de glissement par l'information des multiplets s'est donc bien confirmé, avec des avancées notables ; mais il reste bien du chemin à faire pour en fiabiliser les résultats. D'autant que pour mettre un peu de piment dans ces affaires, d'autres processus que les glissements lents peuvent être à l'origine des multiplets, comme nous le verrons plus loin.

Un jeu collectif

Que donne donc l'autre approche, plus « globale », de détection sismique des glissements asismiques ? A-t-elle permis d'aller plus loin ? Elle est menée par des sismologues bien particuliers : des physiciens statisticiens insensibles au détail des ruptures et aux nuances infinies des formes d'ondes et de leurs échos. Pour eux, seuls comptent la position, la magnitude, et l'instant du démarrage de la rupture ; et ces sismologues minimalistes furent de fait longtemps regardés avec quelque condescendance par les sismologues-mécaniciens, experts en processus de fracturation des ruptures étendues. Ils travaillent en effet sur des sources qui sont de simples points de l'espace-temps, avec une énergie potentielle d'interaction liée à leur magnitude. Les ingrédients nécessaires à leur cuisine se trouvent donc dans tout bon catalogue de séismes – fruit du labeur de leurs chers collègues... Dans les régions sismiques bien instrumentées, ces catalogues consignent des milliers, voire des dizaines de milliers de sources, essentiellement, bien sûr, des microséismes.

Que faire de ces myriades de coordonnées espace-temps des points sources ? Depuis des décennies, deux classes de sources sismiques étaient bien identifiées, dans des proportions variables. Celles émergeant spontanément sans prévenir, et celles issues de simples contrecoups, plus ou moins tardifs, de grandes ruptures : les répliques. La séquence temporelle des premiers suit une loi de Poisson, cette loi qui décrit les propriétés statistiques de temps d'occurrence de phénomènes indépendants – cette même loi qui vous donne les probabilités de séquences aléatoires de sortie du 6 lorsque vous jouez au dé : sortir un 6 au prochain coup ne dépend pas des tirages précédents. La séquence temporelle des répliques, quant à elle, suit la loi d'Omori, en inverse du temps, que nous avons déjà présentée (vous avez plus de chance qu'un séisme se produise après un autre qu'avant...) ; sa généralisation aux interactions entre grands séismes explique ces rares mais impressionnantes « tempêtes » sismiques.

La force de ce couplage entre séismes va jouer un rôle crucial dans ces analyses. Donc : que sait-on de lui ? Et d'abord, pourquoi ce délai parfois très long dans les déclenchements d'une réplique ? Après tout, dans l'expérimentation du lit et du polar inaccessible, si vous tirez le premier avec une force donnée, on imagine bien que deux situations se présentent : soit le lit glisse sur le sol instantanément, soit vous devez tirer plus fort pour récupérer votre livre... Pour les séismes et le délai des répliques, rien de tel : c'est comme si vous tiriez le lit à force constante, juste un peu moins fort que ce qu'il faudrait, pendant des heures, et que tout d'un coup, par miracle, le lit daigne glisser... À vrai dire, c'est peut-être ce qui se passerait ! Essayez, pour voir...

Quelle est donc l'origine de ce « miracle » tardif, pour les répliques ? Les mécaniciens frotte-fissure ont rapidement eu une réponse. Considérez l'une des très nombreuses petites failles truffant une région sismique. Un changement des forces tectoniques en son voisinage, par exemple lors d'un grand séisme sur une faille proche, ou le passage d'ondes sismiques de grande amplitude, peuvent précipiter sa déstabilisation. Elle était à quelques années de rompre, en fin de cycle, glissant à très faible vitesse, quelques microns par an… et la voilà tout d'un coup soumise à une poussée supplémentaire, qui, décrochant de nombreuses micro-aspérités bloquantes, réduit un peu la résistance aux efforts tectoniques, et donc reporte les efforts sur d'autres aspérités qui vont faiblir à leur tour. Tout cela prend du temps. Cette mécanique d'endommagement s'auto-entretient et s'emballe lentement : le frottement chute progressivement, le glissement s'accélère jusqu'à devenir très instable et nucléer une rupture sismique. C'est ainsi qu'en 1994, Dieterich a formulé une première explication théorique du retard des répliques, fondées sur les lois de frottement dont nous avons parlé plus haut, et a retrouvé la vénérable loi d'Omori, avec sa décroissance caractéristique du nombre de répliques en inverse du temps. Une explication alternative fut proposée dans les années 2000 : le taux des répliques serait contrôlé par les glissements lents postsismiques affectant la faille principale ou ses voisines, autour de l'aspérité rompue. L'augmentation des contraintes dues à ces glissements tardifs déclencherait la rupture de petites aspérités du voisinage, et ces dernières devraient rompre en proportion de cette vitesse de glissement. C'est bien ce qui est observé : les lois de frottement sur ces zones stables des failles prédisent une décroissance rapide des vitesses de glissements en $1/t$, bien validée par la géodésie GPS, et correspond bien aux taux des répliques (Figure 10)… Donc, deux modèles, non

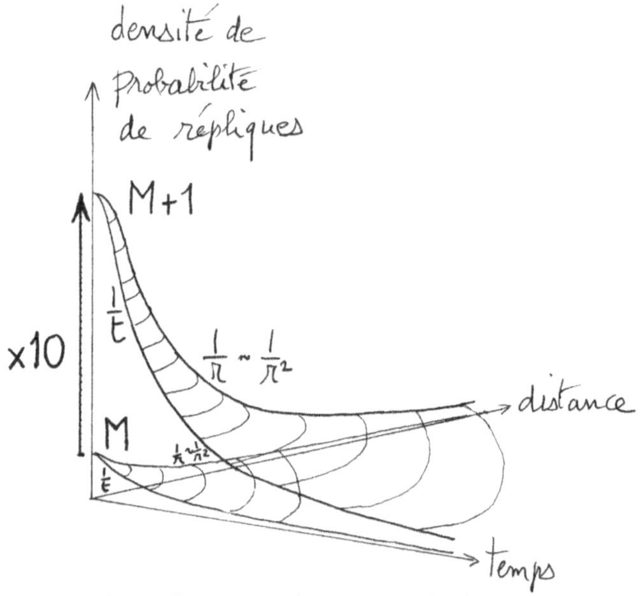

10. Décroissance des répliques avec le temps et la distance. L'analyse de très nombreuses séquences de répliques fournit ces lois empiriques moyennes, donnant la densité de probabilité des répliques en fonction du délai *t* et de la distance à la rupture *r*, ainsi que la dépendance du nombre de répliques à la magnitude M déclenchante.

exclusifs l'un de l'autre, se partagent l'explication du retard à l'allumage des répliques : dans tous les cas, ils font jouer les propriétés de frottement de surface de failles, que ce soit celle des aspérités sismiques, ou celle des zones de glissement stable.

Pourquoi les répliques sont-elles concentrées, pour l'essentiel, au voisinage du choc principal ? On devine qu'il s'agit bien de la zone où les effets mécaniques sont les plus forts ; plus précisément, l'amplitude des perturbations statiques de contrainte décroissent au cube de la distance. Un séisme de magnitude 6, sur une faille de 10 km de long, perturbera 8 fois plus des zones situées à 20 km que celles à 40 km de distance. Les répliques se nichent donc pour la plupart à des distances inférieures à une ou deux longueurs de faille. Mais parfois, on l'a vu, des répliques sont déclenchées à bien plus grande distance de la source : le réajustement élastique final des roches est alors négligeable, et c'est la brève trituration des roches broyées de la zone de contact au passage des ondes sismiques qui en affaiblit la résistance, et lance le processus irréversible d'accélération vers la rupture. La concentration des effets à des distances égales à une ou deux longueurs de faille explique aussi que les gros séismes aient plus de répliques que les plus petits ; ces derniers, associés à des petites failles, perturbent fortement des volumes de roches bien plus réduits que les premiers. Perdre un point en magnitude divise en gros le nombre de répliques par 10. Proposée par Markus Bâth en 1965, une autre loi très simple, fondamentale pour bien caler les niveaux d'activité de répliques, vient de l'observation qu'en moyenne la plus grosse réplique a une magnitude inférieure de 1,2 points à son déclencheur. Enfin, dernière observation, essentielle pour bien prédire la suite : comme toute population sismique, celle des répliques obéit à la loi de Gutenberg-Richter. Ces deux dernières observations font qu'un séisme de magnitude 7 aura en moyenne une réplique de magnitude 6, une dizaine dépassant la magnitude 5, une centaine dépassant la magnitude 4, etc.

L'épidémie sismique

Voilà, vous savez tout sur les entrechocs sismiques ; il est temps de revenir à nos sismologues statisticiens. Bien au fait de ces lois, le sismologue japonais Uchida proposa en 1998 de décrire la sismicité d'une région comme étant due à la somme de deux influences mécaniques : celle liée à l'accroissement régulier des contraintes tectoniques, produisant un taux de sismicité constant avec des déclenchements sismiques indépendants les uns des autres ; et celle des séismes eux-mêmes, bousculant leur voisinage, et produisant un taux de sismicité variable dans le temps et d'amplitude fortement liée à leur magnitude, comme on vient de le voir. Ce modèle, qui pour un instant donné faisait la simple somme de toutes ces contributions des séismes passés, gros ou petits, pour évaluer la probabilité d'un séisme, fut baptisé ETAS (« epidemic type aftershock model of seismicity »), car il se basait sur ces lois simples des répliques, et reprenait la vision d'un déclenchement en cascade des séismes les uns par les autres – telle une épidémie sismique (Figure 11).

Cette formulation intègre donc la loi de Gutenberg-Richter pour prédire la proportion des petites et fortes répliques. Mieux, elle précise la possibilité de très grosses répliques, similaires au choc principal. Prenons un séisme de magnitude 6 : il produit en moyenne une seule grosse réplique de magnitude 5, et devrait donc produire dix fois moins de répliques de magnitude 5 + 1 = 6, donc en moyenne 0,1… En clair, cela veut dire qu'une cascade sismique avec un deuxième séisme de magnitude 6 se produit une fois sur dix. Une réplique de magnitude 7 ne se produirait qu'une fois sur cent ; cependant on ne parlera alors plus de réplique, mais de choc principal, et le séisme initiateur de magnitude 6 prend le titre, après coup, de précurseur (Figure 12). Ces chiffres ne sont pas encore validés de manière très robuste, mais ils montrent bien que l'existence même des cascades et des précurseurs sismiques est intégrée dans cette loi d'entrechocs. Ce modèle fut vite raffiné par plusieurs équipes : elles précisèrent les dépendances spatiales de ces influences, ignorées au départ, et s'efforcèrent d'en trouver les paramètres de calage pour leur propre région d'étude. La dépendance spatiale traduit deux modes de déclenchement vus plus haut : la mise en

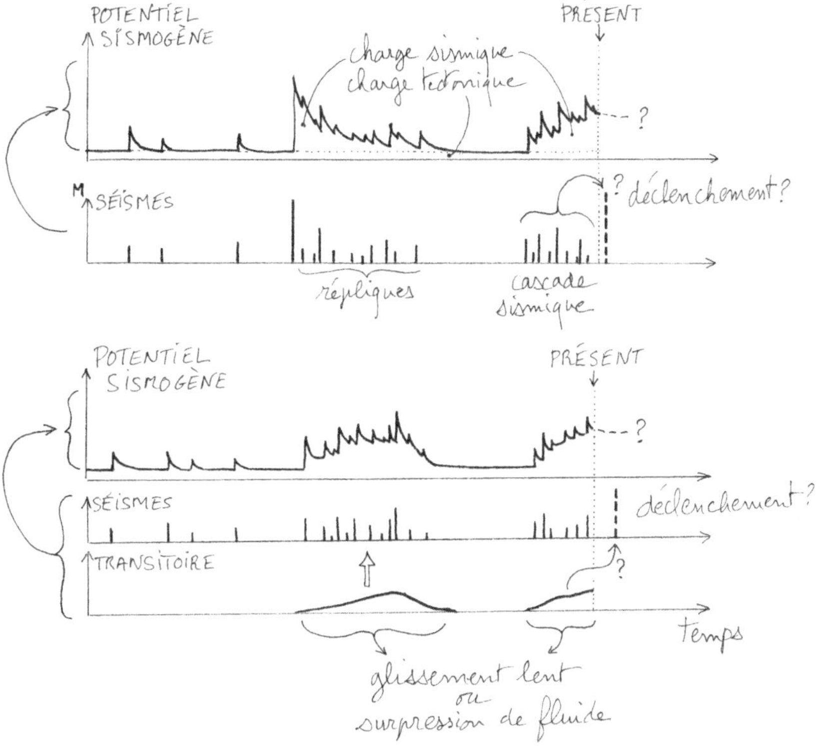

11. Modèle de sismicité. Le modèle ETAS permet de prédire, de manière probabiliste, le taux de sismicité à partir des séismes précédents et du taux de chargement tectonique. Ce type de modèle peut inclure des variations temporelles du chargement tectonique, par exemple liées à des glissements transitoires. Il s'agit alors de détecter ces transitoires par le repérage de leur signature sismique.

charge statique près de la faille, décroissant théoriquement en inverse du carré de la distance r (en $1/r^2$) et les vibrations dynamiques loin de la faille, décroissant en inverse de la distance ($1/r$).

Étudié par les physiciens français Agnès Helmstetter et Didier Sornette en 2002, un tel modèle épidémique prédit un curieux phénomène : avant un séisme donné à l'instant t_0, le taux de sismicité augmente en $1/(t_0 - t)$. Une sorte de loi d'Omori inverse, qui révélerait des précurseurs ! Le nombre

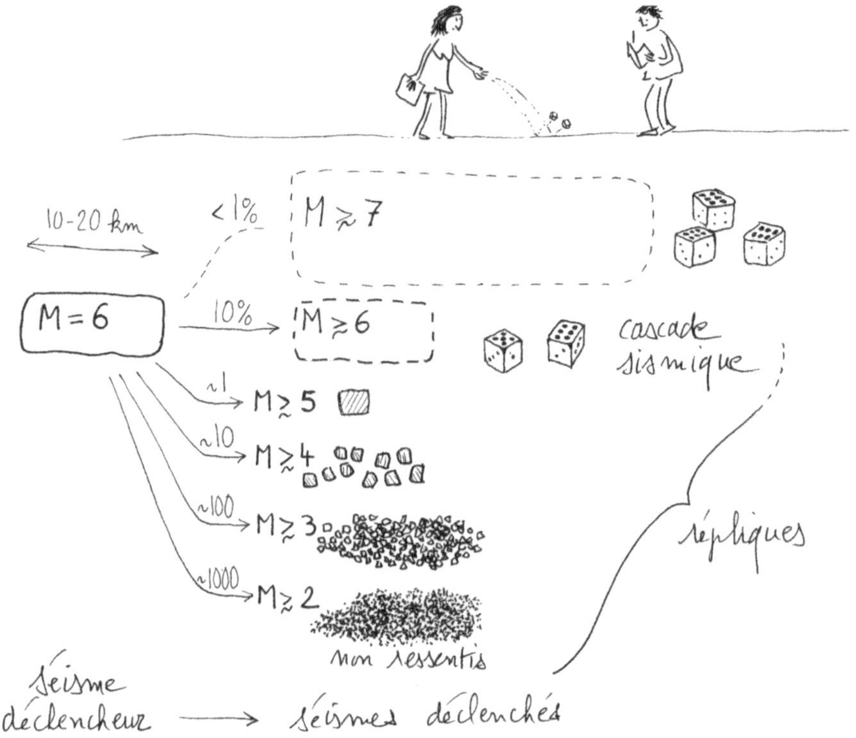

12. Répliques et précurseurs. La loi de Gutenberg Richter, appliquée aux répliques, permet d'expliquer l'occurrence de répliques de même magnitude que celle du séisme « déclencheur », voire avec une magnitude supérieure.

de tels précurseurs étant faible pour chaque séisme, cette loi n'apparaît que par une analyse statistique. Elle ne devrait pas surprendre : un séisme du modèle a d'autant plus de chance de se produire qu'un autre séisme a eu lieu peu de temps avant. Et la statistique observée dans la Nature montre que le nombre de séismes précurseurs augmente bien en $1/t$ avant les séismes, ainsi qu'il fut noté par le sismologue grec Basil Papazachos dès 1975. La sismicité réelle serait-elle essentiellement de nature épidémique ?

Puisque la donnée d'un catalogue sismique permettait de caler ces lois de production sismique, avec des modèles de type épidémique, il devenait possible de prédire la sismicité à venir… évidemment, de manière probabiliste. Les chercheurs se prirent au jeu sur le terrain californien, bénéficiant de catalogues fiables et complets jusqu'à des magnitudes de 2, et s'attachèrent à prédire la sismicité du lendemain, en calant leurs paramètres sur 20 ans de sismicité passée. Ainsi, en 2005, Helmstetter et ses collègues américains publièrent un modèle, basé sur ETAS, qui affichait un gain de probabilité de plus de 10 sur un modèle de sismicité « poissonienne », c'est-à-dire sans interactions ; autrement dit, le modèle prédit correctement dix fois plus de séismes que ne le fait un tirage au hasard. Les chercheurs étaient donc sur la bonne piste ! Des tests similaires en Italie, sur les séquences de répliques de l'Aquila en 2009 et d'Emilie-Romagne en 2012, et en Nouvelle-Zélande avec la séquence de séismes de Canterbury, de 2010-2011, confirmèrent l'adéquation de ces approches.

Mais cette approche épidémique, bien adaptée aux régions de sismicité faiblement corrélée comme la Californie, semblait bien moins efficace, voir inopérante, dans les zones dominées par les essaims sismiques : leur fortes et soudaines concentrations de microséismes, sans choc principal initiateur, séparées par de longues périodes de très faible activité, comme dans le rift de Corinthe, ne pouvaient pas être modélisées par des lois d'influence stables. Sous un forçage tectonique constant, un même séisme en période « agitée » pouvait avoir une influence 100 fois plus grande qu'en période calme… Fallait-il abandonner cette modélisation trop simple du modèle ETAS et de ses avatars, avec ses influences figées ? Une manière de contourner cette difficulté fut de supposer des influences sismiques effectivement figées, mais d'autoriser un forçage tectonique variable dans le temps.

Certains sismologues de la source étaient déjà sur cette piste, familiers depuis des années de ces phénomènes de déformation transitoires, glissements paresseux parfois associés à l'apparition de petites nuées microsismiques. Mais il fallait aller plus loin que ce simple constat, et intégrer ces forçages indolents aux lois de la dynamique sismique. Le but était de reconnaître les périodes d'activité sismique « anormales », impossibles à décrire par le forçage tectonique habituel, révélant ces transitoires lents si discrets. Depuis 2010, plusieurs groupes de recherche explorent cette nouvelle approche, initiée par le géophysicien français D. Marsan et ses collègues ; avec un succès encore mitigé, car si les crises anormales commencent à être repérées par les nouveaux codes de calcul, la quantification du forçage associé à ces crises reste très floue... Cette méthode fut appliquée en particulier à la séquence sismique précédant le séisme géant de Tohoku de 2011, au Japon, et l'équipe de Marsan montra que la crise qui précéda de deux jours ce séisme, avec un précurseur de magnitude 7 et plusieurs de 6, était probablement une simple cascade sismique, et n'avait pas eu besoin de forçage supplémentaire pour se développer... mais l'activité des deux mois précédents, anormalement élevée, ne pouvait pas s'expliquer par des interactions sismiques, et nécessitait un forçage asismique.

Cette nouvelle approche associant une physique simple à l'analyse fouillée des catalogues motiva de nouvelles études statistiques sur la phase de préparation des séismes. Le sismologue français Michel Bouchon et ses collègues reprirent en 2013 les traces des sismo-physiciens férus de criticalité des années 1990, et analysèrent la sismicité précédant les 50 grands séismes du Nord Pacifique des années 2000 à 2010. Pour les séismes mobilisant les failles de contact interplaques, pris globalement, ils montrèrent clairement une accélération de la petite sismicité, de magnitude supérieure à 3,5, avant la grande rupture ; une accélération visible à tant à l'échelle du mois qu'à celle de la journée précédant le choc. Pour les autres failles, à l'intérieur des plaques, rien de notable... Ces petits tremblements précurseurs interplaques montrent deux classes bien distinctes. Pour les failles verticales comme celle de San Andreas, sur lesquelles les blocs coulissent horizontalement, leurs sources restent blotties à quelques kilomètres de l'épicentre du futur grand séisme. Proches les uns des autres, ces pré-chocs pourraient être expliqués par le modèle simple de cascade sismique. Pour les failles de chevauchement des zones de subduction, ils s'étalent au contraire jusqu'à des distances de 50 km du futur épicentre. Avec les nouveaux modèles épidémiques à l'appui, il fut montré que ces distances étaient trop grandes pour permettre une interaction mécanique : l'accélération du niveau de sismicité ne pouvait être due qu'à un forçage caché – un glissement lent de grande échelle, interprété comme une longue phase de nucléation de la rupture à venir.

Frottouillis ou gargouillis ?

Il suffirait donc d'identifier ces bouffées d'activité sismique anormales pour détecter et localiser les moindres glissements lents à la surface des grandes failles... Facile ! Hélas, non. Car l'eau des profondeurs vient mettre son grain de sel dans tout cela. Nous l'avons vu à propos des séismes induits par l'homme : nul besoin de grands glissements de forçage pour déclencher des petits séismes en pagaille, une surpression de fluide au sein de la zone fracturée des failles fait tout aussi bien !

Alors, comment distinguer des essaims sismiques déclenchés par des glissements lents, de ceux déclenchés par des surpressions de fluide ? Si on les regarde de près, les nuées micro-sismiques montrent souvent des migrations, sur des kilomètres ou même des dizaines de kilomètres, à des vitesses bien différentes pour ces deux forçages : les zones de glissement lent sur les failles progressent à la vitesse d'un escargot dopé, plus d'un kilomètre par jour, encore bien loin des kilomètres par seconde des instabilités sismiques ; les gonflements de surpression d'eau dans les zones fracturées, quant à eux, vont nettement moins vite, genre concombre de mer véloce, de 1 à 100 mètres par jour. Évidemment, les zones fracturées ne sont pas des gros tuyaux, mais des entrelacs de micro-fractures et de pores par où l'eau peut suinter…

Pour compliquer les choses, à vrai dire, les deux mécanismes sont inséparables, même si l'un peut largement dominer l'autre. En effet, dès que les failles glissent, des chenaux perméables sont susceptibles d'apparaître en leur sein, et les pressions d'eau peuvent s'y diffuser. Et dès qu'une surpression pénètre une zone de faille très chargée par la tectonique, elle réduit la pression de confinement, desserre les aspérités bloquantes, et permet l'amorçage d'un glissement lent – lequel ne dégénère pas forcément en un séisme, la surface déstabilisée étant petite et stable.

C'est d'ailleurs un processus fréquemment observé dans un contexte industriel d'injection d'eau sous pression à des kilomètres de profondeur, pour la géothermie ou le « fracking ». La montée en pression peut faire glisser les failles, ce qui en retour en augmente la conductivité hydraulique et permet de distribuer cette pression encore plus loin. Ce phénomène n'est pas forcément le but visé, et peut dégénérer en une rupture sismique bien mal venue : rappelez-vous ce séisme de magnitude 3,5 à Bâle, en 2006, ou celui de magnitude 5,7 dans l'Oklahoma, en 2012. Dans le rift de Corinthe, nos analyses des essaims de microséismes naturels ont bien mis en évidence cette double activité de surpressions d'eau et de glissements, les premières semblant contrôler, pour la plupart, ces derniers ; dans les zones de subduction, au contraire, les glissements transitoires dominent les processus détectés, et le rôle des surpressions de fluides, sans doute important, reste mal cerné.

C'est une mécanique assez similaire, largement contrôlée par les forçages par des fluides, qui explique la microsismicité précédant les éruptions volcaniques : une mécanique de roches fondues se forçant un passage au travers des roches fragiles de l'édifice, refracturant ses conduits cimentés par les laves refroidies des dernières crises. Non seulement le nombre de microséismes s'accroît, mais leur migration vers la surface, depuis une chambre magmatique située à plusieurs kilomètres de profondeur, trahit directement la montée du magma et sa progression vers le sommet de l'édifice.

Revenons aux grands séismes. Pour en prévoir la venue imminente, est-il donc si important de savoir si c'est un glissement lent ou une forte surpression d'eau qui fait craqueler la racine des failles ? La réponse n'est pas encore très claire. Imaginons les deux situations. Sur une surface qui glisse lentement, les contraintes se relâchent et se reportent sur les aspérités voisines qui, elles, restent coincées et deviennent menaçantes – d'autant plus menaçantes que le glissement se poursuit. Le danger viendrait donc des zones silencieuses alentour, zones sur lesquelles la rupture dynamique du séisme pourrait démarrer. La situation est bien différente pour des petits séismes forcés par des surpressions d'eau, car c'est précisément sur cette zone même que la faille s'affaiblit et risque de rompre, initiant un grand séisme. Si l'on veut pouvoir tirer parti au mieux de ces différences de potentiel sismogène, il faudrait bien connaître la géométrie et le degré de chargement des grandes failles à proximité immédiate de ces bouffées sismiques. On en est bien loin.

Descente aux enfers

Comment donc lever ces incertitudes sur les modes de génération des essaims sismiques, et sur les modes de préparation des grands séismes ? Que peut-on croire des divers modèles des processus cachés, si les seuls indices exploitables sont des observations de surface, vibrations ou déplacements du sol, à des kilomètres au-dessus de leurs sources – les signaux reçus étant atténués et distordus par leur propagation au travers des couches hétérogènes des roches, et brouillés par leurs multiples échos ? Des sources bien cachées, concoctant on ne sait trop quelle fulgurance dans les profondeurs de la croûte terrestre ; inaccessibles… Inaccessibles, vraiment ? Pourquoi ne pas y aller voir, en direct ? On va bien sur Mars… Forons !

La technologie est d'ailleurs bien au point depuis des décennies. Déjà, en 1975, seconds arrivés dans la course à la Lune, les Soviétiques ont su prendre leur revanche et forer le puits le plus profond de notre planète – 13 km, dans les plaines de Sibérie. Malheureusement ils ont creusé loin de toute zone sismique. Le puits de KTB, en Allemagne, atteint 9 km en 1994, mais il ne visait pas non plus de faille active. Les forages industriels des zones d'exploitation d'hydrocarbures ou de géothermie dépassent fréquemment 5 km, mais ils évitent, autant que possible, les zones de sismicité active et leurs failles instables. Les premiers essais des sismologues furent modestes : 800 m de profondeur sur la faille de Kobé, en 1995, et 1 km sur la faille d'Aigion, en 2002, dans le rift de Corinthe. Deux failles actives, génératrices de grands séismes, ont donc été percées dans leur partie superficielle pour en extraire des « carottes » et en analyser la structure interne : cœur de roches broyées ou nappé d'argile, en sandwich entre des couches de roches intensément fracturées. Mais le forage se trouvait encore bien trop loin des zones sources profondes qui nous intéressent ici.

Pour aller plus profond, les sismologues foreurs devaient faire face à deux gros problèmes : d'une part les températures élevées, dépassant les 100 à 150 °C, qui ne sont guère appréciées trop longtemps des composants électroniques ordinaires des instruments de mesure ; et d'autre part le coût, une bonne dizaine de millions d'euros, au minimum, pour cinq kilomètres de profondeur, et peut-être dix fois plus si l'on vise neuf kilomètres. Un tel budget, peu ordinaire pour des observatoires géophysiques, ne suscite pas l'enthousiasme des organismes qui distribuent l'argent de la recherche publique.

Après de longues années de lobbying, les géophysiciens californiens ont pu réaliser leur projet. Tout d'abord, en 2002, un forage pilote a été réalisé aux abords du segment de Parkfield sur la faille de San Andreas. Puis, en 2008, ils ont pu forer un puits de 3,5 km qui a recoupé la faille de San Andreas, au voisinage de ces petites séismes répéteurs (Figure 13) ; les géophysiciens ont remonté à la surface une impressionnante moisson d'informations sur ce cœur de faille qui fit la joie des géologues et des mécaniciens frotte-fissures. Au grand dam des sismologues, les chapelets de sismomètres descendus en 2010 dans le puits n'ont pas résisté longtemps ; ils ont pu être remplacés, quelques années plus tard, par des géophones de secours, plus robustes, mais moins performants, délivrant un signal parasité par les bruits électriques captés par les câbles longs de plusieurs kilomètres…

Cet échec relatif a un peu refroidi les supporters de grands observatoires en forage profond, et renforcé les soutiens pour les projets ambitieux, et somme toute concurrents, d'observatoires de surface, à terre et en mer. Mais certains ne démordent pas : un projet à 100 millions de dollars a démarré en 2012 en Inde pour le forage et l'instrumentation de puits à plus de 5 km de profondeur. La cible : une zone de sismicité induite par un grand barrage, dans les forêts protégées du Kerala. Un barrage dont la

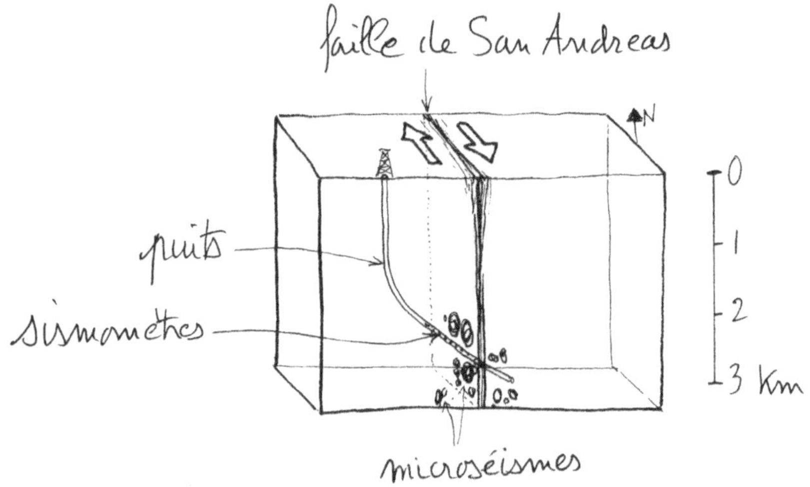

13. Observatoire géophysique en forage profond (SAFOD), en Californie. Le puits recoupe la faille de San Andreas à près de 3 km de profondeur, au voisinage des petites aspérités sismiques. Les sismomètres installés au fond permettront de mieux comprendre leur mécanique de rupture répétitive.

première mise en eau, en 1967, avait provoqué un fort séisme très destructeur, et qui poursuit encore ses contrecoups sismiques – un processus encore mal compris, dont les mesures rapprochées au plus près des sources sont précisément l'objectif du projet. Seule difficulté, mais pas des moindres : les dizaines de tigres du parc naturel qu'il est hors de question de déranger avec un chantier de cette ampleur. Les cinq premiers puits d'approche, de 1 km de profondeur, équipés de sismomètres, ont dû être forés loin en lisière du parc, faute d'autorisation pour se déployer près de la zone de sismicité induite, au cœur du territoire des fauves.

Les forages profonds resteront encore longtemps bien marginaux dans les projets d'instrumentation et de surveillance de ces craquellements de la croûte, et il faudra être patient pour bénéficier enfin de leur vision rapprochée… Au contraire, depuis près de 20 ans, l'extraordinaire développement des réseaux denses de surveillance sismique et géodésique de surface a déjà bien payé en découvertes. Leurs mesures ont profondément modifié notre vision de la genèse des séismes et de la mécanique des failles, révélant l'ubiquité de nouvelles formes d'instabilités transitoires de la croûte, glissements lents et migrations de fluide sous pression. Les failles, que nous pensions bloquées en attendant leur heure souvent fatale, sont en fait le terrain de jeu quasi-permanent de toutes sortes de processus, silencieux ou sismiques, étroitement couplés entre eux, et capables de dégénérer, parfois – rarement – en de grands séismes. Toute une mécanique dont les lois se découvrent peu à peu. Mais ces lois sont des lois statistiques, qui ne diront jamais « voilà ce qui se passe, et voilà ce qui va se passer », mais : « voilà ce qui est peut-être en train de se passer, et voici l'éventail des possibles évolutions, avec leurs probabilités ». À la clé : donner la probabilité de l'occurrence d'un grand séisme sur telle faille, dans la semaine – ou les secondes – qui viennent...

Mais avant d'aborder ces diverses formes d'alerte que la science permet depuis peu, je vous propose, un moment, de laisser de côté la mécanique des failles, car ces dernières ne sont pas seules responsables des vibrations naturelles captées par les sismomètres. Cet ouvrage s'intitule *Pourquoi la terre tremble*, et avec ce titre lapidaire, mon éditeur m'a un peu coincé : il ne m'est pas vraiment possible de faire l'impasse sur ces autres sources de tremblements, celles qui n'ont rien à voir avec les failles tectoniques. Certaines sources sont exotiques et rares, éclats d'événements singuliers à la surface de notre planète ; d'autres, au contraire, sont persistantes, et responsables du bruit de fond sismique. Toutes sont riches d'enseignements, comme nous allons le voir.

CHAPITRE 12

Bruits exotiques

Si vous allez visiter un observatoire sismologique dans l'espoir de voir en direct et sans risque la terre trembler et s'ouvrir, vous risquez d'être déçu. Très souvent, la seule animation provient de grands écrans sur lesquels défile le petit tremblotement irrégulier et bien ennuyeux de sismogrammes alignés et synchronisés, transmis en temps réel par des instruments installés sur le terrain – dans la région, ou à l'autre bout du monde. Parfois de brefs signaux de vibrations du sol rompent la monotonie de ce bruit de fond : passage d'un véhicule ou d'une machine agricole, rafale de vent dans les arbres, ou le pas d'un opérateur... mais bien rarement la trace du séisme que vous souhaitiez voir en temps réel ! Le sismologue cherche habituellement à se débarrasser des signaux parasites pour ne retenir que les rares et brèves ondes d'origine tectonique : la comparaison des signaux d'un appareil voisin du réseau de surveillance, à 10 ou 100 km de distance, permet de faire le tri ; en effet les sources parasites locales, trop faibles, ne sont pas perçues à ces distances. Mais les choses ne sont pas si simples. D'abord, certaines sources sismiques artificielles sont assez puissantes pour être repérables de très loin, et donc par plusieurs stations. Ensuite, certaines sources sismiques naturelles, détectées de très loin, n'ont rien à voir avec le jeu des failles, ce qui n'enlève rien de leur intérêt, au contraire. Et enfin, le bruit de fond sismique, malgré sa faiblesse et son apparence aléatoire, est lui-même porteur d'informations tout à fait surprenantes sur la structure de la Terre. Voilà donc les trois sujets de ce chapitre un peu exotique. Commençons par « nos » vibrations, celles de l'homme et de ses explosions.

Explosions

De par le monde, l'activité humaine la plus commune qui génère de puissantes vibrations du sol semblables à celle des petits séismes est le tir de carrière, ou le tir de mine. On peut le détecter parfois à des dizaines de kilomètres de distance ; à tel point qu'en France, largement plus de la moitié des signaux sismiques détectés tous les ans par le réseau national de surveillance du CEA ne proviennent pas de la mise en jeu des failles naturelles, mais bien des tirs à la dynamite de casse-cailloux industriels. Quelques indices pour les repérer : ils ont souvent lieu à dans une même zone, à heures fixes, voire rondes… et jamais la nuit.

Mais d'autres signaux d'explosions artificielles sont parfois détectés à grande distance ; explosions accidentelles, militaires, voire criminelles. Ainsi, le 21 septembre 2001, l'explosion d'un tas de nitrate de 300 tonnes, stocké dans un hangar du site AZF à Toulouse, a été identifiée jusqu'à 70 km de distance sur les sismomètres du CEA. En détonant, la poudre de nitrate s'est transformée, en une fraction de seconde, en une masse gazeuse terriblement comprimée, qui s'est détendue à des vitesses supersoniques dans l'atmosphère tout autour, tuant 35 personnes et endommageant 20 000 habitations toulousaines. Simultanément, la surpression provoquait sur le sol le creusement d'un cratère de 5 m de profondeur et une violente compression des roches, se propageant sous forme d'ondes sismiques dans le sous-sol – comme l'aurait fait un monstrueux coup de marteau. Les nombreux témoins font bien état de deux phases bien distinctes dans l'explosion ressentie : d'abord la vibration sourde du sol, puis le bruit de l'explosion aérienne – les ondes sismiques précédant les ondes sonores aériennes, en gros 10 fois plus lentes. À 3,5 km du cratère, dans les bâtiments de l'Observatoire Midi-Pyrénées (OMP), un sismomètre en cours de test a parfaitement enregistré les ondes de l'explosion. Ondes P, ondes S, ondes de surface, et même les ondes sonores, 11 secondes plus tard, qui ont fait vibrer le bâtiment. Ces signaux furent longtemps sujets à polémique, dans le cadre des procédures judiciaires auprès du Tribunal de Toulouse visant à mettre au clair le déroulement des faits et les éventuelles responsabilités. Une hypothétique source déclenchante extérieure au site AZF avait été envisagée… Avec l'expert sismologue Pascal Bernasconi, pour tenter d'assainir le débat qui avait tendance à s'envenimer, nous avons pu proposer et mener en 2004 une expérimentation assez peu orthodoxe, dans l'idée de reproduire, à toute petite échelle, l'effet de massue de l'explosion de 2001 sur le sol. Un bloc de béton de 20 tonnes, soulevé par une grue, fut lâché d'une hauteur de 20 mètres, juste à côté du cratère (Figure 14). Les vibrations émises par le choc sur le sol furent enregistrées à l'OMP sur un sismomètre installé exactement au même endroit qu'en 2001, produisant un petit signal, hélas émergeant à peine du bruit de fond. Mais la grue reprit son travail de Sisyphe, à l'identique, hissant le bloc, le laissant retomber, 10 fois, cent fois, des heures durant… La sommation de tous ces signaux répétés permit de réduire leur bruit parasite et d'extraire un signal clair, donnant une bonne approximation de ce que les physiciens appellent une fonction de Green : la réponse du milieu (les roches élastiques), en un point donné (le sismomètre), à une force instantanée (bref choc de décélération de la masse) et ponctuelle (le point d'impact de la masse). Une telle force verticale, comme celle d'un monstrueux coup de marteau, est aussi ce qui était attendu, en première approximation, comme effet de l'explosion de 2001 sur le sol. Si aucune autre source n'était venue parasiter l'enregistrement de 2001, les deux signaux devaient donc se ressembler, à un (très grand) facteur d'amplitude près. Et effectivement, après une petite correction de durée, les deux signaux, celui du coup de massue et celui de l'explosion, étaient superposables ! La localisation de la source du signal sismique de 2001, précisément au niveau du tas de nitrate, était donc démontrée ; et il n'était plus nécessaire de faire appel à une quelconque explosion éloignée pour expliquer les formes d'ondes complexes du sismogramme.

Ce problème de détection, d'identification et d'analyse de sources explosives prend un éclat singulier, avec des enjeux politiques et humains considérables, lorsqu'il s'agit de tirs nucléaires. Suite aux premières signatures du traité d'interdiction complète des essais nucléaires, en 1998, il était à craindre que certains pays dotés de l'arme nucléaire, ne souhaitant pas faire trop de publicité sur la poursuite de leurs essais souterrains, en aient réduit la puissance pour en limiter la visibilité. Depuis cette date, l'organisme international chargé de la surveillance de ces essais dans le cadre du traité, le CTBTO, à Vienne, a mis progressivement en place des observatoires très performants, avec des réseaux très denses de sismomètres,

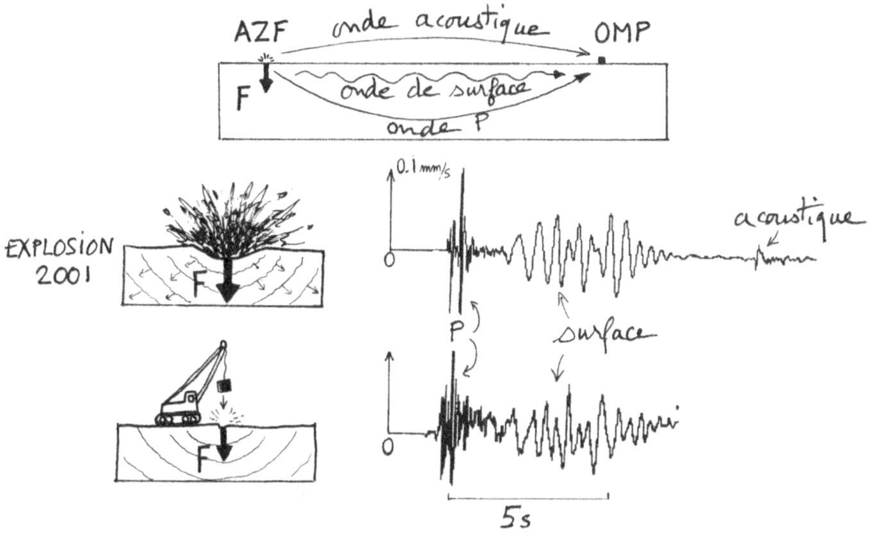

14. Modélisation du sismogramme de l'explosion AZF de 2001. Une expérimentation avec des chutes de poids répétées a permis de reproduire correctement le signal complexe enregistré en 2001 à l'Observatoire Midi-Pyrénees, et notamment le double pulse des ondes P, que certains pensaient liés à deux explosions.

d'hydrophones et de micro-baromètres; autant d'antennes ultrasensibles pour détecter les moindres vibrations suspectes dans la terre, dans les océans, et dans l'atmosphère, croisant leurs informations pour repérer les tirs éventuels. Cette analyse est délicate, car le caractère a priori très singulier de ces sources, avec leur premier mouvement compressif de l'onde P, émis dans toutes les directions et leur très faible profondeur d'hypocentre, reste difficile à cerner en raison de l'interaction quasi immédiate de la zone source avec la surface libre proche, perturbant les premières ondes, et de la faiblesse des signaux aux sites de mesure. Mais le goût du secret n'est clairement pas celui de la Corée du Nord: après quelques essais à la limite de détection, ses militaires réalisent en 2016 un tir souterrain très bien enregistré par le CTBTO, d'une puissance proche de celle d'Hiroshima. Les ondes sismiques émises, largement repérées aux quatre coins du globe, étaient similaires à celles d'un séisme de magnitude 5,5. Un tir qui fut très vivement dénoncé par la communauté internationale, dès sa caractérisation précise par les sismologues du Centre de surveillance.

Chutes et chocs

La Nature produit elle aussi toutes sortes d'explosions et de chocs violents à la surface de la Terre, sources d'ondes sismiques détectables à grande distance. On pense bien sûr aux éruptions volcaniques, dont le caractère explosif peut largement dépasser les capacités humaines. Les moins jeunes se souviennent peut-être de l'explosion cataclysmique du Mont Saint Helens, aux États-Unis, en 1980. En phase d'activité éruptive marquée par une microsismicité soutenue, le volcan est soudain violemment ébranlé par un séisme de magnitude 5,1, localisé à l'aplomb de l'édifice. Une magnitude considérable dans un contexte volcanique ! Ce séisme a déstabilisé le flanc du volcan, provoquant la décompression des gaz confinés qui ont arraché, fragmenté et pulvérisé un volume de 3 kilomètres cubes de roches, formant une monstrueuse avalanche dévalant les pentes, à la vitesse de 200 km/h. Cette avalanche s'est déversée jusqu'à 20 km de distance, accompagnée d'un souffle brûlant qui a grillé une surface de 400 km^2 de forêt aux alentours. Dans cette mécanique infernale, qui a causé quoi ? Est-ce l'écroulement du flanc de l'édifice qui a provoqué l'explosion, ou bien le contraire ? Question loin d'être anodine pour les volcanologues qui veulent pouvoir évaluer, à l'avance, les risques d'évolution des crises. La réponse, suggérée par de multiples observations rapprochées, fut confirmée à distance par le détail des puissantes ondes sismiques de surface de très longue période détectées par les stations sismologiques américaines : c'est bien le gigantesque glissement gravitaire du flanc qui provoqua l'explosion principale.

Les déstabilisations de flancs de volcans ne sont pas les seuls mouvements de terrain gravitaires propres à faire vibrer la terre. Ces mouvements prennent des formes extrêmement variées : écroulements de falaises en bord de mer ou de parois en montagne, effondrements d'aiguilles rocheuses, avalanches de roches sur de fortes pentes, glissements en masse d'épaisses langues rocheuses... Les mécanismes et la dynamique de leur déclenchement sont encore mal connus, et très variables. Mais deux phénomènes naturels semblent bien jouer un rôle important, sinon majeur, de déclencheur : les grosses pluies, et les grands séismes – auxquels s'ajoutent les mécanismes de gel et dégel. Les eaux de pluie s'infiltrent dans le massif instable, faisant monter la pression d'eau au contact entre les couches instables et le socle rocheux, desserrant leur étreinte, voire lubrifiant les fractures ; les séismes, quant à eux, font vibrer le massif instable, endommageant les aspérités fragiles qui assurent la tenue du contact, et les désagrègent... Surpression d'eau ou vibrations : deux processus, de cinétique très variable, qui peuvent lancer la grande déstabilisation. Des mécanismes dont je vous ai déjà un peu parlé, faisant partie de la panoplie des déclencheurs des séismes tectoniques.

On peut même pousser plus loin la comparaison aux failles sismogènes. Certains grands glissements de terrain sont surveillés et auscultés par toutes sortes d'instruments ; souvent des géophones haute fréquence pour déceler et localiser les moindres petits craquèlements, et des antennes GPS et des mires géodésiques plantées sur le dos du colosse rocheux ; parfois des capteurs de pression d'eau au fond de petits forages, à la base du glissement, mesure de résistivité électrique, géochimie des eaux, inclinomètres, extensomètres. Tout est bon pour détecter les moindres mouvements de la bête. Ces observatoires de terrain ressemblent, par leur approche multidisciplinaire, et en miniature, à ceux mis en place dans les zones de failles actives… En France, sur le site pilote de La Clapière, dans les Alpes, le mouvement gravitaire reste paisible : les mesures montrent un grand glissement d'ensemble, du mètre à la dizaine de mètres par an, s'accélérant un peu en période de grosses pluies. Ces phénomènes transitoires lents rappellent ceux récemment détectés sur les failles dont nous avons parlé plus haut. Car au fond, la surface de contact entre le bloc rocheux qui se déplace et le bloc rocheux du socle immobile n'est-elle pas une sorte de faille, elle aussi ? Des glissements sur faille, donc, avec des moteurs différents, tectonique pour l'un, gravitaire pour l'autre, mais soumis à une mécanique semblable, celle du frottement entre solides… Les études sur la phase préparatoire de certains grands glissements de terrain, facilitées par la faible profondeur du contact, pourraient peut-être éclairer certains aspects mystérieux des transitoires tectoniques.

Comme pour les grandes failles tectoniques, ces glissades lentes de volumes colossaux de roches se terminent parfois assez mal, prenant en quelques secondes des vitesses considérables sur les pentes, et détruisant tout sur leur passage – heureusement souvent dans des zones montagneuses peu construites. Mais une catastrophe peut en préparer une autre : achevant leur course en fond de vallée, les masses rocheuses peuvent obstruer les rivières, et former un petit lac de barrage en amont. La pression montera peu à peu contre cette digue fragile qui finira par être emportée, parfois avec violence, sous forme de coulée de boue dévastatrice pour les habitations en aval… Et bien sûr, à l'instar des grands séismes, ces déplacements de roches ne font pas bon ménage avec les plans d'eau : la chute d'un massif rocheux dans un lac ou dans la mer, tout comme un grand glissement de terrain sous-marin, peut y provoquer un raz de marée de plusieurs mètres ou dizaines de mètres, inondant le littoral. Dans un fjord de Norvège, en 1934, l'écroulement d'une paroi abrupte a provoqué une vague de 60 m de haut au voisinage de l'impact...

Comme pour les séismes, pour se protéger contre ces mouvements gravitaires catastrophiques, il faut en premier lieu en estimer les impacts, ce qui servira à cerner les zones à risque et à en contrôler l'usage. Mais comment relier la masse qui pourrait être mise en mouvement avec la distance qu'elle va balayer sur les pentes, ou encore plus bas dans la vallée ? La physique de ces phénomènes naturels est très complexe et encore mal documentée. Elle est approchée depuis longtemps par l'association de lois empiriques, de modèles théoriques et numériques, voire d'expériences miniatures en laboratoire avec du sable et des billes, ou en grandeur « presque nature » avec des amas de débris rocheux, s'écoulant sur des plans inclinés. Ces expériences avec des milieux granulaires sont maintenant bien reproduites, dans leurs caractéristiques principales, par les calculs numériques qui intègrent des lois de frottement adaptées à la physique attendue pour chaque matériau mobilisé : la masse déplacée, la durée et la vitesse de l'écoulement, ainsi que la distance totale parcourue sont toutes bien prédictibles. Mais lorsque ces mêmes lois, ajustées à ce que l'on croit savoir des matériaux rocheux naturels, sont utilisées pour prédire ne serait-ce que la distance parcourue par tel ou tel grand éboulement bien documenté par les géologues, les mécaniciens modélisateurs ont souvent tout faux, avec des distances calculées bien inférieures aux observations de terrain. Pour expliquer ces longues trajectoires dans la nature, il faut imposer, dans le calcul, des valeurs de frottement très inférieures à celles bien calées en laboratoire. Et donc, il faut imaginer des processus physiques encore méconnus se développant à l'interface entre le substratum et les roches en mouvement, ou en leur sein même... Une piste, sans surprise, c'est l'eau, qui n'est pas encore introduite dans les modèles. En particulier, si la couche rocheuse à la base du glissement se compacte au cours du glissement, de l'eau prisonnière y ferait monter la pression, réduisant le frottement et facilitant le mouvement de terrain... comme pour les séismes tectoniques ! Mais des terrains secs produisent aussi, parfois, de grands glissements très étalés... Rien n'est simple. En l'absence de mesures de terrain à proximité ou au sein de la masse de roche en mouvement, la dynamique détaillée de ces processus paraît nous échapper. Et le chercheur n'est pas le seul frustré, car la détection de grands glissements permettrait d'informer au plus tôt les autorités pour prendre des mesures adéquates de protection des populations.

Alors, comment progresser en l'absence de mesures rapprochées ? Bien sûr, vous l'avez deviné, en exploitant les mesures lointaines des vibrations émises, comme cela fut fait pour l'explosion du Mont St Helens... Mais après cette étude pionnière et quelques autres, il fallut attendre le début des années 2000 pour que les sismologues développent des approches systématiques, avec les réseaux de surveillance à l'échelle planétaire.

Les premiers travaux d'envergure furent entrepris par l'Américaine E. Brodsky et ses collaborateurs, révélant les signaux sismiques de faible niveau de très grands glissements, aux périodes longues de plusieurs dizaines de secondes, une durée caractéristique de ces glissades géantes. Leurs analyses valident un modèle physique très simple d'accélération de la masse par gravité, facilitée par un très faible frottement sur le socle rocheux. La source de ces ondes de basse fréquence est un simple processus d'action et de réaction (Figure 15a). Lorsque la surface de contact est bloquée ou permet juste une faible vitesse de glissement régulière, la force de frottement appliqué par le socle à la masse rocheuse est exactement compensée par la gravité ; et bien sûr, elle est égale et opposée à la force de frottement appliquée par les masses sur le socle, déformant élastiquement ce dernier en profondeur... En dynamique accélérée, lorsque le frottement du plan de contact décroît, la force de contact dirigée vers le haut de la pente, qui empêche la masse rocheuse de glisser, diminue rapidement ; et la force de gravité, qui elle ne change pas, n'est alors plus exactement compensée, et accélère donc cette masse vers le bas de la pente... Par réaction, la force de contact opposée, qui déformait les roches du socle, diminue tout aussi rapidement, libérant le socle élastique de cette traction, et produisant des ondes qui filent au loin dans le sous-sol. Bref : le glissement part d'un côté, et le socle rocheux de l'autre... Et en fin de course, le glissement décélère et se bloque, envoyant une dernière grosse impulsion dans la croûte terrestre (Figure 15b). Après cette étude, de nombreux chercheurs européens et américains analysèrent et simulèrent cette force à l'origine des ondes sismiques ; et en 2013, après avoir étudié une trentaine de grands glissements bien enregistrés à des distances de milliers de kilomètres, le Néerlandais G. Ekström et ses collaborateurs proposent des lois empiriques reliant cette force à la masse mobilisée.

L'immense majorité des glissements de terrain sont cependant trop petits pour produire des ondes basses fréquences détectables ne serait-ce qu'à des centaines de kilomètres. Alors, depuis quelques années, c'est sur les sismogrammes réseaux régionaux et dans la gamme des plus hautes fréquences, du Hz à quelques dizaines de Hz, que sont recherchées les traces des mouvements de terrain violents. Car par chance (si l'on peut dire), les grands glissements de terrain ont lieu surtout dans les

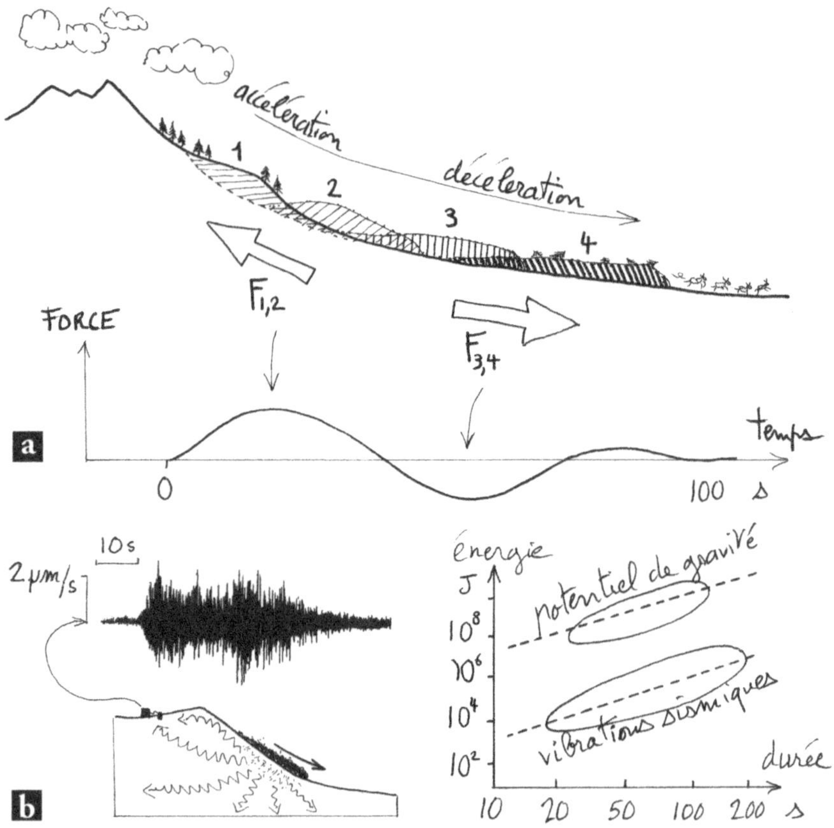

15. Éboulements sismiques. a. Vu de loin, à longue période, l'effet principal d'un grand éboulement est celui d'une force apparaissant à la base du glissement lors des accélérations, décélérations, ou déviations des masses rocheuses. **b.** Vu de près, à haute fréquence, l'énergie totale de vibration élastique est proportionnelle à l'énergie potentielle de gravité perdue, d'après C. Hibert et ses collaborateurs. Les sismogrammes donnent donc accès à des caractéristiques importantes de l'éboulement.

régions montagneuses, qui, par nature, sont aussi des zones de plus forte sismicité tectonique – et donc les lieux de concentration de stations sismiques. Les témoignages sur les effets ressentis à proximité d'un mouvement gravitaire sont bien plus rares que pour les séismes, mais on imagine bien le grondement sourd émis par un fleuve ou une cascade de roches dévalant la montagne, entrechoquant et concassant des blocs de toutes tailles, raclant et creusant la surface du sous-sol ; lequel prend bien sûr sa part de l'énergie des chocs et des à-coups, pour la propager au loin sous forme d'onde élastiques. Perception auditive de sons graves, de dizaines à des milliers de Hz, et perception corporelle de vibrations solides plus basse fréquence, sous les pieds, du Hz à des dizaines de Hz. Sans doute bien ressenties à quelques dizaines ou centaines de mètres du glissement, ces ondes sismiques peuvent être détectées par des sismomètres très sensibles à des dizaines de kilomètres. Avec les nouvelles méthodes de pointé des premières ondes P et de localisation développées pour les tout petits séismes, les sismologues tentent de mettre au point des procédures automatiques pour localiser ces glissements ; mais il est difficile de ne pas les confondre avec de petites sources tectoniques ou des tirs de carrière. Les recherches sur leur durée et sur leurs caractéristiques propres, comme la répartition de l'énergie en fréquence et au cours du temps, sont encore très exploratoires ; mais grâce à de nouvelles méthodes adaptatives de reconnaissance automatique de signaux, l'ordinateur devient plus partenaire qu'esclave dans cet effort de classification – et plus efficace. L'interprétation de ces caractéristiques d'énergie, de fréquence et de durée, en termes de mécanismes à la source, est au cœur des travaux actuels de modélisation. En 2011, dans le cadre de sa thèse sur l'analyse sismologique de nombreux éboulements dans le cratère du volcan Dolomieu, à La Réunion, le jeune doctorant français Clément Hibert et ses collaborateurs proposèrent une loi empirique simple montrant l'augmentation de l'énergie totale émise en ondes sismiques avec la durée de l'éboulement. Et, en y associant quelques calculs propres aux milieux granulaires, ils purent montrer une proportionnalité entre cette énergie sismique et la perte d'énergie potentielle de gravité entre sa position initiale et son dépôt final, dans un rapport d'un pour dix mille. Il devenait donc possible d'estimer le volume des masses rocheuses éboulées rien que par l'écoute de leur bruit sismique ! Mais cette loi ne donne qu'une vision moyenne du processus : que se passe-t-il au cours de l'éboulement ? Aux dernières nouvelles, me souffle ma collègue Anne Mangeney, spécialiste de ce domaine, la puissance sismique instantanée émise à haute fréquence, facilement mesurable, pourrait être liée aux accélérations, ralentissements, ou déviations de l'écoulement rocheux en lien avec les variations de pente et la sinuosité des vallées, ce qui permettrait de s'affranchir de l'analyse de ces forces, cachées dans des signaux basse fréquence très bruités. La sismologie a donc encore beaucoup à nous apprendre sur les éboulements.

Ces brefs mais puissants écoulements de rocs, dont on commence tout juste à mesurer les grondements, jouent bien sûr un rôle important dans les processus d'érosion, grignotant avec plus ou moins de succès les reliefs mis en place par la tectonique et les grandes failles. Leur travail de sape est repris par les torrents, les rivières et les grands fleuves qui drainent les montagnes et transportent jusqu'à l'océan des volumes considérables de roches ; le flot liquide se double, dans sa partie basse, d'un flot solide dont la turbulence et les chocs peuvent produire une sorte de bruissement sourd. Ce bruissement est imperceptible, bien sûr, mais bien détectable par des sismomètres rapprochés : ils révèlent un bruit sismique dépendant de la vitesse du courant et des masses solides transportées, et ouvrent depuis quelques années une fenêtre d'étude sur ce trafic caillouteux, dissimulé au plus profond des eaux boueuses. Mais encore faudra-t-il débrouiller, dans ces bruits, la partie des roches de celle des eaux elles-mêmes, de par leurs tourbillons et leurs cascades !

Les pentes escarpées des montagnes ne sont pas les seules à produire des ruptures et des glissements gravitaires, ainsi que les fortes vibrations qui vont avec. Par leurs lents écoulements sur les pentes douces et irrégulières du substratum rocheux qui les déforme et les fragmente, les grands glaciers du Groenland ou de l'Antarctique sont aussi de la partie, induisant des ruptures au cœur même de la glace ou à leur contact basal avec les roches. Ces ruptures sont très semblables à celles des roches sous les efforts tectoniques, ce qui ne doit pas surprendre ; car après tout, la glace est bien un solide élastique et cassant, une simple « roche d'eau ». C'est ainsi que les premiers forts signaux sismiques en provenance des glaciers, équivalents à des séismes de magnitude 5, détectés à des milliers de kilomètres de distance par G. Ekström et ses collègues, furent interprétés en 2003 comme de gigantesques glissements de glace, à l'instar des mouvements de terrain repérés avec les mêmes analyses : des kilomètres carrés de glacier se mettraient soudainement à glisser de quelques mètres sur leur base rocheuse, en une ou deux minutes. Une explication qui eut l'évidence de la simplicité… mais fausse, comme il fut montré cinq ans plus tard, par des observations rapprochées.

En effet, plus inventifs que l'on ne pensait, les grands glaciers polaires fonctionnent aussi comme des gigantesques machines à glaçons (Figure 16). En leur front, le « terminus » à moitié immergé dans l'océan, ils se fracturent verticalement pour donner naissance aux icebergs. Lors de ce vêlage, ce sont parfois des blocs de glace de dizaines de millions de tonnes, un pan entier du terminus, sur 800 m de haut et des kilomètres de longueur, qui se détachent sur des fractures verticales et basculent dans l'océan, produisant un contrecoup puissant contre la falaise-mère – et donc sur les roches qui la portent, à la source d'ondes sismiques parvenant, des dizaines de secondes plus tard, aux sismomètres de la région. Vue de loin, la source sismique des grands séismes glaciaires est donc une simple force horizontale pointant vers le

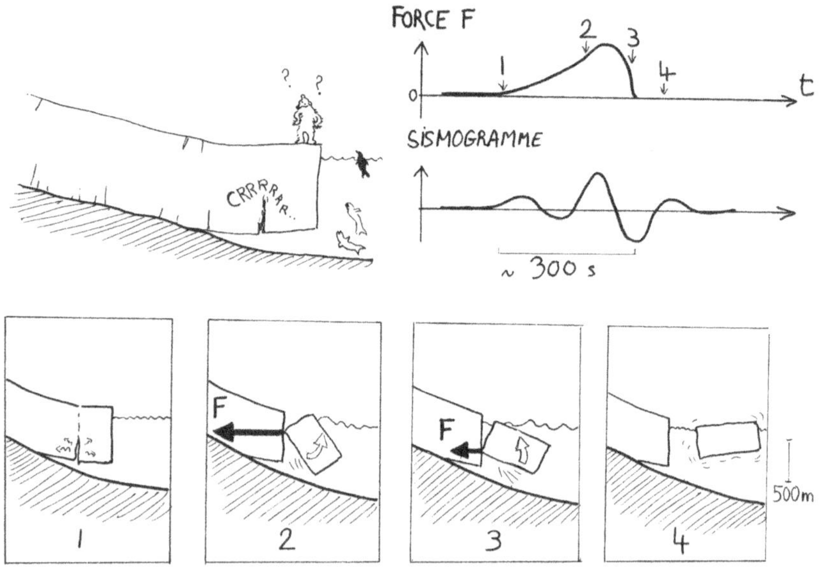

16. Glaciers sismiques. Le vêlage des glaciers, par la libération des icebergs dans l'océan, a pour effet mécanique la production d'une simple force de direction constante, appliquée contre la falaise par le bloc en basculement. Transmise aux roches, cette force génère des ondes sismiques de très longue période, d'après les études pionnières d'Amandine Sergeant et de ses collègues (thèse 2016).

glacier, qui augmente pendant deux ou trois minutes puis disparaît rapidement à la libération finale de l'iceberg.

Auscultés maintenant de près, les glaciers produisent en outre toutes sortes de crissements, de glougloutements et de craquements. Concerts discrets en phase avec les saisons, via les fontes d'été qui lubrifient le contact sur les roches, envahissant crevasses et conduits, ou en phase avec la Lune, par les marées océaniques qui soulèvent deux fois par jour les glaciers flottants. La détection de toute cette activité mobilise depuis quelques années un nombre croissant de chercheurs et d'instruments, car cette sismicité exotique du grand froid doit bien dépendre des cycles de températures saisonniers, et donc pourrait renseigner sur certaines caractéristiques régionales du changement climatique actuel.

Mais les chocs et contre-chocs des masses de rocs ou de glace en instabilité gravitaire ne sont rien au regard de ce qui peut nous venir du ciel. Car parmi la multitude innombrable de cailloux errants de notre système solaire, avec des orbites proches de celle de la Terre, il y en a des milliers d'une taille respectable qui pourraient un jour lui tomber dessus, à des vitesses typiques de quelques dizaines de km/s. À partir d'une dizaine de mètres de diamètre, ces « géocroiseurs » sont susceptibles de causer de petites ou de grandes catastrophes, suivant leur taille. Certes, la plupart du temps, ces pierres métallifères tombées du ciel sont bien plus petites ; elles s'échauffent en quelques secondes par frottement et abrasion en pénétrant dans l'atmosphère, et y brûlent vivement, animant les cieux nocturnes de ces merveilleuses étoiles filantes – délicates et silencieuses. Mais ce n'est pas toujours le cas…

Le 15 février 2013, dans le sud de l'Oural, au lever du jour, un astéroïde plus lumineux que le Soleil traverse le ciel en quelques secondes en laissant une traînée de vapeur sur sa trajectoire, brûlant la peau et les yeux de dizaines de témoins, pour finalement exploser dans une lumière aveuglante, à 20 km d'altitude. Quelques secondes plus tard, l'onde de choc dans l'atmosphère atteint la surface de la Terre, faisant exploser des vitres et blessant des centaines de personnes à Tcheliabinsk ; suit une pluie de petites météorites, dispersées dans toute la région. La soudaine surpression de l'air fit l'effet d'un coup de marteau sur le sol, envoyant des ondes sismiques tout juste détectées par les sismomètres régionaux ; ce coup de marteau équivaut à un petit séisme de magnitude 2,3. Les ondes de pression dans l'air furent en revanche parfaitement mesurées tout autour du globe par les micro-baromètres du CTBTO… Pour surveiller le ciel et détecter la chute de ces « petits » météores, qui ont la bonne idée de se désintégrer et de partir en fumée dans l'atmosphère avant de toucher le sol, les sismologues ne sont donc pas les mieux armés.

L'impact d'un bolide de 100 m devrait cependant être bien détecté par les sismomètres mondiaux : il ferait un cratère de quelques kilomètres de diamètre, et serait dévastateur à des dizaines de kilomètres à la ronde – les dégâts étant surtout provoqués par le souffle puissant et brûlant de l'explosion, bien plus que par les vibrations sismiques du choc. Quand à l'impact d'un astéroïde de 5 ou 10 km, ses effets seraient catastrophiques à l'échelle de la planète, comme furent celui de Chicxulub, il y a 66 millions d'années, qui frappa la péninsule du Yucatán au Mexique, y laissant une cicatrice de 180 km de diamètre : cet impact fit passer un très mauvais moment à la plupart espèces animales de la fin de l'Ère secondaire, et notamment aux dinosaures – espèces déjà passablement décimées par les gigantesques éruptions volcaniques alors en cours dans la région du Deccan, en Inde. Là encore, l'impact des ondes sismiques sur nos lointains ancêtres et leurs cousins a dû être mineur au regard de ceux du tsunami et du souffle géants produits par le choc et l'explosion, puis des pluies acides et du long hiver planétaire qui ont dû suivre. Impact sismique mineur, donc, mais tout est relatif : car on estime à 11 ou 12 la magnitude sismique du choc. Des centaines, des milliers de fois plus d'énergie que celle du plus gros séisme connu, celui du Chili de 1960, de magnitude 9,5 !

Tempêtes

Ruptures de roche ou de glace, explosions, chutes, chocs : les sources de vibrations sismiques ne manquent donc pas sur notre planète. Mais, en raison de leur brièveté, de quelques secondes à quelques minutes, elles ne signent qu'une toute petite fraction des sismogrammes enregistrés. Le reste du temps, R.A.S.

Vraiment ? Regardons de plus près. Quel est donc le mouvement du sol si, par une nuit glacée d'hiver, il n'y a ni vent, ni véhicule, ni âme qui bouge au voisinage de l'instrument, ni chute d'astre errant, ni même aucun séisme détectable, proche ou lointain ? Le sol n'est-il pas complètement figé, lui aussi ? Curieusement, non : il persiste à remuer lentement, à des périodes de plusieurs secondes, un point de la surface décrivant des trajectoires erratiques, montant, descendant, tout en oscillant d'un côté puis de l'autre... une bougeotte permanente, de quelques dixièmes ou centièmes de millimètres, imperceptible à l'homme, mais bien enregistrée par les sismomètres des réseaux mondiaux, depuis les années 1940, et baptisé « bruit microsismique ». Sa source fut rapidement corrélée aux tempêtes océaniques, parfois à des milliers de kilomètres de distance, finement détectées jusqu'au cœur des continents.

Comment les fureurs de l'océan font-elles vibrer la terre ? Le spectacle impressionnant d'une tempête, depuis la côte, montre la succession régulière des crêtes de la houle provenant du large, s'écrasant sur les récifs ou déferlant sur la plage, dont on imagine bien l'effet de pression sur le fond de l'eau à l'approche de la côte. L'espace entre ces crêtes, de centaines de mètres, donne une période typique de 10 à 15 secondes pour cette pression oscillante. Une période qui correspond parfaitement à celle d'un beau pic d'énergie bien visible dans le spectre du bruit microsismique... Depuis les années 1940, la source primaire de ce bruit de fond parasitant les sismogrammes paraissait donc bien identifiée. Mais un premier problème fut vite soulevé : les mesures montraient clairement un pic sismique bien plus puissant, aux périodes de 5 à 8 secondes, soit précisément à la fréquence double du pic primaire (Figure 17) !

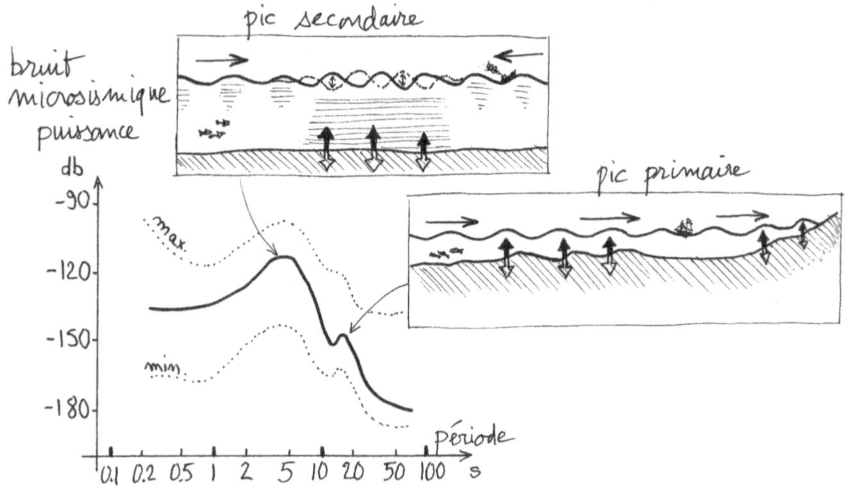

17. Spectre du bruit microsismique. Le bruit sismique de la Terre montre deux pics énergétiques, correspondant à l'effet direct de la houle, aux périodes de 10 à 15 s (pic primaire), et à celui de leur interférence (pic secondaire).

Ce pic dominant, dénommé « secondaire » – de manière bien peu appropriée ! – ne resta pas longtemps mystérieux. Les travaux théoriques de l'ingénieur français Miche, en 1944, repris et affinés par les océanographes Longuet-Higgins en 1950 puis Hasselman dans les années 1960, en donnèrent la clé. Miche montra que la superposition de deux houles de directions opposées pouvait produire un tel doublement de fréquence de la pression au fond de l'eau (Figure 17). Une houle abordant une côte aux fonds abrupts est un bon moyen de produire une telle interférence entre les ondes incidentes et les ondes réfléchies sur le rivage. Ces interférences sont facilement repérables, à échelle réduite, pour les petits trains de vagues poussées par un vent du large et venant heurter un quai en bordure de mer ou de lac : si vous êtes attentif, vous pourrez aisément distinguer un clapotis bien structuré, sur les premières dizaines de mètres, avec des zones stationnaires de plus forte oscillation dont les crêtes et les creux ne se déplacent pas, formés par la somme constructive des vagues du large et de leur écho sur le quai. Pour les grandes houles, ce croisement peut aussi se produire loin des côtes, par le jeu de vagues provenant de zones de tempêtes voisines – voire issues de la même zone, leurs directions opposées étant favorisées par la rotation des vents autour du centre dépressionnaire et par le déplacement rapide de ce dernier, comme cela se produit lors d'un puissant cyclone.

Mais comment cette somme de deux ondes de même fréquence peut-elle donner un effet dominant à la fréquence double ? Les lois simples de la physique linéaire disent pourtant bien que les effets de la somme des processus sont égaux à la somme des effets de ces processus. Comme si le même *fa* joué par deux pianos côte à côte donnait, dans l'espace qui les sépare, un *fa* à l'octave supérieure ! Justement, les ondes de gravité dans l'eau n'ont pas un comportement aussi sage et linéaire. Et Miche non seulement démontra l'existence de cet harmonique de pression dans l'eau lors de cette interférence, mais aussi qu'à plus d'une longueur d'onde de profondeur, soit une centaine de mètres, cette pression oscillante à fréquence double était le seul effet appréciable de la houle de surface, et ne décroissait pas en profondeur. Ce résultat peut paraître surprenant, car pour une houle simple, cette pression diminue exponentiellement avec la profondeur et s'y annihile rapidement, pour le plus grand confort des baleines en plongée.

Comment expliquer cette persistance d'un effet profond, loin des sources ondulantes et stationnaires de surface ? En fait, un simple calcul montre qu'à l'instant où la vibration stationnaire est à son maximum de crêtes et de creux, la position du centre de gravité des masses d'eau (moyennée horizontalement sur une longueur d'onde) est légèrement au-dessus de celle qu'elle occupe à l'instant où la surface de l'eau est plane, un quart de période plus tard. L'énergie potentielle purement gravitaire de ce premier instant se transforme en énergie cinétique lorsque la surface de l'eau s'aplanit, et vice-versa, comme pour une balançoire entre sa position haute et sa position basse. Et ce mouvement d'oscillation verticale du centre de gravité des masses d'eau implique une pression oscillante dans l'eau.

Faites vous-même l'expérience (Figure 18). Mettez-vous debout, puis baissez-vous vivement en pliant les genoux, puis relevez-vous sans attendre, puis rebaissez-vous, et ainsi de suite, jusqu'à ce que vous ayez compris l'essentiel : lorsque vous relâchez les genoux pour vous baisser, votre pression sur le sol faiblit momentanément, pour au contraire augmenter brusquement lorsque vous vous freinez en arrivant en position basse. Vous réalisez ainsi un générateur d'onde sismique, assez primitif certes, mais tout à fait valable pour ma démonstration, abaissant puis élevant votre centre de gravité : l'instant de votre position basse correspond à celui de la surface océanique plane, et donc, vous l'avez bien ressenti, à l'instant où la force de pression est maximale sur le fond marin, ce qui se reproduit deux fois par période primaire. Et donc fait apparaître cette période secondaire, deux fois plus petite, de la pression ! Toute la surface de l'eau pulse de manière synchrone, et la fluctuation de pression ainsi générée près de la surface de l'océan peut être approximée par une force verticale appliquée à la couche d'eau. L'eau étant compressible, cette source de pression de surface produit des ondes acoustiques qui vont se propager jusqu'au fond de l'océan. Pour des houles de quelques mètres qui interfèrent ainsi, on atteint facilement des pressions oscillantes de 0,1 bar sur le fond. Au fond de l'eau, ces ondes acoustiques vont se réfléchir en partie, le reste de l'énergie étant transmis à la croûte terrestre sous forme d'ondes P et S. Les ondes remontantes se réfléchissent ensuite à la surface de l'eau pour rebondir de nouveau au fond, et

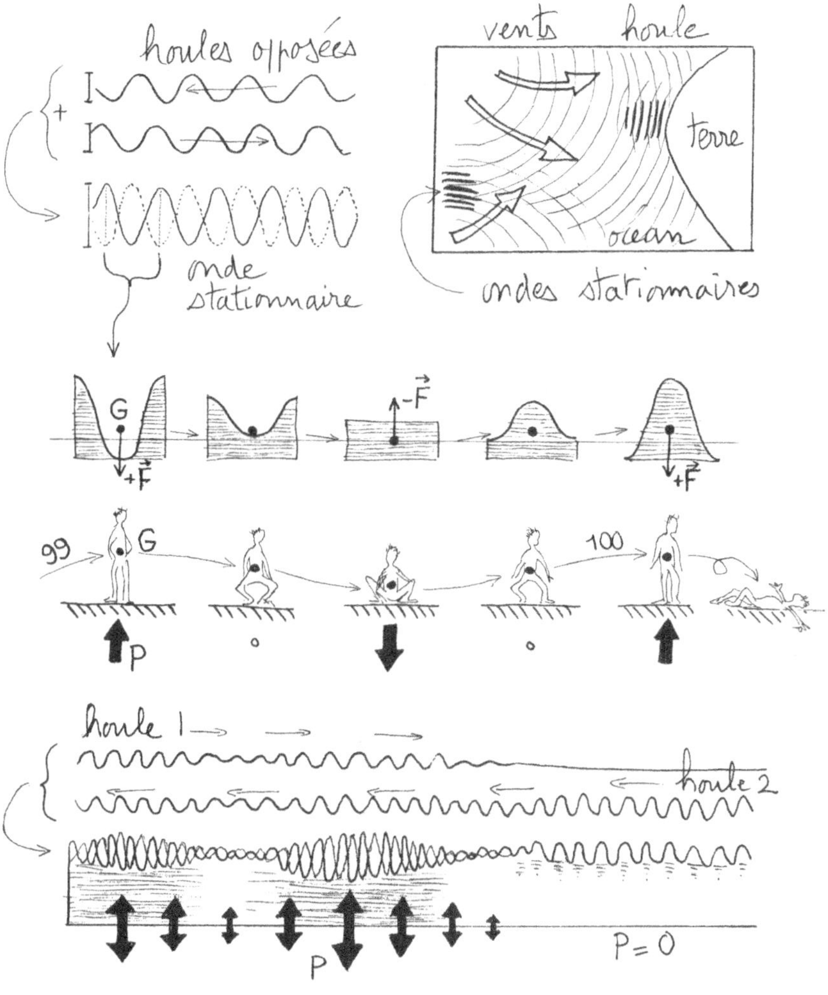

18. L'océan sismique. Les interférences de houles opposées sont la principale source du bruit microsismique dominant, entre 3 et 8 s de période. Les ondes stationnaires ainsi générées produisent des champs de pression synchrones sur de vastes surfaces du fond des océans, se transformant efficacement en ondes sismiques.

ainsi de suite. Ces ondes ayant subi des réflexions multiples vont interférer, favorisant la génération d'ondes de Rayleigh dans la terre pour certains angles d'incidence. Et lorsque les périodes des deux houles croisées sont légèrement différentes, ce qui est bien souvent le cas, les grandes zones de forte interférence peuvent migrer très rapidement, bien plus vite que la houle elle-même, parfois à des vitesses proches de celles des ondes sismiques, rendant d'autant plus efficaces leur conversion en ondes de surface dans la terre solide.

J'oubliais un petit détail : les interférences entre les réflexions multiples des ondes piégées produisent une résonance de cette couche d'eau pour une période égale à quatre fois le temps de propagation de haut en bas, soit 8 secondes pour 3 000 m d'eau. En plein dans le domaine des sources d'ondes stationnaires ! Une telle source de surface à 8 secondes de période, liée à des croisements de houle de 16 s, sera donc largement amplifiée sur ces fonds ; alors que des houles croisées de 10 s de période auront un effet maximal d'amplification sur des fonds proches de 2 000 m. Pour compliquer les choses, les épais sédiments mous dans certains fonds océaniques vont eux-mêmes amplifier les vibrations à leur propre résonance. La profondeur des océans et celle des sédiments vont donc fortement influer sur la visibilité sismique des sources de surfaces liées aux vagues. Ce petit détail résulte en un vrai casse-tête pour le sismologue désireux de débrouiller tout cela !

Depuis les années 2000, des progrès spectaculaires ont été réalisés du côté des observations, et les études théoriques et numériques sur cette mécanique océanique sont de plus en plus poussées. Grâce à des réseaux denses de sismomètres, et en utilisant les mêmes techniques d'antenne que celles développées pour analyser les sources sismiques tectoniques, les explorateurs du bruit de fond sismique ont pu décortiquer ses vibrations erratiques, et retrouver les directions d'arrivée dominantes des ondes sismiques de surface. À la grande surprise des chercheurs, il apparut rapidement que ces directions ne pointaient généralement pas directement vers les zones de tempête, mais plutôt vers certaines zones côtières particulières, bien éloignées des centres dépressionnaires, et plus proches des stations de mesure. Ces régions semblaient donc plus propices à la conversion de la houle en onde sismique de surface que le cœur des tempêtes, dont on ne détectait que les échos. Les affaires devenaient donc bien compliquées dans ces tentatives de localisation des tempêtes, les zones de conversion de la houle en vibration sismique dépendant des positions des dépressions, de celle des réseaux, de la forme des côtes, de la bathymétrie, et des fréquences analysées, primaire ou secondaire... Et la coexistence de plusieurs centres dépressionnaires sur les océans achevait de brouiller les cartes en superposant leurs effets – non linéaires bien entendu. Malgré tout, certains n'en démordaient pas et persistaient à vouloir localiser directement les sources tempétueuses. Et en 2008, le sismologue américain Gerstoft et ses collègues découvrirent, cachées dans la rumeur des ondes de surface enregistrées par un réseau dense californien, de faibles mais indubitables ondes P, de compression, en provenance directe de plusieurs sources atmosphériques dépressionnaires bien identifiées dans l'Atlantique et le Pacifique (Figure 19).

Pour contourner ces problèmes de détection d'onde P ou de surface, et préciser les mécanismes générateurs des ondes sismiques, le géophysicien français Fabrice Ardhuin, la sismologue Eléonore Stutzmann et leurs collaborateurs eurent l'idée d'étudier ces sources à l'échelle planétaire, sans chercher à les localiser par ces techniques d'antenne, mais en analysant l'évolution dans le temps des amplitudes des pics primaire et secondaire à des stations sismologiques de référence, pendant un an, en lien avec l'évolution de l'état de surface de tous les océans de la planète. Cet état, calculé à partir des mesures météorologiques de vitesse de vent, et validé par les mesures

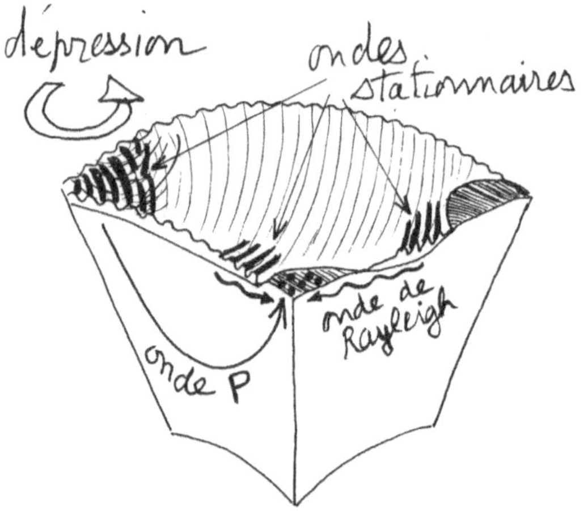

19. Les réseaux denses de sismomètres donnent les directions d'arrivée des ondes de Rayleigh, pointant vers les sources proches, indirectement liées aux sources océaniques du large. Des analyses fines permettent de retrouver aussi les directions des ondes P, lesquelles, au contraire, permettent de remonter à leur source originelle, sur le lieu des perturbations génératrices de la houle.

de hauteur de vagues par satellite, fut introduit comme source d'excitation des ondes sismiques. Pour ces dernières, deux mécanismes complémentaires furent considérés : les interactions non linéaires des vagues, comme nous l'avons vu, et un autre couplage mécanique, jusque-là moins bien cerné, lié à l'interaction entre une houle simple et les reliefs ou remontées du fond marin. Ces ondulations bathymétriques peuvent en effet produire des perturbations synchrones de pression sur de vastes zones du fond sous-marin, dès lors qu'elles ont les mêmes longueurs d'onde que celle de la surface de l'océan. Dans leur article de 2015, Ardhuin et ses collègues montrent qu'ils peuvent ainsi parfaitement expliquer l'amplitude mesurée des deux pics microsismiques et leurs variations temporelles, et que les longues périodes, de 10 s à 300 s, incluant le pic primaire, sont bien liées à ce mécanisme d'interaction des vagues avec les variations bathymétriques. Ils purent ainsi résoudre, du même coup, une autre énigme : celle de l'origine de ce bourdonnement continu de la terre à très longue période, de 100 s à 300 s, découvert en 1998 et baptisé le « hum ». Ses sources mystérieuses, que l'on supposait liées aux tempêtes océaniques, étaient désormais bien modélisées par les interactions de vagues de très longue période, dites infragravitaires, avec les fortes pentes bathymétriques, pour la plupart en bordure des continents.

L'océan, avec ses houles croisées ou perturbées par les fonds irréguliers, est donc une gigantesque machine à comprimer le sol, produisant en permanence des déformations solides qui vont se propager sous forme d'ondes sismiques variées. Depuis quelques années, c'est tout un domaine de recherche qui s'est ouvert, associant sismologues, océanographes et météorologues, afin de mieux caractériser la puissance et l'évolution et des dépressions dérivant au travers des mers du globe. Mieux : le bruit microsismique étant bien enregistré depuis 1960, les analyses sismologiques vont pouvoir préciser l'activité météorologique des océans depuis cette date, leur rythme, leur puissance, voire leur trajectoire, paramètres très mal documentés avant la surveillance opérationnelle des premiers satellites météo des années 1980. Le bruit microsismique, jusqu'à présent signal parasite pour la plupart des sismologues, pourrait donc bien contribuer à l'effervescence des recherches sur les modalités du changement climatique actuel.

Alors, tout est dit sur le bruit sismique continu de la Terre, avec ses sources dominantes, océaniques à plus d'une seconde de période, et humaines, à plus courte période ? Non. Par la découverte de propriétés cachées, demeurées insoupçonnées jusqu'à l'extrême fin du XXe siècle, ce bruit est maintenant devenu non seulement un objet d'étude, mais aussi un outil de recherche exceptionnel, capable de sonder les structures profondes de la Terre, et d'y déceler le moindre changement.

Corrélations de bruits

Cette capacité de vibrations erratiques et fluctuantes – le bruit microsismique – à donner des informations précises et stables sur la structure vibrante – la Terre – peut sembler bien paradoxale. Son histoire commence par des études très originales sur le Soleil menées par des hélio-sismologues, astronomes spécialistes de ses vibrations. Un de leurs objectifs : étudier les tremblements des gaz de la couche superficielle de notre étoile, la photosphère, pour mieux en saisir la structure et la dynamique profonde. Pour remédier aux quelques difficultés techniques d'installation de sismomètres à la surface solaire, que l'on peut facilement imaginer – par exemple, à l'approche du Soleil, la volatilisation rapide du satellite imprudent – les chercheurs avaient exploité le fait que cette surface émettait de la lumière quasi-blanche, comme chacun sait, mais que cette couleur devait varier, dans des proportions infimes mais détectables, lorsque sa source s'approchait ou s'éloignait d'un observateur sur Terre. Un simple effet Doppler, que nous avons déjà présenté pour les ambulances et les ruptures sismiques. Cet effet, dès la fin des années 1960, fut exploité pour faire des images des mouvements de la surface du Soleil. Les variations temporelles de l'effet Doppler sur chaque pixel de Soleil étaient donc comme autant de sismogrammes virtuels à sa surface. Ces cartes de vibrations, par leurs multiples fréquences de résonance, permirent de préciser la stratification des propriétés élastiques de cette énorme boule de gaz. Mais contrairement à l'activité de la croûte terrestre, avec ses grands séismes tectoniques dont les ondes émises dominent largement le bruit de fond à l'échelle planétaire, celle de la surface du Soleil ne dévoilait nulle source suffisamment puissante et impulsive pour produire des ondes détectables au-dessus du bruit de fond de ce bouillonnement permanent. Sans séismes solaires, la possibilité d'une tomographie fine du Soleil semblait bien chimérique.

C'est dans ce contexte un peu bloqué que fut publié dans le journal *Nature*, en 1993, un article qui allait ouvrir, une décennie plus tard, un immense champ de recherche en sismologie terrestre. Dans cet article, l'astrophysicien américain Tom Duvall et ses collaborateurs exposent les grands principes de cette nouvelle approche : si on corrèle les signaux de vibration suffisamment longs mesurés en deux points éloignés à la surface du Soleil, il apparaît un signal qui est semblable à celui que donnerait en un de ces points de mesure une source instantanée située sur l'autre point – cette fameuse fonction de Green. On fait ressortir ainsi des ondes cachées qui passent d'un point à l'autre.

D'où vient donc cette ressemblance cachée entre les vibrations erratiques de deux points (disons A et B) éloignés de centaines de milliers de kilomètres à la surface de notre étoile ? Les vibrations des points A et B sont formées de la somme des effets des innombrables sources fluctuantes de la surface du Soleil. La corrélation entre les signaux de A et de B fait donc naturellement apparaître la somme de toutes les corrélations possibles entre ces sources élémentaires. Mais parmi tous les couples de sources ainsi formés, seuls vont contribuer significativement ceux formés de la même source, car les paires de sources distinctes ont un signal décorrélé. Restent donc seules en lice les corrélations des ondes en A et en B issues d'une même source. Vient alors un deuxième tri : dans la somme de ces effets, toutes les sources distantes qui sont proches de

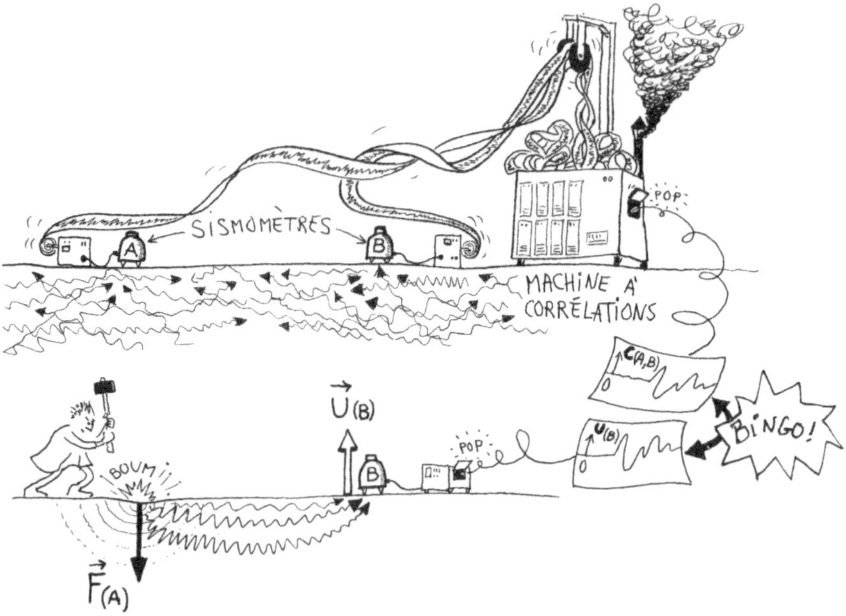

20. Principe de corrélation de bruit. La corrélation des longues série de signaux de bruit entre deux stations (A et B) donne une bonne approximation de la réponse impulsionnelle – ou « fonction de Green » – du milieu élastique entre les deux stations (un coup en A enregistré en B, ou réciproquement).

l'alignement des deux points A et B vont avoir un effet similaire, car chaque corrélation va faire apparaître des signaux semblables, avec un décalage lié au temps de propagation des ondes entre A et B, indépendant de la distance de ces sources. Leurs effets, cohérents, vont donc se renforcer. Au contraire, les sources distribuées loin de cet alignement émettent des ondes dont les effets en A et B vont se corréler avec des délais très variables : incohérentes entre elles, ces corrélations auront une somme négligeable. Résultat des courses : le signal de corrélation global fait apparaître une onde énergétique, décalée du temps de propagation des ondes réelles entre les deux points, semblable à la fonction de Green de ces derniers (Figure 20). Il ne restait plus aux héliosismologues qu'à jouer avec ces signaux ainsi synthétisés, véritables séismes solaires virtuels, donnant les temps de propagation des ondes d'un point à un autre du Soleil.

Cette belle idée inspira rapidement des chercheurs en acoustique, Weaver et Lobkis, qui publièrent en 2001 leurs travaux sur les vibrations d'un petit bloc d'aluminium de forme biscornue, agité naturellement par ses infimes tremblements d'origine thermique. Ils avaient placé à sa surface, en des points éloignés, deux petits capteurs de vibration. Et là, comme pour le Soleil, les deux signaux apparemment aléatoires se dévoilèrent légèrement corrélés, cette corrélation donnant la fonction de propagation entre les deux points. Non seulement l'onde directe était bien retrouvée sur le signal de corrélation, mais tous les échos tardifs y apparaissaient aussi, réfléchis de nombreuses fois sur les différents plans à la surface du bloc. Ils purent également vérifier, par un simple petit coup donné pour de vrai sur un des points de mesure du bloc, que ce signal synthétisé d'une source virtuelle ressemblait bien à la fonction de Green réelle – test hélas impossible pour les héliosismologues.

Cette idée pouvait-elle marcher pour le bruit de fond sismique de notre planète ? Le sismologue français Michel Campillo fut le premier à se poser cette question et à tenter d'y répondre. Ce n'était pas du tout évident, car contrairement au Soleil ou au bloc d'aluminium, les sources de bruit terrestres à longue période, dominées par les grandes tempêtes océanes, n'étaient pas distribuées uniformément, bien au contraire… Mais, avec sa collègue Anne Paul, Campillo put démontrer en 2003 que l'idée était aussi valable pour la Terre. Pour cela, ils prirent des paires d'enregistrements d'un bruit sismique un peu particulier : celui qui constitue la coda des sismogrammes de séismes modérés. Cette coda apparaît systématiquement après le passage des fortes ondes directes du séisme, comme un signal aléatoire dont l'énergie décroît peu à peu – un peu comme cette espèce de grondement évanescent que vous pouvez entendre immédiatement après le choc sonore d'une explosion lointaine. La coda, qui peut durer plusieurs minutes pour ces séismes modérés, est constituée des multiples échos, de plus en plus tardifs et atténués, des ondes diffusées par toutes les hétérogénéités de la croûte terrestre. Et du coup, ce bruit de coda peut être considéré comme provenant de toutes ces hétérogénéités, qui fonctionnent comme des sources secondaires réparties un peu partout. Par cette astuce, on se rapprochait du cas du Soleil avec ses sources distribuées. Sur un couple de stations mexicaines distantes de 300 km, ils corrélèrent les longs enregistrements de la coda d'un grand séisme régional, mais rien n'apparut… Alors ils répétèrent l'opération sur plusieurs grands séismes et en sommèrent le résultat, pour donner plus d'énergie aux signaux corrélables cachés dans l'énergie incohérente, et pour mieux répartir les diffuseurs de la croûte activés par chaque séisme. C'est alors qu'émergea des enregistrements de bruit, par corrélation et sommation, la fameuse fonction de Green, sous sa forme dominante la plus simple : une onde de surface de Rayleigh, de 5 secondes de période, issue d'une source fictive à une station, et synthétisée à l'autre station. Elle montrait parfaitement le délai de propagation de l'une à l'autre, et donc donnait accès aux vitesses des ondes sismiques sur le parcours. Une onde totalement synthétique dont le signal ressemble bien à celui de l'onde de Rayleigh réelle, déduit de l'observation d'un petit séisme local. Il fut bientôt montré que même en dehors des périodes agitées de la coda des séismes, les enregistrements du bruit de fond microsismique ordinaire, bien que très faible, pouvaient être corrélés efficacement entre deux stations éloignées, pourvu que les signaux corrélés soient de durée assez longue : des mois d'enregistrements de bruit à accoupler pour en faire émerger les ondes de surface…

Pour la première fois, on pouvait ausculter la vraie Terre avec des sources virtuelles, sans attendre de séisme, ni faire de tirs à l'explosif, rien qu'avec les enregistrements croisés de cette oscillation continuelle et subtile du sol ! Dans la foulée de ces découvertes, ces ondes de surface recomposées furent utilisées pour une tomographie inédite et de grande résolution de la croûte terrestre, tant à l'échelle de continents ou du globe qu'à celle de régions plus petites : zones de quelques dizaines de kilomètres, failles imbriquées, bassins sédimentaires et volcans, faisant ressortir de quelques jours d'enregistrement de bruit les ondes de surface virtuelles de 1 à 3 s de période... Ces résultats déclenchèrent une multitude d'études théoriques, numériques et expérimentales, pour préciser les conditions d'émergence de ces ondes virtuelles, et leurs éventuelles distorsions par rapport aux fonctions de Green réelles. Et récemment, malgré leur faible énergie à grande distance, les ondes P et S traversant la planète purent enfin être détectées par cette méthode : il aura fallu corréler une année de sismogrammes de bruit pour les voir émerger... En une dizaine d'années, les champs d'applications de cette approche se sont démultipliés pour faire l'image de l'intérieur de la Terre, les milliers de sismomètres des nouveaux réseaux denses donnant des millions de paires de stations, et donc autant de signaux synthétiques, exploitables pour la tomographie.

Un écho déréglé

Si le bruit sismique permettait, étonnamment, de faire des images précises du sous-sol, pourquoi ne pas aller un cran plus loin, et voir si ces images pouvaient changer suite à quelque événement tellurique perturbant la croûte terrestre ? Cela ne semblait pas irréaliste, car les signaux de corrélation

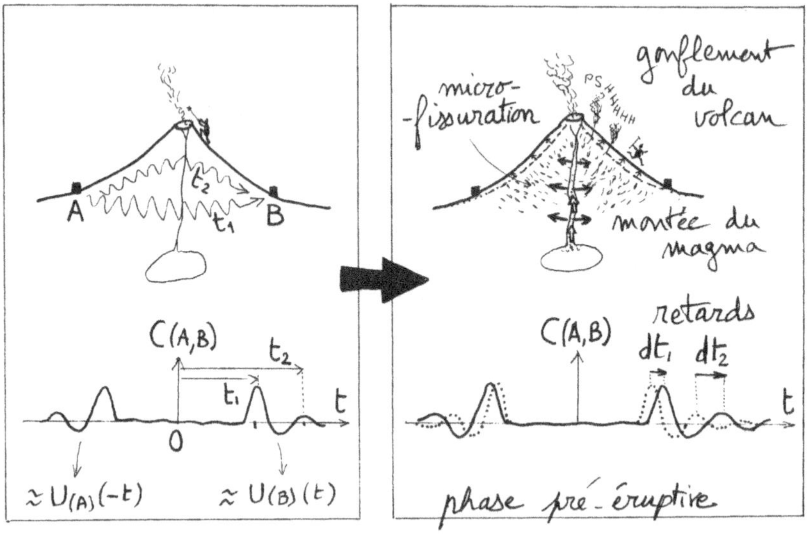

21. Fissuration pré-éruptive d'un volcan détectée par corrélation de bruit. Les corrélations de bruit C (A,B) entre les stations A et B donnent la vitesse moyenne des ondes entre les stations. Les retards de la réponse impulsionnelle signalent un ralentissement des ondes, lui-même signe de la micro-fissuration de l'édifice.

se révélaient extrêmement stables : en temps ordinaire, calculés sur des fenêtres longues de quelques jours ou quelques mois, suivant la distance des stations et la période des ondes, les signaux de corrélation successifs se ressemblent à mieux que 999/1 000 ! On avait ainsi une méthode de mesure très stable des vitesses sismiques dans la terre que l'on pouvait répéter à loisir, la rumeur sismique ne cessant jamais. Revint alors sur le tapis la vieille question des variations de vitesse dans la croûte : seraient-elles enfin détectables par cette nouvelle technique ? En 2008, Florent Brenguier, alors jeune chercheur à l'Observatoire du Piton de La Fournaise, à la Réunion, s'attaqua aux enregistrements des stations sismiques de ce volcan très actif. Il montra que les ondes de surface reconstruites par corrélation étaient faiblement mais clairement retardées dans les dix

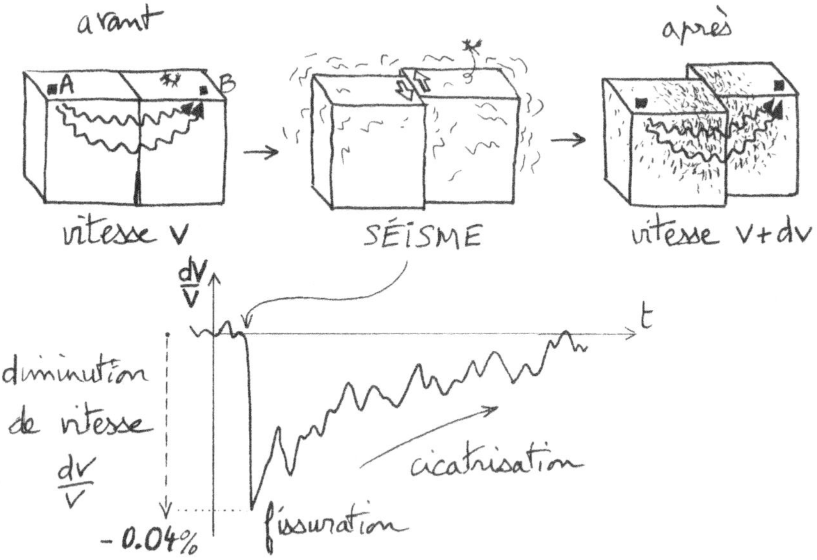

22. Endommagement co-sismique détecté par corrélation de bruit. Les corrélations de bruit C (A,B) entre les stations A et B donnent la vitesse moyenne des ondes entre les stations. Les retards de la réponse impulsionnelle signalent un ralentissement des ondes, lié à la micro-fissuration de la région de la faille lors des intenses vibrations et déformations sismiques. Le retour des vitesses aux valeurs initiales suggère la cicatrisation des roches de la croûte.

derniers jours précédant chaque éruption, avec une diminution de quelque pour mille. Ce ralentissement des ondes avait bien sûr son explication toute prête, inspirée des débats sur les précurseurs sismiques : une micro-fissuration à grande échelle du volcan, elle-même liée au gonflement de l'édifice par la montée en pression de la chambre et des conduits magmatiques sous-jacents, juste avant les éruptions (Figure 21).

OK pour les volcans, donc ; mais pour les séismes, cette fameuse dilatance pré-sismique, théorisée mais jamais observée, serait-elle enfin détectable ? La même équipe appliqua donc sa méthode pour voir l'évolution des vitesses sur le petit segment de faille de Parkfield, en Californie, à la date du séisme de

2004. Mais aucun signe avant-coureur d'une quelconque modification de vitesse ne ressortit des corrélations de bruit. Par contre, un beau signal apparaît juste après la forte secousse sismique, avec une forte diminution des vitesses sismiques de plusieurs pourcent, suivie d'un retour progressif aux valeurs présismiques… Ce remarquable effet post-sismique put être simplement interprété comme un effet d'endommagement et de micro-fissuration des roches de la croûte terrestre par les fortes vibrations du séisme au voisinage la faille, et une lente récupération et cicatrisation du système, par cimentation (Figure 22).

Ces variations de vitesses sismiques après les grands séismes commencent être mieux documentées, et les dernières analyses montrent que le simple modèle de fissuration des couches superficielles est insuffisant : d'une part les couches profondes de la croûte terrestre sont aussi perturbées, alors que la formation des fissures y est pratiquement impossible, et d'autre part la décroissance des vitesses se poursuit parfois des jours après le choc sismique. Pour expliquer les variations de vitesse, il y aurait donc autre chose que des fissures créées par les vibrations. C'est ce qui a pu être démontré indépendamment par l'observation, au Mexique, d'un de ces grands séismes lents de la subduction. Pour un tel séisme, on l'a vu, pas de vibrations fortes capables d'endommager les roches ; et pourtant, une grande zone de vitesse perturbée est vue par corrélation de bruit sismique : profonde, et proche de la faille en glissement, elle révèle de nouveaux phénomènes de déformation des roches, qu'il reste à comprendre.

Cette capacité des corrélations de bruit à non seulement imager le sous-sol, mais aussi à en suivre l'évolution, a bien vite intéressé les compagnies pétrolières. Car le pétrole, le gaz ou l'eau contenus dans différentes strates de leurs réservoirs géologiques ne ralentissent pas les ondes de la même manière, et, on s'en doute, leur proportion change considérablement au cours de l'exploitation des gisements par pompage. Et ces derniers, en injection ou en production, s'accompagnent de fortes déformations, modifiant la porosité et la fissuration des terrains – conduisant d'ailleurs parfois, comme on l'a vu plus haut, à une sismicité induite notable. Tout cela conduit à des perturbations des vitesses sismiques qui, si le champ de production est bien instrumenté, peuvent être détectées et surveillées avec précision par ces étranges corrélations.

Voilà, il est temps de conclure ici ce petit tour des recherches sur le bruit sismique. Au final, depuis les années 2000, les découvertes se partagent entre deux approches absolument opposées dans leurs motivations et dans leurs objets. En croisant les enregistrements de nombreux capteurs pour en extraire les signaux pertinents du bruit de fond ordinaire, l'une s'attache à rechercher les rares sources sans rapport avec la mécanique des failles tectoniques : masses solides tombant des montagnes, des glaciers, voire du ciel, masses liquides des océans agitées par les dépressions. Toutes ces sources, bien exotiques pour le sismologue, font vibrer la Terre, et leur détection sans cesse plus fine par les réseaux de sismomètres pourrait bientôt apporter de précieuses informations sur leurs causes – érosion, fonte des glaces, tempêtes, cyclones –, contribuant ainsi aux recherches sur le changement climatique actuel. L'autre approche exploite le flot continu des ondes incohérentes émis par des myriades de sources naturelles, essentiellement océaniques, et diffusées par les hétérogénéités géologiques du sous-sol, en s'efforçant d'en effacer les signatures individuelles pour faire émerger les corrélations mécaniques entre points de mesures, aussi éloignés soient-ils les uns des autres. Cette seconde approche permit de réaliser ce que nul sismologue n'aurait imaginé possible à l'aube du XXIe siècle : ausculter la Terre sans séisme ni source artificielle, et en détecter les infimes changements de structure interne…

PARTIE VI

Pourquoi prédire ?

CHAPITRE 13

Alerte au séisme !

« Savez-vous prédire les séismes ? » La question tombe souvent mal, lancée par un convive poliment curieux au début d'un dîner, lorsque je m'apprête à enfourner la première bouchée d'un délicieux curry. Je pose ma fourchette, indécis. Afin de ne pas assommer l'assistance avec les mille nuances que vous savez tandis que refroidirait le contenu fumant et savoureux de mon assiette, je réponds non.

La sismologie en prend un sérieux coup : de science « dure », fille d'une Physique mécanique terriblement précise dans ses prédictions, elle prend les atours d'une science « molle », naturaliste et tâtonnante, science d'inventaire et de statistiques aveugles, soupçonnée de n'être pas plus capable de prédire les séismes que les historiens, les politologues ou les instituts de sondage ne sont capables de prédire une révolution ou les résultats d'une élection.

Je suis parfois tenté de retourner la question : « Que feriez-vous de ma prédiction ? » Si, si, jouons donc à ce jeu-là ; à vous de réfléchir un peu. Je vous prédis un séisme pour les jours qui viennent, frappant votre village ou votre ville – un grand séisme, qui va détruire et tuer. Que faites-vous ? Je vous devine perplexe. C'est à vous, maintenant, de prévoir.

Vous pesez le pour et le contre. Ai-je l'air sérieux, convaincu, convaincant ? Les télévisions me donnent-elles la parole en «*prime time*», et les journaux leurs colonnes à la une ? On est bien loin de la science dure…

À quoi sert une prédiction ?

Vous vous souvenez du séisme de Kozani, en 1995 : les maisons des villages menacés furent spontanément évacuées par leurs habitants, inquiétés par les coups de semonce. Imaginez maintenant que les séismes précurseurs n'aient pas été ressentis, mais seulement mesurés par des sismomètres, et que des sismologues sentinelles aient vu la crise démarrer sur leurs enregistrements. Qu'auraient-ils dit à la sécurité civile ? Qu'un séisme a des chances de se produire dans les heures ou les jours qui suivent ? Qu'auraient fait les autorités ? Actionner les sirènes de la ville ? Ou au contraire, auraient-elles convaincu les gens de rester chez eux ? Qu'aurait compris la population ? Qu'aurait-elle fait ? Aurait-elle évacué les bâtiments en bon ordre, ou au contraire cédé à la panique ? Les scientifiques n'auraient-ils pas été tentés d'alerter directement la population – ou auraient-ils gardé la chose secrète ? Impossible de répondre. À Kozani, le lien entre la Nature et le corps s'est fait directement, des coups répétés de la terre aux battements accélérés du cœur ; mais dans la situation que nous venons d'imaginer, la menace deviendrait impalpable, codée, virtuelle, diffusée par un réseau mystérieux de savoirs et de pouvoirs. Et en ce cas, comment y croire ?

La réaction d'une population à une prédiction à court terme dépend donc de la confiance portée aux politiques et aux scientifiques ; les uns décidant pour un mieux-être des populations, estimé à la louche, les autres définissant la probabilité qu'une catastrophe ait lieu, à la louche encore... Cette confiance évolue en fonction des prédictions passées, du jeu des médias, des connaissances du public, ou encore de la popularité du maire et du préfet. Pour finir, le moment de la prédiction a aussi son influence : il sera plus facile d'abandonner sa maison par une belle matinée de printemps qu'après un réveil en sursaut au cœur d'une nuit hivernale et glacée. Si les séismes sont difficiles à prévoir, plus imprévisible encore est la réaction de chacun à une prédiction.

Ce n'est pas tout. Imaginons que la population, paniquée ou docile, soit sortie de chez elle, prête à la catastrophe. Une heure passe et rien ne se manifeste. Deux heures plus tard, toujours rien. Quand décidez-vous de rentrer chez vous ? Allez-vous passer la nuit dehors, voire deux nuits ou la semaine entière ? Les autorités prendront-elles le risque de dire : rentrez chez vous, il n'y a plus rien à craindre, sur la base des diagnostics plus rassurants mais toujours flous des scientifiques ? Il est clair que des alertes, fondées ou non, peuvent à elles seules être désastreuses, paralysant toute une région.

Dans l'expérience de prédiction de Parkfield, les sismologues avaient prévu, sur la base d'observations de possibles précurseurs, de lancer des alertes avec une fenêtre de prédiction de trois jours. Gonflé, pourrait-on penser, de lancer des alarmes sans avoir de justification sérieuse, ni théorique ni statistique. Mais la région est déserte ! C'est un lieu où les scientifiques pouvaient crier au loup autant de fois qu'ils le désiraient, sans se mettre les élus à dos, et sans lasser le public majoritairement constitué de coyotes, de serpents et de rapaces. À Los Angeles, 200 kilomètres plus au sud, ils n'auraient certainement pas reçu le feu vert des autorités pour s'amuser à ce petit jeu. En fait, en presque vingt ans, une telle alerte « publique » ne fut activée qu'une seule fois, et ce fut une fausse alarme. Pire, en 2004, l'alerte ne fut pas déclenchée lors de la rupture attendue, faute de précurseur !

Grèce, 7 septembre 1999. Un séisme modéré, de magnitude 5,8, frappe la ville d'Athènes. Les quartiers nord-ouest sont durement touchés. Plusieurs bâtiments s'effondrent en quelques secondes, ensevelissant 140 personnes. Dix mille habitations, irréparables, devront être démolies. Les cinq millions d'habitants de la capitale grecque sont sous le choc. C'est alors que Varotsos-le-devin apparaît sur les téléviseurs et affirme avoir vu des précurseurs électriques sur ses stations au préalable. D'après l'allure des derniers signaux, il prédit, imminent, un séisme plus fort dans la région au nord d'Athènes. Un vent de panique souffle sur la ville : le week-end suivant, des embouteillages monstres encombrent les routes, les habitants fuyant en direction des campagnes... En 2016, le séisme annoncé ne s'est toujours pas produit.

Le groupe VAN n'en était pas à sa première affaire de prédiction publique. Il n'est pas non plus le premier à en faire : la prédiction d'un grand séisme au Pérou pour l'été 1981, lancée par un sismologue américain, créa plusieurs mois de panique. Varotsos finit par disparaître des radars du début du XXIe siècle... Ce ne fut pas le dernier prédicateur, comme nous le verrons plus loin.

Le jeu des médias

Attardons-nous encore un peu sur cette affaire VAN. Si Varotsos n'a pas convaincu du point de vue scientifique, il a été brillant stratège sur tous les autres plans, dans son contrôle du public, des médias, des politiques et même de ses pairs, attaquant en force, tous azimuts, dès le début! Il réussit même à paraître en héros sauveur du monde sur la page de couverture d'une bande dessinée japonaise.

Je vous ai raconté comment, dans ses premières publications, le groupe VAN présente de vulgaires bruits électriques comme d'extraordinaires signaux, les «SES», en provenance des zones sismiques en instance de rupture (voir chapitre 9). Sa méthode déclenche à la fois scandale et enthousiasme. Des Japonais, spécialistes de ce type de mesure et avides de tester la méthode chez eux, sont bientôt convaincus, tandis que les critiques s'essoufflent à décortiquer ces études et à en déjouer les pièges.

Très vite, les médias s'en mêlent. L'affaire est juteuse: des scientifiques qui se crêpent le chignon sur une telle question feront monter l'audimat! Face à Varotsos s'alignent une multitude de spécialistes: des dogmatiques, des sceptiques, des incrédules, personnages trop timorés ou trop sérieux et rarement à l'aise devant les caméras. Derrière le petit écran, le séduisant Varotsos gagne à coup sûr, avec son sourire et ses affirmations péremptoires.

Les médias ne sont pas les seuls à entrer dans la danse. Dès que le public se passionne, les politiques se sentent concernés. Ainsi, notre volcanologue national Haroun Tazieff intervint. Séduit par Varotsos, il fut d'autant plus convaincu par sa méthode que les critiques venaient d'un milieu scientifique qu'il n'appréciait que modérément. En 1989, sous son impulsion, le Laboratoire de détection et de géophysique du CEA (Commissariat à l'énergie atomique) installait cinq stations de type VAN dans les Alpes et les Cévennes, avec le soutien du Conseil régional.

Ainsi, dans un tel contexte de risque, le discours scientifique se dédouble. Le scientifique dit à son collègue prévisionniste, à portée d'oreille du politique: «Prouvez-moi que votre méthode est fiable. Sinon, elle ne peut être acceptée.» Le prévisionniste dit au politique, ignorant ses collègues : « Vous avez intérêt à me croire, même si je peux avoir tort, car si j'ai raison et que vous n'avez pas agi, votre responsabilité politique est en cause. » « Charge de la preuve » contre « principe de précaution » : de quoi plonger le politique dans la perplexité !

Les médias ont une lourde part de responsabilité dans ces dérapages. Qu'à chaque prédiction, le climat s'électrise et que le débat soit relancé, pourquoi pas. En revanche, pour les médias, une prédiction ainsi montée en épingle et qui ne se réalise pas est un non-événement. Dilué dans le temps, l'échec n'en est plus un et ne mérite pas d'être débattu. On a tout simplement oublié la prédiction et son grand frisson collectif.

Épilogue : après six ans de loyaux et inutiles services, les réseaux de mesures sismo-électriques – et politico-médiatiques – du CEA furent tous démontés, sauf un, situé entre deux lacs de barrage dans les montagnes de Savoie. Ce dispositif persista un temps et permit de lancer de nouvelles études sans rapport direct avec les séismes…

Magie des coïncidences

Les médias et les autorités ne sont pas seuls à pervertir le jeu scientifique. Ce qui se joue là est sans doute le propre de la nature humaine : il est difficile de résister à la magie des coïncidences. Lorsqu'un phénomène anormal survient juste avant la venue d'un grand séisme, il est tentant de les associer après coup. Pour un chercheur, c'est là que les choses se gâtent. De même qu'il est de notre devoir de scientifique de tenter de démolir les théories des confrères par tous les moyens autorisés, il est prudent de mettre les nôtres à l'épreuve, pour ne proposer à la critique que des idées robustes. Malheureusement, cette règle semble faiblir à propos des observations de précurseurs. En effet, la détection d'un précurseur, lors de l'analyse rétrospective des mesures, provoque immanquablement une vive excitation cérébrale chez tout physicien normalement constitué. Bien vite, une petite secte de croyants se forme autour du découvreur. Il faut alors se frotter aux sceptiques, tenter de convaincre – et, la plupart du temps, accepter la mort dans l'âme que le précurseur n'en était pas un. Toutefois, la charge psychologique portée par un superbe signal précédant la secousse est parfois si forte que la discussion scientifique objective devient impossible.

Devant ce talon d'Achille des géophysiciens, la communauté internationale des Sciences de la Terre s'était dotée, dans les années 1990, d'un Comité d'Évaluation des Précurseurs Sismiques. Ce comité était chargé d'évaluer le degré de vraisemblance des signaux précurseurs rapportés dans la littérature, et jouait donc le rôle d'un deuxième filtre, après celui des comités de lecture des revues scientifiques. Toutefois, il revenait au découvreur de soumettre son travail à la critique pour la deuxième fois, après publication, si bien que, parmi les articles publiés traitant de précurseurs, moins d'un sur cent a suivi ce chemin. Pire : sur la quarantaine d'articles soumis à l'épreuve, seuls cinq purent conserver le label « précurseur authentique » après le travail du Comité, publié en 1997, remettant en question le sérieux des experts qui validèrent leur publication. Et, sans surprise, les signaux électriques du groupe VAN ne firent pas partie des précurseurs soumis pour évaluation... Le Comité souhaitait faire le ménage : ce fut réussi, la place était nette !

Cette mise en évidence d'une absence de rigueur dans les études de précurseurs renforça la polémique sur la réalité même de ces phénomènes. En 1999, le journal *Nature* organisait sur le Web un débat écrit entre scientifiques, avec cette question à la clé : « La prédiction fiable de séismes individuels est-elle un objectif scientifique réaliste ? ». La discussion portait tant sur les prévisions à long terme que sur les prévisions à court terme ; mais sur ce dernier point les désaccords persistaient, chacun restant sur ses positions, comme nous l'avons vu : la prévision étant impossible pour les tenants de la criticalité ou du chaos, et possible, sous conditions et en termes probabilistes, pour les autres. Ces derniers suggéraient simplement de ne pas jeter le bébé avec l'eau du bain, et affirmaient que seul le renforcement des recherches sur les phénomènes transitoires de la croûte terrestre pouvait aider à progresser sur ces questions de précurseurs. De fait, c'est bien cette voie que les géophysiciens suivent depuis près de 20 ans, avec les découvertes que je vous ai présentées plus haut sur les trémors et les séismes lents – découvertes permettant de mettre les observations de précurseurs dans un contexte plus physique.

C'est dans cette dynamique de progrès rapides sur la mécanique des failles, bien éloignés des questions de prédiction, que survint la crise sismique de l'Aquila, en 2009. Une semaine avant le séisme destructeur du 6 avril, un technicien spécialiste de mesures radon affolait médias et public avec la menace d'un séisme imminent… Ce séisme fit l'effet d'une bombe dans la communauté scientifique, et déclencha une prise de conscience dramatique des pièges de la communication en temps de crise, à côté desquels les vieilles polémiques autour de l'affaire VAN font figure de chamailleries puériles. Pour ces questions de prédiction publique, il y a un avant et un après l'Aquila.

La crise de l'Aquila

Que s'est-il passé ? Nous sommes à 70 km au nord-est de Rome, au cœur des Appenins. En janvier 2009, quelques petits séismes non ressentis sont localisés sous la ville de l'Aquila, vers

10 km de profondeur, par le réseau de surveillance sismique national de l'INGV (Figure 1). Rien de particulier. L'activité se renforce à partir du 20 janvier, bien détectée par les sismomètres, et légèrement ressentie : un essaim sismique, comme ceux qui crépitent de temps en temps, ici ou là, au sein de la chaîne appenine qui court tout le long de la botte de l'Italie. En février et début mars, l'essaim sismique persiste, avec plusieurs petites secousses bien ressenties, inquiétant la population. L'INGV fait un premier communiqué officiel le 17 février aux services de la sécurité civile, et en émet un deuxième le 12 mars. Le site web de cet institut affichant la localisation des épicentres sur une carte, à moins de 10 km de la ville, quelques sismologues européens suivent l'affaire d'un œil intrigué… Je me souviens commenter cette sismicité avec mes collègues, nous référant à notre propre expérience sur les essaims sismiques de Corinthe auxquels nous étions habitués depuis une dizaine d'années : ces signaux sont curieux, mais pas trop inquiétants. C'est vers la fin mars, alors que la sismicité perdure, qu'entre en scène un certain Giuliano, technicien du Laboratoire de physique du Gran Sasso. Spécialiste amateur de mesures radon, Giuliano s'affairait depuis des années, à ses heures perdues, à corréler la sismicité de la région avec les fluctuations des mesures de ses sondes radon plantées dans le sol : mais des corrélations jugées incertaines, dont les résultats n'avaient jamais été publiés dans les revues scientifiques à comité de lecture. Le 27 mars, il nota des anomalies dans ses mesures, et prédit, sans publicité, mais en alertant le maire de la ville, un séisme à l'Aquila pour le lendemain ; rien. Le 29 mars, il fit l'annonce publique d'une menace plus sérieuse à 50 km au sud-est de l'Aquila : « un séisme va se produire dans les 6 à 24 heures dans la région de Sulmona ». Relayée par les autorités locales avec force haut-parleurs circulant dans

cette ville, l'annonce y déclencha un début de panique. Le jour même, deux séismes de magnitude 3,8 secouent Sulmona, sans dommages, mais pas de secousse forte à l'Aquila.

Le 30 mars, vers 14 heures, un séisme de magnitude dépassant 4,1 secoue la ville de l'Aquila. Le maire fait évacuer plusieurs bâtiments et demande la fermeture d'une école primaire. Dans la soirée, d'autres petits séismes sont encore bien ressentis. Des secousses qui font peur, les chocs de quelques secondes faisant gronder et craquer les vieilles maisons. La population s'affole, ne sachant que penser ni que faire. La protection civile, avisée par la direction de l'INGV, somme Giuliani de ne plus prendre la parole en public, et fait le communiqué suivant : « Pour l'Aquila, il n'y a aucune prévision de nouveaux séismes d'une quelconque intensité. Toute information de contenu différent est fausse et infondée. » Car au ministère de l'intérieur, on s'inquiète, non pas tant pour le risque associé aux petits séismes de cette crise – de telles crises étaient relativement fréquentes dans ces régions sismiques d'Italie – mais pour celui d'un début de panique créé par la conjonction jugée malheureuse des séismes ressentis et de la prédiction de Giuliani. Il fallait arrêter cela, calmer tout le monde, et faire rentrer les gens chez eux. Sollicitée en urgence par le ministère, la Commission pour les risques majeurs, constituée de représentants de la sécurité civile – dont De Bernardini, son directeur adjoint –, de sismologues, et d'ingénieurs, se réunit dès le lendemain à l'Aquila, avec les autorités locales.

Lors de cette réunion du 31 mars, à huis clos, les sismologues rappelèrent le haut niveau d'aléa sismique de la région, l'occurrence fréquente de telles crises sans être suivies de grand séisme, et donc l'improbabilité (mais non l'impossibilité) que survienne un séisme destructeur à court terme. Au sortir de la réunion, le maire n'était pas rassuré, mais dans sa conférence de presse, De Bernardini persiste à répéter le message de la sécurité

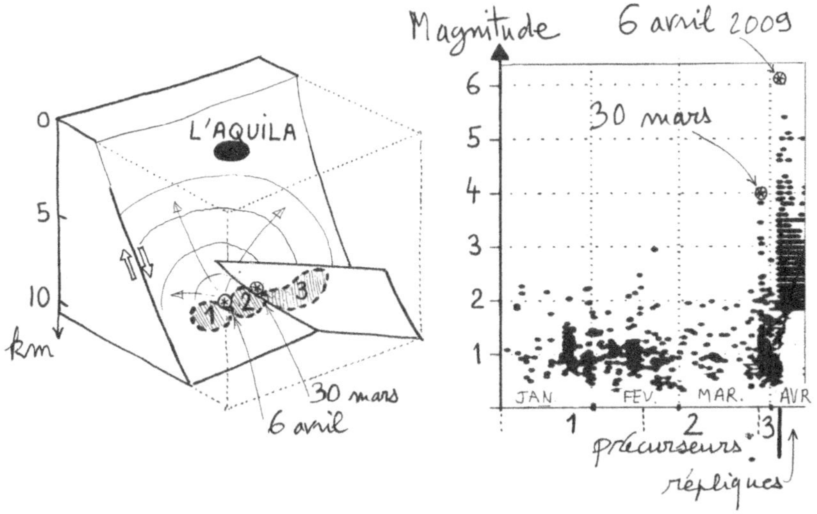

1. Zoom sur la crise présismique du séisme de l'Aquila du 6 avril 2009. Les séismes précurseurs ont eu lieu 8 à 10 km sous la ville, migrant vers l'hypocentre final (étoile) pendant près de 3 mois (phases 1 et 2) puis s'en éloignant la dernière semaine (phase 3), activant une faille secondaire et produisant fin mars des séismes plus fortement ressentis. D'après Lauro Chiaralucce et ses collaborateurs.

civile: en gros, «pas de panique, restez chez vous». Les sismologues ne furent d'ailleurs pas conviés à cette conférence de presse – et n'en furent même pas informés. De fait, une parole libre des scientifiques n'était plus autorisée: la sécurité civile avait clairement décidé, avant de réunir la commission, de ne pas faire évacuer les habitations de la ville. Fut alors diffusée sur les chaînes de télévision une interview de De Bernardini, enregistrée avant la réunion de la commission, qui assurait «avoir appris de la communauté scientifique que la situation était favorable et qu'il y a une décharge de l'énergie». En clair, ces petits séismes relâcheraient les contraintes tectoniques, réduisant le risque de grands séismes. Dans les jours qui suivent, nombre de personnes, à moitié rassurées mais plutôt confiantes dans les autorités et dans la présence des scientifiques, rentrent chez elle.

Le 4 avril, la crise sismique s'accentue, et dans la soirée du 5 avril, des secousses sont fortement ressenties, dont deux de magnitude 3,4 et 4 ; quelques heures plus tard, le 6 avril, une très forte secousse frappe la ville de l'Aquila, détruisant des milliers de bâtiments, tuant 309 personnes et en blessant 1 500 (Figure 1). La grande faille passant sous la ville avait fini par lâcher en un séisme de magnitude 6,1, rompant un segment de 15 km de long.

Commence alors une longue saga judiciaire : accusés par les familles de victimes d'avoir sous-estimé les risques et incité les gens à rentrer ou à rester chez eux en dépit du danger, les experts de la commission sont jugés, et, en 2012, sont condamnés en bloc en première instance par un juge local : 6 ans de prison pour homicide involontaire, par négligence. Son argument principal : sans ces réassurances infondées de la commission, une partie de la population aurait spontanément fui les habitations immédiatement après les fortes secousses de la soirée du 5 avril, ce que certains habitants faisaient déjà depuis plusieurs jours en dormant dans leur voiture, échappant ainsi à la catastrophe. Ce verdict provoqua une très vive réaction de la communauté scientifique internationale, les sismologues arguant qu'il est impossible de prévoir les séismes à court terme, et que l'on ne devait pas attendre d'eux une réponse tranchée dans une telle situation. J'avais moi-même, à chaud, critiqué cette décision comme un « jugement à l'emporte-pièce », estimant que les torts et responsabilités – il y en avait – des divers membres de la commission devaient absolument être différenciés. En particulier, l'affirmation de De Bernardini, interviewé avant la réunion de l'Aquila, sur les petits séismes qui relâchent la pression, était bien mal venue. Fausse scientifiquement, cette assertion aurait pu être démentie publiquement par les sismologues de la commission – ou d'autres de l'INGV ou d'ailleurs. Elle ne l'a pas été, et cela peut leur être reproché – il n'est cependant pas sûr qu'ils aient eu connaissance de cette interview avant la catastrophe. Mais surtout : une telle prise de parole aurait-elle été vraiment possible, ou légitime ?

Imaginez une parole libre des scientifiques, hors commission, relayée par les médias, disant avec justesse : « Non, ce que dit De Bernardini est faux. C'est tout le contraire : l'occurrence de petits séismes augmente la probabilité de plus gros dans les jours ou les semaines à venir. Elle la multiplie par mille ou dix mille par rapport au temps ordinaire. Mais la probabilité reste faible, atteignant une chance sur cent, voire sur une chance sur dix au maximum ». Voilà ce qu'auraient pu dire les sismologues – ou vous-même si vous aviez lu la première édition de ce livre en 2003. Cette affirmation est déjà un peu plus compliquée à comprendre que « pas de souci, il ne va rien se passer » ! Mais surtout, comment la population locale aurait-elle réagi ? Car cette information contradictoire, apportée par les scientifiques sur des faits d'observation, n'aurait pas eu pour objectif de s'opposer à la décision des autorités de ne pas évacuer la ville. Elle n'aurait que renseigné « objectivement » la population inquiète, qui a le droit de savoir ; de fait, elle aurait pourtant créé une grande confusion, peut-être une nouvelle panique, cette fois-ci incontrôlable car accompagnée d'une forte défiance envers la parole des autorités. Les médias et du coup le public auraient très probablement retenu la première partie de la phrase : « un grand séisme est à craindre » et conclu « fuyons ! ».

Quelle aurait été la suite d'une telle prise de parole des scientifiques ? L'occurrence du séisme aurait en quelque sorte validé cette parole auprès de la population. Mais une telle « validation » aurait eu au mieux une chance sur dix de se produire, comme le séisme lui-même. Dans 9 cas sur 10, la ville aurait donc été probablement désertée pour rien après l'annonce des scientifiques, avec toutes sortes de conséquences fâcheuses et imprévisibles, en particulier une économie locale à l'arrêt pendant des semaines, voire des mois. Et les scientifiques auraient peut-être été sommés de répondre devant les juges d'avoir créé des paniques et des pertes économiques, l'État ou les entreprises locales se portant partie civile. Retour aux faits : le 31 mars 2009, les scientifiques de la Commission étaient donc bien pris au piège : une parole libre ou un silence forcé pouvaient être tous deux condamnables...

Heureux épilogue pour les chercheurs condamnés en première instance : en 2014, en appel, les membres de la commission ont été jugés innocents, sauf De Bernardini, condamné à deux ans de prison – dont il sera finalement dispensé. Tout ce procès pour rien, donc ? Non, car ce procès, lancé sur le coup d'une colère légitime de la population, mal informée juste avant la catastrophe, a pu mettre à nu un grand nombre de défaillances et de pièges dans les procédures de prises de décision et de communication au public, tant des autorités que des scientifiques. Absence de préparation et défaut de communication interne à la commission, court-circuit dans la communication aux médias, défaut d'éducation du public sur les questions sismiques... Tout le monde a eu sa part de responsabilité. Hélas, les seuls grands coupables, ceux qui par incompétence ou malversation criminelle ont construit les bâtiments récents qui se sont effondrés à l'Aquila – en particulier un hôpital et une résidence d'étudiants –, et ceux qui les ont laissé construire sans sourciller, n'ont à ma connaissance toujours pas été inquiétés...

La complexité de la question de la prise de parole publique et du rôle des scientifiques en cas de crise fut ainsi dramatiquement mise en lumière par ce procès et par le débat qui l'accompagna. Tandis que la procédure suivait son cours, une

Commission internationale pour l'Étude de la Prédictibilité des Séismes (ICEF) fut mise sur pied, à la demande de la Sécurité Civile italienne. Cette commission avait deux objectifs : faire le point des connaissances sur la prédiction à court terme, et donner des recommandations sur l'usage possible de précurseurs sismiques, en particulier par des analyses probabilistes, à des fins d'alerte. Comme le résume en 2012 son président, le sismologue américain Tom Jordan, la commission pointa la grande difficulté de traduire de telles prévisions en prises de décision effectives des autorités, eu égard à la très faible probabilité d'occurrence des séismes envisagés. Les tests de procédures de prévision opérationnelle des séismes sont bien avancés en Chine, en Grèce, en Italie, au Japon, en Russie et aux Etats-Unis ; ils doivent encore se renforcer et évoluer. Mais ces travaux, menés par des sismologues, devraient inclure d'autres expertises : celles d'ingénieurs, d'économistes, de sociologues et de psychologues. Car pour décider d'évacuer ou non une ville, il ne suffit pas de connaître la probabilité du séisme à venir ; il faut évaluer le rapport coût/bénéfice de ces décisions – lesquelles reposent sur des scénarios impliquant les impacts économiques et sociétaux, eux-mêmes fonction des réactions des populations et de leur capacité de résilience. La complexité et l'incertitude de ces scénarios n'ont rien à envier à ceux du devenir sismique des failles qui se réveillent… Tout comme les bâtiments, la société elle-même peut être préparée, sur le long terme, à une crise : via l'éducation du public, bien sûr, mais aussi des médias, des autorités et des organismes de secours, en informant sur les phénomènes sismiques et sur les phénomènes précurseurs, ainsi que sur les conduites à tenir et leur raison d'être ; via également la préparation des chaînes de décision, permettant de passer efficacement et rapidement des prévisions des scientifiques aux décisions opérationnelles des autorités.

Vaste et ambitieux programme ! Les pays fortement sismiques, régulièrement bousculés par la Nature, y travaillent. Mais en France métropolitaine, modérément sismique, la mémoire du séisme de Lambesc, il y a plus d'un siècle, est bien perdue. Tout ou presque est à faire, et nul ne peut garantir la bonne gestion d'une crise sismique à venir…

Alertes sismiques précoces

Toutes ces complications, c'est bien de la faute des sismologues, incapables qu'ils sont de voir venir les séismes – sauf à leur donner des probabilités si faibles qu'elles conduisent à de véritables casse-tête dans les prises de décision. Mais il est une situation particulière où le sismologue sait prédire à coup presque sûr l'imminence d'une catastrophe : c'est lorsqu'il détecte les premières ondes d'une grande rupture sismique, s'il a la chance que des sismomètres soient positionnés dans la zone épicentrale. Les destructions sont provoquées par les mouvements violents des ondes de cisaillement lorsqu'elles arrivent en surface. Or elles ne voyagent qu'à 3 ou 4 kilomètres par seconde : si vous vous trouvez à 60 kilomètres de l'hypocentre, ces ondes tueuses arrivent en près de 20 secondes. Entre-temps, la rupture peut se trahir par les ondes de compression, deux fois plus rapides, mais bien moins fortes : elles mettent moins de deux secondes pour arriver en surface, à 10 kilomètres au-dessus de l'hypocentre (Figure 2). Il suffit alors d'un sismomètre judicieusement placé, complété par des systèmes automatiques rapides de contrôle et d'alarme, et vous avez alors près de 10 secondes devant vous. Un délai qui peut être vital ! Et si vous êtes à 100 km de l'hypocentre d'un grand séisme, vous pouvez même avoir 25 secondes devant vous.

Le premier système d'alerte sismique précoce, comme on les appelle maintenant (*earthquake early warning* en anglais), fut mis en place pour la ville de Mexico en 1993 suite au grand séisme de 1985, de magnitude 8, qui frappa la capitale en faisant 40 000 morts. Pour parcourir les 300 kilomètres entre la faille située sur la côte Pacifique et la capitale, les ondes ont mis 100 secondes, alors que les stations situées les plus proches détectèrent le séisme en moins de 5 secondes. Ce délai d'une minute et demie fut mis à profit pour prévenir la capitale mexicaine des grands séismes de cette région, évacuer des écoles primaires, et prévenir le public par des messages sur les médias et plus récemment par des sirènes. Près d'une alerte par an fut lancée depuis cette date, pour des séismes moins puissants que celui de 1985, et sans que la ville ait souffert de dommages.

Le système d'alerte publique de loin le plus avancé est celui du Japon, initié en 2007. La diffusion emploie tous les médias imaginables : radios, télévision, internet, téléphones mobiles, sirènes, avec de très simples messages visuels et sonores. À vrai dire, le Japon pouvait s'appuyer sur une longue expérience, car ses trains rapides en furent équipés, dans une version très rudimentaire, dès le début des années 1970 ! La Californie suit maintenant l'exemple du Japon, développant depuis 2012 un tel système, mis en test en 2016. La diffusion des alertes au public est prévue pour 2018. À Los Angeles, lors du « Big One » à venir, il y aurait entre 10 secondes et une minute d'écart entre l'alerte et la secousse. De tels systèmes sont aussi en phase de test dans d'autres régions sismiques : pour Istanbul sous la menace de la faille Nord-Anatolienne, qui ne laisserait qu'une dizaine de secondes d'avance ; pour Naples, à 50 km des reliefs sismiques des Apennins ; pour Bucarest, menacée par des séismes de forte magnitude mais heureusement très

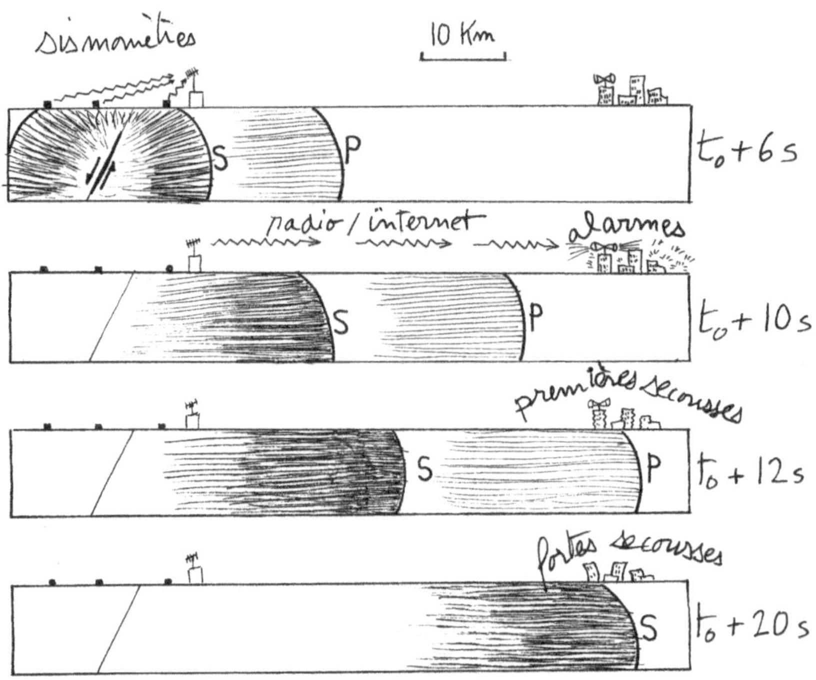

2. Principe de l'alerte précoce. Les ondes P détectées sur les premières secondes, analysées par les stations proches, permettent de déterminer la magnitude minimale et, le cas échéant, d'envoyer une alerte sur des sites lointains à protéger avant l'arrivée des ondes destructrices S.

profonds, nichés dans une zone de subduction fossile à 100 km à l'aplomb de la ville ; il y a aussi la Chine continentale, la Corée du Sud, Taïwan, le Chili…

En France métropolitaine, un tel système paraît bien inutile : comme les séismes attendus y sont de magnitude 6 à 6,5, leurs effets violents ne se feraient sentir qu'à moins d'une trentaine de kilomètres de distance, et une alerte ne ferait gagner qu'une ou deux secondes avec un maillage de 30 km entre capteurs – maillage qui est loin d'être aussi fin. La question peut cependant se poser pour les Antilles, avec ses grands séismes potentiels.

En revanche, le CEA a bien équipé les lignes TGV du sud-est avec des sismomètres tous les 10 km pour détecter des vibrations fortes, visant à arrêter ou du moins ralentir les trains avant qu'ils n'atteignent les zones de dommages potentiels sur les voies...

Une ou quelques dizaines de secondes semblent bien peu. Mais s'il n'est pas question d'évacuer des immeubles entiers dans ce délai, un grand nombre d'actions automatiques peuvent être déclenchées: signalisation routière pour ralentir ou arrêter le trafic automobile ou ferroviaire, barrage d'accès aux tunnels et ponts, fermeture des accès aux ascenseurs, sécurisation de soins médicaux critiques, arrêt ou mise en sécurité d'opérations industrielles à risque, en particulier pour le secteur chimique ou nucléaire, mise en route de générateurs électriques, pré-alerte des services de secours, etc. La population alertée peut également réagir promptement: si on se trouve dehors, il faut alors se mettre en lieu sûr, loin des façades de bâtiments; si on est en voiture, il faut ralentir et s'arrêter; si on est à l'intérieur d'un bâtiment, il faut se baisser et se protéger sous une table, ou dans l'encadrement d'une porte ouverte dans un mur porteur. Et si le délai annoncé le permet, il faut sortir du bâtiment et s'en éloigner après avoir coupé le gaz, muni d'un kit de survie bien préparé à l'avance – avec des lampes électriques, de l'eau, une trousse de secours, une radio, des piles de rechange –, et ne pas oublier le chat et les enfants... Une grande diversité d'actions est donc possible, chacune exigeant des décisions rapides, dépendant du contexte: on comprend bien qu'au préalable, information, préparation et entraînement de tous sont les gages de réactions appropriées et efficaces.

Pour fiabiliser ces alertes, les sismologues doivent être capables de donner la magnitude du séisme qui démarre. Inutile de semer la panique pour un séisme de magnitude 5! Or, cette magnitude n'est bien sûr déterminée qu'à la fin de la rupture, qui peut durer des dizaines de secondes pour les grands séismes : un peu tard pour une alerte précoce digne de ce nom. De fait, les premières secondes des ondes P donnent facilement une idée de la magnitude minimale, autour de 5 ou 5,5, par l'amplitude des mouvements du sol et leur fréquence dominante ; mais si la rupture de la faille se poursuit, cette magnitude est souvent réévaluée à la hausse, seconde après seconde, au fur et à mesure de l'arrivée des ondes. C'est ainsi que pour le séisme de Tohoku de 2011, au Japon, l'analyse de la première seconde de vibration aux stations les plus proches donnait une magnitude de 5,5. Puis au bout de 9 secondes de secousse, une alerte publique fut lancée, pour une magnitude estimée de 7,2, avec 15 secondes d'avance sur les ondes destructrices à Sendai, la grande ville la plus proche de l'épicentre. Une minute après la première détection, alors que la rupture sismique de ce séisme géant poursuivait son chemin vers le sud, la magnitude estimée fut réévaluée à 8,1, et diffusée dans la région de Tokyo, à plus de 350 km de distance. Mais le niveau de la secousse fut largement sous-estimé par l'alerte, car la magnitude réelle finit par atteindre 9,0. Un premier succès donc, mais améliorable !

Pour faire mieux et gagner en précision sur la magnitude, certains chercheurs ont récemment réanalysé de plus près cette phase de démarrage des séismes, en se penchant sur les deux premières secondes au tout début de l'onde P. Et en 2014, le groupe du sismologue italien Aldo Zollo a publié un article montrant que plus un séisme est de faible magnitude, plus son impulsion initiale est vive ; et plus il est gros, et plus il commence mollement. Les chercheurs avancèrent une explication plausible, liée à des lois de frottements à effet retardé : les grands séismes naissant sur des grandes failles, ces dernières, par leur épaisseur, requièrent de grands glissements lentement accélérés avant de pouvoir se déstabiliser. Bien sûr, cette idée que les séismes peuvent ne pas naître égaux était contraire aux aprioris des sismologues pro-criticalité. Et comme des analyses indépendantes réalisées par des confrères américains semblent aller dans ce sens égalitaire, la polémique à de beaux jours devant elle!

Et pour peut-être faire encore mieux, voici la dernière découverte en date, publiée en 2016 par le sismologue français Jean-Paul Montagner et ses collaborateurs, lors du séisme de Tohoku: un signal de gravité provenant des masses en mouvement autour de la faille, détecté par des gravimètres et des sismomètres hypersensibles. Ce signal, se propageant à la vitesse de la lumière, trahit quasi-instantanément le jeu de la faille, bien avant l'arrivée des ondes P. Mais il est très faible, à peine au-dessus du bruit de fond terrestre, même pour ce séisme géant. Son exploitation à des fins d'alerte reste une gageure – de quoi motiver les chercheurs.

Malgré tous ces efforts, et toutes ces avancées dans l'alerte précoce, on comprend bien que la difficulté de sa mise en place, ses limitations, et l'incertitude sur les gains attendus font qu'elle restera longtemps marginale, voire ignorée dans bien des pays sismiques. Mais heureusement, la Nature elle-même nous offre une telle alerte, avec de précieuses secondes qui peuvent sauver des vies. Car lorsque vous percevez les premières ondes P d'un grand séisme, souvent comme un grondement sourd et des secousses plutôt verticales, rarement destructrices, il vous reste quelques secondes pour vous mettre à l'abri. Le temps est compté, et les actions efficaces sont bien plus limitées qu'avec l'alerte précoce, mais pas de panique: sauter par la fenêtre est évidemment dangereux, mais fuir par la porte peut l'être aussi. Annecy, 15 juillet 1996, trois heures du matin: la faille du Vuache cède en un séisme de magnitude 5,3, à Épagny, 15 kilomètres au nord-ouest de la ville. Cinq secondes plus tard, des centaines de cheminées s'écroulent, dans des rues heureusement vides. On ne déplore aucune victime, mais il valait mieux ne pas sortir alors qu'il pleuvait des briques et des tuiles…

Alerte au tsunami

Si la mise en alerte de chacun à l'arrivée des ondes destructrices d'un séisme ne laisse que quelques secondes pour réagir, il n'en est heureusement pas de même pour l'arrivée de l'éventuel tsunami associé. Car les grosses ondulations marines produites par les déplacements du fond marin au-dessus de la faille se propagent des centaines de fois plus lentement que les ondes sismiques, laissant du temps pour les voir venir. Pour se protéger des tsunamis en provenance des grandes zones de subduction qui encerclent l'océan Pacifique, les Américains ont donc mis sur pied, dès 1968, un premier centre de détection et d'alerte à Hawaï. La détection se fonde sur les analyses des signaux sismiques, avec des alarmes transmises aux bases portuaires américaines et aux pays côtiers. Les performances actuelles des réseaux sismiques, dont les données sont transmises en temps réel, permettent maintenant d'identifier en moins de 10 minutes la plupart des séismes dangereux susceptibles de produire des tsunamis.

L'alerte précoce des tsunamis est efficace mais a ses limites. Ces limites furent dramatiquement révélées par la catastrophe de Sumatra en 2004 : le centre d'Hawaï avait bien fait passer l'alerte, et écarté tout risque pour l'Océan Pacifique dont il avait la surveillance directe… Il restait alors trente minutes pour évacuer les rives nord de Sumatra ; près de 2 heures pour évacuer celles de Thaïlande, de Birmanie, du Sri Lanka ; 3 heures pour l'Inde. C'était largement suffisant. Mais cette information s'est perdue dans les arcanes des chaînes de décision, inadaptées ou inexistantes, en l'absence de relais opérationnel de terrain de ces pays.

Depuis, plusieurs programmes ont été mis en place sous l'égide de l'UNESCO, avec en 2005 la création du centre d'alerte pour l'océan Indien (le SATOI), puis le montage d'un Centre régional pour les Caraïbes, à Porto Rico, et plus récemment, pour la région nord-est atlantique et méditerranéenne. Pour cette dernière, la surveillance est partagée entre le Centre National d'alerte au Tsunami, le CENALT, qui couvre des Açores à l'ouest et l'Italie à l'est, et l'Observatoire d'Athènes, concentré sur la Méditerranée orientale. Ces centres doivent composer avec des délais bien courts, si l'on reprend les scénarios historiques (Figure 3). Le tsunami de 1755 a atteint les côtes portugaises et marocaines en à peine 30 minutes, d'après les récits d'époque. Même délai pour les Baléares, après le séisme de Boumerdes de 2003 au nord de l'Algérie, les côtes françaises ayant été touchées en une heure. Plus à l'est, après les méga-séismes de 365 et de 1303 qui activèrent chacun un segment de la subduction hellénique avec des magnitudes estimées entre 8 à 8,5, les calculs donnent encore trente à quarante minutes de délai pour les côtes libyennes ou égyptiennes les plus proches ; deux tsunamis catastrophiques qui inondèrent toutes les côtes de la Méditerranée orientale en moins de 2 heures.

Le développement de ces centres a conduit au renforcement de la partie montante de l'alerte, des instruments aux autorités. Les systèmes à terre, sismomètres et GPS, on été consolidés dans les régions surveillées, et de nouveaux marégraphes, à la côte ou montés sur des bouées en pleine mer, ont été installées. Ces bouées, les DARTs, sont équipées de pressiomètres sur le fond marin qui mesurent en continu la pression d'eau – et donc

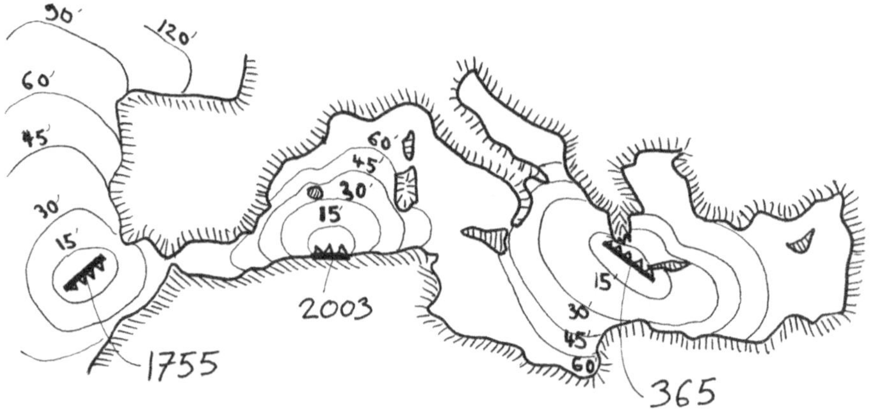

3. Propagation de tsunamis en Méditerranée. Les trois scénarios de ruptures de failles donnent le temps de propagation du tsunami en minutes, correspondant aux grands séismes de Lisbonne de 1755 et de Crète de 365, et au récent séisme d'Algérie en 2003.

sa hauteur, après correction de la pression atmosphérique. Les alertes initialement basées sur les vibrations sismiques peuvent donc être recoupées, le cas échéant, par les mesures du niveau de la mer et du déplacement du sol ; ces mesures, toutes transmises en temps réel, confirment, corrigent ou infirment les prévisions initiales, les alertes étant ainsi réactualisées au fur et à mesure de la progression de l'onde océanique. Et peut-être verrons-nous bientôt se rajouter à la batterie de ces diagnostics les traces ionosphériques des tsunamis, détectées par GPS, à l'approche des masses d'eau.

Un travail considérable reste à faire pour rendre efficace l'alerte descendante, des autorités aux populations. Tout d'abord, il s'agit de préparer, avec les scientifiques, des scénarios réalistes d'inondation pour définir les limites des zones à évacuer. Les chercheurs ont donc pour tâche première de calculer avec précision la réponse de l'océan au déplacement du fond marin lors de grands séismes hypothétiques – et en particulier lors des grands séismes connus, pour confronter les prédictions aux observations. Ils furent donc amenés à développer et améliorer progressivement de gros codes de calcul, maintenant très performants, pouvant reproduire avec une bonne fiabilité l'amplification des hauteurs d'eau à la remontée des fonds et à l'approche des côtes – pourvu que la bathymétrie soit connue avec une grande finesse, ce qui est encore loin d'être le cas pour les centaines de milliers de kilomètres de côtes habitées. Lorsque cette bathymétrie est bien connue, et complétée d'une topographie très précise des plaines côtières, il leur est possible de calculer la submersion des terres loin de la ligne de côte.

Pour compléter l'alerte descendante, ces avancées scientifiques sur la précision et la justesse des scénarios devraient se doubler d'une formation des populations par des exercices d'alerte. De ce point de vue, depuis les catastrophes de Sumatra en 2004 et de Tohoku en 2011, les choses progressent, mais lentement. Je me souviens de ce récit glaçant d'un gardien de nuit dans un hôtel au Chili, au bord de la mer, dans la petite ville de Pichilemu. Au cœur de la nuit, quelques minutes après la secousse du séisme de Maule de 2010, dont l'épicentre était 300 km plus au sud, un groupe de surfers et leurs jeunes enfants se sont postés sur la petite route bordant la plage pour assister à l'arrivée du tsunami, malgré la consigne publique chilienne de s'écarter du rivage après toute forte secousse sismique. Pas d'inquiétude à avoir, ils connaissent bien la mer, en particulier cette côte où ils surfaient dans la journée ; et la lune éclairait les récifs du bord sud de la plage, à quelques centaines de mètres, d'où le tsunami devait arriver. Si la vague y apparaissait trop haute et menaçante, ils auraient largement le temps de remonter la ruelle pentue… Moins de quinze minutes après la secousse, la voilà soudain, émergeant du noir, déferlant en écume blanche sur les récifs, pas trop haute, inondant progressivement la plage, emportant barques et débris de planches, et venant lécher le pied de la digue, quelques mètres sous la route. Spectacle assurément impressionnant. Puis les flots disparurent dans la nuit. Et les voilà qui attendent la deuxième vague, peut-être pour quelque photo mieux cadrée, ou un autre frisson. Elle arrive une quinzaine de minutes plus tard, recouvrant les récifs du sud à l'identique, rassurant les surfers qui restent aux premières loges. C'est alors que notre gardien, surplombant la scène de sa terrasse, leur hurle de fuir et de remonter la rue. Car simultanément, venant du nord, tel un torrent en crue, une autre masse d'eau balayait plage et route en sens inverse et s'approchait à grande vitesse du groupe. Ils n'entendent pas ou n'écoutent pas, et, tournant le dos au danger, furent tous emportés.

Si donc vous voyez la mer se retirer – même sans secousse ressentie, la source sismique pouvant être trop éloignée – n'hésitez pas. N'attendez pas la vague pour de belles photos, car elles risquent fort d'être publiées de façon posthume : gagnez les hauteurs ; dix mètres, vingt mètres si c'est possible. C'est ainsi qu'une jeune fille britannique de 11 ans, témoin d'un tel retrait de l'océan sur une plage de Thaïlande, un certain 26 décembre 2004, a pu alerter et sauver tout un groupe de touristes quelques minutes avant que l'océan ne revienne submerger violemment la plage et inonder le bas des hôtels – un océan mis en mouvement à peine une heure plus tôt, et 500 km au large par le séisme géant de Sumatra.

Cette règle simple de gagner les hauteurs lors d'un retrait rapide de la mer est tout aussi valable sans séisme du tout : car un grand glissement de terrain sous-marin peut générer un tsunami avec des hauteurs d'eau de plusieurs mètres, voire dépasser localement la dizaine de mètres, sur quelques kilomètres de portion de côte à proximité, sans qu'aucune vibration ne se fasse ressentir. D'ailleurs, les déplacements verticaux relativement modestes du fond marin sur le dos d'une faille activée en un séisme de magnitude 6 à 7 ne sont pas capables de produire de tsunamis significatifs, et ne justifient pas de lancer une alerte ; mais ces séismes déclenchent parfois, lors de la secousse, ou peu après, de grands glissements sur les pentes sous-marines de la zone source ; lesquelles, on vient de le voir, peuvent conduire à des inondations très locales mais parfois dévastatrices.

CHAPITRE 14

Bien construire

Revenons aux secousses. Si l'on ne peut compter sur les sismologues pour dire quand sortir de chez soi suffisamment à l'avance, et si l'on tient à se protéger contre les séismes, il faut construire de façon adéquate. Comment ? Après chaque catastrophe, des ingénieurs sont missionnés pour inspecter les zones sinistrées : ils étudient les bâtiments et établissent les causes de leurs destructions – ou de leur bonne tenue. Indispensable, ce retour d'expérience peut être décourageant, car les causes sont toujours les mêmes : défauts de construction ou de conception, et normes parasismiques inadaptées.

Depuis les premiers enregistrements sismiques des mouvements forts, dans les années 1970, les ingénieurs savent qu'il faut protéger les bâtiments contre les mouvements horizontaux. Les vibrations verticales, généralement plus faibles, font monter et descendre le bâtiment qui se comprime et s'étire à mesure. Même si ce dernier double un instant son poids apparent, les tassements supplémentaires ne le menacent pas trop, car il est conçu pour résister à son propre poids, avec une importante marge de sécurité. En revanche, les mouvements horizontaux du sol, liés aux ondes de cisaillement ou de surface, ont des effets bien plus inquiétants.

Vous n'avez pas de peine à tenir debout dans un ascenseur, mais imaginez-vous dans un bus, la semelle collée au plancher par la Super glue d'un gamin facétieux, éloigné de toute barre et de toute poignée d'appui. Vous aurez beaucoup plus de mal à tenir debout, au gré des déplacements du bus qui accélère, tourne et ralentit… Lors d'un séisme, c'est pareil : en une fraction de seconde, la base de la construction bouge horizontalement de plusieurs centimètres, voire de dizaines de centimètres. Le haut, par inertie, ne suit pas tout de suite le mouvement, et le bâtiment se courbe dans un sens, tandis que le sol est déjà reparti dans l'autre…

Quelle est la réponse d'un bâtiment à une secousse ? Prenez à présent un fil de fer rigide, tenez-le verticalement par sa base, et secouez-le horizontalement. Il se tord en oscillant, dans un sens et dans l'autre. Coincez maintenant la base de votre fil de fer dans quelque support massif, et donnez une pichenette à son extrémité haute, ou bien donnez un coup sur son support : le fil oscille, avec une période de temps bien précise, et le mouvement s'amortit peu à peu. Prenez le même fil de fer, mais deux fois plus court : il oscillera deux fois plus vite. Prenez un fil de fer plus gros, plus rigide, sans changer sa longueur : il oscillera aussi plus vite. Vous comprenez maintenant que les immeubles élevés ou souples oscillent lentement, et que les maisons basses ou raides vibrent plus vite. Grossièrement, la période d'oscillation dite libre, exprimée en secondes, correspond au nombre de niveaux divisé par 10 ou 20, le facteur dépendant de la souplesse de la structure. Une habitation raide d'un étage oscille 10 fois par seconde, un immeuble raide de 10 étages une fois par

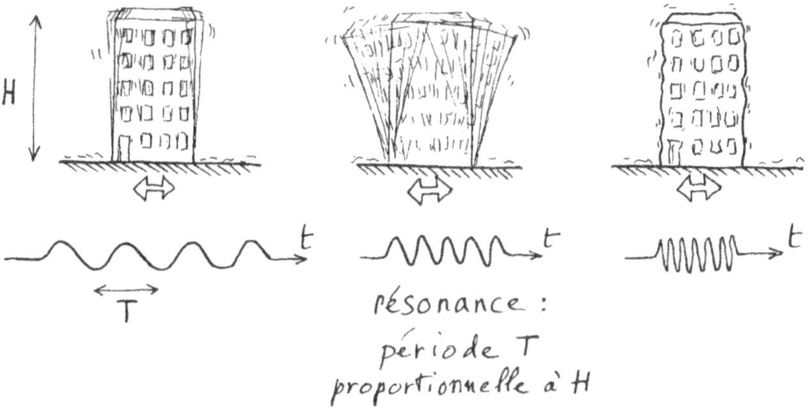

4. **Résonance des bâtiments.** À la période de résonance, le bâtiment amplifie les mouvements du sol. À plus courte période, il se déforme peu, sauf aux fréquences harmoniques. À plus longue période, il ne se déforme pratiquement pas.

seconde. Des grands ponts, de plusieurs centaines de mètres, ont des périodes de plusieurs secondes! Au bout d'une dizaine d'oscillations suivant une impulsion de courte durée à sa base, le mouvement est généralement bien amorti.

Durant les séismes, les vibrations du sol durent plusieurs secondes, voire des dizaines de secondes. Si par malchance les ondes sismiques ont des périodes proches des périodes d'oscillation libre, le mouvement s'amplifie à chaque oscillation, comme pour une balançoire poussée à chaque passage: c'est la résonance. Le bâtiment se déforme chaque fois un peu plus, et peut atteindre sa limite de résistance: la structure s'endommage, cède, et finit par se disloquer (Figure 4).

Le bâtiment secoué par le séisme doit donc résister à de fortes tensions internes: dans les maçonneries, un chaînage doit solidariser les pierres, les briques ou les parpaings; dans le béton armé, les poutres et les poteaux doivent être fortement liés par des fers recourbés et soudés, et des panneaux rigides ou de larges poteaux doivent assurer le contreventement. Lors de secousses très violentes, il faut à tout prix éviter la dislocation et l'effondrement de la structure pour préserver la vie de ses occupants : c'est un des principes de la construction parasismique.

De ce point de vue, les constructions en bois sont de bons modèles : leurs articulations grincent, jouent, s'usent, mais ne rompent pas. Il faut aussi des matériaux de bonne qualité : le béton pulvérulent, contenant du mauvais ciment ou du sable rincé à l'eau de mer, ou des poteaux insuffisamment ferraillés n'augurent rien de bon pour la tenue au séisme. Avoir de bonnes fondations, éviter des masses trop lourdes aux étages supérieurs, se méfier des structures aux formes asymétriques qui induisent de fortes déformations et torsions internes lors des secousses, bien contreventer, éloigner un minimum les bâtiments voisins pour qu'ils ne se défoncent pas l'un l'autre : autant de règles de bon sens, pourtant souvent oubliées…

Des approches plus techniques et innovantes pour protéger un bâtiment des vibrations sismiques se sont développées depuis une vingtaine d'années. La plupart se concentrent bien sûr à la base des constructions : certaines techniques font usage de fondations souples, tels des gros galets de caoutchouc sur lesquels est posée la structure. Ces blocs vont absorber les chocs à haute fréquence des ondes incidentes, atténuant en particulier les effets de résonance. D'autres types d'appuis permettent le déplacement horizontal du bâtiment, qui sera alors amorti par des plots déformables en métal ductile, ou par simple frottement de contact. Une autre approche, à l'inverse, se concentre sur le haut de la structure. Elle consiste à déplacer rapidement des grandes masses motorisées au sommet du bâtiment pour contrecarrer, seconde après seconde, son oscillation forcée par la vibration du sol – ce qui exige des mesures précises du mouvement du sol et un asservissement puissant, rapide et bien ajusté : un traitement de luxe réservé à de rares bâtiments.

Cependant, même si toutes les nouvelles constructions étaient parasismiques, le risque resterait élevé pour longtemps encore : la plupart des constructions couvrant notre planète ne respectent pas les normes parasismiques, tout simplement parce qu'elles sont trop anciennes, antérieures à toute réglementation. Les destructions des petites villes italiennes de l'Aquila, en 2009, et d'Amatrice, en 2016, petits bijoux d'architecture multicentenaire, nous le rappellent tristement. On estime, en gros, qu'un pour cent seulement des bâtiments est renouvelé chaque année. Heureusement, les bâtiments anciens ne sont pas nécessairement tous menacés : bien construits grâce au savoir-faire traditionnel de charpentiers, de maçons, de couvreurs, d'architectes, et, pour les moins vieux, grâce à l'expertise d'ingénieurs, ils peuvent bien résister à de fortes secousses. Mais certains aménagements récents d'habitations anciennes peuvent être fatals. Lors du séisme de 1989, dans la Marina de San Francisco, de magnifiques maisons de bois se sont effondrées, car les propriétaires avaient enlevé poteaux et murs afin de transformer leur rez-de-chaussée en garage pour leur grosse voiture. La France n'est pas à l'abri de ces pratiques : les belles façades des maisons de pierre de nos cités sont fréquemment éventrées par les commerçants et les agences de tout poil pour loger une vaste vitrine attirant le chaland.

L'Histoire montre qu'il fut parfois difficile de choisir entre deux maux. À Kobé, au Japon, les maisons traditionnelles étaient couvertes d'un toit de tuiles lourdes pour résister aux cyclones. Toutefois, ce toit reposait sur une ossature de bois mal contreventée par des murs de maçonnerie grossière, que le grand séisme de 1995 n'a eu aucune peine à renverser, causant l'essentiel des destructions et des 3 500 victimes. Constantinople, la plus riche cité du monde en son temps, ne sut jamais résoudre le dilemme de la pierre et du bois, et fut tour à tour la proie d'incendies ravageurs et le jouet de tremblements de terre catastrophiques.

Ces graves hésitations sur le choix de reconstruction ne sont heureusement plus d'actualité, les progrès de l'ingénierie parasismique assurant une très bonne résistance aux séismes, et à moindre coût. Mais reste la question difficile des bâtiments endommagés lors d'un séisme : peut-on les réparer et les renforcer, ou doit-on se résoudre à les abattre pour les reconstruire ? Après chaque grand séisme destructeur, des armées d'ingénieurs examinent les bâtiments encore debout et en marquent le caractère dangereux, parfois suivant des codes propres à chaque pays, par de grands signes de couleur peints sur la porte qui scellent le sort des bâtiments : sans danger, à renforcer, à démolir...

Ce diagnostic est loin d'être facile : quand bien même le bâtiment pourrait être visité en son entier, des dommages dans les poteaux, dans les murs porteurs ou dans les poutres, cachés derrière les parements, faux plafonds et autres cloisons, posent de sérieux risques pour la tenue à long terme du bâtiment – et notamment en cas de réplique sismique forte. Comment, en particulier, détecter un début d'endommagement et de micro-fissuration des poteaux d'un grand immeuble de béton, dont la rupture serait catastrophique ? De nombreux instruments aident ces diagnostics : on ausculte la structure, point par point, avec des ondes contrôlées dont on analyse les échos ou l'influence (essentiellement des champs électromagnétiques, avec un radar ou des électrodes, et des ondes sismiques ou ultrasons). Ces ensembles de mesures ressemblent fort, en modèle réduit, à celles montées par les sismologues sur leurs zones de failles, ou par les pétroliers sur leurs réservoirs ! Principal défaut de ces mesures : elles donnent l'état de fissuration du béton au plus proche des capteurs, ce qui rend complexe et très coûteuse l'auscultation d'un immeuble de 10 étages, qui comprend des centaines d'éléments porteurs.

Pour contourner ce problème de myopie instrumentale, depuis quelques années, les sismologues ont proposé de nouveaux outils de diagnostic des structures, très prometteurs. Première idée : analyser les périodes propres d'oscillation du bâtiment dans son ensemble. La méthode la plus simple consiste à comparer les enregistrements de deux sismomètres, l'un au sommet du bâtiment et l'autre dans ses fondations, pour mesurer ses fréquences naturelles de résonance… Si un poteau ou une poutre sont endommagés quelque part, les oscillations naturelles du bâtiment s'en ressentent : celles qui font jouer l'élément endommagé deviennent plus lentes, car les micro-fissures donnent de la souplesse au béton – et une structure souple oscille plus lentement qu'une structure rigide… En comparant ces fréquences propres avant et après un séisme, on peut ainsi détecter un éventuel endommagement, et éventuellement en préciser l'origine avec plusieurs capteurs. Deuxième idée, directement issue des techniques de corrélation de bruit : si, comme on l'a vu, ces dernières sont tout aussi efficaces pour ausculter le Soleil, notre planète, et un vulgaire bloc d'aluminium biscornu (voir chapitre 12), elles devraient de même fonctionner pour des bâtiments en béton. C'est bien le cas ! Tout comme les nouvelles fissures détectées dans les édifices volcaniques, la micro-fissuration du béton n'échappe pas aux mesures ultra-précises de ces techniques. Leur avantage : nul besoin de source contrôlée, le léger tremblement continu de l'immeuble, mû par sa propre activité et par la rumeur de la ville, suffit à former par corrélation les fonctions de Green entre chaque paire de capteurs postés sur le bâtiment, même éloignés, et à suivre l'évolution de vitesse le long de toutes les structures parcourues par ces ondes recomposées…

Les pièges du sous-sol

Pour se protéger des séismes, il ne suffit pas de construire solide. Il faut aussi construire au bon endroit…

Cette photographie de Niigata (Figure 5) peut surprendre. Après le séisme de juin 1964, des immeubles parasismiques ont basculé et se sont enfoncés dans le sol, mais sont restés intacts ! Depuis des décennies, chaque grand séisme ou presque nous apporte son lot d'habitations indestructibles à moitié englouties par la terre. Comment est-ce possible ? Les sols sableux gorgés d'eau, qui soutiennent les fondations, se sont désagrégés sous l'effet des vibrations : les grains de sable se sont décrochés les uns des autres, et les constructions se sont enfoncées dans ces sables mouvants. La secousse finie, les grains de sable se raccrochent les uns aux autres, et le sol reprend sa fermeté, figeant l'immeuble dans une position peu orthodoxe. Mieux vaut donc éviter ces sols, dits « liquéfiables », à moins d'enraciner les bâtiments avec des pieux posés sur le rocher profond. Heureusement, cette « liquéfaction » des sols ne se produit que pour de fortes accélérations, dans des sols très particuliers. Et malheureusement, ces sols se retrouvent fréquemment en bordure de mer, de lac ou de rivière, zones privilégiées de développement urbain.

Les sables gorgés d'eau ne sont pas les seuls pièges que nous tend la Nature. À vrai dire, il faut se méfier de tous les sols mous ! La catastrophe de Mexico, en 1985, en est une terrible illustration.

Les gravures de l'ancienne ville aztèque de Mexico, à l'époque des guerres de conquête espagnoles, montrent une splendide cité bâtie sur un îlot au milieu d'un immense lac. Siècle après siècle, le lac s'est asséché, et la ville a pu s'étendre pour devenir, il y a quelques dizaines d'années, une des plus grandes villes de la planète. Oublié, le lac poissonneux des

5. Séisme de Niigata de juin 1964, au Japon. Bâtiment « parasismique » basculé par la liquéfaction des sols lors de la secousse.

Aztèques… jusqu'au séisme de 1985. Après 100 secondes de course, les ondes sismiques émises par la rupture soudaine d'une grande faille, 300 kilomètres plus à l'ouest, parvinrent sous la ville. Les sismogrammes montrèrent qu'au centre de la ville, sur les argiles de l'ancien lac, les mouvements étaient dix fois plus forts que sur leur périphérie, là où affleurent les roches rigides des anciens volcans qui l'encerclent. Seules les ondes d'une période d'environ deux secondes furent amplifiées de la sorte. Sensibles à ces mêmes périodes, les immeubles d'une vingtaine d'étages entrèrent en résonance avec les vibrations du sol et amplifièrent considérablement leur balancement, pour s'effondrer au bout de 10 ou 20 secondes. Les autres bâtiments, plus petits, ou plus hauts, ont pour la plupart très bien tenu.

D'où vient cette étrange amplification sélective des sols? Pour des lecteurs anglais, j'aurais pris l'exemple de la « *jelly* », sorte de gélatine subtilement parfumée et agrémentée d'une belle couleur flashy ; ce dessert, qui fait le bonheur des enfants d'outre-Manche, aurait parfaitement convenu à ma démonstration. À défaut, prenez un flan en pot, et démoulez-le sur une assiette. Donnez un petit mouvement sec, horizontal, à votre assiette : la masse gélatineuse oscille avec sa propre période de résonance, tout comme les immeubles que j'évoquais plus haut, mais aussi comme les argiles qui remplissent le fond de l'ancien lac de Mexico... Si vous agitez votre assiette avec des petits mouvements à la période de résonance, le sommet de votre dessert va s'agiter considérablement, menaçant de s'effondrer ou de gicler loin du flan. Vous avez tout compris : l'assiette est le sous-sol rocheux sur lequel sont déposés les sédiments mous. Le sommet du flan est la surface du sol, et les mouvements de l'assiette sont les ondes sismiques qui parviennent à la base des sédiments. Conclusion : il est non seulement imprudent de secouer une assiette de *jelly*, mais en ce qui concerne les séismes, il n'est pas recommandé de construire sur de la *jelly*, sur du flan ou sur tout sol un peu mou qui pourrait s'y apparenter. Pourtant, c'est ce qui est fait un peu partout dans le monde...

L'amplification catastrophique des vibrations par le lac asséché de Mexico ne fut pas un cas isolé. Quatre ans plus tard, c'était aux Américains de prendre la mesure de ces effets, avec de fortes destructions dans le quartier de la Marina à San Francisco, construite sur les sédiments mous du bord de la baie. Depuis, pas un seul séisme ne s'est produit sans que ces effets ne ressortent : les cartes des dommages se calquent bien souvent sur les cartes des sols... À sol mou, forte secousse.

Depuis 1990, dans toutes les régions sismiques de la planète, ces observations inquiétantes sont à l'origine de vastes programmes de recherche sur ces effets. Ainsi, en France,

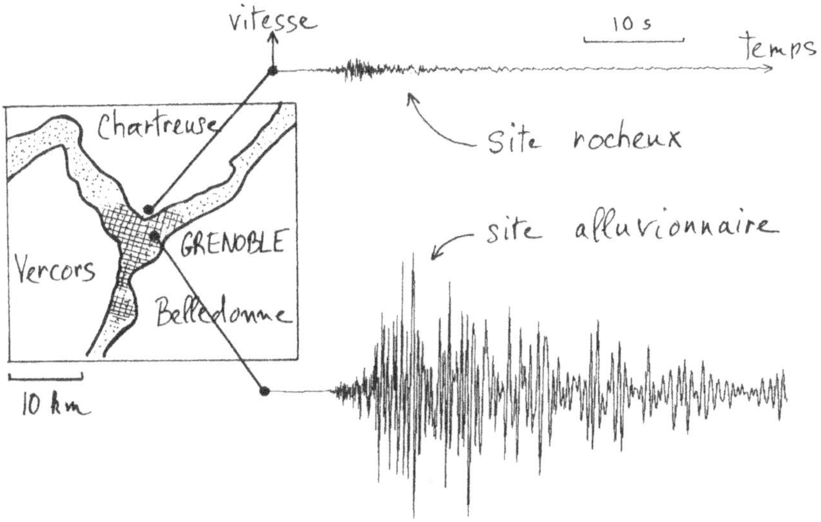

6. Amplification des ondes sur les sols mous. À Grenoble, le mouvement sismique des petits séismes régionaux est amplifié d'un facteur 10 dans la vallée (sismogramme du bas) par rapport au massif rocheux (sismogramme du haut), d'après les enregistrements du réseau accélérométrique permanent français (RAP).

des mesures sismiques ont été réalisées à Grenoble, à Nice, à Lourdes, à Pointe-à-Pitre et à Fort-de-France, avec des appareils installés sur des sols mous, et d'autres installés non loin, à quelques kilomètres, sur des sols durs. Partout, le verdict des enregistrements des quelques petits séismes régionaux bien enregistrés est le même : par rapport aux sols rocheux, les sols mous peuvent décupler l'amplitude des vibrations (Figure 6). Verdict irrévocable.

Un moyen de contrer la Nature serait d'étudier soigneusement les périodes de résonance des sols et de n'y élever que des bâtiments de période propre très différente. Par exemple, il faudrait éviter de construire des bâtiments de 10 étages, résonant à une seconde, sur des sols résonant à la même période. Ces études reposent sur les enregistrements de petits séismes qui excitent le sol ; malheureusement, il faut attendre plusieurs semaines, voire plusieurs mois dans les régions peu sismiques, pour obtenir un tel enregistrement. Des années d'études sont nécessaires avant que l'on puisse couvrir tous les quartiers d'une ville, et avoir une bonne statistique de ces périodes de sols.

Une technique astucieuse, développée dans les années 1990, permet de contourner ce problème et d'accélérer les choses : mettre à profit le bruit de la ville plutôt que d'attendre des séismes. Toute la ville frémit d'activité, certes à faible amplitude, mais suffisamment pour produire une rumeur permanente bien enregistrée sur les sismomètres. Voitures, bus, camions, métros, trains, machines industrielles et même piétons font vibrer le sol dans une large gamme de fréquences, mettant particulièrement en branle les sols mous. Quelques minutes d'enregistrement de ce bruit de fond permettent de détecter la résonance de ces sols et de déterminer sa période. Des cartes précises, constituées de nombreux points de mesure, peuvent ainsi être établies plus rapidement.

Depuis les années 2010, les nouvelles techniques de corrélation de bruit permettent d'exploiter encore plus efficacement ce bruit de fond, en révélant les propriétés élastiques du sous-sol entre chaque paire de sismomètres installée en ville, et en précisant les amplifications locales, sous chaque station.

Cependant, rien ne dit que cette inquiétante amplification des mouvements faibles soit la même pour les mouvements forts. Les mesures de terrain lors des grands séismes, mais aussi en laboratoire sur des échantillons de sol, semblent montrer le contraire : les sols mous amplifient moins les mouvements forts, car ils se déforment alors de manière irréversible et amortissent l'onde qui s'y propage. La question est de savoir quel est l'effet combiné de l'amplification à la résonance et de l'amortissement par la plasticité des sédiments.

D'après ces mesures encore peu nombreuses, les sismologues et les mécaniciens des sols pensent que cet amortissement non linéaire pourrait diviser par deux l'amplitude des grosses vibrations. De dix fois plus forte que sur un terrain rocheux, la secousse deviendrait donc cinq fois plus forte. Ce facteur reste considérable, et plus élevé que ne le définissent les codes de construction parasismique, notamment en France : l'amplification « réglementaire » sur les sols mous n'est que de 2,5, au lieu du facteur 5 que l'on vient d'estimer. Autrement dit, les bâtiments y sont construits pour résister à une secousse deux fois moins forte que ce qui risque d'arriver. Les sols et les immeubles qu'ils portent n'ont qu'à bien se tenir ! Heureusement, les ingénieurs se donnent des marges de sécurité…

Des quartiers entiers de la plupart des villes de la planète sont construits sur de tels terrains mous. Il est toutefois inutile de fuir les plaines pour s'installer en montagne : les reliefs escarpés amplifient également certaines ondes, surtout près des crêtes ou des rebords de falaise. Autrement dit, pour être vraiment tranquille, il faut construire sur du rocher bien ferme, et horizontal. Et loin des rivages à tsunamis…

CHAPITRE 15

Enquêtes sur un passé sismique

Nous venons de voir que, pour se protéger des séismes, il est nécessaire de bien construire et de manière adaptée au sol. Il faut aussi rester pragmatique : inutile de protéger Nice comme on devrait protéger Tokyo.

« Quelles sont vos prévisions à long terme sur notre territoire national ? », demandent les politiques aux chercheurs, pour ajuster la réglementation parasismique sur le niveau de sismicité. Heureusement, le sismologue n'est pas seul pour répondre, et une grande diversité d'experts contribue à l'évaluation du risque sismique, ou, plus justement, de l'« aléa sismique », qu'il faut bien distinguer du risque.

Jouons encore aux dés. La nouvelle règle est simple, mais sévère : si vous obtenez un six, vous perdez 10 % de l'argent qui se trouve dans notre poche. L'aléa (ou la probabilité de perdre), à chaque jet de dé, est d'une chance sur six. La vulnérabilité, c'est la somme d'argent que vous avez en poche. Le risque, c'est la combinaison de l'aléa et de la vulnérabilité, c'est-à-dire de perdre 10 % de votre pécule avec une chance sur six à chaque fois. Plus vous aurez d'argent en poche, plus le risque est élevé, mais l'aléa ne change pas. Pour ne rien perdre à ce jeu, il suffit d'être fauché ou de mettre tout son argent à la banque. Vous êtes alors invulnérable… Pour les séismes, c'est pareil : en un lieu, l'aléa est la probabilité qu'un mouvement du sol destructeur (par exemple, une accélération supérieure à 1 mètre par seconde carré) survienne dans une période de temps (par exemple 50 ans). La vulnérabilité mesure la fragilité des bâtiments face à un tel mouvement sismique. Construire parasismique, c'est mettre un maximum de son argent de poche à la banque. En plein désert, le risque est nul, même si l'aléa peut ne pas l'être.

Mémoires humaines

Comment calculer cet aléa futur ? Le passé sismique détient les clés de ces prévisions. En France, 1 000 ans d'histoire écrite ont enregistré plus de 5 000 tremblements de terre, dont une cinquantaine fortement destructeurs : soit cinq séismes destructeurs par siècle en moyenne. En Chine, trois millénaires nous apportent un catalogue bien plus étendu – mais plein de lacunes, correspondant aux périodes obscures de guerres et de déclin des empires. En Californie, l'histoire écrite remonte à l'époque de la mythique ruée vers l'or, soit à peine plus de 150 ans.

Que nous disent les archives ? Et comment pouvons-nous les intégrer aux études scientifiques actuelles produisant des sismogrammes et des magnitudes, inconnus en ces temps-là ?

Nantes, quatre heures du matin, 6 pluviôse, an VII de la République. Un tremblement de terre secoue la ville, « un grand nombre de cheminées ont été renversées, plusieurs

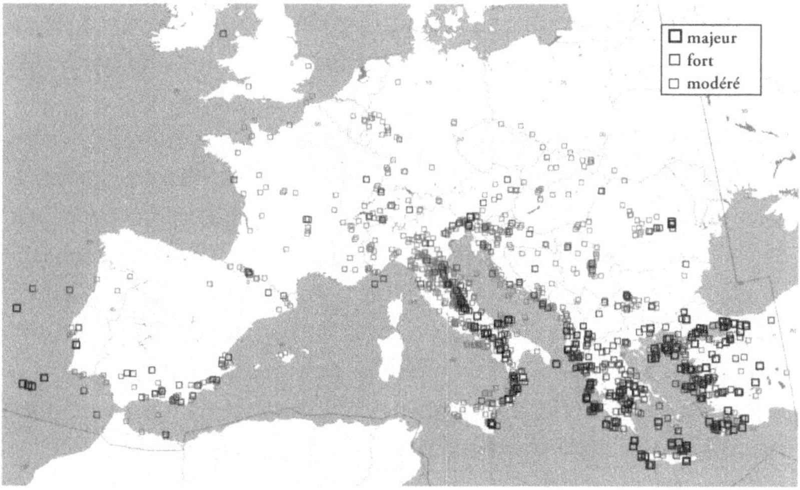

7. **Sismicité historique européenne entre 1000 et 1899.** D'après plate-forme européenne AHEAD (http://emidius.eu/AHEAD/).

murs endommagés. Il n'est pas une rue qui n'offre quelques débris… ». La secousse est plus forte 50 kilomètres au sud-ouest, aux alentours du village de Bouin : « Il nous a semblé pour un instant être engloutis sous les débris de nos demeures ; plusieurs murs et maisons sont tombés ; la flèche du clocher, toute en pierre de taille, construite à siment est sur le point de tomber, ainsi que plusieurs autres maisons. » Proximité de l'épicentre, ou effet d'amplification des sols marécageux ?

Les lettres de témoins, les journaux et les rapports administratifs apportent quantité d'informations sur l'importance de la secousse, à tel ou tel endroit. Des dormeurs sont brusquement réveillés ; des cloches sonnent toutes seules ; des clochers s'abattent ; des maisons se fendent ou s'effondrent. Parfois, de précieuses données statistiques sont accessibles, tel que le coût des réparations consigné par la préfecture pour venir en aide aux communes.

Les archives fournissent donc toute une gradation d'effets, ce qui n'a pas manqué d'intéresser les savants et ingénieurs du XIXe siècle, comme le géologue français Deville pour le séisme antillais de 1843, ou l'ingénieur anglais Mallet pour le séisme de 1857 en Italie méridionale. Mallet fut le premier à proposer le concept d'intensité en identifiant des zones d'égales destructions. En 1883, l'Italien De Rossi et le Suisse Forel introduisirent une échelle d'intensité de 10 degrés, qui passa bientôt à 12 degrés, maintenant notés de I à XII en chiffres romains pour les distinguer des magnitudes. Cette échelle sera peu à peu améliorée et précisée au XXe siècle, associant des effets ressentis pour les faibles intensités aux effets destructeurs pour les fortes intensités.

Une première échelle d'intensité macrosismique européenne, dite MSK, fut proposée en 1964. Elle se fonde sur une classification des bâtiments en trois groupes reflétant leur capacité de résistance supposée aux séismes, de la brique crue au béton armé en passant par la maçonnerie. Cette échelle fut raffinée en 1998 dans la nouvelle échelle européenne EMS-98, prenant en compte des typologies différentes dans chaque classe de bâtiments, avec des vulnérabilités spécifiques ; elle intègre en particulier la bonne résistance des constructions parasismiques. Pour les bâtiments en maçonnerie et ceux en béton armé, 5 degrés de dommages sont proposés, des petites fissures dans les plâtres à la destruction.

Dans cette échelle EMS-98, une intensité macrosismique est estimée d'après le pourcentage de bâtiments d'une classe donnée touchés à un certain degré de dommages. L'intensité VII correspond ainsi, entre autres, à de nombreux bâtiments de maçonnerie subissant des dégâts de degré 2, « *fissures dans de nombreux murs, chutes de grands morceaux de plâtre, effondrement partiel des cheminées* », et quelques-uns de degré 3, « *fissures importantes dans la plupart des murs. Les tuiles des toits se détachent, fractures des cheminées à la jonction avec le toit, défaillance d'éléments non structuraux séparés (cloisons, murs pignons).* ». Et comme « *nombreux* » et « *quelques-uns* » sont des termes littéraires, les ingénieurs n'ont pas manqué de préciser ce qu'ils entendaient par là : en gros, 20 % à 60 % pour « *nombreux* », et 5 à 10 % pour « *quelques-uns* »... En haut de l'échelle, les intensités de XI et XII, « *catastrophe* » et « *catastrophe généralisée* », sont maintenant un peu obsolètes, et de fait les intensités notées depuis des décennies saturent à X, correspondant à des destructions importantes.

L'intensité V étant celle de l'apparition des premiers dommages légers dans quelques bâtiments vulnérables, les intensités plus faibles pourraient sembler anecdotiques : IV, largement observée, réveillant quelques dormeurs ; III, légèrement ressenties par quelques personnes, les objets suspendus oscillent légèrement ; II, à peine ressentie pas de rares personnes... Mais ces faibles intensités ont le grand avantage d'être basées sur une sensibilité également partagée par les hommes de toutes les époques, donnant une échelle commune atemporelle, alors que l'interprétation des destructions d'une bourgade en des temps reculés peut rester sujette à caution, la vulnérabilité des bâtiments de l'époque étant difficile à évaluer.

De nos jours, à partir des intensités VI, les effets destructeurs des séismes sont précisément étudiés par des armées d'ingénieurs quadrillant les zones touchées afin d'en caractériser les valeurs. Des intensités qui, pour des magnitudes dépassant 6, atteignent malheureusement souvent IX dans de vastes régions autour de la faille, avec de nombreux bâtiments de maçonnerie et de béton armés fortement endommagés. Ces mesures de terrain sont complétées par des enquêtes publiques qui évaluent la distribution spatiale des intensités plus faibles, d'après le seul ressenti des populations. En France métropolitaine, les séismes modérés des dernières décennies ont conduit à des intensités maximales de VII dans les zones épicentrales, comme à Annecy en 1996, voire

VIII-IX dans le village pyrénéen d'Arette en 1967. Les enquêtes menées par le bureau Central Sismologique Français, le BCSF, sur les séismes du territoire, et les témoignages qu'il collecte par internet permettent de compléter ces évaluations d'intensités, la plupart du temps modérées. Nous y reviendrons.

Pour les séismes anciens, l'historien doit composer avec des chroniques peu fiables, voire incomplètes, sinon perdues, et les bâtiments de l'époque n'existent plus. Malgré tout, pour des séismes qui touchent des centaines de bourgs et de villages, les lacunes des documents historiques sont compensées par leur grand nombre. On dessine de belles cartes, à l'allure de cibles gigantesques, couvrant parfois la moitié de la France, dont les bandes déclinent les intensités décroissantes avec la distance à la zone épicentrale. Le séisme vendéen de 1799 fut ressenti à l'intensité III à 400 kilomètres de distance, jusqu'à Paris ! À l'épicentre, près de Bouin, son intensité fut de VII. Plus curieuse, la carte du séisme du détroit de Calais, en 1580, révèle une répartition équitable des destructions entre le nord de la France et le sud de l'Angleterre : l'épicentre était sous la Manche (Figure 8).

Grâce à cette échelle d'intensité, séismes anciens et contemporains peuvent être comparés. La distance limite de perception est un bon indice, ainsi que la valeur de l'intensité maximale proche de l'épicentre et la taille de cette zone de plus forts dommages. Pour les séismes récents dont les magnitudes sont connues, on ajuste, pour chaque classe de magnitude, des lois de décroissance des intensités avec la distance. Pour un séisme historique, on recherche la meilleure loi d'ajustement, et donc la magnitude correspondante. Les fortes destructions du centre de la cible d'intensité trahissent la proximité de la faille fautive, mais il est très difficile de déceler cette dernière. Tout d'abord, si la magnitude ne dépasse pas 6, comme lors du séisme de Bouin, la faille n'a pas rompu en surface et on ne peut la retrouver. Si

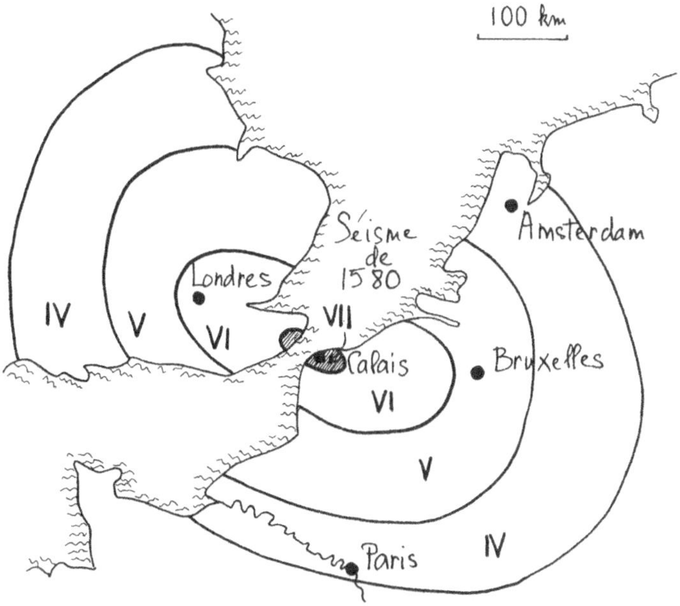

8. Intensités macrosismiques pour le séisme du Pas-de-Calais de 1580 (base de données SIRENE). Des failles bien cartographiées sous la Manche pourraient en être la cause.

la magnitude est supérieure, rien n'est gagné : la rupture peut ne pas avoir atteint la surface, bloquée par des sédiments épais qui l'ont amortie. Elle peut aussi se trouver sous la mer. Même si elle atteint la surface, l'érosion, les labours et les constructions auront raison d'elle avec le temps.

Ainsi, ce n'est qu'après nombre d'études sismologiques et géologiques que l'on pense avoir enfin identifié la faille qui causa le plus fort séisme du XXe siècle en France métropolitaine : celui de Lambesc en 1909, de magnitude estimée à 6,2, qui détruisit plusieurs villages à une vingtaine de kilomètres au nord d'Aix-en-Provence. Des tranchées judicieuses au travers de la faille bien connue de la Trevaresse ont révélé, en 2003, plusieurs décalages superposés des strates d'alluvions au niveau

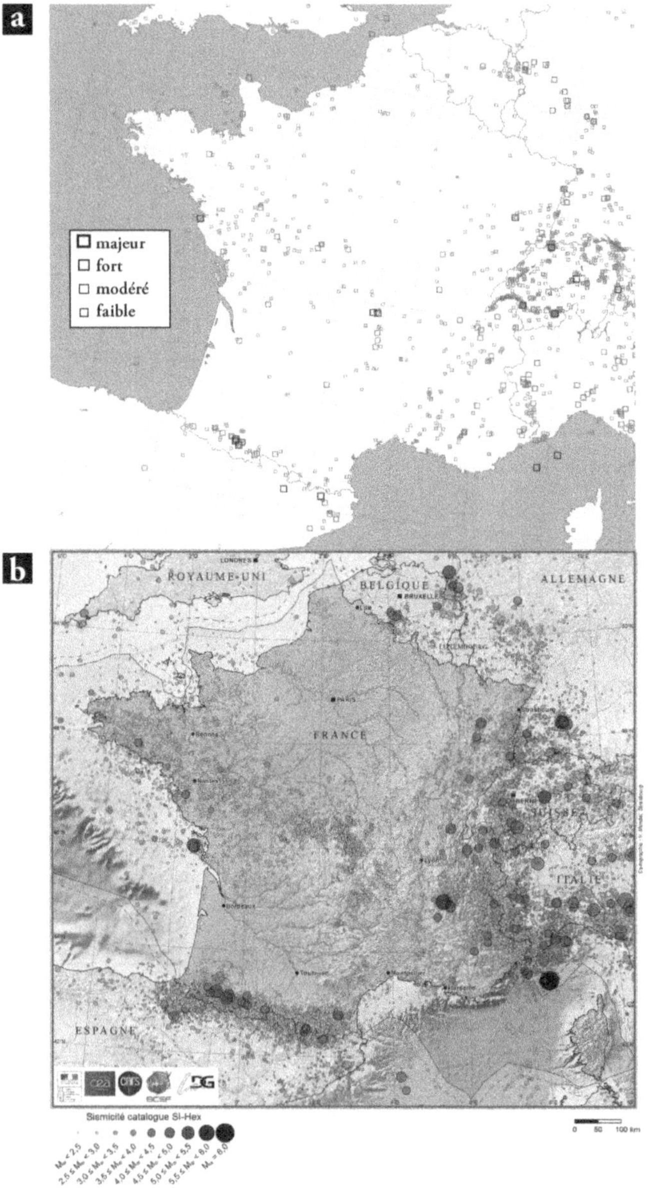

9. Épicentres des séismes historiques (entre 1000 et 1899, AHEAD), a, et enregistrés (entre 1962 et 2009, BCSF), b.

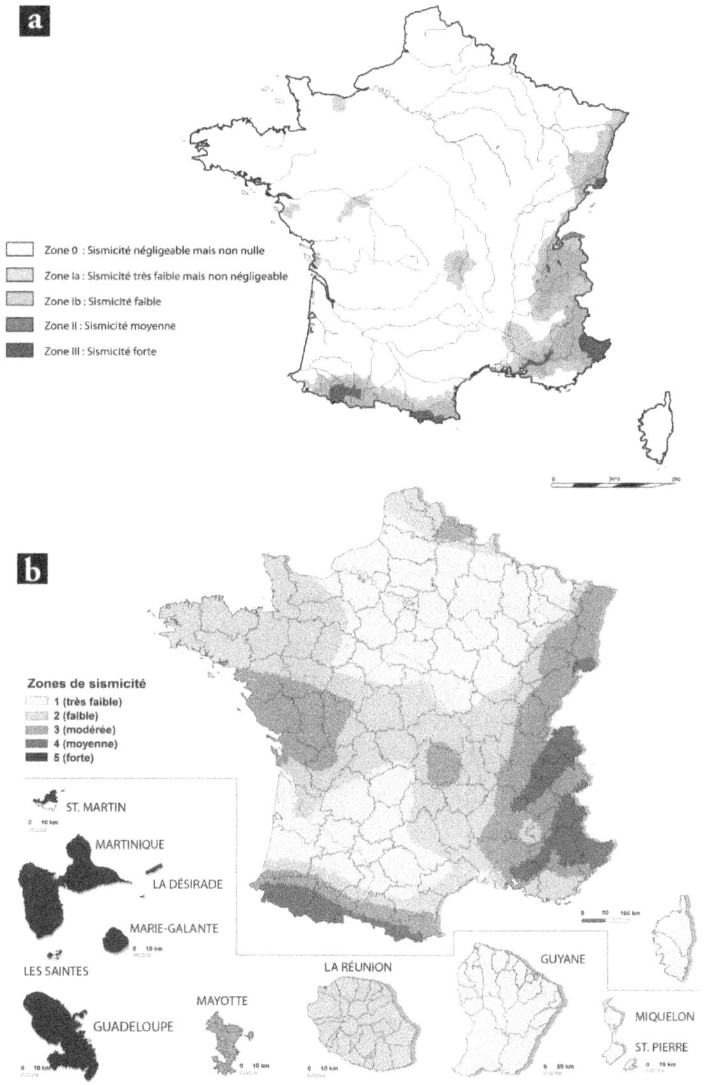

10. Cartes réglementaires de l'ancien (a) et du nouveau (b) zonage sismique de la France. Le premier était surtout basé sur la sismicité historique (carte AHEAD, fig. 9 haut). Le second considère des régions sismiques homogènes prenant en compte en particulier la sismicité instrumentale (carte BCSF, fig. 9 bas), ce qui représente mieux le potentiel de futurs forts séismes.

du passage de la faille ; la dernière marche, affleurant sous le sol actuel, pouvant correspondre à la rupture de 1909.

Par contre, l'identification de la faille à l'origine de l'autre grand séisme historique ayant touché le territoire métropolitain, celui de Bâle en 1356, reste controversée. L'hypothèse initiale pointant une des grandes failles chevauchantes du Jura, toute proche de la frontière, fut mise à mal après l'identification par tranchée des ruptures d'une autre faille suspecte, plus proche de Bâle ; ces analyses furent néanmoins contestées par d'autres qui y voyaient plutôt des effets liés à des glissements de terrain… Mais la controverse ne s'arrête pas là : en se basant sur les intensités VIII qu'ils estiment jusqu'à des distances de 30 km, les experts suisses donnent une fourchette de magnitude entre 6,5 et 7,1, ce qui en ferait le plus grand séisme historique d'Europe centrale. Pour les experts français, l'intensité épicentrale est de IX, et le séisme n'aurait eu qu'une « modeste » magnitude de 6,2, soit en gros dix fois moins d'énergie : les fortes destructions épicentrales, malgré cette magnitude modérée, s'expliqueraient par une faible profondeur de la faille, à moins de 10 km. Les experts ne sont visiblement pas au bout de leurs peines pour arriver à un consensus !

À chacun son séisme

La carte des épicentres des séismes historiques (Figure 9) a servi de base à la première réglementation parasismique française. En 1991, une première carte réglementaire de « zonage sismique » définissait quatre niveaux de sismicité, allant d'un risque négligeable, mais non nul, à un risque maximum qui ne concerne que les départements de Martinique et de Guadeloupe. Les constructeurs devaient prendre d'autant plus de précautions pour concevoir et réaliser leur bâtiment que le niveau sismique est élevé. En 1998, cette règle s'est étendue aux maisons individuelles.

En dehors des Pyrénées et de l'est de la France, notablement sismique, cette carte montrait quelques taches isolées : ce sont les lieux des grands séismes historiques au sein de régions plutôt calmes. Là où la terre a tremblé, elle tremblera, pensait-on. Vingt ans après la conception de cette carte, les scientifiques se sont mis à douter, car le cycle de rupture d'une de ces failles peut être de plusieurs milliers d'années. En revanche, les failles voisines pourraient bien rompre demain, mais quel voisinage faut-il considérer : 20 kilomètres, 100 kilomètres ?

Pour répondre à cette question, les chercheurs ont d'abord défini des régions « sismotectoniques » homogènes, présentant des caractéristiques similaires : un réseau de failles actives identique, une histoire géologique semblable avec ses plissements et ses bassins caractéristiques, et une activité micro-sismique comparable. Dans une zone donnée, si un ou plusieurs séismes historiques sont connus, on considère que des séismes futurs, de magnitude similaire, peuvent se produire n'importe où dans cette zone. Ces derniers ne sont donc plus épinglés sur les lieux mêmes des séismes passés. Ainsi révisé, l'aléa sismique y diminue notablement, et, en contrepartie, augmente légèrement dans le reste de la zone.

Le point suivant à régler fut de déterminer à quel séisme maximal on pouvait s'attendre dans chaque zone. Le plus grand séisme historique connu d'une région est-il celui dont il faut se protéger ? Ne peut-on subir des séismes plus forts, mais plus rares, comme le prédit la loi de Gutenberg-Richter ? Faut-il se protéger des séismes de magnitude 8, pour lesquels les ruptures atteignent 200 kilomètres d'un coup ? En France, où les failles sont courtes et segmentées, on pense que de tels séismes sont très improbables, voire impossibles. Il faut donc tronquer la loi de Gutenberg-Richter pour les plus fortes magnitudes : un séisme de magnitude 6 tous les mille ans dans une région s'accompagnerait bien d'un séisme de magnitude 7 tous les dix mille ans, comme le prévoit cette loi, mais il y aurait bien moins qu'un séisme magnitude 8 tous les cent mille ans, voir aucun…

Outre la magnitude maximale vraisemblable de chaque zone sismotectonique, il faut établir précisément les limites des zones qui parquent les futurs clones des séismes historiques. Ainsi, il ne serait pas bon que le bassin parisien soit menacé des mêmes séismes que ceux du nord de la France ou de la Belgique. La définition de ces limites n'est pas qu'une question scientifique : devant les incertitudes inhérentes aux modèles et aux mesures des scientifiques, ces limites sont encore un sujet de débat entre ceux qui cherchent une sécurité renforcée, et ceux qui veulent économiser leurs sous ! Un choix a cependant dû être fait, choix qui a conduit à un nouveau zonage sismique de la France, entré en vigueur en 2010, avec cinq niveaux réglementaires de sismicité (Figure 10) : très faible dans les bassins parisiens et aquitains, faible à modérée dans le Massif central, le nord et l'est de la France, moyenne au cœur des Pyrénées et des Alpes, et forte aux Antilles ; sans oublier la Réunion, de faible sismicité, la Guyane et Saint-Pierre-et-Miquelon ayant une sismicité très faible. En métropole, la distribution des nouvelles zones est notablement différente de celles de 1991 : globalement, les zones de sismicité modérée à moyenne, concentrées initialement dans de petites régions autour des séismes historiques, sont maintenant très étalées, réduisant drastiquement la surface des zones de plus bas niveau : c'est bien l'effet attendu de ce zonage sismo-tectonique des scientifiques, autorisant les séismes futurs à quitter le giron de leurs ancêtres. Aux Antilles, les deux récents séismes destructeurs de Guadeloupe en 2004, de magnitude 6,3, et de Martinique

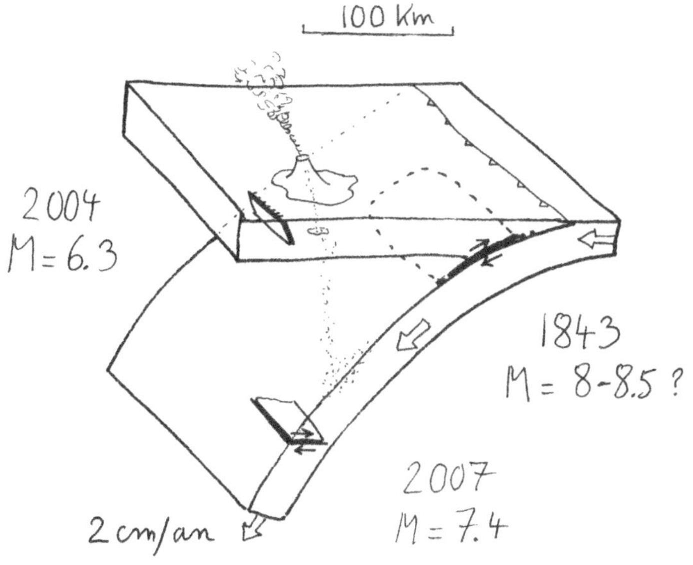

11. Trois exemples types de séismes des Petites Antilles. Rupture de l'interface pour le plus gros (1843, probable), faille profonde dans la plaque atlantique (Martinique, 2007), faille superficielle dans la plaque caraïbe (Les Saintes, 2004). De futurs séismes pourraient être plus gros ou plus proches des zones construites, et donc plus destructeurs.

en 2007, de magnitude 7,4, ont rappelé, si besoin était, le haut niveau de l'aléa sismique de ces îles (Figure 11).

Cette définition réglementaire des zones sources de séismes dont il faut se protéger concerne les bâtiments à risque normal. Qu'en est-il pour ces installations dites à « risque spécial » : centrales nucléaires, barrages ou industries chimiques ? Leur réglementation fut mise en place bien avant, sur la base des connaissances des années 1970-1980. À l'époque, les chercheurs n'avaient pas encore développé leur approche probabiliste, et les ingénieurs parlaient d'approche « déterministe » : pour les installations nucléaires dites « de base », la règle fondamentale de sûreté a considéré qu'il fallait se protéger contre un séisme dont la magnitude est supérieure d'un demi-point à celle du plus gros séisme historique de la région, avec un épicentre déplacé jusqu'à la centrale. Cette dernière condition est donc bien plus défavorable et contraignante que l'approche probabiliste actuelle, laquelle ne donne qu'une faible chance – ou plutôt malchance – que le futur épicentre soit proche du site. Mais rajouter un demi point de magnitude aux séismes historiques revient à considérer des séismes en gros trois fois moins fréquents, suivant la loi de Gutenberg-Richter – donc susceptibles de revenir tous les quelque mille ans. Les séismes 10 fois moins fréquents, qui ont un point de magnitude de plus, ne sont donc pas considérés comme envisageables. Cette seconde condition semble donc moins contraignante et moins sécurisante que celle de l'approche probabiliste, qui, elle, prend en compte de telles magnitudes élevées. Bref, les deux approches considèrent le problème sous une perspective bien différente, et les études réglementaires déterministes sont maintenant souvent complétées par les évaluations de l'approche probabiliste – au cas où le niveau de protection de l'approche déterministe paraisse un peu trop léger…

Suivant la règle déterministe, la vieille centrale de Fessenheim doit ainsi pouvoir affronter sans dommage sérieux un séisme de magnitude 6,7 – soit un demi-point de magnitude au-dessus de la magnitude estimée de 6,2 du séisme de Bâle de 1356. Mais des travaux de sécurisation ont dû être réalisés sur ce site après l'accident nucléaire de Fukushima de 2011, déclenché par le séisme de Tohoku et son tsunami. L'analyse des défaillances des systèmes de sécurité de la centrale japonaise a conduit à un renforcement de la réglementation française pour assurer la tenue des réacteurs en cas de très fortes secousses, et ainsi éviter le pire : la fusion du cœur et la dispersion des éléments radioactifs

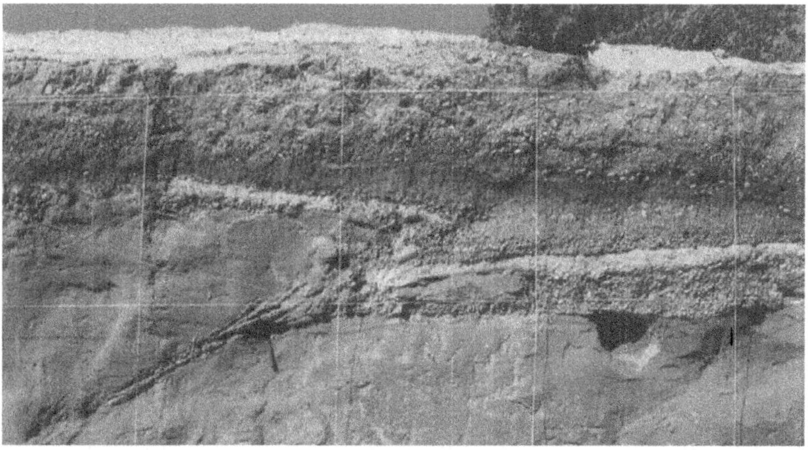

12. Dislocation d'une faille près de Courthézon (Vallée du Rhône). Son origine sismique n'est pas controversée, mais la date du séisme demeure inconnue (entre -130 000 et -2 000 ans).

libérés. Pour Fessenheim se rajoutait la question de la magnitude du séisme de Bâle, que nos amis suisses, on l'a vu, estiment plus élevée d'au moins un demi point... Pour finir, par décision présidentielle, la centrale devrait finalement être fermée en 2018. De leur côté, les installations nucléaires du centre de Cadarache, à moins de cinq kilomètres de la faille de la Moyenne Durance, sont censées pouvoir affronter un séisme de magnitude 7. Le renforcement des règles après 2011 a cependant contraint le CEA à arrêter certaines installations pour non-conformité.

Remonter le temps

Pour progresser dans la connaissance de l'aléa sismique et mieux ajuster les réglementations futures, en particulier pour les ouvrages à risque spécial, les quelques siècles de données historiques disponibles ne nous suffisent pas. Des failles actives, silencieuses depuis des milliers d'années, pourraient rompre d'un coup demain. Il faut remonter plus loin dans le temps, en particulier pour retrouver des traces de séismes plus gros et plus rares. Ces traces anciennes, ce sont les géologues et les archéologues qui les trouvent.

C'est naturellement au géologue de faire parler la Terre. J'ai décrit plus haut comment il repère les failles et comment, par des tranchées les recoupant, il dégage les traces de rupture des derniers gros séismes qui les ont rompues. Dans une tranchée de quelques mètres de profondeur judicieusement ouverte au travers d'une faille active, les marques des séismes les plus récents peuvent être historiques, tandis que celles des plus anciens sont parfois antérieures au premier *Homo sapiens*. Pour dater ces ruptures, c'est le géochimiste qui s'y colle, avec des techniques isotopiques classiques telle que celle du carbone 14. Les datations des ruptures successives découvertes dans les tranchées au travers de la faille de la Trevaresse, près d'Aix en Provence, dont j'ai parlé plus haut, donnent un rythme d'une rupture tous les quelques milliers d'années, la dernière étant probablement celle du séisme de Lambesc de 1909. En revanche, la datation reste floue pour le premier séisme préhistorique « français », découvert par hasard en 1990 sur un talus de bretelle d'autoroute, à Courthézon dans la vallée du Rhône (Figure 12) : 1,5 mètre de glissement chevauchant, sur une faille inconnue. De quoi faire un bon et inquiétant séisme de magnitude 6,5 ! Mais les couches sédimentaires, peu différenciées, se montrèrent rebelles à des mesures fines : le séisme est daté entre -130 000 et -2 000 ans, sans autre détail, et la faille s'avère bien peu active, en accord avec l'absence de tout relief associé, lissé par l'érosion.

Une technique développée au début des années 2000 permet de s'affranchir du travail fastidieux et incertain des tranchées, et date directement la mise en surface de l'escarpement. Les neutrons engendrés dans la haute atmosphère par le bombardement cosmique, en pénétrant à grande vitesse dans le premier mètre de sol, cassent les noyaux atomiques de certains minéraux, produisant des isotopes stables et rares du chlore, de l'aluminium et du bérylium. Malgré la très faible concentration de ces isotopes – en moyenne, un seul atome est ainsi formé en 20 000 ans dans un gramme de roche près de la surface – ils sont aujourd'hui détectables par les spectromètres de masse. On peut donc dater la durée d'exposition à la lumière du jour d'une surface telle qu'un escarpement de faille. Moins de dix ans plus tard, c'est en exploitant massivement ces techniques sur des escarpements de failles finement sélectionnés dans les montagnes appenines que la géologue française Isabelle Manighetti et ses collègues ont pu mettre en évidence des phases d'activité sismique préhistoriques paroxysmales : le même segment de faille rompait en une succession rapprochée de 3 ou 4 séismes, séparés de quelques centaines d'années, puis se figeait pendant un ou deux millénaires avant l'activation suivante. Ce résultat permet de mieux cerner la mécanique de ces failles et, partant, l'aléa sismique des prochaines centaines d'années dans la région étudiée. Ce phénomène de paroxysme sur des failles d'extension corrobore ceux révélés par des études par tranchées de grandes failles décrochantes, en Californie ou au Liban, marginalisant le modèle simpliste du cycle sismique régulier des failles.

Les escarpements de failles ne sont pas les seules marques géologiques laissées par les grands séismes : les fortes secousses, déstabilisant les pentes sous-marines des lacs et des océans, sont susceptibles d'engendrer des grands courants de turbidité. Les débris vont ensuite se déposer sur les sédiments sagement déposés en couches superposées au fond de l'eau, y laissant une couche sédimentaire différenciée bien reconnaissable : les turbidites (Figure 13). Les sédimentologues les retrouvent en analysant de longs échantillons de forage, prélevant des carottes de plusieurs mètres de long dans des zones de dépôts soigneusement sélectionnées. Une même carotte révèle parfois une succession de paléo-séismes : avec un taux de sédimentation moyen de 1 mm/an, un échantillon long de 6 m peut ainsi révéler 6000 ans d'histoire sismique ! Les datations des différents niveaux de la carotte se font au carbone 14 sur les coquilles des micro-organismes présents, ce qui fournit une fourchette assez précise pour dater la turbidite, et donc le séisme. Pour éliminer de possibles effets de glissements sous-marins locaux et estimer la magnitude du séisme, il faut corréler les niveaux de turbidites de plusieurs carottes distantes de dizaines de kilomètres. Mais attention : de grandes crues ou des tempêtes peuvent aussi provoquer des dépôts similaires sur de grandes distances. Rien n'est simple...

Initiées dans les années 1990, ces études de turbidites connaissent un développement considérable depuis les années 2000-2010, et explorent nombre de grandes zones sismiques en bordure de continent. Dans la région de Sumatra, pratiquement ignorée jusqu'au séisme et au tsunami géants de 2004, elles ont retrouvé la chronologie des grands séismes de subduction depuis 8 000 ans, qui se produisent tous les deux siècles en moyenne. En Méditerranée, près de la côte algérienne, des campagnes de carottage en mer publiées en 2015 font état d'une activité sismique paroxysmale des failles de la marge nord-algérienne, avec depuis 8 000 ans trois grands cycles de trois à six séismes chacun, séparés par deux périodes calmes de 1 500 ans, sans grand séisme. Comme pour les chronologies terrestres, ces indices sous-marins d'une activité sismique intermittente raffinent mais aussi compliquent l'appréciation

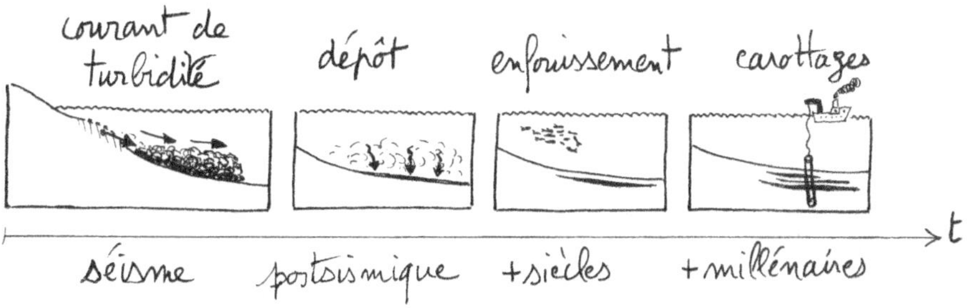

13. Formation des turbidites. Le carottage des sédiments marins, l'analyse de leurs dépôts, et leur datation permettent d'identifier des séismes anciens.

de l'aléa sismique à long terme. De longues carottes extraites en 2016 au large des Petites Antilles par une campagne en mer dirigée par la géologue française Nathalie Feuillet, avec un navire océanographique de l'IFREMER, le « Pourquoi Pas », pourraient enfin donner les premiers indices sur le rythme inconnu des grands séismes de cette région, et préciser l'aléa sismique de la Guadeloupe et de la Martinique.

Si les traces sismiques sur le fond marin peuvent être préservées longtemps dans le calme des abysses océaniques, il n'en est rien à terre, où les effets sur le sol d'une forte secousse sismique semblent ne pas pouvoir résister au temps : de grosses pluies auront tôt fait d'effacer les fissures ouvertes dans les sols meubles et les petits dômes de sable souvent produits en surface par le phénomène de liquéfaction. Cependant, la racine de ces derniers reste protégée dans les premiers mètres de sol : ainsi, des tranchées dans les sédiments lacustres ou fluviaux proches des failles actives découvrent parfois des fissures qui remontent en zigzaguant vers la surface et qui sont remplies de sable. Produites par hydro-fracturation en réponse aux fortes pressions d'eau créées par la secousse, ces failles sont de véritables dykes qui ont pu alimenter le petit volcan de sable à partir de poches à faible profondeur. Ne reste plus qu'à dater l'apparition

14. **Croissance des coraux.** L'analyse de leurs cernes annuels permet de reconstruire les mouvements verticaux du fond marin, qui peuvent être liés à l'activité tectonique cosismique ou intersismique.

de cette tuyauterie sablonneuse des paléo-liquéfactions pour estimer l'âge du séisme, par celui des sédiments perturbés et de leur couverture…

Lors du séisme de Sumatra de 2004, le soulèvement de près d'un mètre de centaines de kilomètres de côte, sur le dos de la faille, a fait émerger, blanchir et mourir de nombreux micro-atolls de coraux. Ces observations motivèrent le géologue américain Kerry Sieh à lancer un vaste programme de recherches sur les effets de soulèvements ou d'affaissements rapides des rivages en lien avec les méga-séismes de subduction. Quelles sont leurs conséquences sur la croissance des colonies coralliennes ? Si le fond descend, les micro-atolls, d'un à plusieurs mètres de diamètre et vivant à fleur d'eau, se mettent à croître vers le haut pour se rapprocher de la surface ; si le fond remonte, la partie émergée du corail meurt, tandis que la partie immergée poursuit sa croissance latérale. Des successions de montées et de descentes, rapides ou lentes, des fonds marins, conduisent donc à des géométries de croissance irrégulières. Ces géométries enregistrent ainsi les fluctuations du niveau marin – et donc celles du fond marin. Pour retrouver et dater ces moments critiques de sauts rapides trahissant les séismes, les géologues n'ont pas hésité : ils découpent à la tronçonneuse une tranche du corail, et en analysent les cernes de croissance qui marquent les années, comme sur les arbres (Figure 14). Il ne reste plus qu'à compter… Des analyses plus fines précisent même les variations lentes de niveau marin, entre deux séismes successifs, révélant ainsi le mode de chargement tectonique. Ces travaux sur le corail ont permis d'affiner l'évaluation du rythme des grands séismes dans la région de Sumatra depuis 700 ans ; en particulier, tous les 200 ans environ, se produisent des cascades de très grands séismes se bousculant les uns les autres et activant toute la région en quelques décennies. Le séisme de 2004 a démarré la dernière de ces cascades, avec des grandes ruptures plus au sud en 2005, 2007, et 2009 – et ce n'est sans doute pas fini, car il reste encore des segments bien chargés… Malgré son succès, les possibilités de développement de cette méthode sur d'autres sites restent cependant limitées par la relative rareté des régions abritant de tels coraux.

La marque des tsunamis

À terre, on l'a vu, les traces laissées au sol par les ondes sismiques ont tôt fait d'être effacées par les pluies ; mais il n'en est pas de même de celles laissées par les flots boueux ou sableux des grands tsunamis. Pour s'en convaincre, il suffit de regarder ces terribles images filmées par hélicoptère lors du tsunami de Tohoku en 2011, montrant une masse liquide progressant loin dans les terres, transportant sans effort bateaux, voitures, arbres, maisons, et débris de toutes sortes... Pour tout grand tsunami, avec le retrait définitif de l'océan, une épaisse couche de sédiments et de débris est laissée sur place, parfois très loin dans les plaines côtières. En 2001, de telles traces de sédiments ont été découvertes jusqu'à plus de 4 km du rivage par des sédimentologues japonais, grâce à des tranchées et des forages dans les sols de la plaine de Sendai. Ces traces correspondent au tsunami historique de Jogan, en 869 ! Deux autres dépôts plus profonds furent identifiés, révélant ainsi une séquence de trois tsunamis géants, en gros un tous les mille ans. Dix ans après la publication cet article, le tsunami de 2011 fut, hélas, le quatrième de cette série. Les recherches sur les signatures sédimentaires des tsunamis avaient en fait débuté dès les années 1980, se développant progressivement, jusqu'à l'occurrence de celui de 2004 à Sumatra, qui déclencha une foison d'études nouvelles ; puis survint celui de Tohoku en 2011, boostant de vastes programmes de recherches au niveau mondial.

Ces études, essentielles pour identifier et caractériser les paléo-tsunamis, peuvent s'avérer très utiles même pour les tsunamis historiques, donnant des mesures objectives de distance d'inondation dont on peut déduire des hauteurs de vague à la côte, et, en croisant ces informations avec les cartes d'intensité du séisme, une magnitude et une localisation au large. Pour celui de Jogan, en 869, l'avancée des eaux dans les terres a ainsi été modélisée avec des vagues de 8 m de haut à la côte, ce qui permit d'estimer à 8,4 la magnitude du séisme source au large. D'autres analyses peuvent contribuer à déterminer la localisation de ces sources, comme ce fut le cas pour celle du mystérieux tsunami qui inonda les côtes japonaises en 1700 : un tsunami resté orphelin pendant trois siècles, aucun séisme japonais n'ayant eu lieu pour en expliquer la naissance. Plusieurs pistes étaient évoquées, dont celle d'une source localisée dans la subduction des Cascades, suite à un séisme géant de magnitude 9. À cette date, le nord-ouest américain n'était pas encore colonisé par les Européens, mais le souvenir de cette catastrophe fut préservé par certains récits légendaires de tribus amérindiennes, comme celui du combat titanesque entre un monstre baleine affameur et un oiseau-tonnerre justicier, à l'origine de violentes inondations successives des côtes. Des preuves plus scientifiques, accumulées depuis les années 1990 par les études des dépôts incluant des débris végétaux, permirent de dater l'événement autour de 1700, à une ou deux décennies près ; puis, à partir de l'âge des cèdres rouges morts lors de l'inondation, à 1700 très exactement, l'âge de leur dernier cerne de croissance.

En attendant des données scientifiques de terrain, les seules traces tangibles des tsunamis historiques se retrouvent dans les archives humaines : récits de destructions en bord de mer, hauteurs de vague, limites d'inondations. Ainsi, en recoupant les informations des côtes portugaises, espagnoles et marocaines et les cartes d'intensité du séisme, on pense avoir cerné les failles responsables du séisme de Lisbonne de 1755, de 100 à 200 km au sud-ouest de la capitale, d'une magnitude estimée entre 8 et 8,5.

Enquêtes archéologiques

De nombreux sites antiques portent la trace de bouleversements sismiques. Dans les cas les plus spectaculaires, comme à Phaselis ou à Kekova, sur la côte égéenne de la Turquie, le touriste le moins observateur ne manquera pas de soupçonner quelque cataclysme : les ruines de ces villes sont en partie sous l'eau, parfois à plusieurs mètres de profondeur ; certaines font même l'objet de visites à bord de bateaux à fond de verre. L'explication en est non pas une élévation du niveau marin depuis 2000 ans, mais un abaissement du niveau de ces villes, construites au voisinage d'une faille active, au gré des glissements sismiques successifs. Deux ou trois grands séismes ont suffi pour noyer le port. La faille est visible dans le paysage, mais la date du séisme reste à déterminer.

La plupart du temps, les indices archéologiques sont plus discrets, et leur découverte demande plus d'attention. Ainsi, à Delphes, sanctuaire de la Pythie dont les oracles furent les plus fameux du monde antique, les lourdes colonnes du temple d'Apollon ont pivoté sur elles-mêmes de plusieurs degrés autour de leur axe, sous l'effet d'une violente secousse ; à leur pied, dans les jointures disloquées des pierres massives de ses murailles, des briques ont été insérées et cimentées : serait-ce une réparation de fortune, suite à un tel séisme ? Les techniques isotopiques de datation pourraient aider à répondre.

Jusqu'où l'archéologie peut-elle ainsi remonter dans le temps ? En 2000, Amos Nur, un géophysicien américain passionné d'histoire, proposa une hypothèse hardie : la fin de l'âge du bronze, civilisation raffinée florissante depuis un millénaire dans l'Est méditerranéen, aurait eu une cause sismique ! Les fouilles des grands centres urbains de l'époque montrèrent que la plupart d'entre eux périclitèrent entre 1225 et 1175 avant notre ère, et que leurs sites furent rapidement abandonnés. Les archéologues supposèrent que des révoltes de peuples soumis, ou des attaques d'armées étrangères, avaient eu raison de ces puissantes cités. Ces villes étaient distribuées de l'Égypte à la Turquie, précisément le long des principales failles actives de ces régions. Nur en déduisit qu'une séquence de grands séismes, de magnitude 7 ou 8, se déclenchant en cascade à quelques années d'intervalle, avait pu causer, ou du moins contribuer, à cette chute rapide. Quelques mètres vers le nord pour la plaque arabique, quelques mètres vers l'ouest pour la plaque anatolienne, et voilà toute une civilisation ruinée.

Une telle séquence sismique est possible : nous avons évoqué celle qui débuta en 1930 en Turquie, sur la faille nord-anatolienne, dont le dernier avatar meurtrier date de 1999 ; et celle de la faille du Levant, dans les années 1800. Dans les villes de l'âge du bronze qui ont été fouillées, plusieurs indices rendent cette hypothèse d'un cataclysme sismique crédible : murs décalés ou renversés, colonnes pivotées, squelettes humains piégés dans les débris… Archéologues, ingénieurs de structures, géologues et sismologues ont de quoi faire pour tester cette hypothèse.

Un effet cumulé

Une multitude d'outils et d'expertises permettent donc la caractérisation des grands séismes historiques, voire paléo-historiques ; ils donnent avec plus ou moins de justesse une date, une magnitude, une localisation, voire pointent une faille coupable… Mais plus on recule dans le temps, moins on a de chances de découvrir ces paléo-séismes, l'érosion et la sédimentation faisant leur travail de gommage sur les faibles traces individuelles des ruptures et des secousses. Cela est particulièrement vrai dans les régions de tectonique lente et de sismicité modérée, comme en France.

Si l'on veut connaître le rythme moyen des grands séismes sur une faille donnée, ou dans une région donnée, depuis dix ou cent mille ans, cette perte d'archives géologiques est bien ennuyeuse : difficile d'estimer un rythme si on ne dispose que d'un ou deux événements ! Pour contourner ce problème, nous l'avons vu, les sismologues comptent les petits séismes des catalogues instrumentaux, pour en déduire le nombre attendu des grands, en proportion. Mais cette extrapolation aux plus gros séismes reste bien incertaine. Depuis longtemps, les géologues ont proposé une méthode alternative, qui consiste à regarder l'effet cumulé de ruptures répétées sur une faille ou sur un système de failles. La répétition de dizaines ou centaines de grands séismes y laisse parfois des traces formidables sur le relief : les conglomérats déposés il y a 300 000 ans dans le golfe de Corinthe en Grèce se retrouvent aujourd'hui à 400 mètres d'altitude, hissés sur le dos de grandes failles, et entaillés de gorges profondes trahissant la rapidité de leur soulèvement. Plus à l'est, les jeunes montagnes du Liban, hautes de 3 000 mètres, n'en finissent pas de croître sur une écaille de croûte terrestre poussée par le jeu de la faille du Levant. Plus au nord, la mer de Marmara s'approfondit, millénaire après millénaire, à chaque cascade de séismes. Sans parler des Andes ou du Tibet, pays de cocagne des géologues tectoniciens ! Mais, pour compliquer les affaires, les séismes ne sont pas les seuls contributeurs à ces soulèvements ou ces affaissement des plaines, et des effets encore mal cernés de flottabilité des blocs crustaux par rapport à un manteau visqueux et dense sont à l'étude. Lorsque les mouvements relatifs de part et d'autre des grandes failles sont horizontaux, comme sur celles de San Andreas ou Nord-anatolienne, c'est plus facile : pas question de poussée d'Archimède. Depuis le dernier grand gommage érosif de la fin de la dernière déglaciation, il y a environ dix mille ans, les failles rapides ont pu décaler de centaines de mètres les petits cours d'eau ou les cônes alluviaux traversants, phénomène qui est souvent bien repérable. Une fois ces décalages mesurés, sur l'axe vertical ou l'axe horizontal, il ne reste plus qu'à diviser la rupture d'un seul grand séisme par le décalage moyen attendu pour avoir leur rythme moyen, sur 10 000 ou 100 000 ans. Mais la détermination de ce glissement moyen lors d'une seule rupture est souvent problématique, en l'absence de séismes bien identifiés.

Depuis les années 1990, les géodésiens ne se privent donc pas de donner leur avis sur ces questions et de proposer leurs modèles. Les mesures GPS permettent de visualiser, à quelques millimètres près, le mouvement des blocs de croûte terrestre et leur chargement tectonique en l'absence de grands séismes. Dès que les séries temporelles furent assez longues et stables, souvent après plusieurs années, elles donnèrent une première estimation des déformations élastiques autour des failles supposées bloquées. Et, sous l'hypothèse simple d'un taux de déformation constant, hors séismes, pendant des milliers ou dizaines de milliers d'années, égal à celui mesuré sur la très courte période instrumentale, il devient possible de déterminer le rythme des plus grands séismes, en prenant en compte la contribution des différentes magnitudes suivant la loi de Gutenberg-Richter. C'est ainsi qu'il fut récemment montré, en confrontant catalogues de sismicité et mesures GPS au Népal, que des séismes dépassant la magnitude 8,5 – celle estimée, très approximative, pour le séisme de 1505 dans l'ouest du pays –, n'étaient pas à exclure.

Toutefois, si vous avez encore en mémoire certains des chapitres précédents, vous conviendrez que cette approche simple peut être mise en défaut par tous ces séismes lents ou silencieux, ces surfaces de failles faiblement couplées, qui vont perturber la belle régularité spatiale et temporelle des mesures GPS et sérieusement compliquer les affaires. Et comme notre connaissance des séismes lents n'a que deux décennies de recul, rien ne dit que des fluctuations à l'échelle du siècle ou du millénaire ne se produisent pas dans les vitesses de chargement des aspérités bloquées, encerclées de telles zones mal couplées et capricieuses.

Mais plus récemment, c'est l'usage même des mesures GPS qui est questionné par certains, dans le cas des régions qui se déforment très, très lentement. Dans ces régions où le GPS ne détecte rien ou presque, est-on sûr que les quelques très grands séismes qu'on y connaît, comme ceux de New-Madrid en 1811 et 1812 au cœur du continent nord-américain, de magnitudes proches de 8, soient dus au chargement présent de la tectonique ? Ne peut-on imaginer que les fortes contraintes élastiques emmagasinées dans la croûte terrestre depuis des dizaines, voire des centaines de milliers d'années, puissent les expliquer, sans qu'il y ait besoin de recharger le système en permanence, comme on le pense depuis plus d'un siècle ? C'est ce qu'ont proposé en 2010 le géodésien français Éric Calais et ses collègues, dans un article de la revue *Nature*. Une vision peu orthodoxe et très polémique, qui a bien du mal à passer. Mais une vision qui pourrait bien avoir ses explications mécaniques : en l'absence d'augmentation régulière des contraintes liée au mouvement des plaques, ce serait à l'eau – encore et toujours elle ! – de prendre le relais. Directement, par diffusion transitoire de pression de pore dans les zones de failles ; mais aussi indirectement, par la fonte des calottes glacières il y a dix ou quinze mille ans, ou par l'érosion des surfaces continentales, la disparition de ces couvercles décomprimant lentement les roches de la croûte et décoinçant les failles. Ce serait donc l'action de l'eau, sous toutes ses formes, qui ferait naître les grands séismes du cœur des plaques.

Concluons ici brièvement ce chapitre, un peu touffu je l'avoue – mais c'est bien là le propre d'une recherche dynamique, exploratoire, et multidisciplinaire ! Pour prévoir la sismicité à venir à long terme, le sismologue n'est donc pas seul. Géologues, géodésiens, mécaniciens des roches, historiens, archéologues, géochimistes, océanologues, hydro-mécaniciens, géotechniciens, ingénieurs structure et j'en oublie : tous peuvent concourir à préciser l'aléa sismique et ses incertitudes. Quitte à devoir gérer les résultats parfois contradictoires de ces approches multiples qui croisent observations, lois empiriques, modèles théoriques et calcul numérique.

CHAPITRE 16

La menace se précise

La chaîne de prévision est prête. Pour les 50 prochaines années – durée de vie moyenne d'un bâtiment, on peut estimer la probabilité pour que des séismes de magnitude 6 ou 7 se produisent. Pour chaque séisme envisagé, on prévoit les amplitudes des vibrations émises, leur décroissance avec la distance, leur éventuelle amplification par des sols mous, et donc, enfin, le mouvement du sol attendu.

À partir de résultats statistiques simples, on prédit ainsi qu'à 10 kilomètres d'un séisme de magnitude 6, le sol subit une accélération de 2 mètres par seconde au carré, avec des vitesses du sol de 1 mètre par seconde et des déplacements d'une dizaine de centimètres, le tout durant environ une dizaine de secondes : de quoi lézarder légèrement des immeubles parasismiques, mais aussi de quoi faire s'effondrer des immeubles mal construits. On peut raffiner les prédictions, en calculant non pas une valeur maximale dont les ingénieurs se contentent souvent, mais le mouvement complet pendant dix secondes.

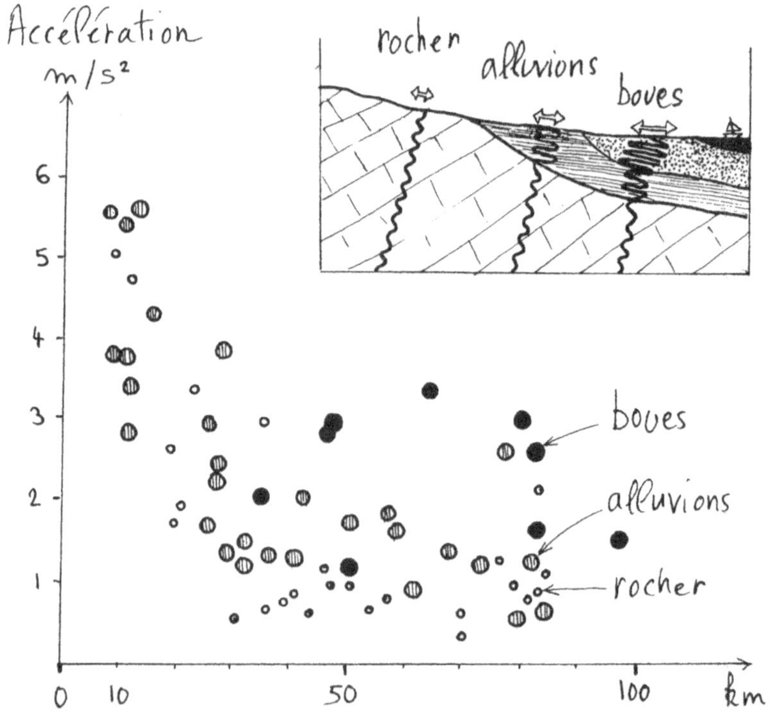

15. Variation des accélérations du sol avec la distance pour le séisme de Loma Prieta de 1989. En moyenne, les boues amplifient plus les secousses que les alluvions, et les alluvions plus que le rocher, mais il y a aussi une grande variabilité pour un même type de sol, à une distance donnée.

On calcule alors une secousse réaliste dans la manière dont l'énergie est répartie en fonction des fréquences de la vibration, et dans leur répartition au cours du temps.

Hélas, on n'est pas sûr du résultat, les catalogues de mouvement forts enregistrés montrant une forte variabilité. Et cette incertitude peut faire varier la prédiction du simple au double ! Les accélérations du sol à tel endroit, prévues égales à 0,2 fois l'accélération de la pesanteur (notée g, et qui vaut environ 10 mètres par seconde au carré), peuvent en fait n'être que de

0,1g, voire moins, ou atteindre parfois 0,4g, voire plus. Autrement dit, pour un immeuble ancien, la prédiction hésite entre quelques fissures dans les murs, ou bien l'écroulement d'une partie de la façade…

Rien n'est sûr

D'où vient une telle incertitude? Voilà une occasion de rappeler la chaîne des processus en cause. Tout d'abord, la possibilité d'occurrence de très grands séismes est difficile à évaluer, car ils ont rarement été enregistrés dans la courte période historique. L'endroit de la faille qui va casser en premier, et donc les effets d'amplification dus à la directivité de la rupture, sont aussi impossibles à prévoir. En outre, on ne sait pas déterminer la rugosité de la faille en profondeur, et donc sa capacité à émettre des vibrations de haute fréquence. Enfin, le détail des couches géologiques sur tout le parcours des ondes, en particulier près de la surface où sont construits les bâtiments à protéger, est mal déterminé et peut conduire à des amplifications imprévisibles des secousses (figure 15).

Un moyen de mieux prévoir ces effets complexes de propagation des ondes lors d'un futur grand séisme est d'utiliser les sismogrammes de petits séismes ayant eu lieu au voisinage de la faille menaçante. Les ondes enregistrées portent la signature de la complexité du milieu, avec en particulier les amplifications des effets de site. Il reste alors à simuler la complexité de la future rupture, par une superposition adéquate, en temps et en espace, de telles petites ruptures, et en rajoutant un glissement lent. Les petites failles sont ainsi assimilées aux nombreuses aspérités qui rompront sur la grande faille lors du séisme à venir. L'effet de ce dernier au site menacé sera donc simplement évalué par une combinaison astucieuse des sismogrammes, assortie d'un ajustement des basses fréquences, inexistantes dans les enregistrements.

Il est clair qu'avec tout cela, on ne peut prétendre à une prédiction précise. Cependant, à chaque étape, on donne une fourchette de valeurs possibles, avec leur probabilité, et on combine ces probabilités d'une étape à l'autre. La prévision du mouvement du sol consiste donc non pas à anticiper une accélération du sol de 2 mètres par seconde au carré dans les prochaines 50 années, mais à pronostiquer, par exemple, qu'il existe 1 chance sur 10 qu'il dépasse 2 mètres par seconde au carré, dans cette même période.

L'incertitude fait donc intrinsèquement partie du calcul d'une prévision. Malheureusement, on peut se tromper dans l'estimation des incertitudes elles-mêmes, par défaut d'observations suffisantes, ou encore de calcul numérique ou de théorie pertinents, ce qui va influer sur les résultats. Estimer correctement les incertitudes de certaines lois est donc aussi important que d'établir ces lois. Les chercheurs ne sont pas au bout de leur peine, car il est parfois difficile de connaître le degré de méconnaissance de notre connaissance !

Ainsi, avant les années 1980, on pensait que les accélérations du sol ne pourraient guère dépasser l'accélération de la pesanteur de 1g, soit environ 9,8 m/s^2, ce qui est déjà considérable. Mais en 1994, lors du séisme de Northridge près de Los Angeles, on mesura une accélération de 1,7g. Depuis, la valeur de 2g fut dépassée lors de plusieurs séismes, et celui de Tohoku de 2011 a atteint presque 3g. Le record est cependant détenu par un autre séisme japonais, en 2008, plus modéré, mais qui a dépassé une accélération de 4g près de la faille ! Ces incertitudes ne concernent pas que les mouvements rapides et destructeurs du sol, provenant des à-coups du front de rupture et du crépitement anarchique des aspérités. Car la composante lente – ou basse-fréquence – du glissement sismique est elle-même difficile à prévoir pour une dimension de faille donnée: les observations prévoient une variabilité statistique d'un facteur 10 dans ce glissement moyen, soit une variation de plus d'un demi-point de magnitude! Mais les séismes géants, dépassant la magnitude 8,5, sont trop rares pour établir une quelconque statistique… Et jusqu'en 2010, personne n'aurait imaginé possible que sur une portion de faille de 100 km, dans une zone de subduction, une dislocation sismique puisse atteindre 50 mètres! C'est pourtant ce qui s'est produit lors du séisme de Tohoku en 2011, et ce qui causa le tsunami que l'on sait.

Pour terminer sur ces incertitudes, je reviens sur ces ruptures qui sautent parfois d'un segment de faille au voisin dans un même séisme, et qui mirent à mal le vieux modèle de séisme caractéristique. Notre ignorance persistante à leur sujet a été une des causes des centaines de milliers de morts des deux premiers séismes géants du XXIe siècle, à Sumatra et au Japon. Avant 2004, ces possibilités de cascades dynamiques n'étaient bien documentées que pour des séismes ne dépassant pas, au final, la magnitude 7,5 ou 8. Dans ces conditions, certaines zones de subduction lente, comme celle bordant le nord-est de la plaque indienne, au nord de l'île de Sumatra, avec ses quelques magnitudes historiques ne dépassant pas 8, ne paraissaient pas trop inquiétantes. Ce qui était à venir devait ressembler à cet historique relativement paisible… Malheureusement, cet a priori fut cruellement démenti par la Nature, qui fit balayer d'un coup toute la zone par une immense rupture de 1 600 km de long, des îles Nicobar au sud jusqu'aux îles Andaman au nord, réactivant au passage les segments des « grands » séismes historiques… et produisant un séisme d'une magnitude de 9,3, le deuxième plus gros de l'histoire! Sept ans

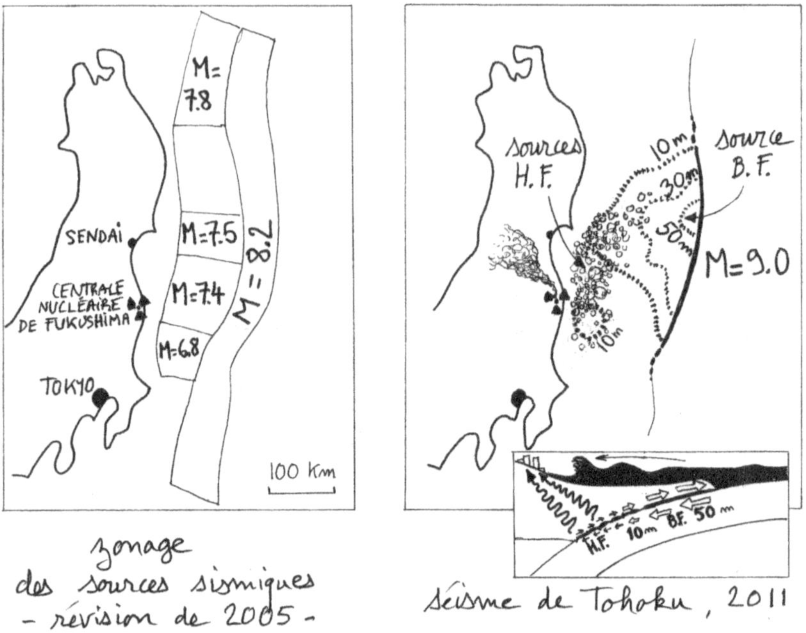

16. Prévoir l'imprévu. À gauche, le zonage sismique réglementaire (2005) de l'île de Honshu, avec un séisme maximal attendu de M = 8,2. À droite, le glissement cosismique du séisme de Tohoku de 2011, qui a balayé toutes les zones sismogènes « réglementaires » d'un coup, en un séisme de magnitude 9. Les ondes sismiques destructrices, de haute fréquence, ont été produites près de la côte, tandis que les plus basses ont été produites au large, près de la fosse, avec 50 m de glissement déduit de la géodésie sous-marine et des vagues de tsunami (d'après Bletery et ses collègues).

plus tard, c'était au tour d'une autre zone de subduction de surprendre. Comme pour Sumatra, la subduction à l'est de l'île japonaise d'Honshu semblait impropre à générer des séismes de magnitude supérieure à 8, au vu des séismes historiques depuis un siècle. Un scénario de magnitude maximale 8,3, au large, basé sur cette vieille idée de séismes caractéristiques attachés chacun à une zone de faille spécifique, avait été retenu par les autorités. Mais la rupture de Tohoku balaya d'un coup les barrières réglementaires du zonage sismique, parvenant à la magnitude 9 en 120 secondes (Figure 16)… La leçon de Sumatra n'avait visiblement pas encore été digérée par les autorités, ni peut-être même par les scientifiques qui devaient les conseiller. Cette erreur de prévision est une des causes de l'accident nucléaire de Fukushima : le scénario réglementaire pessimiste, avec sa magnitude 8,3, ne prévoyait à la centrale, sise en bord de mer, qu'une hauteur d'eau de 4 à 5 m pour le tsunami associé. Perchée à plus de 6 m, elle ne serait donc pas touchée. Las, la vague réelle a bien atteint 14 m à cet endroit, endommageant les systèmes de sécurité de la centrale déjà gravement éprouvée par la secousse sismique – dégâts qui ont rendu la catastrophe incontrôlable.

Comptes à rebours

Généralement, ces prévisions des mouvements sismiques ne dépendent pas du temps, car rien ne nous dit que telle faille plutôt que telle autre va casser en premier. Dans certains cas toutefois, pour les grandes failles susceptibles d'engendrer des séismes de magnitude 7 ou plus, les chercheurs ne peuvent ignorer qu'elles sont prêtes à lâcher. On estime ainsi que la faille de San Andreas, en Californie, devrait casser en grand tous les quelque 150 ans, d'après les études géologiques et celles de déformation. Dans les 30 prochaines années – depuis 2016 – il y aurait environ une chance sur deux que cette faille rompe dans sa partie nord près de San Francisco, ou dans sa partie sud près de Los Angeles – cette dernière éventualité de « Big One » étant la plus probable, avec plus d'une chance sur trois, car la dernière rupture, en 1857, y est plus ancienne qu'à San Francisco, en 1906. L'autre « Big One » bien connu du public est celui de Tokyo. La capitale japonaise et sa région sont très exposées, dans un futur proche de quelques décennies, à la rupture d'une grande faille située à son aplomb, dont la dernière date du séisme de Kanto, en 1923. D'autant que le séisme de Tohoku 2011, à 300 km de distance, a pu contribuer à la déstabiliser…

Hélas, d'autres Big Ones sont en fin de gestation. Depuis le séisme d'Izmit de 1999, on sait Istanbul visée à l'échelle de quelques décennies. Caché sous la mer de Marmara, passant à 15 kilomètres au sud de cette ville de 10 millions d'habitants, un long segment de la faille nord-anatolienne attend son heure ; ce dernier maillon, qui a été épargné de la séquence sismique du XXe siècle, n'a pas cassé depuis sa probable rupture lors du séisme de 1766. Cela représente plus de 5 mètres de glissement à rattraper d'un coup, et un séisme d'une magnitude supérieure à 7 ! En 2000, les sismologues ont calculé une probabilité de 66 % pour qu'un tel séisme se produise dans les trente prochaines années, prenant en compte l'effet de mise en charge par la rupture de 1999. Depuis cette prévision, un formidable effort international de recherche a vu le jour, initié par des campagnes de sismique active et d'exploration sous-marine pilotées par des équipes françaises. Leurs buts : connaître la géométrie et l'histoire sismique de la faille, inscrite dans les brisures des sédiments marins récents et de la croûte terrestre profonde, et préciser la magnitude possible du séisme à venir. Des sismomètres sous-marins câblés ont pris le relais pour aider les réseaux terrestres à mieux cerner la micro-sismicité. Dans une étude publiée en 2015 par le sismologue français Jean Schmittbuhl et ses collaborateurs, cette sismicité semble montrer que la partie ouest du segment de faille serait en fait en fluage, donc peu sismogénique, réduisant la magnitude attendue du futur séisme. Ce résultat souleva une vive controverse et motiva l'installation, au fond de la mer, de capteurs de déformation encadrant la trace de cette faille suspectée de glissement lent.

En Europe, une autre cible de prévision sismique à moyen terme se situe dans l'ouest du rift de Corinthe, en Grèce. Cette région en extension rapide s'ouvre d'1,5 cm par an, et produit un ou deux séismes dépassant la magnitude 6 tous les cent ans. Soutenu par l'Europe et le CNRS, un projet pilote international porté par des équipes françaises a mis progressivement en place, depuis 2000, une instrumentation sismologique et géodésique dense. Complétées par des études tectoniques et sédimentologiques ciblées à terre et en mer, les analyses sismologiques en cours permettent d'entrevoir le détail des interactions mécaniques des failles du système. Un vrai challenge, car contrairement aux grandes failles décrochantes de Turquie ou de Californie, les failles normales de ce rift apparaissent terriblement fragmentées à toutes les échelles, et, j'en ai parlé plus haut, plus propices à répondre à d'étranges pulsations de pression d'eau qu'à la migration régulière vers le sud du bloc du Péloponnèse, aspiré par le recul de la subduction hellénique… Bref, d'après les dernières estimations, on y prédit en gros un ou plusieurs séismes de magnitude 6 ou plus dans les trente prochaines années, avec une probabilité de 50 %. Avec en première ligne une faille n'ayant pas rompu depuis plus de 300 ans, la plus à l'ouest du rift, approchant à 5 km de la ville de Patras.

En Amérique latine, le long de la zone de subduction qui soulève toute la cordillère des Andes, une des régions les plus menacées à moyen terme serait probablement au nord du Chili ; c'est en tout cas la mieux identifiée. Depuis le dernier grand séisme de 1877, à 6 cm par an de convergence, plus de 10 m sont à rattraper, en un futur séisme de magnitude 8,5 à 9… Un grand séisme qui s'est produit en 1995 dans la région d'Antofagasta marquerait la limite sud de rupture, et le séisme du Pérou de 2001 en marquerait la limite nord. Cette menace a motivé l'installation d'une instrumentation sismologique et géodésique par des équipes allemandes et françaises, en coopération avec les Chiliens. Bingo : en 2014 survint le grand séisme d'Iquique, de magnitude 8, au cœur de cette zone, précédé de 3 mois d'activité sismique soutenue. Mais ce séisme, malgré sa taille, est loin d'avoir relâché toutes les contraintes : son énergie est 5 à 10 fois plus faible que celle du séisme attendu. Même si les géodésiens estiment que la partie nord de cette zone surveillée semble modérément couplée, d'après les mesures GPS, l'échec des prévisions pour les séismes de Sumatra et de Tohoku nous le rappelle : il ne faut pas baisser la garde, et nous ne devrions pas être trop surpris qu'un séisme géant puisse balayer toute la zone.

Ne pas avoir identifié de Big One dans une région donnée ne veut pas dire que le compte à rebours n'est pas enclenché pour les décennies à venir ! Car la tectonique des plaques est toujours à l'œuvre, chargeant en silence des centaines de grandes failles à proximité immédiate de centaines de millions de personnes. Nous sommes comme la fourmi se promenant sur un élastique qui se tend : l'ignorance ne protège pas. La liste des grandes métropoles et de leur région directement menacées est longue. Près de nous, voilà Messine, Bucarest, Alger, Beyrouth, Téhéran, Lisbonne… En Amérique, tout au nord-ouest, dans la région de Cascadia, voilà Seattle, et au sud, le chapelet latino-américain : Lima, Quito, Bogota, Caracas, Guatemala city… et Port-au-Prince, ravagée par le séisme de 2010, mais qui pourrait bientôt souffrir à nouveau, la rupture de 2010 s'étant arrêtée à 15 km à l'ouest de la ville ; elle a donc laissé intact le segment de faille la traversant, encore plus menaçant.

En Chine, nombre de villes à développement fulgurant sont menacées. Sur les contreforts de l'Himalaya, Katmandou ne sera pas épargnée : le séisme destructeur de 2015, au nord de la capitale népalaise, n'a rompu que la partie profonde d'une petite portion de l'immense faille de contact entre les blocs Inde et Asie, faille qui assure, à long terme, le soulèvement des reliefs. Un séisme de magnitude dépassant 8,5 avant la fin du siècle y est bien probable, et cette catastrophe pourrait frapper tout l'ouest du Népal et le nord de l'Inde, affectant des dizaines de millions de personnes. Dernière inscrite sur la liste par des études toutes récentes, la ville de Wellington, en Nouvelle-Zélande, à 30 km au-dessus d'une aspérité bloquée en fin de cycle pouvant produire un séisme de subduction de magnitude dépassant 8. La liste de ces villes est bien sûr incomplète, et la prochaine catastrophe les épargnera peut-être encore une fois, mais ce ne sera que partie remise : l'élastique continue de se tendre. Et d'ici trente ans, plusieurs de ces villes auront tremblé et souffert.

Paré au séisme ?

Une fois l'aléa sismique estimé par ces prévisions à long et parfois à moyen terme, le chercheur se retire du jeu, et pose la question : « Vous, politiques, entrepreneurs, public, que faites-vous de nos prévisions ? »

En y mettant les moyens, on peut construire tout bâtiment en parasismique, de manière à ce qu'il résiste à de très gros séismes. Dans les régions peu sismiques, le jeu n'en vaut pas la chandelle : la plupart des bâtiments, bien construits, devraient résister à des séismes modérés toujours possibles. Dans des régions plus sismiques, il en va autrement : les destructions liées à un fort séisme en Provence coûteraient 20 milliards d'euros. Il existe donc un niveau de protection optimal qui réduirait le coût d'une telle catastrophe tout en limitant le surcoût du parasismique. Contrairement à une idée commune, ce surcoût n'atteint que quelques pour cent du coût total d'un bâtiment. Qui ne serait prêt à dépenser un peu plus pour que son futur logement soit parasismique ? Au lieu d'emprunter sur 15 ans pour acheter la bicoque de ses rêves, il suffit d'emprunter sur 16 ans pour dormir tranquille… Bien sûr, il est légitime de chercher à investir davantage pour protéger des bâtiments dont l'effondrement aurait des conséquences plus funestes : hôpitaux, écoles, usines chimiques… Devant la même menace sismique, on n'imposera donc pas les mêmes règles de résistance pour un hangar, une petite maison individuelle, une école ou une centrale nucléaire.

En France, la réglementation parasismique a bien évolué depuis les années 1990, où seulement 15 % du territoire y était soumis pour les bâtiments courants. Basée initialement sur l'approche déterministe, avec les plus forts aléas sismiques épinglés dans quelques régions de France par les séismes historiques, elle aura finalement été modifiée en 2010 pour s'appuyer sur l'approche probabiliste, plus physique et réaliste, introduite à la fin des années 1990 par les scientifiques, et recommandée par la réglementation européenne EC8 publiée en 1998. L'établissement de ces nouvelles règles en France a été très polémique, car d'un côté, l'État se devait de protéger au mieux les populations et les biens ; et de l'autre, l'industrie de bâtiment devait maintenir son économie à flot et limiter les coûts de construction. Quant aux scientifiques, ils eurent de nombreux débats internes avant de parvenir à découper le territoire en une mosaïque de régions sismo-tectoniques sources, à la base du calcul d'amplitude définissant le zonage réglementaire. Ils durent en outre batailler ferme pour que les effets d'amplification sur les sols mous, alors récemment découverts et largement sous-estimés dans les codes existants, soient pris en compte.

Depuis 2010, donc, l'État français a rendu effective par décret une carte réglementaire de zonage sismique, découpée en cinq zones de sismicité dont j'ai parlé plus haut. Chaque zone est affectée d'une accélération de référence au rocher, à partir de laquelle sont calculées les amplitudes des ondes dont il faut se protéger en fonction de la catégorie de bâtiment. Ainsi, en zone 3, de sismicité modérée, cette accélération de référence est de 1,1 m/s^2, alors qu'elle atteint 4 m/s^2 aux Antilles, zone de sismicité forte. Et une caserne de pompier, bâtiment de catégorie IV, aura un coefficient d'importance – ou de sécurité – de 40 % supérieur à celui d'une maison individuelle ou d'un petit immeuble, de catégorie d'importance II. Ce calcul prend également en compte la rigidité et la tenue des sols sur les premières dizaines de mètres, les répartissant en 5 classes. En métropole, pour les sols les plus mous, l'accélération de référence est multipliée par 1,8 par rapport au rocher dur, et une surprotection y est ajoutée contre les mouvements de plus longues périodes pour la tenue des grands bâtiments. On l'a vu, il n'est pas bon de construire sur du sable ou sur de la gélatine…

Qu'elle soit de bon niveau, ou au contraire trop simpliste ou peu adaptée faute de moyens ou de connaissances de l'aléa, la réglementation parasismique a le mérite d'exister dans la plupart des pays sismiques de la planète. Malheureusement, par ignorance ou pour économiser quelques sous, elle n'est pas toujours respectée. Elle est souvent difficile à faire appliquer : les moyens de contrôle sont quasiment inexistants, à moins de suivre de près tous les chantiers de construction, ce qui semble irréaliste ; de plus, les sanctions en cas de non-respect des codes ne sont même pas définies ! En Turquie, durant le séisme d'Izmit de 1999, de nombreux immeubles récents se sont effondrés à cause de la mauvaise qualité du béton : celui-ci a été confectionné avec de l'eau de mer dont le sel a dégradé le ciment. Après ce constat, certains entrepreneurs ont été emprisonnés, mais il aura fallu des milliers de morts. Malgré cela, les mafias et les constructeurs véreux ou incompétents persistent et signent. En Italie, des bâtiments récents soi-disant parasismiques et qui auraient dû être contrôlés par les autorités locales se sont effondrés lors des derniers séismes, à l'Aquila en 2009, et à Amatrice en 2016, pour ne citer qu'eux.

Aux Antilles, la région la plus sismique du territoire français, la situation n'est pas très bonne : jusque dans les années 1990, de nombreux bâtiments furent construits sans permis – ils ont donc peu de chances de résister aux futurs grands séismes, sauf sans doute les cases créoles, toutes en bois. La répétition d'un séisme comme celui de Fort-de-France en 1939 pourrait ainsi faire 5 000 morts. En métropole, un séisme similaire à celui de Lambesc en 1909 en ferait un millier. Sommes-nous donc prêts ? Les études d'aléa probabiliste pour la refonte de la réglementation sismique, dans les années 2000, se sont accompagnées d'une forte prise de conscience des autorités, du public et des médias sur ces questions ; cette prise de conscience a été renforcée par les nombreuses catastrophes naturelles qui se sont produites sur la planète, catastrophes qui touchèrent même le territoire français avec le séisme des Saintes, en Guadeloupe, en 2004. C'est dans ce contexte que fut engagé en 2005 le Plan Séisme, un grand programme national de la prévention des risques sismiques. Le séisme de Martinique de 2007, qui produisit des dommages importants sur de nombreux bâtiments, dynamisa l'action de l'État : ce dernier débloqua des fonds importants pour renforcer ou reconstruire des dizaines d'établissements scolaires, un centre hospitalier, et des logements sociaux touchés.

Comme pour le Plan Séisme en France, nombre de programmes de réduction des risques sismiques sont lancés de par le monde, adaptés à chaque contexte, pour se préparer aux prochaines grosses secousses. Comme on ne peut pas tout raser et reconstruire aux normes parasismiques, la première étape à effectuer est simple : il s'agit d'évaluer et de faire connaître ce qui se passerait en cas de séisme dans telle ou telle région et d'établir un scénario de crise, ou plutôt un ensemble de scénarios possibles. Pour cela, il faut étudier l'amplification des sols lors des secousses sismiques, en particulier pour repérer ces inquiétants sols mous ; évaluer la résistance de tous les bâtiments de la région ; repérer toutes les lignes vitales, réseaux électriques, gaz, téléphone, mais aussi les ponts et les routes dont les ruptures pourraient aggraver la crise ; préparer l'évacuation du littoral, sous la menace d'un tsunami. Vaste programme ! Mais il est clair qu'on ne peut tout faire, partout, ni tout de suite, pour se protéger. L'État doit déterminer les priorités d'action : planification des secours et renforcement ou reconstruction des bâtiments publics ou sensibles, en particulier des centres de secours, casernes de pompier, hôpitaux, sans oublier les quartiers généraux de la préfecture. À Kobé, il n'y avait pas assez d'eau pour éteindre la centaine d'incendies allumés par le séisme de 1995 ! Et en Martinique, après des années de tergiversations, la préfecture de Fort-de-France a fini par déménager le quartier général du plan d'organisation des secours (ORSEC), installé pendant longtemps dans un bâtiment historique du centre-ville, vétuste et reposant sur des sols mous.

La préparation des autorités à la gestion d'une crise est cruciale pour réduire l'impact d'une catastrophe sismique. En France métropolitaine, l'alerte à la préfecture est donnée au-dessus d'un seuil de magnitude 4 par les services de surveillance sismologique opérationnels du CEA. Officiellement mandatés pour cela, ils ont les moyens d'assurer une veille continue, 24 heures sur 24. En Guadeloupe et Martinique, ce sont les observatoires de l'IPGP, contribuant par leurs réseaux de recherche à la surveillance sismique régionale, qui en informent les autorités – non mandatés, ils endossent le rôle de « lanceurs d'alerte », sans les moyens financiers de l'astreinte du CEA. Ces alertes se limitent à la date, la magnitude et la localisation des hypocentres. En cas de séisme destructeur, une fois l'alerte lancée et le plan ORSEC déclenché, les scientifiques des instituts de recherche académique devront se mobiliser et éclairer les autorités sur les phénomènes en cours et leur évolution. Les mesures sismologiques et géodésiques recueillies en quelques heures donnent des premiers éléments critiques, interprétés dans le contexte d'aléa à long terme défini par les recherches sur la zone. Pour assister les autorités, il s'agit de comprendre au plus vite ce qui se passe : position et longueur de la faille, amplitude des vibrations, effets de site, répliques « attendues » – évidemment de manière probabiliste –, menaces augmentées sur les failles voisines… Car si le plan ORSEC donne à l'avance un cadre de prises de décisions, par une connaissance des aléas et des enjeux de chaque région, la Sécurité civile doit décider de sa stratégie en fonction du déroulement même de la crise : l'expertise des chercheurs est ici nécessaire.

Quelques heures après un gros séisme, nombre de ces informations scientifiques factuelles, sans interprétation, se retrouvent en ligne : cartes des épicentres, réalisées par le RENASS pour la métropole, par l'EMSC pour l'Europe et le Monde, et, spécifiquement pour les Antilles, par les observatoires de l'IPGP ; et carte des intensités que le BCSF construit à partir de ses enquêtes détaillées en ligne (Figure 17). Ces cartes donnent des premières mesures quantitatives fiables sur les effets ressentis et les destructions. Si le témoin se trouve dans une habitation

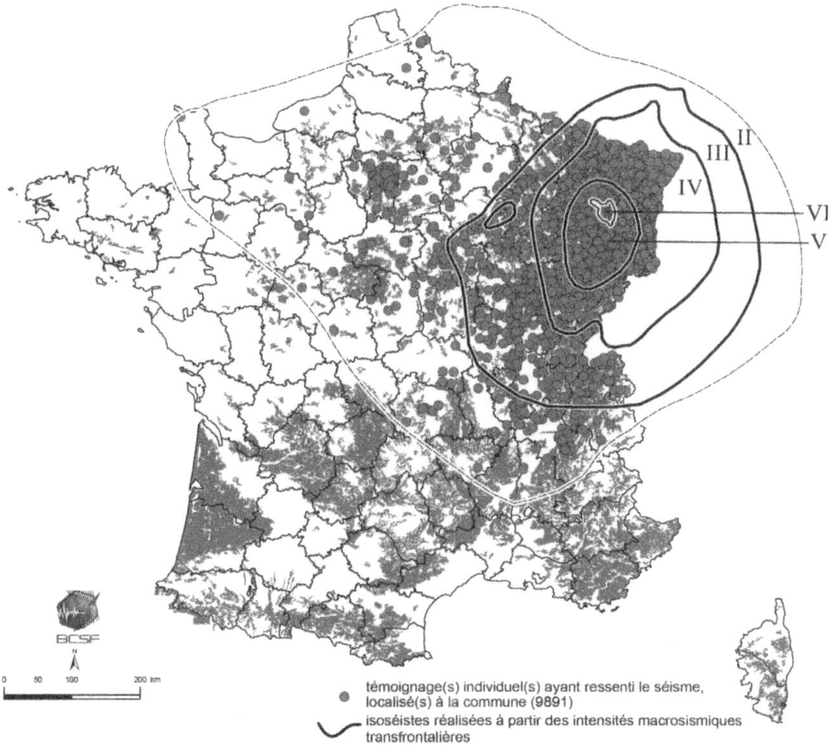

17. Carte d'intensité pour le séisme de Rambervillers de 2003, par le BCSF. Les limites de zones sont déduites des milliers de réponses aux enquêtes en ligne et aux formulaires collectifs.

au moment de la secousse, le formulaire demande le nombre d'étages, et celui où il se trouve ; car on se doute – pour ceux qui ne l'ont pas vécu – qu'en haut d'une tour de 20 étages, le ressenti d'un séisme même modéré n'est pas du tout le même que celui du rez-de-chaussée… En parallèle, les réseaux sociaux s'activent, alimentés par les témoins des secousses. Tout un buzz bien compréhensible qui démarre moins d'une minute après un séisme, et que Rémy Bossu et son équipe de l'EMSC ont su mettre à profit. En 2007, ils montrent que l'on peut exploiter la connaissance du trafic internet pour aider à localiser le séisme et à caractériser son importance : en effet les témoins de la secousse, se connectant sur le site du Centre, sont repérés automatiquement grâce à leurs adresses IP auxquelles sont affectées une coordonnée spatiale (Figure 18). Il suffit alors de placer ces points sur une carte pour voir apparaître la position et la répartition de ces centaines ou milliers de sismomètres humains, ce qui donne une première idée de l'extension de la zone secouée. Et vers le cœur de la zone, des zones blanches peuvent marquer des coupures internet ou des coupures de courant, des dommages sérieux du bâtiment, ou simplement indiquer que les gens avaient trop peur et ont eu autre chose à faire que de s'amuser sur leur ordinateur… La calibration fine de ce sismomètre humanoïde reste à faire pour en tirer des informations précises en termes de dommages. De belles études en perspective, où les sciences humaines auront leur mot à dire. Si vous voulez surfer utile sur le net, n'hésitez pas à vous connecter et à témoigner sur ces sites en cas de secousse – et, pourquoi pas, explorez-les sans attendre un séisme !

Mais revenons aux chercheurs pris dans la tourmente. À qui communiquer les informations, et comment ? Dans un contexte de crise, on l'a vu pour l'Aquila, toute parole publique mal maîtrisée ou contradictoire peut avoir des conséquences imprévisibles et dramatiques si on n'y prend pas garde. Et cette parole ne peut faire l'impasse sur la notion d'incertitude (ou de probabilité) inhérente à ces analyses, notion que les autorités et le public doivent comprendre. On voit bien que cela ne peut s'improviser, et que la prévention exige le développement de programmes de recherche et de réflexion autour de scénarios de crise, en associant des expertises multiples : les géosciences pour l'aléa, le génie parasismique et les sciences humaines pour la vulnérabilité. Un livre blanc du CNRS, à paraître en 2017,

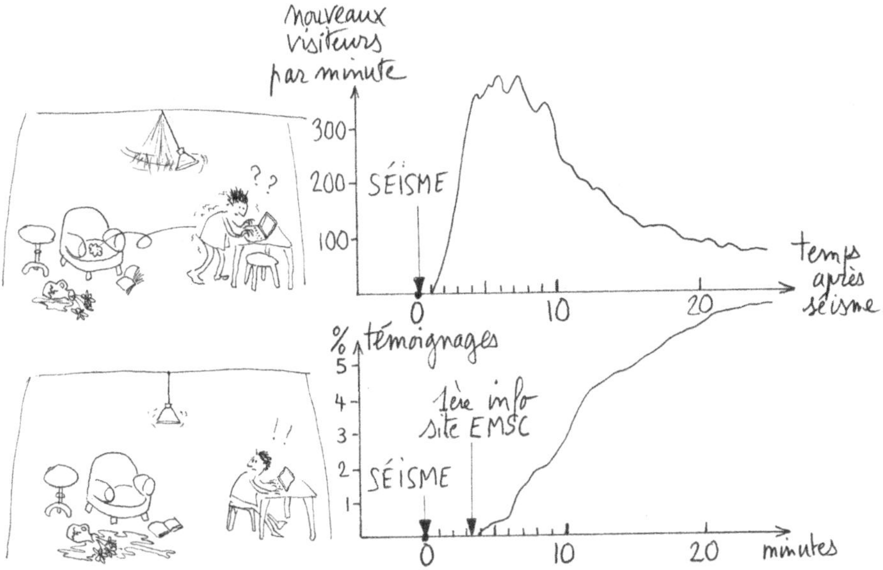

18. Détection et localisation de séismes par le trafic web sur le site EMSC. L'analyse des variations du flux et de l'origine des connexions internet sur le site web de l'EMSC juste après un séisme permet d'obtenir très rapidement des informations sur le lieu d'occurrence de l'évènement et sa gravité.

a été écrit pour faire le point sur le rôle des chercheurs en géosciences sur ces questions d'observations, de surveillance, d'alerte et de communications dans le cas de catastrophes telluriques. Il est destiné à tous : autorités, chercheurs, grand public… Je vous invite chaudement à le consulter !

Bien sûr, hors crise, il faut informer au mieux le public de ce qui peut arriver ; c'est aux scientifiques, aux ingénieurs, et aux autorités de communiquer, directement ou via les multiples médias maintenant à disposition. Aux chercheurs, il revient de communiquer sur la mécanique régionale des séismes et des secousses, avec leurs incertitudes ; aux ingénieurs, sur la résistance, les dommages, et le renforcement possible des habitations ;

aux autorités, sur les réglementations en vigueur pour tel type de bâtiment à tel endroit. Ce sera alors aux habitants eux-mêmes, informés, de décider de leur contribution active à la réduction du risque, selon leurs moyens. Mais les initiatives spontanées de renforcement d'habitations privées sont rares : combien de souches de cheminées ont-elles été vérifiées et confortées dans les régions sismiques de France après le séisme d'Annecy de 1996 ? Pourquoi tant de difficultés à accepter de se protéger ? Ce n'est pas qu'une question d'argent. À ceux qui n'ont jamais vécu de séisme vraiment destructeur, la menace semble irréelle. Si les grands séismes du passé se reproduisaient en France, ils pourraient causer des dizaines de milliards d'euros de dégâts – et des milliers de morts. Il faut donc insister encore, et pour faire comprendre le risque sismique, l'information seule ne suffit sans doute pas : il faut mettre en place une véritable éducation du risque, à développer dès l'école, pour que tous y soient préparés, et que nul ne rechigne à bien construire.

Dormir tranquille

Que doit-on donc faire si on habite dans un bâtiment non parasismique ? Pour les régions de sismicité modérée comme la France, on constate que la plupart des bâtiments anciens construits avant toute réglementation parasismique, mais selon les règles de l'art, et bien entretenus, résistent plutôt bien aux séismes. Mais si vous êtes inquiets de la tenue de votre immeuble, et que vous vous posez la question de son renforcement, n'hésitez pas à consulter les documents publics de l'Association française de génie parasismique (AFPS) ; ils sont faits pour cela.

Dans des régions d'activité sismique plus forte, la question est plus pressante. Elle s'est posée aux habitants d'Istanbul, de manière particulièrement brutale. Suite au séisme de 1999 et aux recherches qui ont suivi, médiatisées avec force, sur la sismicité de cette région, ils se sont découverts tout d'un coup à la merci d'une catastrophe prochaine. En 2002, une collègue sismologue d'Istanbul m'expliquait que la population de la ville, bien que fortement sensibilisée à cette menace, ne savait que faire. Non seulement Istanbul manque de logements, ce qui ne facilite pas un déménagement, mais quitter un immeuble jugé dangereux pour s'installer dans un autre paraissant en meilleur état ne garantit pas de s'en tirer à bon compte : qui dit que ce dernier est bien parasismique, sans vice caché, et comment préjuger de la secousse future, qui pourrait être plus forte dans un nouveau quartier ? Personne ne souhaite non plus s'engager dans des travaux de renforcement, coûteux et incertains ; ils impliquent de passer des chaînages dans les maçonneries ou de reprendre toute la structure en doublant les poutres et les poteaux.

Les ingénieurs turcs ont calculé que le renforcement minimal requis pour empêcher les immeubles mal construits ou anciens de s'effondrer – c'est-à-dire pour sauver non pas le bâtiment mais la vie de ses occupants – est de 5 000 euros par logement. À Istanbul, des études précises sur les effets possibles d'un grand séisme ont identifié 3 000 immeubles menacés de ruine totale, avec une probabilité proche de 100 %. Pour ceux qui y vivent, les termes du pari sont clairs : dans les 30 prochaines années, d'après les scientifiques, il y a deux « chances » sur trois qu'un grand séisme se produise, et donc que son immeuble s'écroule. En considérant que l'on passe la moitié du temps chez soi, il y a une chance sur trois d'être dedans au moment de la catastrophe. Lancez un dé, pour voir…

Ma collègue stambouliote vivait dans un immeuble plutôt vétuste et ne se faisait aucune illusion sur sa résistance à la future catastrophe. Elle fit donc faire des études de renforcement, chiffrées, mais ne réussit pas à convaincre les autres propriétaires de la nécessité des travaux et de leur urgence. Elle se résigna à déménager dans une petite maison, et, enfin seule propriétaire, entreprit de la fortifier à ses frais.

Dormir tranquille a son prix.

ÉPILOGUE

Il faudra encore quelques milliards d'années pour que la machine thermique Terre se refroidisse et se fige, par épuisement de ses réserves radioactives. La tectonique des plaques ne sera alors plus qu'un lointain souvenir, porté par les vieilles failles à jamais cicatrisées. En attendant, les séismes continueront encore longtemps de secouer notre planète. Inutile donc de compter sur une prochaine accalmie, même si telle ou telle région peut sembler s'assoupir : la planète reste chaude. Le XXIe siècle aura très probablement son lot de séismes tectoniques, semblables, en nombre et en magnitude, à ceux des siècles précédents ; ses quinze premières années ont d'ailleurs montré une activité particulièrement forte.

Il ne faut pas rêver d'un *statu quo* avec la Nature : la situation à court terme est inquiétante. À cause de la croissance de la population mondiale et de celle des villes, chaque séisme potentiel gagne, année après année, un pouvoir de nuisance supérieur. Ainsi, en Inde et en Chine, pays qui abritent près du tiers de l'humanité, la majorité de la population vit et continue de s'accroître dans le champ d'action mortel de très grandes failles sismiques. Le risque augmente donc, même si l'aléa sismique reste constant.

Ce n'est pas tout : l'activité humaine peut déclencher des séismes dont les effets n'ont rien à envier à ceux d'origine « naturelle ». L'extraction de pétrole et du gaz depuis profondeurs de la terre, ou la circulation forcée d'eau dans les sites d'exploitation géothermaux, peuvent déstabiliser les failles à plusieurs kilomètres de profondeur. De plus, la séquestration de gaz carbonique dans les gisements de pétrole, envisagée pour réduire l'effet de serre et le réchauffement de la planète, risque de contribuer à ces déclenchements sismiques si l'on n'y prend garde. Quelques séismes importants furent ainsi déclenchés dans les dernières décennies, et leur nombre va croissant, là où de mémoire d'homme on n'en avait jamais connu…

La société, plus exposée et vulnérable que jamais face aux séismes et à leurs effets induits, tsunamis et grands éboulements, ne peut se permettre de les ignorer. Sous la pression psychologique du fameux principe de précaution, de nombreux pays ont engagé ou renforcé des politiques de prévention ; mais, parant au plus pressé, ils soutiennent pour l'essentiel les recherches appliquées : évaluation de la résistance des bâtiments ou de l'amplification des sols dans tel ou tel quartier d'une ville, études ciblées sur des sites de centrale nucléaire, ou encore mise au point de scénarios pour l'organisation des secours après une catastrophe. Les chercheurs ont bien du mal à convaincre leurs ministères d'engager des fonds pour soutenir une recherche à long terme, bien incertaine et d'impact immédiat quasi nul sur le public.

Or, et j'espère que ce livre vous en aura convaincu, la recherche fondamentale d'aujourd'hui est la clé des études appliquées de demain. Il suffit de regarder un peu en arrière : en 50 ans, notre perception des séismes et de leurs effets a été totalement bouleversée, grâce à une recherche dynamique, alliant nouvelles observations et nouvelles théories dans une tumultueuse alchimie. Et ces progrès, vite assimilés par la recherche appliquée, ont peu à peu alimenté la machine administrative et ses réglementations parasismiques. Cette dynamique est loin de s'essouffler, bien au contraire ; et c'est bien l'effervescence des 15 dernières années qui m'a convaincu de la nécessité de remettre à jour la première édition de ce livre, largement remaniée.

Les observations très fines de dizaines de grands séismes, depuis à peine trente ans, nous ont beaucoup appris sur la nucléation et la propagation des grandes ruptures sur les failles. Nombre de ces dernières sont cernées de très près par des dizaines de capteurs, sismomètres et GPS ; elles sont aussi auscultées de loin, au sol par des antennes sismiques géantes, et depuis l'espace par des constellations de satellites imageurs, optiques ou radars. On parvient maintenant à suivre et à simuler sur ordinateur le cheminement fulgurant des failles dans l'écorce terrestre, seconde après seconde ; on les voit affronter, hésitantes, de fortes barrières sur leurs surfaces rugueuses ou biscornues, s'accélérer sur des zones plus lisses ou des aspérités bien chargées, générant ici des ondes haute fréquence destructrices, et là des ondes basse fréquence susceptibles de générer un tsunami. Mais comment prévoir ce cheminement erratique de la fracturation de systèmes de failles ? Où sont donc ces barrières, quelle est leur résistance ? Où sont les grosses aspérités qui vont lâcher ? Où donc la rupture va-t-elle s'arrêter ? Au bout de 10 km de propagation, la magnitude du séisme atteindra 6, tout au plus ; au bout de 100 km, elle approche 8 ! Malgré des moyens et des méthodes de calcul numérique de plus en plus performants, le sismologue mécanicien n'est pas au bout de ses peines, non pas pour proposer des scénarios fiables de rupture (ce qui est irréaliste devant tant d'inconnues), mais plus modestement pour déterminer sans trop se tromper la probabilité de certains scénarios envisageables…

Les découvertes les plus remarquables de ce début de siècle ne vinrent pas des grands séismes, mais au contraire de ce lent chargement tectonique des failles, que l'on croyait si paisible et régulier, entre deux grosses secousses. Cette idée simple d'un cycle sismique à deux temps, avec sa période intersimique de centaines ou milliers d'années et ses brèves ruptures sismiques, est maintenant bien révolue. Ces périodes calmes sont désormais bien peuplées : glissements lents épisodiques, faibles grondements transitoires, séismes de basse fréquence, tout juste détectés par les nouveaux réseaux d'observation, nous révèlent une vitalité discrète mais persistante des failles.

Même lorsque nul signal détectable n'en émerge, les grandes failles ne sont plus à l'abri du regard inquisiteur des scientifiques. Car les outils de tomographie sismique, de plus en plus performants, auscultent depuis peu leur structure intime, au voisinage du contact entre les deux blocs. Les chercheurs en infèrent, de manière encore controversée, la nature résistante ou lubrifiante des failles : ici, probablement bloquée et chargée, et là, peut-être en fluage et déchargée. Cette tomographie performante mais d'approche classique est maintenant complétée par la technique de corrélation de bruit. Grâce à cette technique extraordinaire, les chercheurs recréent des sources sismiques virtuelles à toute station sismique à partir de paires d'enregistrements du grondement sismique continu de la Terre. Des sources fictives mais parfaitement contrôlées et efficientes, dont les ondes recomposées numériquement auscultent en permanence les tréfonds de la Terre, et en décèlent de minuscules changements, bien réels, tels ceux produits par les glissements lents silencieux.

Toutes ces découvertes de nouveaux processus au cœur des zones sismiques ont profondément bouleversé notre approche des phénomènes précurseurs des grands séismes. Leur analyse, plus physique, se fait à présent dans un cadre mécanique plus cohérent. Car en fin de compte, ces phénomènes appartiennent bien à la grande classe des processus transitoires dont la population s'étoffe rapidement, d'année en année, grâce à la très forte densification des réseaux de mesure. Mais ces « précurseurs », repérés comme tels après-coup, sont-ils simplement des transitoires qui ont mal tourné ? Dans ce cas, seules des données statistiques bien validées pourraient nous dire avec quelle probabilité tel transitoire annonce un grand séisme. Ou bien ces précurseurs témoignent-ils, indirectement, du démarrage de la déstabilisation de la faille ? Il faudrait alors pouvoir y déceler les indices de cette naissance cachée : les transitoires précurseurs auraient ainsi leur signature particulière, différente de celles des transitoires ordinaires... Les essaims sismiques et les glissements lents précédant les grands séismes de subduction semblent depuis peu de bons candidats. C'est là, sans doute, un sujet majeur des travaux à venir – et donc des futures controverses ! Mais l'interprétation concurrente des précurseurs, qui s'appuie sur le simple effet domino des couplages mécaniques, a encore de beaux jours devant elle. La séquence catastrophique des séismes italiens de 2016 et 2017 nous le rappelle : les séismes ont bien cette capacité à se déclencher les uns les autres. Ces effets de cascade sont observés et étudiés depuis des décennies, et de mieux en mieux documentés. Les caractéristiques de telles séquences peuvent être maintenant reproduites statistiquement en temps, en espace, et en magnitude, par des lois empiriques et physiques simples généralisant le vieux concept de réplique, et quantifiées par de gros calculs sur ordinateur. Et depuis peu, tous ces processus transitoires, séismes lents et perturbations de pression de fluide, déclencheurs ou déclenchés, peuvent être intégrés dans cette approche de couplages mécaniques, au même titre que les séismes ordinaires. Une bonne partie des phénomènes précurseurs pourrait bien se nicher dans ces cascades couplées de transitoires sismiques et asismiques. Pour ceux-là, en raison du caractère chaotique et non-linéaire des couplages, il faudra cependant se contenter d'une approche très probabiliste de la prévision, avec de faibles niveaux de probabilité à la clé, actuellement estimés à quelques pourcents, dix pourcents au plus, pour qu'un grand séisme survienne dans la semaine à venir.

La naissance des ruptures sismiques reste donc largement énigmatique. Non seulement on ne les voit pas vraiment venir, mais on ne sait toujours pas répondre à cette question simple mais fondamentale : les séismes naissent-ils égaux, quelle que soit leur taille finale ? Si oui, l'existence même des précurseurs est impossible. Si non, comment déceler leurs différences en fin de gestation, s'il y en a ? Serait-elle liée à quelque trait particulier de leur matrice rocheuse ? Il faut donc en savoir plus pour avancer sur ces questions ; et notamment décrypter les grondements variés des failles et en déceler les plus petits murmures sous le bruit ambiant pour en tirer de nouveaux indices prédictifs. Pas de recherche fouillée sur la Nature sans observatoires performants ! Les astrophysiciens disposent de leurs grands télescopes, les physiciens des particules de leurs accélérateurs. Quant aux physiciens de la planète, ils ont besoin de réseaux sismologiques et géodésiques denses, à terre et en mer, au plus proche des failles ; de constellations de satellites, GPS, imageurs ; et d'instruments en forage profond, au cœur même de failles judicieusement sélectionnées. Sans oublier les stations électromagnétiques, qui restent les grandes absentes dans cette course à l'observation rapprochée : elles seraient les plus pertinentes pour espérer détecter les flux d'eau au sein des zones de failles, dont on a décrit le rôle potentiel dans la genèse des séismes et des glissements transitoires. La poursuite des efforts d'instrumentation sera donc nécessaire.

Mais cet effort de terrain ne suffira pas : il nous faut aussi progresser dans les analyses de la masse d'enregistrements, produite en croissance exponentielle, pour en extraire toute l'information. Information brouillée pour les signaux forts des séismes, résultant de l'interférence de myriades de petites sources que l'on doit séparer et catégoriser, pour en préciser les origines, les positions, l'énergie et la fréquence dominante, de façon à caractériser les diverses aspérités de la zone de rupture qui les produisent ; information cachée dans le bruit de fond pour les signaux faibles, invisibles à première vue dans les enregistrements, ce qui nécessite de croiser les informations de dizaines ou de centaines de stations, par corrélation, pour en détecter la source – micro-séisme normal ou processus exotique… De nouvelles méthodes de corrélation et d'analyse sont actuellement en développement pour gérer le traitement automatisé de térabits d'enregistrement annuel par station ; il s'agit d'en extraire des informations pertinentes sans être noyé dans ce maelström numérique. Ces traitements nécessitent de très grosses puissances de calcul et de stockage, le nombre de signaux de corrélation croissant au carré du nombre de signaux enregistrés ! La sismologie n'échappe pas au Big data.

Cette approche numérique massive, requise pour mieux cerner la gestation et la naissance des séismes, n'est cependant pas encore pertinente pour répondre au deuxième défi de la prévision des séismes : celle de leur fin.

En effet, l'écoute et l'auscultation massive des grandes failles tranquilles des temps ordinaires, aussi fines et efficaces soient-elles, ne peuvent nous donner pour l'instant que des indices imprécis et peu fiables sur ce qui peut advenir à une barrière sur le chemin de la rupture. Une telle prévision est pourtant essentielle, car c'est la surface totale activée sur la faille, limitée par ses barrières périphériques, qui dictent en premier chef sa magnitude et donc son pouvoir global de nuisance vibratoire.

Dans les décennies à venir, ce serait donc plutôt l'exploration et l'interprétation performante des archives géologiques qui permettront d'y voir plus clair sur les plus fortes magnitudes à attendre dans une région, et leurs éventuels déclenchements en séquences rapprochées. Ces études s'appuient sur les nombreuses traces laissées par les grands séismes : couches sédimentaires décalées, parois rocheuses exposées au rayonnement cosmique, poches de liquéfaction, croissance perturbée de coraux, dépôts de turbidites au fond des océans ou de paléo-tsunamis enfouis sur les rivages, et s'appuieront sans doute sur d'autres marqueurs encore à découvrir. Bien datés, et recoupés entre eux, ces indices devraient donner des chronologies de plus en plus complètes et précises des séismes majeurs d'une région depuis mille, dix mille, cent mille ans, précisant ainsi la dynamique des supercycles sismiques qui échappent à notre courte mémoire humaine. Des séismes géants comme ceux de Sumatra en 2004 ou de Tohoku en 2011 ne devraient plus pouvoir nous surprendre ! Ces chronologies permettront de construire des modèles mécaniques plus réalistes pour les systèmes de grandes failles, précisant leur état actuel dans les cycles d'activation, avec leur degré de chargement tectonique et leur potentiel de rupture dans les décennies ou siècles à venir. Mais attention : ces prévisions resteront toujours probabilistes pour cette menace multiforme. Pour les failles, tout un éventail de possibles, donc ; mais pas n'importe lesquels. La société ne peut l'ignorer, et doit s'y préparer. Faites une tresse grossière avec une bonne dizaine d'élastiques bien souples. Saisissez-en les extrémités, une dans chaque main, et étirez-la lentement, jusqu'à ce que… Plus besoin de vous faire de dessin.

Pourquoi la terre tremble ? Notre vision des séismes a bien changé depuis ces temps anciens où, de maître en disciple, quelques poignées de philosophes grecs confrontaient leurs théories du monde. La règle du jeu elle-même a changé : la force des idées n'est plus suffisante. Dans un débat scientifique, c'est la Nature qui tranche, et les instruments n'ont pas manqué pour faire parler les failles sismiques ni, incidemment, pour nous faire découvrir bien d'autres sources étonnantes des tremblements de notre planète. Mais sur le front avancé et obscur de la recherche, nourri au feu des visions téméraires et des mesures encore mal dégrossies, c'est toujours le jeu polémique qui mène la danse… comme il y a vingt-cinq siècles.

Glossaire

A-B

Accélérogramme Enregistrement de l'accélération du sol 181

Accéléromètre Sismomètre enregistrant l'accélération du sol 72, 74, 142, 143, 144, 159

Aléa sismique Probabilité qu'un effet sismique (mouvement du sol, destruction) dépasse un certain niveau dans une certaine période de temps 268, 358, 401-409

Alerte sismique précoce Alerte basée sur l'analyse rapide des premières ondes d'un séisme au voisinage de l'épicentre 364-375

Animaux (prédiction) 192, 250-253

Aspérité Zone de contact résistante sous forte pression sur une surface de faille 84, 129, 130, 164-168, 176-178, 226, 272-275, 280-293

AZF (explosion de 2001) 301-311

Bâth (loi de) Loi donnant la différence moyenne de magnitude entre un séisme et sa plus forte réplique 295

Bar Unité de mesure d'une force par unité de surface. Un bar vaut 100 000 pascals (newtons par mètre carré).

Barrière Zone de faille bloquant la propagation d'une rupture sismique 172-176, 259-260

Big One Grand Séisme attendu sur une faille donnée avec une forte probabilité dans les décennies à venir. On parle des Big Ones de Los Angeles, de San Francisco, d'Istanbul, de Tokyo, etc. 365, 427-430

Bruit microsismique Vibration continue du sol produite par le couplage de la houle océanique avec le fond marin 327-335

C

Cascade sismique Déclenchement de séquences de séismes de magnitudes similaires par couplage mécanique 102, 109, 116, 125, 131, 212, 262, 280, 281, 287, 288, 296, 300, 411, 413, 415, 447

Cascade (région des) 272, 274, 276

Chaos État d'un système physique obéissant à des lois d'évolution non linéaires, dont les effets sont extrêmement sensibles à de très faibles perturbations 99-104, 134, 185, 259-263, 356

Cisaillement Contrainte associée à une force parallèle à la surface sur laquelle elle agit 39-50, 123-125

Contrainte Force par unité de surface, agissant sur une surface dans un corps solide 36, 71, 74, 83-85, 115, 120-129

Contrainte de Coulomb Combinaison particulière de la contrainte cisaillante et de la pression sur faille bloquée, qui mesure sa capacité à se déstabiliser lors d'une perturbation de contrainte 124-128

Convection Mouvement d'ensemble du manteau, de quelques centimètres par an, ascendant aux dorsales, horizontal sous les plaques lithosphériques, et descendant aux zones de subduction 64-71, 282

Corrélation de bruit Méthode de traitement des sismogrammes permettant d'obtenir la fonction de Green entre deux points d'un milieu élastique à partir des corrélations des signaux de bruit enregistrés en ces deux points 336-345

Corinthe (rift de) Région de Grèce sismiquement très active, et site européen de recherches sur les séismes 226, 244, 251, 287, 290, 302, 304, 416, 429

Couplage sismique Degré de blocage des failles en période intersismique. À 100 %, il n'y a aucun glissement détecté sur la faille ; à 30 %, un glissement lent sur la faille, continu ou épisodique, accommode 30 % du chargement tectonique, diminuant le potentiel sismique de cette faille. 283

Criticalité État dynamique de systèmes complexes, dans lequel les paramètres physiques ont des distributions en loi de puissance 104, 116, 128, 133, 137, 176, 185

Croûte Partie superficielle de la Terre, épaisse de 30 kilomètres sous les continents, dont la partie supérieure, constituée de roches froides et fragiles, est le siège de la plupart des séismes. La croûte peut être entraînée en profondeur par la subduction de la lithosphère, processus qui engendre des séismes 46, 55-69

Coraux Les micro-atolls coralliens peuvent enregistrer, par leurs cernes de croissance, les variations de profondeur des eaux produites par les séismes 410, 411

Cycle sismique Alternance d'un séisme et d'une période de chargement élastique liée à la tectonique, sur un segment de faille donné. Ce cycle n'est généralement pas régulier 55, 71, 96, 99, 275, 408

D

Déformation Changement de distance entre deux points d'un solide, rapporté à cette distance, modulé par des effets directionnels 36-43, 127-128, 144-152, 162, 201-210, 343-344, 417, 427, 429

DEMETER Microsatellite du CNES (Centre national d'études spatiales) qui portait des capteurs électromagnétiques destinés à l'étude des phénomènes sismiques et volcaniques 349

Dérive des continents Théories des déplacements des masses continentales, élaborées à la fin du XIXe et au début du XXe siècle 65, 66, 68

Dilatance Phase de déformation irréversible des roches lors de leur mise en compression, avec formation de microfissures et augmentation de volume 200-202, 210, 285, 342

Directivité Phénomène d'amplification des ondes sismiques et d'augmentation de leur fréquence dans la direction de propagation de la rupture 165, 178-179, 421

Dislocation Glissement moyen entre les blocs de part et d'autre d'une surface de faille 53-59, 79-83

Dorsale océanique Zone de remontée des roches basaltiques du manteau à la surface du globe, marquée par un relief sous-marin, et formant une frontière de plaque divergente 67, 68, 70

E-F

Élasticité Caractère élastique des roches, dont la déformation réversible augmente avec la contrainte 36-46

Électrofiltration Phénomène électrique apparaissant lors de la circulation d'eau dans les roches 234, 236, 240, 244, 247

Épicentre Projection du foyer du séisme sur la surface de la Terre.

Essaim sismique Ensemble de petits séismes regroupés dans l'espace et souvent dans le temps 179

Explosions nucléaires 69, 312

Extensomètre Instrument de mesure de l'extension des solides 196, 244, 256, 267-268, 283, 316

Faille Zone de roches broyées, peu épaisse et assez plane, au sein de la croûte. Sa fragilité par rapport aux roches encaissantes en fait le lieu des séismes, lorsqu'elle coulisse, forcée par le cisaillement dû à la tectonique des plaques.

Faille décrochante ou faille transformante Faille verticale sur laquelle le glissement des deux blocs en contact permet leur coulissage horizontal

Faille inverse ou faille chevauchante Faille inclinée sur laquelle le glissement des deux blocs en contact permet un rapprochement.

Faille normale Faille inclinée sur laquelle le glissement des deux blocs en contact permet un écartement.

Faille de San Andreas Principale faille de Californie formant la frontière entre la plaque

Pacifique et la plaque Nord-Américaine 55, 96, 214, 257, 267, 274, 305, 306, 427

Faille Nord-Anatolienne Principale faille de Turquie formant la frontière entre la plaque Anatolienne et la plaque Eurasienne 107, 108, 114, 163, 258, 365, 416, 428

Fractale Objet mathématique dont les propriétés géométriques présentent une similarité à toutes les échelles 92-95

Front de rupture Zone linéaire sur la faille séparant une partie intacte de la faille d'une partie qui vient d'être rompue et qui est en train de glisser rapidement. La surface de faille en avant du front de rupture est fortement cisaillée à son approche. Le front de rupture se propage à environ trois kilomètres par seconde 74, 77, 164, 171, 173, 282

Foyer Zone hypocentrale.

Fréquence Nombre d'oscillations par unité de temps.

Frottement Force limite de résistance au cisaillement d'une surface de contact entre deux corps 84, 85, 99, 100, 121, 122, 203-208, 261, 274-275, 282, 293, 316-319

Fukushima (Centrale Nucléaire) 155, 404, 427

G

Géodésie Science de la mesure de la forme de la Terre. 138

Glacier (séisme de) La rupture des glaciers de banquise engendre des séismes 323-324

Glissement d'une faille Déplacement relatif entre les deux blocs séparés par la faille.

Glissement sismique (ou cosismique) Processus mécanique de glissement instable et rapide entre deux blocs sur une faille, avec génération d'ondes sismiques fortes.

Glissement lent (transitoire) Processus mécanique de glissement stable et lent entre deux blocs sur une faille, sans génération d'ondes sismiques fortes.

Glissement de terrain (gravitaire) 314-322

GPS *Global Positioning System* Méthode de positionnement utilisant des antennes réceptrices au sol captant les ondes électromagnétiques envoyées par des satellites. La précision de localisation atteint quelques millimètres 143-145, 150, 158, 268, 281, 283, 417-418

Green (fonction de) En sismologie, déplacement d'un point de la Terre résultant de l'action d'une force ponctuelle et instantanée en un autre point.

Gutenberg-Richter (loi de) Loi reliant le nombre de séismes dont la magnitude est supérieure à une magnitude donnée, et cette magnitude 91-93, 99, 102-103, 295-296, 401-402

H-I

Hypocentre Point de démarrage de la rupture sismique sur une faille, en profondeur.

Inclinomètre Instrument de mesure de l'inclinaison du sol 157, 244, 256, 268, 278, 281, 283, 316

Inversion Méthode mathématique qui permet de calculer les paramètres inconnus d'un processus physique à partir des observations et des lois qui les relient 77, 167-168, 176

Interférogramme Image d'interférence entre deux images radar, montrant la différence de phase, donc de distance, entre les sources des réflecteurs des deux prises de vues 148-151

Intensité macrosismique Mesure locale des effets des séismes, sur une échelle de 12 degrés, à partir des effets ressentis par les personnes et des dommages aux constructions. L'intensité dépend de la distance et de la magnitude du séisme 394-400, 436-437

Ionosphère Région fortement ionisée de la haute atmosphère 144, 157-158, 234, 236, 249-250

Isoséistes Zones d'égale intensité macrosismiques.

Istanbul (prévision sismique) 107, 165, 258, 365, 428, 440-441

K-L

KTB Forage scientifique de neuf kilomètres de profondeur en Bavière 221, 304

Lacune sismique Segment de faille potentiellement sismique n'ayant pas subi de grande rupture sismique depuis longtemps 98, 99, 257, 268, 392, 396

Lithosphère Partie rigide et superficielle de la Terre, comprenant la croûte et une partie du manteau supérieur, se déplaçant en blocs par la tectonique des plaques 69, 114

Liquéfaction Phénomène de perte de résistance au cisaillement des sols sableux saturés d'eau, lors de fortes secousses sismiques.

Los Angeles (prévision sismique) 96, 214, 351, 365, 427

M

Magnitude Mesure de l'énergie d'un séisme. Plusieurs méthodes, fondées sur certaines ondes émises ou sur les caractéristiques de la rupture, conduisent à une estimation de la magnitude. La magnitude de Richter fut la première mesure utilisée, introduite en 1935 71, 72, 79-82

Manteau Région de l'intérieur de la Terre comprise entre le noyau liquide et la croûte 50, 51, 66, 69

Marégraphe Instrument de mesure du niveau de la mer.

Mécanisme au foyer Description de l'orientation de la faille qui a joué lors d'un séisme, et de la direction de son glissement 99

Météorite (impact) 325-326

Moment sismique Caractérisation de l'énergie sismique. Le moment sismique est proportionnel à la surface de la faille rompue et à son glissement. On peut le relier à la magnitude 80, 81

Multiplets Série de séismes dont les ruptures sont très proches les unes des autres, voire identiques, avec le même mécanisme, résultant en des sismogrammes pratiquement identiques 284-291

M8 Méthode de prédiction fondée sur l'analyse des fluctuations sismiques 213-217

O

Omori (loi d') Loi décrivant la décroissance du nombre de répliques avec le temps, après un séisme donné 119, 120, 292, 293, 296

Onde sismique Vibration des roches qui se propage dans la Terre 30, 32, 42-52

Onde P Onde sismique associée à des déformations de compression/dilatation des roches, voyageant à 6 kilomètres par seconde en moyenne dans la croûte terrestre 43-44

Onde S Onde sismique associée à des déformations de cisaillement des roches, voyageant à 3,5 kilomètres par seconde en moyenne dans la croûte terrestre 43-44

Onde de surface (Rayleigh et Love) Onde sismique pouvant associer compression et cisaillement, guidée par la surface de la Terre, ou plus généralement par les interfaces entre couches de roches où les ondes voyagent à des vitesses différentes, de l'ordre de 2 à 4 km/s dans la croûte 48, 50, 330, 340

P-Q

Paléo-séisme Séisme antérieur à la période historique, détecté par certains effets persistants sur les sols anciens (trace de rupture, de liquéfaction, etc.) 408, 415

Parasismique Se dit d'une disposition particulière des bâtiments ou de la réglementation permettant de se prémunir contre l'effet destructeur des séismes 92, 377-384, 391, 392, 394, 400, 431-434, 438-440

Parkfield Lieu-dit sur la faille de San Andreas, site d'un observatoire sismologique et géophysique, auprès d'un segment de la faille dont la rupture sismique est considérée comme prochaine 96-98, 257, 274-275, 289, 305, 342, 351

Période des ondes Durée d'une oscillation.

Précurseur Phénomène précédant de peu la rupture sismique, provoqué par des mécanismes d'affaiblissement de la faille s'apprêtant à rompre 189- 253

Prédiction sismique Annonce d'un séisme futur. Le terme est employé pour des événements particuliers et à court terme, la prédiction étant fondée sur l'identification de précurseurs avérés. L'expression est controversée en l'absence de tels précurseurs ; on lui préfère alors celle de prévision sismique, mieux adaptée à la quantification des faibles niveaux de probabilité d'occurrence des grands séismes estimés à partir d'observations de phénomènes transitoires 209-211, 215-217, 236-237, 241-243, 255-263

Prévision sismique Prévision de l'occurrence de séismes futurs dans une région. Terme employé à l'origine plutôt pour le long terme, reposant sur la statistique de l'activité sismique passée, il est maintenant aussi employé en termes probabilistes sur la base d'observations de possibles précurseurs 253, 256, 263, 264, 424-431, 447-449

Pression Contrainte associée à une force perpendiculaire à la surface sur laquelle elle agit.

Pression (surpression) de fluide Pression de l'eau dans les pores et fissures des roches 225, 230, 240, 263, 273, 301, 302, 306, 447

Quiescence Diminution importante du taux de sismicité d'une région, parfois signe précurseur 212-217

R

Radar Instrument émettant des ondes électromagnétiques et enregistrant leur écho, permettant de mesurer la distance aux objets réflecteurs 146-151, 158, 159

Radon Gaz rare radioactif, de demi-vie 3,8 jours, produit naturellement dans les sols et dont les changements de concentration témoignent de circulation d'eau ou d'air dans les roches. Il fut souvent utilisé à des fins de prédiction 196, 202, 219, 228, 356,357

Réplique Séisme déclenché par un séisme précédant en son voisinage. Les répliques ont pour la plupart une magnitude inférieure au séisme qui les a déclenchées 118-121

Résonance des sols Vibration piégée dans les sols entre la surface libre et le socle rocheux, dont la période est proportionnelle à l'épaisseur de la couche, et qui amplifie les mouvements sismiques du socle 385-388

Résonance des bâtiments Vibration de l'ensemble d'un bâtiment à une période caractéristique, proportionnelle à sa hauteur, et qui amplifie les mouvements sismiques du sol 379

Rift Zone de la croûte terrestre en extension, grâce au jeu sismique de failles normales parallèle au rift. Les rifts continentaux sont des préludes à la formation d'une croûte basaltique et à l'ouverture des océans 69, 70

Risque sismique Combinaison de l'aléa sismique et de la vulnérabilité 391, 392, 400, 440

Rupture sismique Fracturation de la surface des aspérités sur une faille permettant son glissement rapide et l'émission d'ondes sismiques 55, 71-86

S

SAFOD « San Andreas Fault Observatory at Depth » Forage instrumenté de près de 3 km de profondeur recoupant la faille de San Andreas en Californie 306

SAR *Synthetic Aperture Radar* Radar porté par satellite produisant en continu des images de la surface de la Terre, pouvant être combinées en interférogrammes. Les interférigrammes radar (InSAR) donnent des images de la déformation du sol entre deux prises de vue 146-147

Séisme caractéristique Rupture sismique se reproduisant à l'identique sur le même segment de faille au cours du cycle sismique.

Séisme lent Classe de processus mécanique de glissement sur les failles présentant un défaut d'énergie sismique, lié à la très faible vitesse de glissement 279

Séisme d'Aigion, Grèce, 1995 75, 145, 243, 244, 252, 304

Séisme des Antilles 1843 29-33

Séisme d'Athènes, Grèce, 1999 109, 148-149, 352

Séisme de Bâle, Suisse, 2006 133, 226, 302,

Séisme de Bâle, Suisse,1356 400, 404, 405

Séisme de Buj, Inde, 1819 53

Séisme de Bouin, 1799 393, 396

Séisme du Pas de Calais, 1580 396, 397

Séisme de Calabre, Italie, 1783 19, 24

Séisme de Concepcion, Chili, 1835 28, 268

Séisme d'Épagny (Annecy), 1997 270, 395

Séisme de Ghorka, Népal, 2015 417, 430-431

Séisme d'Haichen, Chine, 1975 192, 218, 250

Séisme d'Helike, Grèce, 373 BC 17, 251

Séisme d'Imperial Valley, Californie, 1979 74, 77

Séisme d'Iquique, Chili, 2014 280, 281, 290, 430

Séisme d'Irpinia, Italie, 1980 175

Séisme d'Izu-Oshima-Kinkai, Japon, 1975 194-197

Séisme de Kobé, Japon, 1995 145, 228, 229, 257, 381, 435

Séisme de Kocaeli (ou Izmit), Turquie, 1999 108, 151, 163, 258, 288, 433

Séisme de Kozani, Grèce, 1995 190, 238, 122, 176, 406, 434

Séisme de Lambesc, 1909 364, 397

Séisme de Landers, USA, 1992 121, 125, 126, 146, 148-149, 172, 174, 217, 287

Séisme de L'Aquila, Italie, 2009 252, 356-362

Séisme/Tsunami de Lisbonne, Portugal 1755 19, 21, 24, 155, 372, 413, 430

Séisme de Loma Prieta, Californie 1989 214, 246, 422

Séisme de Martinique 2007 402, 434

Séisme de Maule, Chili, 2010 268, 373

Séisme de Mexico, 1985 365, 384, 386

Séismes de New Madrid, USA, 1811 418

Séisme de Norcia/Amatrice, Italie, 2016-2017 110, 381, 434

Séismes d'Ombrie, Italie, 1997 110, 149

Séisme de Rambervillers, 2003 436

Séisme des Saintes (Guadeloupe), 2004 120, 403, 434

Séisme de Saint-Paul de Fenouillet, 1996 229

Séisme de San Francisco, Californie, 1906 55, 64, 250, 427

Séisme/Tsunami de Sumatra 2004, Indonésie 152-159

Séisme de Tangshan, Chine, 1976 193, 236, 251

Séisme/Tsunami de Tohoku, Japon, 2011 155, 172, 257, 300, 368-369, 404, 412, 424-425, 426

Séismes glaciaires (voir Glacier)

Sismicité induite/déclenchée Sismicité provoquée par l'activité humaine. Elle est dite induite si la faille est crée par l'homme, et déclenchée si les séismes ont lieu sur des failles préexistantes 129-133, 305

Sismicité induite de Lacq 130

Sismicité induite de Gardanne 130

Sismicité induite Oklahoma (USA) 131,132

Sismologie Science des séismes et des ondes sismiques.

Sismographe/sismomètre Instrument de mesure des ondes sismiques 138-142

Sismogramme Enregistrement du mouvement du sol au cours du temps lors d'un séisme.

SES *Seismo-Electric Signal*. Signal électrique particulier mesuré dans la terre par le groupe VAN, en Grèce, considéré par ce groupe comme un précurseur de séismes 237-240, 243-245

SOC *Self Organized Criticality*. Criticalité auto-organisée, processus d'évolution de systèmes physiques complexes, montrant des propriétés en loi de puissance et des interactions à grande distance 104-105

Spectre Caractéristiques d'un phénomène en fonction de sa période (ou de sa fréquence) 74-76, 177-182

Subduction Processus de chevauchement d'une lithosphère sur une autre, dans les régions de plaques convergentes, associé à un enfouissement lent et profond de la plaque plongeante. La subduction participe à la convection du manteau 69-70

T

Turbidite Dépôts sédimentaires liés à un glissement de terrain sur les pentes sous-marines, parfois liés à des séismes 407-408

Tectonique Mouvements de la surface de la Terre. La tectonique est responsable de la formation des montagnes, et de l'évolution des systèmes de failles. Elle est liée à la convection du manteau.

Tectonique des plaques Mouvement, les unes par rapport aux autres, des plaques lithosphériques, considérées comme rigides. La tectonique des plaques participe à la convection du manteau 71

Tokyo (prévision sismique) 194, 256, 257, 427-428

Tomographie Méthode de calcul permettant de produire des images à deux ou trois dimensions d'un objet (sous-sol, faille) que l'on a ausculté par des ondes 49, 77, 120, 158, 198, 274, 340, 341, 446

Transitoire Processus mécanique instable dans la croûte terrestre, de durée variable : glissement lent, surpression de fluide, essaim sismique. Ces transitoires incluent les phénomènes précurseurs des grands séismes 225, 236, 237, 262, 263, 268, 278, 281, 282, 297, 299, 446-448

Tremblement de terre Rupture sismique d'une faille et vibrations du sol produites par son glissement.

Trémor tectonique Vibration sismique de très faible niveau et de très longue durée, produite dans la partie profonde des zones de faille par des glissements lents transitoires ou des surpressions de fluide 270-278, 289

Tsunami Mise en mouvement d'une masse d'eau au-dessus d'une faille activée par un séisme, se propageant sous forme d'une onde de gravité, souvent notablement amplifiée sur les côtes 370-375, 404, 408, 412-413, 426-427

V

VAN Initiales des trois inventeurs grecs de la méthode du même nom, fondée sur la supposée corrélation entre des signaux électriques précurseurs (SES) et les séismes 237-245, 352-356

Vulnérabilité pour les bâtiments, capacité des constructions à se dégrader lorsqu'elles sont sollicitées par des vibrations sismiques 391-395, 438

Bibliographie

Conseils de lecture :

Un crapaud peut-il détecter un séisme ?, L. Géli et H. Géli, éd. Quae, 2012.

Où sera le prochain séisme. B. Feigner, EDP Sciences, 2016.

Quand la Terre tremblait, E. Guidoboni et J.P. Poirier, Odile Jacob, 2004.

Les tremblements de terre en France : hier, aujourd'hui, demain, J. Lambert, Éditions BRGM, 2004.

Aléas et risques naturels d'origine tellurique sur le territoire français : observation, surveillance, alerte, Livre blanc de la communauté scientifique académique, éd. CNRS, 2017.

Operational Earthquake forecasting, Annals of Geophysics, T. Jordan *et al.*, 2011 (en anglais). Prévision sismique opérationnelle, état de l'art, rapport de la Commission internationale sur la prévision des séismes pour la Sécurité civile. http://www.annalsofgeophysics.eu/index.php/annals/article/view/5350/5371

Sites d'information sur la sismicité en cours et/ou passée :

BCSF, Bureau Central Sismologique Français : coordination, diffusion, et archivage des observations sismologiques du territoire français. – http://www.franceseisme.fr/

RéNaSS, Réseau National de Surveillance Sismique, fédération de réseaux des Observatoires des Sciences de l'Univers (CNRS/Universités) – http://renass.unistra.fr/

CEA-DASE, Commissariat à l'Énergie Atomique : surveillance sismique opérationnelle du territoire national métropolitain – http://www-dase.cea.fr/

OVSG et OVSM : Observatoires volcanologique et sismologie de Guadeloupe et de Martinique de l'IPGP, communiqués sur les séismes ressentis
http://www.ipgp.fr/fr/ovsg/ – http://www.ipgp.fr/fr/ovsm/

EMSC- CSEM, Centre Sismologique Euro-Méditeranéen, cartes et informations sur l'activité sismique européenne et mondiale – http://www.emsc-csem.org

GEOSCOPE, réseau global sismologique de l'IPGP http://geoscope.ipgp.fr/index.php/fr/

RAP, réseau accélérométrique permanent du territoire français http://rap.resif.fr/spip.php?rubrique14

USGS, United States Geological Survey, information sur l'activité sismique mondiale https://earthquake.usgs.gov/earthquakes/

Pour les jeunes, collégiens et lycéens :

Site pédagogique et documentaire de Sciences à l'École sur les séismes http://www.edusismo.org/

Recherche académique et appliquée sur les séismes :

Paris, IPGP – http://www.ipgp.fr/fr/seismes-eruptions

Paris, ENS Paris – http://www.geologie.ens.fr/

Strasbourg, EOST – http://eost.unistra.fr/recherche/ipgs/si/axes-de-recherche/source-sismique/

Grenoble, ISTERRE – https ://isterre.fr/observation/

Nice, GEOAZUR – http://sismoazur.oca.eu/

Montpellier, GM – http://www.gm.univ-montp2.fr/

Toulouse, OMP – http://www.obs-mip.fr/services-observation/ti

Nantes, OSUNA – http://www.osuna.univ-nantes.fr/

Clermont Ferrand, OPGC – http://wwwobs.univ-bpclermont.fr/SO/sismo/

Brest https ://www-iuem.univ-brest.fr/lgo/fr/labo-lgo

CNRS/INSU/Terre solide http://www.insu.cnrs.fr/terre-solide/catastrophes-et-risques/seismes

Brest : IFREMER – https://www.ifremer.fr/

BRGM – http://www.planseisme.fr/

IRSN http://www.irsn.fr/FR/connaissances/Installations_nucleaires/La_surete_Nucleaire/risque_sismique_installations_nucleaires/

Informations sur l'aléa sismique en France :

Base sismicité historique de la France métropole (BRGM, IRSN, EDF, Ministère de l'Environnement MEDDE) – http://www.sisfrance.net/

Plan Séisme – BRGM – http://www.planseisme.fr/

Association Française de Génie Parasismique : AFPS – http://www.afps-seisme.org/

Informations sur l'aléa sismique dans le monde http://www.seismo.ethz.ch/static/GSHAP/

Quelques autres sites de recherche et surveillance sismique :

Italie : sismicité nationale, INGV – http://terremoti.ingv.it/it/

Suisse – http://www.seismo.ethz.ch/en/home/

Grèce : sismicité nationale, NOA – http://www.gein.noa.gr/en/recent-alerts

Grèce : Observatoire international du rift de Corinthe (CRL) – http://www.crlab.eu/

Turquie : KOERI – http://www.koeri.boun.edu.tr/sismo/2/en/

Caltech Californie, SDEC – http://scedc.caltech.edu/

Berkeley Californie – http://seismo.berkeley.edu/seismo.real.time.map.html

Chili : centre sismologique chilien – http://www.sismologia.cl/

Chili : Observatoire International du Nord Chili – http://www.ipoc-network.org/

Islande – http://en.vedur.is/earthquakes-and-volcanism/earthquakes

Japon : JMA – http://www.jma.go.jp/en/quake/

Nouvelle-Zélande – http://info.geonet.org.nz/display/quake

Taiwan – Central Weather Bureau – http://www.cwb.gov.tw/V7e/earthquake/

TABLE DES MATIÈRES

Prologue 5

Partie I. Tempêtes souterraines 9
Chapitre 1. Pré-visions sismiques 11
Chapitre 2. Une Terre solide, élastique et cassante 35
Chapitre 3. Failles et dislocations 53

Partie II. Le cycle chaotique des séismes 87
Chapitre 4. La hiérarchie sismique 89
Chapitre 5. L'œuf et la poule 113

Partie III. Le décryptage d'une secousse 135
Chapitre 6. Regards croisés 137
Chapitre 7. Premières images de l'invisible 161

Partie IV. La chasse aux précurseurs 187
Chapitre 8. Coups de semonce 189
Chapitre 9. Fuites en tout genre 221
Chapitre 10. Aléas de la prédiction 255

Partie V. Bruits et tremblements 265
Chapitre 11. Instabilités menaçantes 267
Chapitre 12. Bruits exotiques 309

Partie VI. Pourquoi prédire ? 347
Chapitre 13. Alerte au séisme ! 349
Chapitre 14. Bien construire 377
Chapitre 15. Enquêtes sur un passé sismique 391
Chapitre 16. La menace se précise 421

Épilogue 443

Glossaire 453

Bibliographie 459

Crédits
Couverture : iStockphoto.com/George Peters
p. 13 : Pascal Bernard • p. 19 : Bnf, Paris • p. 25 : iStock/Thomas Faull • p. 26 : François Michel • p. 31 : Illustrierte Zeitung, juillet 1843 • p. 49 : Nature, 25 juillet 1889 • p. 52 : Coll. part. • p. 54 : J. Milne and W. K. Burton, The Great Earthquake in Japan, Yokohama, 1892 • p. 65 : Antonio Snider Pellegrini, La Création et ses mystères dévoilés, 1859 • p. 79 : Academia Sinica • p. 85 : F. H. Cornet, EOST • p. 94 : Coll. part. • p. 149 : Interférogramme Satellite Radar, courtoisie de P. Elias, produit à partir de scènes SAR ERS, ESA • p. 163 : courtesy of Aykut Barka, Istanbul Technical University • p. 213 : Courtesy of Vladimir G. Kossobokov, IEPT, RAS (Institute for Earthquake Prediction Theory, Russian Academy of Science • p. 385 : Sipa/AP • p. 393 : AHEAD • p. 398h : AHEAD • p. 398b : BCSF • p. 399h : AHEAD • p. 399b : BCSF • p. 405 : Geoter, Irsn, 1992 • p. 410 : IPGP/DR, avec l'aimable autorisation de Nathalie Feuillet • p. 437 : BCSF. Avec l'aimable autorisation de Ch. Sira. •

Iconographie : Any-Claude Medioni

IMPRIM'VERT®

Imprimé en France par CPI – Firmin Didot au Mesnil sur L'Estrée
N° d'imprimeur : 140217 – Dépôt légal : mars 2017
N° d'édition : 70119914-01